# CAUCHY, AUGUSTIN LOUIS

# *Oeuvres complètes*

## Tome 14

## Gauthiers-Villars

## 1882 - 1974

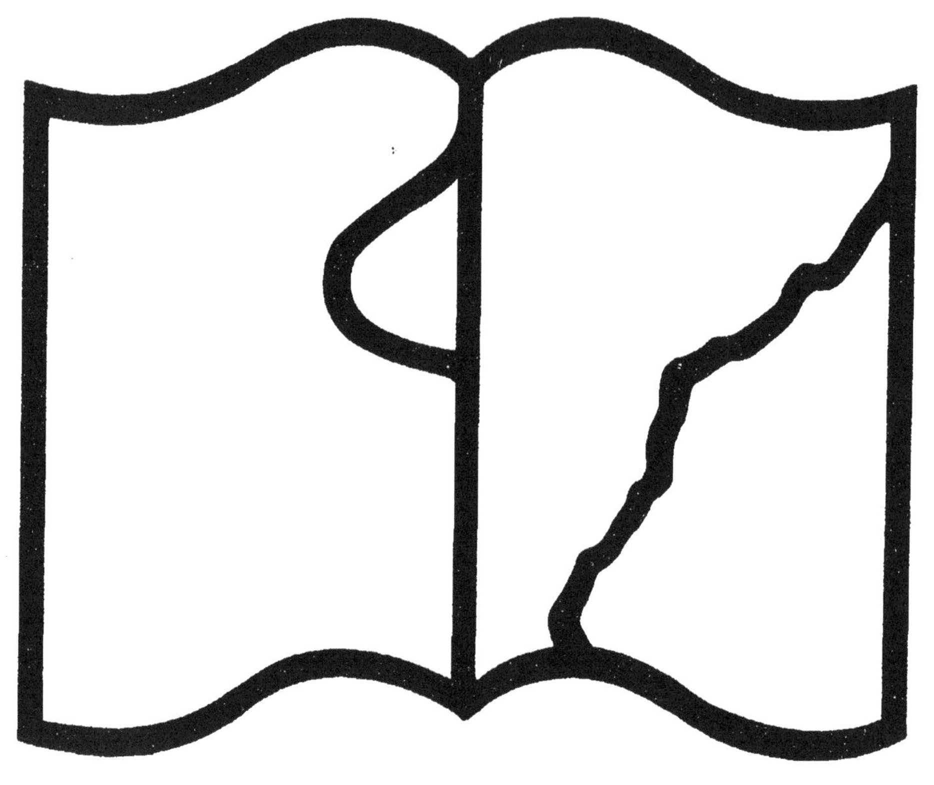

Symbole applicable
pour tout, ou partie
des documents microfilmés


Texte détérioré — reliure défectueuse

**NF Z 43**-120-11

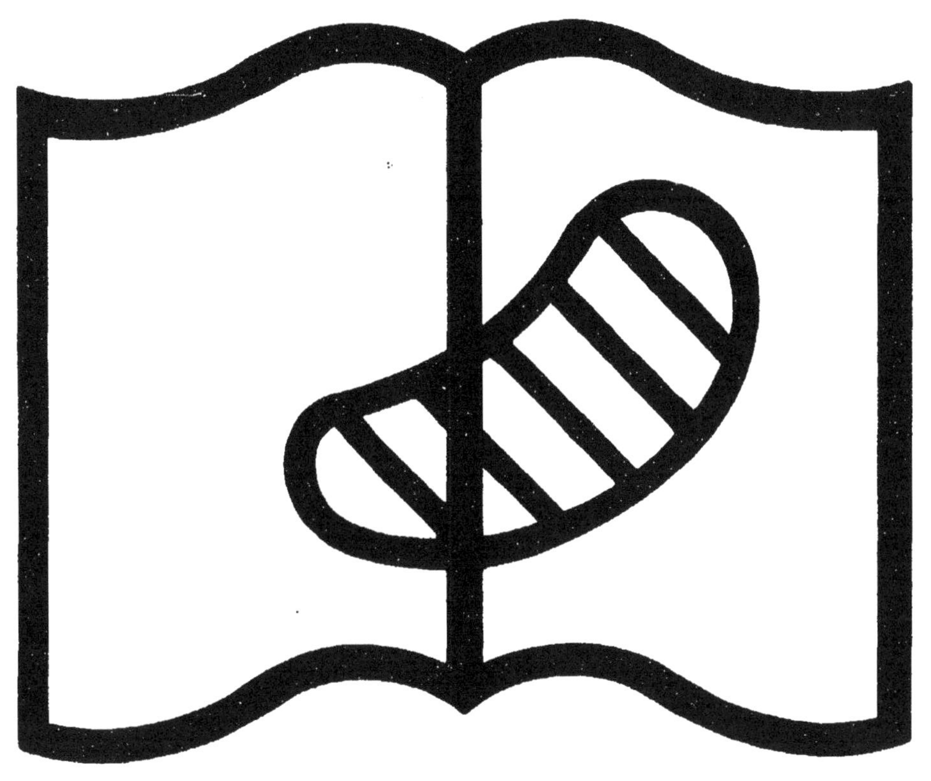

Symbole applicable
pour tout, ou partie
des documents microfilmés

Original illisible

**NF Z 43**-120-10

# ŒUVRES

## COMPLÈTES

# D'AUGUSTIN CAUCHY

PUBLIÉES SOUS LA DIRECTION SCIENTIFIQUE

## DE L'ACADÉMIE DES SCIENCES

ET SOUS LES AUSPICES

## DE M. LE MINISTRE DE L'INSTRUCTION PUBLIQUE

### IIᵉ SÉRIE. — TOME II.

PUBLIÉ AVEC LE CONCOURS

## DU CENTRE NATIONAL DE LA RECHERCHE SCIENTIFIQUE

## PARIS

### GAUTHIER-VILLARS, ÉDITEUR-IMPRIMEUR-LIBRAIRE

Quai des Grands-Augustins, 55.

### MCMLVIII

# ŒUVRES

COMPLÈTES

# D'AUGUSTIN CAUCHY

PARIS. — IMPRIMERIE GAUTHIER-VILLARS

151192     Quai des Grands-Augustins, 55.

# ŒUVRES

## COMPLÈTES

# D'AUGUSTIN CAUCHY

PUBLIÉES SOUS LA DIRECTION SCIENTIFIQUE

## DE L'ACADÉMIE DES SCIENCES

ET SOUS LES AUSPICES

## DE M. LE MINISTRE DE L'INSTRUCTION PUBLIQUE.

## IIᵉ SÉRIE. — TOME II.

PUBLIÉ AVEC LE CONCOURS

## DU CENTRE NATIONAL DE LA RECHERCHE SCIENTIFIQUE

## PARIS

### GAUTHIER-VILLARS, ÉDITEUR-IMPRIMEUR-LIBRAIRE

Quai des Grands-Augustins, 55.

MCMLVIII

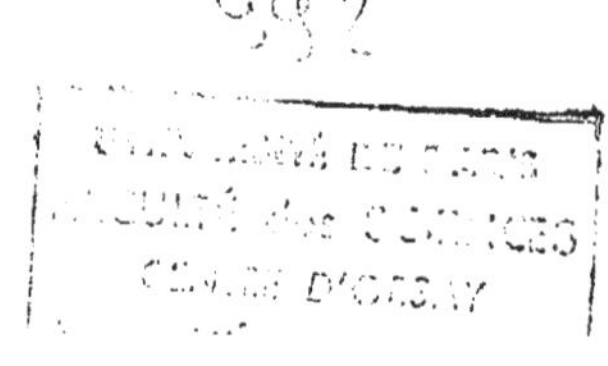

# AVERTISSEMENT

A la demande de l'Académie des Sciences, le Comité Poincaré de la Société des Amis de l'École Polytechnique a décidé d'achever l'impression des œuvres complètes d'Augustin Cauchy, dont deux volumes restaient à publier.

Le premier de ces deux volumes, le tome II de la II$^e$ série, paraît aujourd'hui. Nous sommes heureux d'en remercier Monsieur René Taton, qui a bien voulu reconstituer le texte avec la perspicacité qu'on lui connaît déjà, et l'imprimerie Gauthier-Villars, qui a apporté tous ses soins à l'impression de ce volume.

Gaston JULIA

# SECONDE SÉRIE.

## MÉMOIRES DIVERS ET OUVRAGES.

# MÉMOIRES

EXTRAITS DU

## JOURNAL DE MATHÉMATIQUES PURES ET APPLIQUÉES.

# MÉMOIRE

## SUR L'INTERPOLATION [1].

*Journal de Mathématiques pures et appliquées*, Tome II, p. 193-205; 1837.

Dans les applications de l'analyse à la Géométrie, à la Physique, à
l'Astronomie... deux sortes de questions se présentent à résoudre, et
il s'agit 1° de trouver les lois générales des figures et des phénomènes,
c'est-à-dire la forme générale des équations qui existent entre les
diverses variables, par exemple, entre les coordonnées des courbes et
des surfaces, entre les vitesses, les temps, les espaces parcourus par
les mobiles, etc.; 2° de fixer en nombres les valeurs des paramètres
ou constantes arbitraires qui entrent dans l'expression de ces mêmes
lois, c'est-à-dire les valeurs des coefficients inconnus que renferment
les équations trouvées. Parmi les variables on distingue ordinairement,
comme l'on sait, celles qui peuvent varier indépendamment les unes
des autres, et que l'on nomme pour cette raison variables indépendantes, d'avec celles qui s'en déduisent par la résolution des diverses
équations, et qui se nomment fonctions des variables indépendantes.
Considérons en particulier une de ces fonctions, et supposons qu'elle
se déduise des variables indépendantes par une équation ou formule
qui renferme un certain nombre de coefficients. Un pareil nombre
d'observations ou d'expériences, dont chacune fournira une valeur

(1) Ce Mémoire a été autographié en septembre 1835 et envoyé à cette époque à
l'Académie des Sciences. On l'imprime ici pour la première fois, du consentement de
l'auteur. (J. L.)

particulière de la fonction correspondante à un système particulier de
valeurs des variables indépendantes, suffira pour la détermination
numérique de tous ces coefficients; et, cette détermination faite, on
pourra obtenir sans difficulté de nouvelles valeurs de la fonction
correspondantes à de nouveaux systèmes de valeurs des variables indépendantes, et résoudre ainsi ce qu'on appelle le problème de l'interpolation. Par exemple, si l'ordonnée d'une courbe se trouve exprimée
en fonction de l'abscisse par une équation qui renferme trois paramètres, il suffira de connaître trois points de la courbe, c'est-à-dire
trois valeurs particulières de l'ordonnée correspondantes à trois valeurs
particulières de l'abscisse, pour déterminer les trois paramètres; et,
cette détermination effectuée, on pourra sans peine tracer la courbe
par points en calculant les coordonnées d'un nombre aussi grand que
l'on voudra de nouveaux points situés sur les arcs de cette courbe
compris entre les points donnés. Ainsi, envisagé dans toute son étendue,
le problème de l'interpolation consiste à déterminer les coefficients ou
constantes arbitraires que renferme l'expression des lois générales des
figures ou des phénomènes, d'après un nombre au moins égal de
points donnés, ou d'observations, ou d'expériences. Dans une foule de
questions les constantes arbitraires entrent au premier degré seulement
dans les équations qui les renferment. C'est précisément ce qui arrive
lorsqu'une fonction est développable en une série convergente ordonnée
suivant les puissances ascendantes ou descendantes d'une variable
indépendante, ou bien encore suivant les sinus ou cosinus des multiples
d'un même arc. Alors il s'agit de déterminer les coefficients de ceux
des termes de la série que l'on ne peut négliger sans avoir à craindre
qu'il en résulte une erreur sensible dans les valeurs de la fonction.
Dans le petit nombre de formules qui ont été proposées pour cet objet,
on doit distinguer une formule tirée du calcul des différences finies,
mais applicable seulement au cas où les diverses valeurs de la variable
indépendante sont équidifférentes entre elles, et la formule de Lagrange
applicable, quelles que soient ces valeurs, à des séries ordonnées
suivant les puissances ascendantes de la variable indépendante. Toute-

fois cette dernière formule elle-même se complique·de plus en plus à mesure que l'on veut conserver dans le développement de la fonction en série un plus grand nombre de termes; et ce qu'il y a de plus fâcheux, c'est que les valeurs approchées des divers ordres correspondantes aux divers cas où l'on conserverait dans la série un seul terme, puis deux termes, puis trois termes... s'obtiennent par des calculs à peu près indépendants les uns des autres, en sorte que chaque nouvelle approximation, loin d'être rendue facile par celles qui la précèdent, demande au contraire plus de temps et de travail. Frappé de ces inconvénients, et conduit par mes recherches sur la dispersion de la lumière à m'occuper de nouveau du problème de l'interpolation, j'ai eu le bonheur de rencontrer pour la solution de ce problème une nouvelle formule qui, sous le double rapport de la certitude des résultats et de la facilité avec laquelle on les obtient, me paraît avoir sur les autres formules des avantages tellement incontestables, que je ne doute guère qu'elle ne soit bientôt d'un usage général parmi les personnes adonnées à la culture des sciences physiques et mathématiques.

Pour donner une idée de cette formule, je suppose qu'une fonction de $x$, représentée par $y$, soit développable en une série convergente ordonnée suivant les puissances ascendantes ou descendantes de $x$, ou bien encore suivant les sinus ou cosinus des arcs multiples de $x$, ou même plus généralement suivant d'autres fonctions de $x$ que je représenterai par

$$\varphi(x) = u, \qquad \chi(x) = v, \qquad \psi(x) = w, \qquad \ldots$$

en sorte qu'on ait

$$(1) \qquad\qquad y = au + bv + cw + \ldots.$$

$a$, $b$, $c$, ..., désignant des coefficients constants. Il s'agit de savoir, 1° combien de termes on doit conserver dans le second membre de l'équation (1) pour obtenir une valeur de $y$ suffisamment approchée, dont la différence avec la valeur exacte soit insensible et comparable aux erreurs que comportent les observations; 2° de fixer en nombres les coefficients des termes conservés, ou, ce qui revient au même, de

trouver la valeur approchée dont nous venons de parler. Les données
du problème sont un nombre suffisamment grand de valeurs de $y$
représentées par

$$y_1, \quad y_2, \quad \ldots, \quad y_n,$$

et correspondantes à un pareil nombre $n$ de valeurs de $x$ représentées
par $x_1$, $x_2$, ...., $x_n$, par conséquent aussi à un pareil nombre de
valeurs de chacune des fonctions $u$, $v$, $w$, ...., valeurs que je représenterai de même par

$$u_1, \quad u_2, \quad \ldots \quad u_n$$

pour la fonction $u$, par

$$v_1, \quad v_2, \quad \ldots \quad v_n$$

pour la fonction $v$, etc. Ainsi, pour résoudre le problème, on aura
entre les coefficients inconnus $a$, $b$, $c$, ..., les $n$ équations du premier
degré

$$(2) \quad \begin{cases} y_1 = au_1 + bv_1 + cw_1 + \ldots, \\ y_1 = au_2 + bv_2 + cw_2 + \ldots, \\ \cdots\cdots\cdots\cdots\cdots\cdots\cdots\cdots, \\ y_n = au_n + bv_n + cw_n + \ldots, \end{cases}$$

qui, si l'on désigne par $i$ l'un quelconque des nombres entiers

$$1, \quad 2, \quad \ldots, \quad n,$$

se trouveront toutes comprises dans la formule générale

$$(3) \qquad y_i = au_i + bv_i + cw_i + \ldots.$$

On effectuera la première approximation en négligeant les coefficients
$b$, $c$, ..., ou, ce qui revient au même, en réduisant la série à son
premier terme. Alors la valeur générale approchée de $y$ sera

$$(4) \qquad y = au;$$

et, pour déterminer le coefficient $a$, on aura le système des équations

$$(5) \qquad y_1 = au_1, \quad y_2 = au_2, \quad \ldots \quad y_n = au_n.$$

Les diverses valeurs de $a$, que l'on peut déduire de ces équations (5)

considérées chacune à part, ou combinées entre elles, seraient toutes
précisément égales si les valeurs particulières de $y$, que nous supposons données par l'observation, étaient rigoureusement exactes. Mais
il n'en est pas ainsi dans la pratique où les observations comportent
des erreurs renfermées entre certaines limites; et alors il importe de
combiner entre elles les équations (5) de manière que, dans les cas les
plus défavorables, l'influence exercée sur la valeur du coefficient $a$ par
les erreurs commises sur les valeurs de $y_1, y_2, \ldots, y_n$ soit la moindre
possible. Or, les diverses combinaisons que l'on peut faire des équations (5) pour en tirer une nouvelle équation du premier degré, par
rapport à $a$, fournissent toutes des valeurs de $a$ comprises dans la
formule générale

$$(6) \qquad a = \frac{k_1 y_1 + k_2 y_2 + \ldots + k_n y_n}{k_1 u_1 + k_2 u_2 + \ldots + k_n u_n},$$

que l'on obtient en ajoutant membre à membre les équations (5) après
les avoir respectivement multipliées par des facteurs constants $k_1$,
$k_2, \ldots, k_n$. Il y a plus; comme la valeur de $a$ déterminée par l'équation (6) ne varie pas quand on fait varier simultanément les facteurs $k_1$,
$k_2, \ldots, k_n$ dans le même rapport, il est clair que parmi ces facteurs, le
plus grand (abstraction faite du signe) peut toujours être censé réduit
à l'unité. Remarquons enfin que, si l'on nomme

$$\varepsilon_1, \quad \varepsilon_2, \quad \ldots, \quad \varepsilon_n,$$

les erreurs respectivement commises dans les observations sur les
valeurs de

$$y_1, \quad y_2, \quad \ldots, \quad y_n,$$

la formule précédente (6) fournira pour $a$ une valeur approchée, dont
la différence avec la véritable sera

$$(7) \qquad \frac{k_1 \varepsilon_1 + k_2 \varepsilon_2 + \ldots + k_n \varepsilon_n}{k_1 u_1 + k_2 u_2 + \ldots + k_n u_n}.$$

Il faut maintenant choisir $k_1, k_2, \ldots, k_n$ de telle sorte que, dans les
cas les plus défavorables, la valeur numérique de l'expression (7) soit
la moindre possible.

Représentons par

$$\mathrm{S}u_i$$

la somme des diverses valeurs numériques de $u_i$, c'est-à-dire ce que devient le polynome

$$\pm u_1 \pm u_2 \pm \ldots \pm u_n$$

quand on y dispose de chaque signe de manière à rendre chaque terme positif. Représentons par $\mathrm{S}\varepsilon_i$ non la somme des valeurs numériques $\varepsilon_1$, $\varepsilon_2$, ..., $\varepsilon_n$, mais ce que devient la somme $\mathrm{S}u_i$, quand on y remplace chaque valeur de $u_i$ par la valeur correspondante de $\varepsilon_i$. Si l'on réduit à $+1$ ou à $-1$ chacun des coefficients $k_1$, $k_2$, ..., $k_n$, en choisissant les signes de manière que, dans le dénominateur de la fraction

$$\frac{k_1\varepsilon_1 + k_2\varepsilon_2 + \ldots + k_n\varepsilon_n}{k_1 u_1 + k_2 u_2 + \ldots + k_n u_n}$$

tous les termes soient positifs, cette fraction sera réduite à

$$(8) \qquad \frac{\mathrm{S}\varepsilon_i}{\mathrm{S}u_i};$$

et elle offrira une valeur numérique tout au plus égale au rapport

$$\frac{\mathrm{E}}{\mathrm{S}u_i},$$

si l'on désigne par E la somme des valeurs numériques de $\varepsilon_i$, ou, ce qui revient au même, la valeur numérique de $\mathrm{S}\varepsilon_i$ dans le cas le plus défavorable. D'autre part, en attribuant à $k_1$, $k_2$, ..., $k_n$ des valeurs inégales dont la plus grande (abstraction faite des signes) soit l'unité, on obtiendra pour dénominateur de la fraction une quantité dont la valeur numérique sera évidemment inférieure à $\mathrm{S}u_i$, tandis que la valeur numérique du numérateur pourra s'élever jusqu'à la limite E: ce qui arrivera effectivement si les erreurs $\varepsilon_1$, $\varepsilon_2$, .... $\varepsilon_n$ sont toutes nulles, à l'exception de celle qui sera multipliée par un facteur égal, au signe près, à l'unité. Il en résulte que la plus grande erreur à craindre sur la valeur de $a$ déterminée par la formule

$$a = \frac{k_1 y_1 + k_2 y_2 + \ldots + k_n y_n}{k_1 u_1 + k_2 u_2 + \ldots + k_n u_n}$$

sera la moindre possible si l'on pose généralement

$$k_1 = \pm 1,$$

en choisissant les signes de manière que dans le polynome

$$k_1 u_1 + k_2 u_2 + \ldots + k_n u_n$$

tous les termes soient positifs. Alors cette formule donnera

$$(9) \qquad a = \frac{S y_i}{S u_i},$$

$S y_i$ étant ce que devient la somme $S u_i$ quand on y remplace chaque valeur de $u_i$ par la valeur correspondante de $y_i$, et l'équation $y = au$ deviendra

$$(10) \qquad y = \frac{u}{S u_i} S y_i.$$

Si l'on fait pour abréger

$$(11) \qquad \alpha = \frac{u}{S u_i},$$

on aura simplement

$$(12) \qquad y = \alpha S y_i.$$

Si l'on supposait généralement $u = 1$, l'équation $y = au$, réduite à

$$y = a,$$

exprimerait que la valeur de $y$ est constante; et comme on aurait alors

$$\alpha = \frac{u}{S u_i} = \frac{1}{n},$$

la formule $y = \alpha S y_i$ donnerait

$$y = \frac{1}{n} S y_i.$$

Donc alors on devrait prendre pour valeur approchée de $y$ la moyenne arithmétique entre les valeurs observées; et la plus grande erreur à craindre serait plus petite pour cette valeur approchée que pour toute autre. Cette propriété des moyennes arithmétiques, jointe à la facilité avec laquelle on les calcule, justifie complètement l'usage où l'on est de leur accorder la préférence dans l'évaluation des constantes arbitraires qui peuvent être déterminées directement par l'observation.

Soit maintenant $\Delta y$ le reste qui doit compléter la valeur approchée de $y$ fournie par l'équation

$$(12) \qquad y = \alpha S y_i,$$

en sorte qu'on ait

$$(13) \qquad y = \alpha S y_i + \Delta y.$$

Posons de même

$$(14) \qquad v = \alpha S v_i + \Delta v, \qquad w = \alpha S w_i + \Delta w, \qquad \ldots$$

On tirera de la formule $y_i = a u_i + b v_i + c w_i + \ldots$

$$(15) \qquad S y_i = a S u_i + b S v_i + c S w_i + \ldots;$$

puis de cette dernière, multipliée par $\alpha$, et soustraite de l'équation (1),

$$(16) \qquad \Delta y = b \Delta v + c \Delta w + \ldots$$

Soient d'ailleurs $\alpha_i$, $\Delta y_i$, $\Delta v_i$, $\Delta w_i$, $\ldots$, ce que deviennent les valeurs de $\alpha$, $\Delta y$, $\Delta v$, $\Delta w$, $\ldots$, tirées des équations (11), (13) et (14), quand on y remplace $x$ par $x_i$, $i$ étant l'un des nombres entiers 1, 2, $\ldots$, $n$. Si les valeurs de

$$\Delta y_1, \quad \Delta y_2 \quad \ldots, \quad \Delta y_n$$

sont très petites, et comparables aux erreurs que comportent les observations, il sera inutile de procéder à une seconde approximation, et l'on pourra s'en tenir à la valeur approchée de $y$ fournie par l'équation $y = \alpha S y_i$. Si le contraire a lieu, il suffira, pour obtenir une approximation nouvelle, d'opérer sur la formule (16) qui donne $\Delta y = b \Delta v + \ldots$, comme dans la première approximation l'on a opéré sur la formule (1) $y = a u + \ldots$

Cela posé, désignons par

$$S' \Delta v_i$$

la somme des valeurs numériques de $\Delta v_i$, et par

$$S'\Delta y_i, \quad S'\Delta w_i, \quad \ldots$$

les polynomes dans lesquels se change la somme $S'\Delta v_i$ quand on y remplace chaque valeur de $\Delta v_i$ par la valeur correspondante de $\Delta y_i$ ou de $\Delta w_i$, ...; soit enfin

$$(17) \qquad \qquad \theta = \frac{\Delta v}{S'\Delta v_i}$$

si l'on peut, sans erreur sensible, négliger dans la série (1) le coefficient $c$ du troisième terme et ceux des termes suivants, on devra prendre pour valeur approchée de $\Delta y$

$$(18) \qquad \qquad \Delta y = \theta S'\Delta y_i.$$

Soit $\Delta^2 y$ le reste du second ordre qui doit compléter cette valeur approchée, et faisons en conséquence

$$(19) \qquad \qquad \Delta y = \theta S'\Delta y_i + \Delta^2 y.$$

Posons de même

$$(20) \qquad \qquad \Delta w = \theta S'\Delta w_i + \Delta^2 w, \qquad \ldots :$$

on tirera successivement, de la formule (16),

$$(21) \qquad \qquad \Delta y_i = b\,\Delta v_i + c\,\Delta w_i + \ldots \cdot$$

$$(22) \qquad \qquad S'\Delta y_i = bS'\Delta v_i + cS'\Delta w_i + \ldots;$$

puis cette dernière, multipliée par $\theta$ et retranchée de l'équation (16),

$$(23) \qquad \qquad \Delta^2 y = c\,\Delta^2 w + \ldots.$$

Soient d'ailleurs $\theta_i$, $\Delta^2 y_i$, $\Delta^2 w_i$, ..., ce que deviennent les valeurs de $\theta$, $\Delta^2 y$, $\Delta^2 w$, ..., tirées des équations (17), (19) et (20), quand on y remplace $x$ par $x_i$, $i$ étant l'un des nombres entiers $1, 2, \ldots, n$. Si les valeurs de

$$\Delta^2 y_1, \quad \Delta^2 y_2, \quad \ldots, \quad \Delta^2 y_n$$

sont très petites et comparables aux erreurs que comportent les observations, il sera inutile de procéder à une nouvelle approximation, et l'on pourra s'en tenir à la valeur approchée de $\Delta y$ fournie par l'équation (18). Si le contraire a lieu, il suffira, pour obtenir une troisième approximation, d'opérer sur la formule (23) qui donne $\Delta^2 y$, comme l'on a opéré dans la première approximation sur la formule (1). En continuant de la sorte, on obtiendra la règle suivante :

L'inconnue $y$, fonction de la variable $x$, étant supposée développable en une série convergente

$$\text{(I)} \qquad\qquad au + bv + cw + \ldots$$

où $u$, $v$, $w$, $\ldots$, représentent des fonctions données de la même variable, si l'on connaît $n$ valeurs particulières de $y$ correspondantes à $n$ valeurs particulières

$$x_1, \quad x_1, \quad \ldots, \quad x_n$$

de $x$, si d'ailleurs on nomme $i$ l'un quelconque des nombres entiers 1, 2, .... $n$, et $y_i$, $u_i$, $v_i$, $\ldots$, ce que deviennent $y$, $u$, $v$, $\ldots$, quand on y remplace $x$ par $x_i$; alors, pour obtenir la valeur générale de $y$ avec une approximation suffisante, on déterminera d'abord le coefficient $a$ à l'aide de la formule

$$\text{(II)} \qquad\qquad u = \alpha S u_i,$$

dans laquelle $S u_i$ désigne la somme des valeurs numériques de $u_i$, et la différence du premier ordre $\Delta y$ à l'aide de la formule

$$\text{(III)} \qquad\qquad y = \alpha S y_i + \Delta y.$$

Si les valeurs particulières de $\Delta y$, représentées par $\Delta y_1$, $\Delta y_2$, ..., $\Delta y_n$, sont comparables aux erreurs d'observation, on pourra négliger $\Delta y$ et réduire la valeur approchée de $y$ à

$$\alpha S y_i.$$

Dans le cas contraire, on déterminera $b$ à l'aide des formules

$$\text{(IV)} \qquad\qquad v = \alpha S v_i + \Delta v, \qquad \Delta v = \beta S' \Delta v_i,$$

$S' \Delta v_i$ étant la somme des valeurs numériques de $\Delta v_i$, et la différence du second ordre $\Delta^2 y$ à l'aide de la formule

$$(V) \qquad \Delta y = 6S' \Delta y + \Delta^2 y.$$

Si les valeurs particulières de $\Delta^2 y$, représentées par $\Delta y_1, \Delta^2 y_2, ..., \Delta^2 y_n$, sont comparables aux erreurs d'observation, l'on pourra négliger $\Delta^2 y$ et réduire en conséquence la valeur approchée de $y$ à $a S y_i + 6\alpha S' \Delta y_i$.

Dans le cas contraire, on déterminera $\gamma$ par les formules

$$(VI) \quad w = \alpha S w_i + \Delta w, \qquad \Delta w = 6S' \Delta w_i + \Delta^2 w, \qquad \Delta^2 w = \gamma S'' \Delta^2 w_i,$$

$S'' \Delta^2 w_i$ étant la somme des valeurs numériques de $\Delta^2 w_i$, et la différence du troisième ordre $\Delta^3 y$ par la formule

$$(VII) \qquad \Delta^2 y = \gamma S'' \Delta^2 y_i + \Delta^3 y, \quad ....$$

Ainsi, en définitive, en supposant les coefficients $\alpha, 6, \gamma, ...,$ déterminés par le système de ces équations, etc., on devra calculer les différences des divers ordres représentées par

$$\Delta y, \quad \Delta^2 y, \quad \Delta^3 y, \quad ...,$$

ou plutôt leurs valeurs particulières correspondantes aux valeurs $x_1$, $x_2, ..., x_n$ de la variable $x$, jusqu'à ce que l'on parvienne à une différence dont les valeurs particulières soient comparables aux erreurs d'observation. Alors il suffira d'égaler à zéro la valeur de cette différence tirée du système des équations (III), (V), (VII), ..., pour obtenir avec une approximation suffisante la valeur de $y$. Cette valeur générale sera donc

$$y = \alpha S y_i, \qquad \text{ou} \qquad y = \alpha S \gamma_i + 6 S' \Delta y_i, \qquad \text{ou} \qquad \text{etc.,}$$

suivant que l'on pourra, sans erreur sensible, réduire la série à son premier terme, ou à ses deux premiers termes.... Donc, si l'on nomme $m$ le nombre des termes conservés, le problème de l'interpolation sera résolu par la formule

$$y = \alpha S y_i + 6 S' \Delta y_i + \gamma S'' \Delta^2 y_i + ...,$$

le second membre étant prolongé jusqu'au terme qui renferme $\Delta^{m-1} y_i$.

Il est bon d'observer que des formules précédentes on tire non seulement

$$S \alpha_i = 1; \quad S \beta_i = 0, \quad S' \beta_i = 1: \quad S \gamma_i = 0, \quad S' \gamma_i = 0, \quad S'' \gamma_i = 1, \quad \ldots;$$

mais encore

$$S \Delta v_i = 0; \quad S \Delta w_i = 0, \quad S \Delta^2 w_i = 0, \quad S' \Delta^2 w_i = 0, \quad \ldots;$$

et

$$S \Delta y_i = 0; \quad S \Delta^2 y_i = 0, \quad S' \Delta^2 y_i = 0;$$
$$S \Delta^3 y_i = 0, \quad S' \Delta^3 y_i = 0, \quad S' \Delta^3 y_i = 0, \quad \ldots.$$

Ces dernières formules sont autant d'équations de condition auxquelles doivent satisfaire les valeurs particulières de $\alpha$, $\beta$, $\gamma$, ..., ainsi que celles des différences des divers ordres de $u$, $v$, $w$, ..., $y$; et il en résulte qu'on ne peut commettre dans le calcul de ces valeurs particulières aucune erreur de chiffres sans en être averti par le seul fait que les équations de condition cessent d'être vérifiées.

En résumé, les avantages des nouvelles formules d'interpolation sont les suivants :

1° Elles s'appliquent aux développements en séries, quelle que soit la loi suivant laquelle les différents termes se déduisent les uns des autres, et quelles que soient les valeurs équidifférentes ou non de la variable indépendante.

2° Les nouvelles formules sont d'une applicrtion très facile, surtout quand on emploie les logarithmes pour le calcul des rapports $\alpha$, $\beta$, $\gamma$, .... et des produits de ces rapports par les sommes des diverses valeurs des fonctions ou de leurs différences. Alors, en effet, toutes les opéra- tions se réduisent à des additions ou à des soustractions.

3° A l'aide de nos formules les approximations successives s'exé- cutent avec une facilité de plus en plus grande, attendu que les diffé- rences des divers ordres vont généralement en diminuant.

4° Nos formules permettent d'introduire à la fois dans le calcul les nombres fournis par toutes les observations données, et d'augmenter ainsi l'exactitude des résultats en faisant concourir à ce but un très grand nombre d'expériences.

5° Elles offrent encore cet avantage, qu'à chaque approximation nouvelle, les valeurs qu'elles fournissent pour les coefficients $a, b, c, \ldots$, sont précisément celles pour lesquelles la plus grande erreur à craindre est la moindre possible.

6° Nos formules indiquent d'elles-mêmes le moment où le calcul doit s'arrêter, en fournissant alors des différences comparables aux erreurs d'observation.

7° Enfin les quantités qu'elles déterminent satisfont à des équations de condition qui ne permettent pas de commettre la plus légère faute de calcul, sans que l'on s'en aperçoive presque immédiatement.

On trouvera dans les nouveaux exercices de mathématiques de nombreuses applications de nos formules d'interpolation.

# NOTE

## SUR LA VARIATION DES CONSTANTES ARBITRAIRES
## DANS LES PROBLÈMES DE MÉCANIQUE [1]

*Journal de Mathématiques pures et appliquées*, Tome II, p. 406-412; 1837.

1. Soient données, entre la variable $t$, $n$ fonctions de $t$ désignées par $x, y, z, \ldots$, et $n$ autres fonctions de $t$ désignées par $u, v, w, \ldots$, $2n$ équations différentielles du premier ordre et de la forme

$$(1) \quad \begin{cases} \dfrac{dx}{dt} = \dfrac{dQ}{du}, \quad \dfrac{dy}{dt} = \dfrac{dQ}{dv}, \quad \dfrac{dz}{dt} = \dfrac{dQ}{dw}, \quad \ldots, \\[2ex] \dfrac{du}{dt} = -\dfrac{dQ}{dx}, \quad \dfrac{dv}{dt} = -\dfrac{dQ}{dy}, \quad \dfrac{dw}{dt} = -\dfrac{dQ}{dz}, \quad \ldots, \end{cases}$$

Q représentant une fonction de $x, y, z, \ldots, u, v, w, \ldots, t$. On pourra supposer les inconnues $x, y, z, \ldots, u, v, w, \ldots$, exprimées en fonction de $t$ et de $2n$ constantes arbitraires $a, b, c, \ldots$; et l'on aura, dans cette hypothèse,

$$\frac{dQ}{da} = \frac{dQ}{dx}\frac{dx}{da} + \frac{dQ}{dy}\frac{dy}{da} + \ldots + \frac{dQ}{du}\frac{du}{da} + \ldots;$$

par conséquent

$$(2) \quad \begin{cases} \dfrac{dQ}{da} = -\dfrac{du}{dt}\dfrac{dx}{da} - \dfrac{dv}{dt}\dfrac{dy}{da} - \ldots + \dfrac{dx}{dt}\dfrac{du}{da} + \ldots, \\[2ex] \text{on trouvera de même} \\[2ex] \dfrac{dQ}{db} = -\dfrac{du}{dt}\dfrac{dx}{db} - \dfrac{dv}{dt}\dfrac{dy}{db} - \ldots + \dfrac{dx}{dt}\dfrac{du}{db} + \ldots. \end{cases}$$

---

[1] Cet article fait partie d'un très long Mémoire sur la Mécanique céleste qui a été présenté à l'Académie de Turin le 11 octobre 1831 et dont on peut voir un extrait dans le *Bulletin universel des Sciences* de M. Férussac. (J. LIOUVILLE.)

Si de la seconde des équations (2), différentiée par rapport à la quantité $a$, on retranche la première différentiée par rapport à $b$, on obtiendra la suivante

$$(3) \qquad \frac{d[a, b]}{dt} = 0,$$

la valeur de $[a, b]$ étant

$$(4) \qquad [a, b] = \frac{dx}{da}\frac{du}{db} - \frac{dx}{db}\frac{du}{da} + \frac{dy}{da}\frac{dv}{db} - \frac{dy}{db}\frac{dv}{da} + \cdots,$$

puis, en intégrant l'équation (3), on trouvera

$$(5) \qquad [a, b] = \text{const.}$$

Donc, les quantités représentées par les symboles $[a, b]$, $[a, c]$, ..., $[b, c]$, ..., seront indépendantes de $t$. Observons d'ailleurs qu'en vertu de la formule (4), on aura généralement

$$[a, a] = 0 \qquad \text{et} \qquad [a, b] = -[b, a].$$

Soient maintenant

$$A = a, \qquad B = b, \qquad C = c, \qquad \ldots$$

les intégrales générales des équations (1), $A$, $B$, $C$, ... désignant des fonctions déterminées des seules variables $x, y, z, \ldots, u, v, w, \ldots, t$. Faisons de plus

$$(7) \qquad (A, B) = \frac{dA}{dx}\frac{dB}{du} - \frac{dA}{du}\frac{dB}{dx} + \frac{dA}{dy}\frac{dB}{dv} - \frac{dA}{dv}\frac{dB}{dy} + \cdots,$$

on aura encore

$$(A, A) = 0, \qquad (A, B) = -(B, A).$$

D'ailleurs, si, dans l'équation qui détermine $x$ en fonction de $a, b, c, \ldots, t$, on substitue $A$, $B$, $C$, ... au lieu de $a, b, c, \ldots$, on obtiendra une formule identique, qui, différentiée successivement par rapport à $x$, $y, z, \ldots, u, \ldots$ donnera

$$(8) \qquad 1 = \frac{dx}{da}\frac{dA}{dx} + \frac{dx}{db}\frac{dB}{dx} + \cdots, \qquad 0 = \frac{dx}{da}\frac{dA}{dy} + \frac{dx}{db}\frac{dB}{dy} + \cdots, \qquad 0 = \ldots,$$

et, si l'on ajoute entre elles les valeurs de $(A, A)$, $(A, B)$, $(A, C)$, ...
respectivement multipliées par $\dfrac{dx}{da}$, $\dfrac{dx}{db}$, $\dfrac{dx}{dc}$, ... on trouvera, en ayant
égard aux formules (8),

$$(9) \quad \begin{cases} (A, A)\dfrac{dx}{da} + (A, B)\dfrac{dx}{db} + (A, C)\dfrac{dx}{dc} + \ldots = -\dfrac{d\Lambda}{du}; \\[2ex] \text{on trouvera, de même,} \\[1ex] (A, A)\dfrac{dy}{da} + (A, B)\dfrac{dy}{db} + (A, C)\dfrac{dy}{dc} + \ldots = -\dfrac{d\Lambda}{dv}, \\[1ex] \text{etc.} \end{cases}$$

Pareillement, si l'on ajoute entre elles les valeurs de $(A, A)$, $(A, B)$,
$(A, C)$, ... respectivement multipliées par $\dfrac{du}{da}$, $\dfrac{du}{db}$, $\dfrac{du}{dc}$, ..., on trouvera

$$(10) \quad \begin{cases} (A, A)\dfrac{du}{da} + (A, B)\dfrac{du}{db} + (A, C)\dfrac{du}{dc} + \ldots = \dfrac{d\Lambda}{dx}; \\[2ex] \text{on aura de même} \\[1ex] (A, A)\dfrac{dv}{da} + (A, B)\dfrac{dv}{db} + (A, C)\dfrac{dv}{dc} + \ldots = \dfrac{d\Lambda}{dy}, \\[1ex] \text{etc.} \end{cases}$$

D'autre part, si l'on différentie successivement la première des formules (6) par rapport à chacune des quantités $a$, $b$, $c$, ... en considérant $x$, $y$, $z$, ..., $u$, $v$, $w$, ... comme des fonctions de $a$, $b$, $c$, ..., $t$,
on en tirera

$$(11) \quad \begin{cases} 1 = \dfrac{d\Lambda}{dx}\dfrac{dx}{da} + \dfrac{d\Lambda}{dy}\dfrac{dy}{da} + \ldots + \dfrac{d\Lambda}{du}\dfrac{du}{da} + \ldots, \\[2ex] 0 = \dfrac{d\Lambda}{dx}\dfrac{dx}{db} + \ldots, \qquad 0 = \dfrac{d\Lambda}{dx}\dfrac{dx}{dc} + \ldots, \qquad \ldots. \end{cases}$$

Cela posé, si l'on combine par voie d'addition les formules (9) et (10),
après avoir multiplié respectivement les formules (9) par $-\dfrac{du}{da}$, $-\dfrac{dv}{da}$,
$-\dfrac{dw}{da}$, ... et les formules (10) par $\dfrac{dx}{da}$, $\dfrac{dy}{da}$, $\dfrac{dz}{da}$, ..., on trouvera, en ayant

égard à la première des équations (11),

$$(12)\quad\begin{cases} (A, A)[a, a] + (A, B)[a, b] + (A, C)[a, c] + \ldots = 1; \\ \text{on aura, de même,} \\ (A, B)[b, a] + (A, B)[b, b] + (A, C)[b, c] + \ldots = 0. \\ (A, A)[c, a] + (A, B)[c, b] + (A, B)[c, c] + \ldots = 0, \\ \text{etc.} \end{cases}$$

Les équations (12) suffisent pour déterminer les valeurs des quantités (A, B), (A, C), …, quand on connaît celles des quantités constantes $[a, b]$, $[a, c]$, …, $[b, c]$. Des équations semblables détermineront les valeurs de (B, A), (B, C), …. Donc les quantités (A, B), (A, C), …. (B, C), … sont elles-mêmes constantes, et ne dépendent pas de la variable $t$.

Il est bon d'observer que, si, dans les équations (6) différentiées par rapport à $t$, on substitue les valeurs de $\dfrac{dx}{dt}$, $\dfrac{dy}{dt}$, …, $\dfrac{du}{dt}$, … tirées des équations (1), les formules ainsi obtenues, savoir,

$$(13)\quad\begin{cases} 0 = \dfrac{dA}{dx}\dfrac{dQ}{du} + \dfrac{dA}{dy}\dfrac{dQ}{dv} + \ldots - \dfrac{dA}{du}\dfrac{dQ}{dx} - \ldots \\[2mm] 0 = \dfrac{dB}{dx}\dfrac{dQ}{du} + \ldots - \dfrac{dB}{du}\dfrac{dQ}{dx} - \ldots \end{cases}$$

auront pour seconds membres des fonctions identiquement nulles de $x$, $y$, $z$, $u$, $v$, $w$, …, $t$. Car, s'il en était autrement, il existerait entre les valeurs générales de $x$, $y$, $z$, …, $u$, $v$, $w$, …, $t$, et par conséquent aussi entre les valeurs initiales de $x$, $y$, $z$, …, $u$, $v$, $w$, … correspondantes à $t = 0$, des équations qui ne renfermeraient aucune constante arbitraire; ce qui est absurde, puisque ces valeurs initiales peuvent être choisies arbitrairement.

Supposons maintenant qu'il s'agisse d'intégrer non plus les équations (1), mais les suivantes :

$$(14)\quad\begin{cases} \dfrac{dx}{dt} = \dfrac{dQ}{du} + \dfrac{dR}{du}, & \dfrac{dy}{dt} = \dfrac{dQ}{dv} + \dfrac{dR}{dv}, & \dfrac{dz}{dt} = \dfrac{dQ}{dw} + \dfrac{dR}{dw}, & \ldots, \\[2mm] \dfrac{du}{dt} = -\dfrac{dQ}{dx} - \dfrac{dR}{dx}, & \dfrac{dv}{dt} = -\dfrac{dQ}{dy} - \dfrac{dR}{dy}, & \dfrac{dw}{dt} = -\dfrac{dQ}{dz} - \dfrac{dR}{dz}, & \ldots, \end{cases}$$

on pourra supposer encore les valeurs de $x, y, z, \ldots, u, v, w, \ldots$ déterminées par les équations (6), pourvu que l'on y considère $a, b, c, \ldots$
comme devenant fonctions de $t$. Alors, si, dans la première des équations (6), différentiée par rapport à $t$, on substitue les valeurs de
$\dfrac{dx}{dt}, \dfrac{dy}{dt}, \ldots, \dfrac{du}{dt}, \ldots$ tirées des équations (14), si d'ailleurs on a égard à
la première des formules (13), qui, subsiste, quelles que soient les
valeurs de $x, y, z, \ldots, u, v, w, \ldots, t$, on trouvera

$$(15) \qquad \frac{du}{dt} = \frac{dA}{dx}\frac{dR}{du} + \frac{dA}{dy}\frac{dR}{dv} + \ldots - \frac{dA}{du}\frac{dR}{dx} - \ldots$$

Enfin, si, après avoir exprimé R en fonction de $a, b, c, \ldots, t$, on y
substitue, au lieu de $a, b, c, \ldots$ les fonctions de $x, y, z, \ldots, u, v, w, \ldots, t$
représentées par A, B, C, $\ldots$, on retrouvera identiquement la première valeur de R; et l'on aura, par suite,

$$(16) \quad \begin{cases} \dfrac{dR}{dx} = \dfrac{dR}{du}\dfrac{dA}{dx} + \dfrac{dR}{db}\dfrac{dB}{dx} + \ldots, \qquad \dfrac{dR}{dy} = \dfrac{dR}{da}\dfrac{dA}{dy} + \dfrac{dR}{db}\dfrac{dB}{dy} + \ldots, \\[2mm] \qquad\qquad \dfrac{dR}{du} = \dfrac{dR}{da}\dfrac{dA}{du} + \ldots, \qquad \ldots \end{cases}$$

Cela posé, la formule (15) donnera

$$(17) \quad \begin{cases} \dfrac{da}{dt} = (\text{A, B})\dfrac{dR}{db} + (\text{A, C})\dfrac{dR}{dc} + \ldots, \\[2mm] \text{on trouvera de même,} \\[2mm] \dfrac{db}{dt} = (\text{B, A})\dfrac{dR}{da} + (\text{B, C})\dfrac{dR}{dc} + \ldots, \\[2mm] \text{etc.} \end{cases}$$

Telles sont les équations différentielles qui devront servir à déterminer $a, b, c, \ldots$ en fonction de $t$. Les coefficients de $\dfrac{dR}{da}, \dfrac{dR}{db}, \ldots$ dans
ces équations, seront, d'après les remarques précédemment faites, des
fonctions des seules quantités $a, b, c, \ldots$ : et la variable $t$ n'y entrera
pas d'une manière explicite.

*Application à la Mécanique céleste.*

2. Soient $\mathfrak{M}$ la masse du Soleil, $m$, $m'$, $m''$, ... les masses des planètes : prenons pour origine des coordonnées le centre du Soleil, et soient

$$x, \; y, \; z; \quad x', \; y', \; z', \quad \ldots$$

les coordonnées des planètes dans leurs mouvements relatifs autour de cet astre. En choisissant convenablement l'unité de masse, désignant par $u$, $v$, $w$ les vitesses de $m$ mesurées parallèlement aux axes des $x$, $y$, $z$, et faisant pour abréger

$$M = \mathfrak{M} + m,$$
$$r = (x^2 + y^2 + z^2)^{\frac{1}{2}}, \qquad r' = (x'^2 + y'^2 + z'^2)^{\frac{1}{2}}, \qquad \ldots,$$
$$\tau' = \left[(x - x')^2 + (y - y')^2 + (z - z')^2\right]^{\frac{1}{2}},$$
$$R = \frac{m'(xx' + yy' + zz')}{r'^3} + \ldots - \frac{m'}{\tau'} - \ldots,$$

on trouvera pour les équations différentielles du mouvement de $m$,

$$\frac{dx}{dt} = u, \qquad \frac{dy}{dt} = v, \qquad \frac{dz}{dt} = w,$$
$$\frac{du}{dt} = -\frac{Mx}{r^3} - \frac{dR}{dx}, \qquad \frac{dv}{dt} = -\frac{My}{r^3} - \frac{dR}{dy}, \qquad \frac{dw}{dt} = -\frac{Mz}{r^3} - \frac{dR}{dz}.$$

Pour déduire ces dernières formules des équations (14) du numéro précédent, il suffira de prendre

$$Q = \frac{u^2 + v^2 + w^2}{2} - \frac{M}{r}$$

et d'admettre que R est fonction seulement de $x$, $y$, $z$, $x'$, $y'$, $z'$, .... Ainsi la théorie générale exposée ci-dessus s'applique sans difficulté aux équations différentielles du mouvement des planètes.

# MÉTHODE SIMPLE ET NOUVELLE
## POUR LA
## DÉTERMINATION COMPLÈTE DES SOMMES ALTERNÉES, FORMÉES AVEC LES RACINES PRIMITIVES DES ÉQUATIONS BINÔMES.

*Journal de Mathématiques pures et appliquées,* Tome V, p. 154-168; 1840.

Cet article, extrait des *Comptes rendus de l'Académie des Sciences* (t. 10, 1840, p. 560-572) a déjà été reproduit dans les *Œuvres de Cauchy,* 1re série, t. V, p. 152-166.

# SUR LA
## SOMMATION DE CERTAINES PUISSANCES
### D'UNE
### RACINE PRIMITIVE D'UNE ÉQUATION BINÔME
### ET, EN PARTICULIER,
### DES PUISSANCES QUI OFFRENT POUR EXPOSANTS
### LES RÉSIDUS CUBIQUES INFÉRIEURS AU MODULE DONNÉ.

*Journal de Mathématiques pures et appliquées*, Tome V, p. 169-183; 1840.

Cet article, extrait des *Comptes rendus de l'Académie des Sciences* (t. 10, 1840, p. 594-606) a déjà été reproduit dans les *OEuvres de Cauchy*, 1ʳᵉ série, t. V, p. 166-180.

# RAPPORT

## SUR UN MÉMOIRE DE M. LAINÉ
### RELATIF AU DERNIER THÉORÈME DE FERMAT.

*Journal de Mathématiques pures et appliquées*, Tome V, p. 211-215; 1840.

Cet article, extrait des *Comptes rendus de l'Académie des Sciences* (t. 9, 1839, p. 359-363) a déjà été reproduit dans les *Œuvres de Cauchy*, 1ʳᵉ série, t. IV, p. 499-504.

# NOTE

## SUR LA RÉFLEXION DE LA LUMIÈRE

### A LA

## SURFACE DES MÉTAUX.

*Journal de Mathématiques pures et appliquées*, Tome VII, p. 338-344; 1842.

M. Mac-Cullagh a lu à l'Académie de Dublin, le 9 janvier 1837, un Mémoire sur les lois de la réflexion et la réfraction cristalline. A ce Mémoire, dont une traduction française a paru dans la livraison de juin 1842 du *Journal de Mathématiques pures et appliquées*, est jointe une Note dans laquelle l'auteur cite des formules qu'il a publiées dans les *Irish. Acad. Transactions*, et qui sont relatives à la réflexion opérée par les surfaces métalliques. Mais, dans des observations que renferme le tome VIII des *Comptes rendus des séances de l'Académie des Sciences*, p. 961, et que M. Liouville a bien voulu mentionner à la page 217 de son Journal, j'ai déjà rappelé que j'avais traité moi-même, avant les publications faites par M. Mac-Cullagh, le sujet auquel se rapportent les formules dont il s'agit. Il y a plus : M. Mac-Cullagh m'ayant fait l'honneur de venir me voir dans ces derniers temps, je n'ai pas hésité à mettre sous ses yeux les preuves de mes assertions et les nombreux calculs que j'avais faits sur la réflexion métallique dès les premiers mois de l'année 1836. Les détails dans lesquels je suis entré ont dû, je l'espère, éclaircir tous les doutes qui pouvaient subsister encore dans l'esprit de M. Mac-Cullagh sur la question envisagée au point de vue historique. Au reste, comme je l'ai déjà dit dans le tome VIII des *Comptes rendus des séances de l'Académie des Sciences*, M. Mac-Cullagh ayant produit ses recherches sur la réflexion à la surface des métaux avant que mes travaux sur le même objet fussent suffisamment connus, et n'ayant pas eu sous les yeux à cette époque des formules qui se trouvaient comprises seulement d'une manière implicite dans celles que j'avais alors publiées, il est clair que ces recherches offraient tout le mérite d'une difficulté vaincue, et devaient être, par cette raison, favorablement accueillies des savants.

Dans la présente Note je me bornerai à rappeler succinctement les formules générales desquelles j'avais déduit, dès les premiers mois de l'année 1836, les lois de la réflexion de la lumière à la surface des corps opaques, ainsi que les Lettres et les Mémoires dans lesquels ces formules se trouvaient écrites ou indiquées.

Dans une lettre adressée de Prague à M. Ampère, sous la date du 1ᵉʳ avril 1836, et insérée vers cette époque dans les *Comptes rendus des séances de l'Académie des Sciences*, je disais :

« Les formules générales auxquelles je suis parvenu dans mes nou-
» velles recherches sur la théorie de la lumière ne fournissent pas seu-
» lement les lois de la propagation de la lumière dans le vide, comme
» je vous le disais dans mes lettres du 12 avril et du 19 février, ou les
» lois de la réflexion et de la réfraction à la surface des corps transpa-
» rents, telles qu'elles se trouvent énoncées dans mes deux lettres du
» 19 et du 28 mars; elles s'appliquent aussi à la propagation de la
» lumière dans la partie d'un corps *opaque* voisine de la surface, et à
» la réflexion de la lumière par un corps de cette espèce. On sait d'ail-
» leurs que, si la lumière passe d'un milieu plus réfringent dans un
» autre qui le soit moins, ce dernier deviendra opaque à l'égard des
» rayons qui rencontreront sa surface sous un angle tel que son com-
» plément $\tau$, c'est-à-dire l'angle d'incidence, devienne supérieur à une
» certaine limite qu'on nomme l'*angle de réflexion totale* .... Or, sup-
» posons qu'un rayon polarisé tombe sur la surface de séparation de

» deux milieux dont le premier soit le plus réfringent, et que l'angle
» d'incidence devienne supérieur à l'angle de réflexion totale. Si l'on
» nomme $\tau$ l'angle d'incidence, $\frac{1}{\theta}$ le rapport qui existait entre le sinus
» d'incidence et le sinus de réfraction avant que le rayon réfracté dis-
» parût, enfin $l = \frac{2\pi}{k}$ et $l' = \frac{2\pi}{k'}$ les épaisseurs qu'une onde lumi-
» neuse acquiert dans le premier et dans le second milieu, on aura
» $\theta = \frac{k}{k'} = \frac{l'}{l}$; et, si l'on pose d'ailleurs

$$b = \theta \sin\tau, \qquad a = \sqrt{b^2 - 1},$$

» l'intensité de la lumière dans le second milieu, à la distance $x$ de la
» surface de séparation, sera proportionnelle à l'exponentielle négative

$$e^{-ak'x}.$$

» Si $\tau$ se réduit à l'angle de réflexion totale, on aura

$$\sin\tau = \frac{1}{\theta}, \qquad b = 1, \qquad a = 0, \qquad e^{-ak'x} = 1,$$

» et la lumière réfractée aura une grande intensité; mais, si l'angle $\tau$
» croît à partir de la limite qu'on vient de rappeler, la lumière réfrac-
» tée s'éteindra à une distance comparable à l'épaisseur des ondes
» que peut transmettre le second milieu, et d'autant moindre que $a$
» sera plus grand. Si l'on suppose $\tau = \frac{\pi}{2}$, $a$ atteindra sa limite supé-
» rieure $\sqrt{\theta^2 - 1}$. Ajoutons que la quantité $b$ remplace ici le sinus de
« réflexion avec lequel elle coïncide lorsqu'on a $\sin\tau = \frac{1}{\theta}$. »

Cette lettre du 1er avril 1836, dans laquelle je donnais d'ailleurs,
pour déterminer l'intensité de la lumière réfléchie dans le cas de la
réflexion totale, des formules qui se trouvent d'accord avec les expériences et les formules de Fresnel, prouve suffisamment qu'en développant la théorie de la lumière, j'étais parvenu, dès cette époque, à l'interprétation physique de la forme imaginaire sous laquelle peuvent se

présenter les coefficients des coordonnées dans les expressions des déplacements moléculaires.

Une autre lettre, écrite le 16 avril 1836, et insérée dans les *Comptes rendus des séances de l'Académie des Sciences*, le 2 mai de la même année, contient ce qui suit :

« Dans ma dernière lettre, j'ai indiqué les résultats que fournissent
» les formules générales auxquelles je suis parvenu quand on les
» applique au phénomène connu sous le nom de réflexion totale, c'est-
» à-dire, au cas où le second milieu, quoique transparent, remplit la
» fonction d'un corps opaque. Je vais aujourd'hui vous entretenir de
» ce qui arrive lorsque le second milieu est constamment opaque sous
» toutes les incidences, et en particulier lorsque la lumière se trouve
» réfléchie par un métal.

» Si l'on fait tomber sur la surface d'un métal un rayon simple doué
» de la polarisation rectiligne ou circulaire, ou même elliptique, ce
» rayon pourra toujours être décomposé en deux autres polarisés en
» ligne droite, l'un perpendiculairement au plan d'incidence, l'autre
» parallèlement à ce plan. Or je trouve que, dans chaque rayon com-
» posant, la réflexion fait varier l'intensité de la lumière suivant un
» rapport qui dépend de l'angle d'incidence et qui généralement n'est
» pas le même pour les deux rayons. De plus, la réflexion transporte
» les ondulations en avant ou en arrière à une certaine distance qui
» dépend encore de l'angle d'incidence. Si l'on représente cette dis-
» tance pour le premier rayon par $\frac{\mu}{k}$, et pour le second par $\frac{\nu}{k}$,

$$l = \frac{2\pi}{k}$$

» étant l'épaisseur d'une onde lumineuse; la différence de marche
» entre les deux rayons composants, après une première réflexion,
» sera représentée par

$$\frac{\mu - \nu}{k}.$$

» Après *n* réflexions opérées sous le même angle, elle deviendra

$$n\left(\frac{\mu - \nu}{k}\right).$$

» Je trouve d'ailleurs qu'après une seule réflexion sous l'angle d'inci-
» dence $\tau$, la différence de marche des deux rayons composants est
» d'une demi-ondulation si $\tau = 0$, et d'une ondulation entière si
» $\tau = \frac{\pi}{2}$. Donc, en ne tenant pas compte des multiples de la circonfé-
» rence dans la valeur de l'angle $\mu - \nu$, on peut considérer la valeur
» numérique de ce dernier angle comme variant entre les limites $\pi$ et
» zéro. Lorsque $\mu - \nu$ atteint la moyenne entre ces deux imites, ou $\frac{\pi}{2}$,
» on obtient ce que M. Brewster appelle la polarisation elliptique, et

$$2, \quad 4, \quad 6, \quad 8, \quad \ldots, \quad 2n$$

» réflexions semblables ramènent le rayon polarisé à son état pri-
» mitif. Alors, si le rayon incident était polarisé en ligne droite, le
» dernier rayon réfléchi sera lui-même polarisé rectilignement. Mais
» son plan de polarisation formera avec le plan de réflexion un angle $\partial$,
» dont la tangente sera égale, au signe près, à la $(2n)^{\text{ième}}$ puissance du
» quotient qu'on obtient en divisant l'un par l'autre les rapports sui-
» vant lesquels la première réflexion fait varier dans chaque rayon
» composant les plus grandes vitesses des molécules. Donc, tandis
» que le nombre des réflexions croîtra en progression arithmétique,
» les valeurs de tang $\partial$ varieront en progression géométrique; et,
» comme pour les différents métaux on trouve généralement $\partial < 45°$,
» la lumière, pour de grandes valeurs de *n*, finira par être complè-
» tement polarisée dans le plan d'incidence. On déduit encore de mes
» formules générales un grand nombre de conséquences que je déve-
» lopperai plus en détail dans une seconde lettre, et qui s'accordent,
» comme les précédentes, avec les résultats obtenus par M. Brewster. »

Les formules générales desquelles j'avais déduit les lois de la
réflexion et de la réfraction à la surface des corps transparents ou

opaques sont celles que renferme la $7^e$ livraison de mes *Nouveaux Exer-cices de Mathématiques*, reçue par l'Académie des Sciences dans le mois d'août 1836, et mentionnée dans les *Comptes rendus* de la séance du 16 de ce même mois (*voir le Bulletin bibliographique*, t. III des *Comptes rendus*). Dans chaque livraison, p. 203, se trouve le passage suivant :

« Des recherches approfondies m'ont conduit à un nouveau prin-
» cipe de Mécanique propre à fournir, dans plusieurs questions de
» Physique mathématique, les conditions relatives aux limites des
» corps et aux surfaces qui terminent des systèmes de molécules sol-
» licitées par des forces d'attraction ou de répulsion mutuelle. Ce
» principe, que je développerai dans un autre Mémoire, étant appli-
» qué à la théorie de la lumière, on en conclut que, dans le voisinage
» de la surface de séparation de deux milieux, les déplacements $\xi$, $\eta$,
» $\zeta$ des molécules d'éther, relatifs soit au premier milieu, soit au
» second, devront fournir les mêmes valeurs de $\aleph$, si l'on prend
» pour $\aleph$ l'une quelconque des trois fonctions

$$(1) \qquad \frac{d\eta}{dz} - \frac{d\zeta}{dy}, \quad \frac{d\zeta}{dx} - \frac{d\xi}{dz}, \quad \frac{d\xi}{dy} - \frac{d\eta}{dx},$$

» ou bien encore si l'on suppose

$$(2) \qquad \aleph = a^2 \frac{d\xi}{dx} + b^2 \frac{d\eta}{dy} + c^2 \frac{d\zeta}{dz}$$
$$+ bc\left(\frac{d\eta}{dz} + \frac{d\zeta}{dy}\right) + ca\left(\frac{d\zeta}{dx} + \frac{d\xi}{dz}\right) + ab\left(\frac{d\xi}{dy} + \frac{d\eta}{dx}\right),$$

» $a$, $b$, $c$ désignant les cosinus des angles formés par la normale à la
» surface de séparation des deux milieux avec les demi-axes des coor-
» données positives. Il est bon d'observer que la valeur de $\aleph$, déter-
» minée par l'équation (2), représente la dilatation de l'éther suivant
» cette même normale.

» Lorsque, les deux milieux étant séparés l'un de l'autre par le plan
» des $y$, $z$, on suppose l'axe des $z$ parallèle aux plans des ondes lumi-

» neuses, et par conséquent perpendiculaire au plan d'incidence, on
» a dans la formule (2)

$$a = \pm 1, \qquad b = 0, \qquad c = 0,$$

» et de plus $\xi$, $\eta$, $\zeta$ deviennent indépendants de $z$. Donc alors, en chan-
» geant, ce qui est permis, le signe de la première des différences (1),
» on trouvera que les fonctions (1) et (2) peuvent être réduites à

$$(3) \qquad \frac{d\zeta}{dy}, \quad \frac{d\zeta}{dx}, \quad \frac{d\zeta}{dy} - \frac{d\eta}{dx}, \quad \frac{d\zeta}{dx}.$$

» Donc, si l'on nomme $\xi'$, $\eta'$, $\zeta'$ ce que deviennent les déplacements $\xi$,
» $\eta$, $\zeta$ tandis que l'on passe du premier milieu au second, on aura,
» pour les points situés sur la surface de séparation, c'est-à-dire
» pour $x = 0$,

$$(4) \qquad \frac{d\zeta}{dx} = \frac{d\zeta'}{dx}, \qquad \frac{d\zeta}{dy} - \frac{d\eta}{dx} = \frac{d\zeta'}{dy} - \frac{d\eta'}{dx}$$

et

$$(5) \qquad \frac{d\zeta}{dx} = \frac{d\zeta'}{dx}, \qquad \frac{d\zeta}{dy} = \frac{d\zeta'}{dy}.$$

» Lorsque dans les équations (4) et (5) on substitue à $\xi$, $\eta$, $\zeta$, les
» seconds membres des formules (1) du paragraphe V, et à $\xi'$, $\eta'$, $\zeta'$
» les seconds membres des formules (2) du même paragraphe (*voir*
» les *Nouveaux Exercices*, p. 57 et 58), on obtient les lois de la
» réflexion et de la réfraction qui ont lieu à la surface des corps trans-
» parents, avec les diverses formules que contiennent les deux lettres
» adressées à M. Libri, les 19 et 27 mars 1836, et imprimées dans les
» *Comptes rendus des séances de l'Académie des Sciences* (t. II, p. 427
» et 341). On déduit aussi des conditions (4) et (5) les lois de la
» réflexion opérée par la surface extérieure d'un corps opaque, ou par
» la surface intérieure d'un corps transparent dans le cas où l'angle
» d'incidence devient assez considérable pour qu'il n'y ait plus de
» lumière transmise, c'est-à-dire dans le cas où la réflexion devient
» totale. (*Voir* à ce sujet les deux lettres que j'ai adressées à M. Ampère
» les 1er et 16 avril.) Comme je l'ai montré dans ces différentes lettres,

» les formules, auxquelles conduisent les conditions (4) et (5), non
» seulement déterminent l'intensité de la lumière polarisée rectili-
» gnement par réflexion ou par réfraction, et les plans de polarisation
» des rayons réfléchis et réfractés, mais encore elles font connaître les
» diverses circonstances de la polarisation circulaire ou elliptique pro-
» duite par la réflexion totale, ou par la réflexion opérée à la surface
» d'un corps opaque, et en particulier d'un métal. D'ailleurs, les divers
» résultats de notre analyse se trouvent d'accord avec les lois déjà con-
» nues, particulièrement avec les formules proposées par MM. Fresnel
» et Brewster, ainsi qu'avec les observations de tous les physiciens.
» Au reste, je reviendrai sur ces résultats dans de nouveaux Mémoires,
» où je déduirai directement, des équations (15) du paragraphe I, les
» lois des divers phénomènes lumineux, y compris les phénomènes de
» l'ombre et de la diffraction. »

Le nouveau principe de mécanique dont il est question dans ce passage, et duquel j'avais déduit à Prague, dans les premiers mois de 1836, les formules (4), (5), est celui qui se trouve exposé dans le paragraphe IV de la première partie du Mémoire sur la lumière, lithographié à Budweiss dans le mois d'août 1836, et annoncé dans le *Compte rendu* de la séance du 29 de ce même mois. ( *Voir* le tome III des *Comptes rendus des séances de l'Académie des Sciences*, p. 235.) D'ailleurs, les formules (4), (5) étant une fois établies, soit à l'aide du principe que je viens de rappeler, soit par la méthode que j'ai développée dans les séances de l'Académie des Sciences des 18 mars, 25 mars et 1er avril 1839, l'application de ces formules aux corps isophanes, transparents, ou opaques, fournit immédiatement les lois de la réflexion opérée par la surface extérieure ou intérieure de l'un de ces corps, et l'on retrouve ainsi les diverses formules que j'avais déjà obtenues à Prague en 1836. C'est, au reste, ce que j'expliquerai plus en détail dans un autre article.

# NOTE

## SUR LE DÉVELOPPEMENT
## DES
## FONCTIONS EN SÉRIES ORDONNÉES
## SUIVANT
## LES PUISSANCES ASCENDANTES DES VARIABLES.

*Journal de Mathématiques pures et appliquées*, Tome XI, p. 313-330, 1846.

Le théorème sur la convergence de la série qu'on obtient en développant une fonction $f(x)$ de la variable réelle ou imaginaire $x$ suivant
les puissances entières et ascendantes de cette variable, se trouve
énoncé pour la première fois dans le Mémoire que j'ai publié à Turin
en 1832, Mémoire dont la première partie a pour objet spécial le nouveau calcul auquel j'ai donné le nom de *calcul des limites*. On lit, en
effet, dans ce Mémoire, les lignes que je vais transcrire :

« *La fonction $f(x)$ sera développable en une série convergente ordon-*
» *née suivant les puissances ascendantes de $x$, si le module de la variable*
» *réelle ou imaginaire $x$ conserve une valeur inférieure à celle pour*
» *laquelle la fonction $f(x)$ cesse d'être finie et continue.* Ainsi, en parti-
» culier, puisque les fonctions

$$\cos x, \quad \sin x, \quad e^{x}, \quad e^{x^2}, \quad \cos(1 - x^2), \quad \ldots$$

» ne cessent jamais d'être finies et continues, ces fonctions seront tou-

» jours développables en séries convergentes ordonnées suivant les
» puissances ascendantes de $x$.

» Au contraire, les fonctions

$$(1+x)^{\frac{1}{2}}, \quad \frac{1}{1-x}, \quad \frac{x}{1+\sqrt{1-x^2}},$$

» qui, lorsqu'on attribue à $x$ une valeur imaginaire de la forme $X e^{p\sqrt{-1}}$,
» cessent d'être fonctions continues de $x$ au moment où le module $X$
» devient égal à 1, seront certainement développables en séries con-
» vergentes ordonnées suivant les puissances ascendantes de la
» variable $x$, si la valeur réelle ou imaginaire de $x$ offre un module
» inférieur à l'unité ; mais elles pourront devenir et deviendront, en
» effet, divergentes, si le module $x$ surpasse l'unité. Enfin, comme les
» fonctions

$$e^{\frac{1}{x}}, \quad e^{\frac{1}{x^2}}, \quad \cos\frac{1}{x}, \quad \dots$$

» deviennent discontinues pour une valeur nulle de $x$, par conséquent,
» lorsque le module de $x$ est le plus petit possible, elles ne seront
» jamais développables en séries convergentes ordonnées suivant les
» puissances ascendantes de $x$. »

Dans le théorème énoncé, les fonctions sont envisagées sous le rapport de la *continuité*. Donc, lorsqu'on veut appliquer le théorème, il
est d'abord nécessaire de savoir en quoi consiste la continuité, pour
des fonctions de variables réelles ou imaginaires.

La continuité des fonctions de variables réelles forme précisément
l'objet du second paragraphe du chapitre II de mon *Analyse algébrique* ;
elle s'y trouve définie dans les termes suivants :

« Soit $f(x)$ une fonction de la variable $x$, et supposons que, pour
» chaque valeur de $x$ intermédiaire entre deux limites données, cette
» fonction admette constamment une valeur unique et finie. Si, en
» partant d'une valeur de $x$ comprise entre ces limites, on attribue à
» la variable $x$ un accroissement infiniment petit $\alpha$, la fonction elle-

» même recevra pour accroissement la différence

$$f(x + \alpha) - f(x),$$

» qui dépendra en même temps de la nouvelle variable $\alpha$ et de la valeur
» de $x$. Cela posé, la fonction $f(x)$ sera, entre les deux limites assi-
» gnées à la variable $x$, fonction continue de cette variable, si, pour
» chaque valeur de $x$ intermédiaire entre ces limites, la valeur numé-
» rique de la différence

$$f(x + \alpha) - f(x)$$

» décroît indéfiniment avec $\alpha$. En d'autres termes, *la fonction $f(x)$*
» *restera continue par rapport à x entre les limites données, si entre ces*
» *limites un accroissement infiniment petit de la variable produit toujours*
» *un accroissement infiniment petit de la fonction elle-même.*

» On dit encore que la fonction $f(x)$ est, dans le voisinage d'une
» valeur particulière attribuée à la variable $x$, fonction continue de
» cette variable, toutes les fois qu'elle est continue entre deux limites
» de $x$, même très rapprochées, qui renferment la valeur dont il s'agit.

» Enfin, lorsqu'une fonction $f(x)$ cesse d'être continue dans le voi-
» sinage d'une valeur particulière de la variable $x$, on dit qu'elle devient
» alors *discontinue*, et qu'il y a, pour cette valeur particulière, *solution*
» *de continuité*. ».

Ainsi, en résumé, *supposons que, dans la fonction $f(x)$, on fasse
varier x par degrés insensibles en attribuant à cette variable une série de
valeurs infiniment rapprochées les unes des autres. La fonction $f(x)$
restera continue pour toutes ces valeurs de x, si, pour chacune d'elles,
elle acquiert constamment une valeur unique et finie, et si d'ailleurs un
accroissement infiniment petit attribué à l'une quelconque de ces valeurs
de x produit toujours un accroissement infiniment petit de la fonction
elle-même.*

Énoncée en ces termes, la définition des fonctions continues n'est
pas seulement applicable au cas où $x$ reste réel. On pourra l'appliquer
encore, sans difficulté, au cas même où $x$ devient imaginaire, en

observant qu'il est naturel de définir les expressions imaginaires infiniment petites, comme je l'ai fait dans l'analyse algébrique, c'est-à-dire
dans les termes suivants :

« Une expression imaginaire variable est appelée *infiniment petite*,
» lorsqu'elle converge vers la limite zéro ; ce qui suppose que, dans
» l'expression donnée, la partie réelle et le coefficient de $\sqrt{-1}$ conver
» gent en même temps vers cette limite. Cela posé, représentons par

$$\alpha + \beta\sqrt{-1} = \rho\left(\cos\theta + \sqrt{-1}\sin\theta\right)$$

» une expression imaginaire variable, $\alpha$, $\beta$ désignant deux quantités
» réelles auxquelles on peut substituer le module $\rho$ et l'arc réel $\theta$.
» Pour que cette expression soit infiniment petite, il sera évidemment
» nécessaire et suffisant que son module $\rho$ soit lui-même infiniment
» petit. ».

Ces principes étant admis, soit $r$ le module d'une variable imaginaire $x$, dans laquelle x désigne la partie réelle et y le coefficient de
$\sqrt{-1}$. Cette variable pourra être présentée, non seulement sous la
forme

$$(1) \qquad x = x + y\sqrt{-1},$$

mais encore sous la forme

$$(2) \qquad x = r\left(\cos\theta + \sqrt{-1}\sin\theta\right),$$

ou, ce qui revient au même, sous la forme

$$(3) \qquad x = r\,e^{\theta\sqrt{-1}},$$

$\theta$ étant un arc réel que nous appellerons *l'argument*, et les variables
réelles

$$x, \quad y, \quad \theta, \quad r$$

étant liées entre elles par les formules

$$(4) \qquad x = r\cos\theta, \qquad y = r\sin\theta.$$

En vertu de ces mêmes formules, desquelles on tirera

$$r = \sqrt{x^2 + y^2},$$

le module $r$ sera complètement déterminé, mais l'argument 0 admettra une infinité de valeurs exprimées par les divers termes d'une progression arithmétique dont la raison sera la circonférence $2\pi$. On pourra d'ailleurs concevoir que x, y représentent les coordonnées rectangulaires, et 0, $r$ les coordonnées polaires d'un point mobile P assujetti à ne pas sortir d'un plan donné. Alors, à chaque valeur donnée de la variable imaginaire $x$, correspondra une position déterminée du point mobile P ; et il suffira, comme on sait, de faire varier d'une part, le rayon vecteur $r$ entre les limites $r = 0$, $r = \infty$ ; d'autre part, l'angle polaire $p$ entre les limites $0 = 0$, $0 = 2\pi$, ou bien encore entre les limites $0 = -\pi$, $0 = +\pi$, pour obtenir successivement toutes les positions possibles du point mobile, par conséquent toutes les valeurs possibles de la variable $x$. Admettons, pour fixer les idées, que l'argument $p$ varie entre les limites $-\pi$, $+\pi$. Alors si l'on suppose successivement

$$0 = \pi - \varepsilon, \qquad \text{puis} \quad 0 = -(\pi - \varepsilon),$$

$\varepsilon$ désignant une quantité positive infiniment petite, on trouvera, dans la première hypothèse,

$$x = -r\cos\varepsilon, \qquad y = -r\sin\varepsilon,$$
$$r = -r\, e^{-\varepsilon\sqrt{-1}};$$

et, dans la seconde hypothèse,

$$x = -r\cos\varepsilon \qquad y = -r\sin\varepsilon,$$
$$x = -r\, e^{\varepsilon\sqrt{-1}}.$$

Par suite, la valeur de x restera la même dans les deux hypothèses, et dans le passage de l'une à l'autre, la variable y. toujours sensiblement nulle, variera infiniment peu, ainsi que la variable imaginaire $x$. qui restera toujours très peu différente de $-r$. Cela posé, en vertu de ce qui a été dit plus haut. la fonction $f(x)$ de la variable imaginaire $x$

ne pourra rester fonction continue de $x$, dans le voisinage de la valeur particulière $x = -r$, qu'autant qu'elle variera elle-même infiniment peu quand on passera de la supposition $0 = \pi - \varepsilon$ à la supposition $0 = -(\pi - \varepsilon)$, $\varepsilon$ étant aussi rapproché de zéro que l'on voudra ; ce qu'on peut exprimer encore en disant que la fonction $f(x)$ ne pourra rester fonction continue de $x$, dans le voisinage de la valeur particulière $x = -r$, si elle ne reprend pas la même valeur, quand l'argument $\theta$ passe de la valeur $\pi$ à la valeur $-\pi$.

Ces conclusions s'accordent avec les observations que j'ai eu soin de faire, dans un précédent Mémoire sur les fonctions continues. (*Voir* les *Comptes rendus des séances de l'Académie des Sciences*, et, en particulier, la séance du 22 juin 1844). En effet, dans ce Mémoire, après avoir rappelé le théorème sur la convergence des séries ordonnées suivant les puissances ascendantes des variables, j'ajoutais :

« Comme cette dernière proposition peut recevoir un grand nombre » d'applications utiles, il importe de la bien préciser, et d'entrer à ce » sujet dans quelques détails.

» Considérons une variable imaginaire $x$. Elle sera le produit de » son module par une certaine exponentielle trigonométrique ; et, pour » obtenir toutes les valeurs de la variable correspondantes à un module » donné, il suffira de faire croître l'argument de cette variable, c'est-à- » dire l'argument de l'exponentielle trigonométrique, depuis la limite » zéro jusqu'à une circonférence entière $2\pi$, ou, ce qui revient au » même, depuis la limite $-\pi$ jusqu'à la limite $+\pi$. Si, tandis que » l'argument varie entre ces limites, et le module entre deux limites » données, une fonction réelle ou imaginaire de $x$ reste continue par » rapport à l'argument et au module, de manière à reprendre la » même valeur quand l'argument passe de la limite $-\pi$ à la limite $\pi$, » cette fonction sera, entre les limites assignées au module, ce que » nous appelons une fonction continue de la variable. »

Dans une Note que renferme le présent volume (p. 129 et suiv.), M. Ernest Lamarle, après avoir rappelé le théorème qui fait l'objet du présent article, dit que, dans ce théorème, la condition de continuité est *insuffisante, à moins qu'elle n'implique une certaine périodicité de la fonction.* Il remarque, ensuite, que si la fonction

$$f\left(r\,e^{\theta\sqrt{-1}}\right),$$

liée aux deux fonctions réelles

$$\varphi(r,\theta), \qquad \psi(r,\theta),$$

par une équation symbolique de la forme

$$f\left(r\,e^{\theta\sqrt{-1}}\right) = \varphi(r,\theta) + \sqrt{-1}\,\psi(r,\theta),$$

est développable en série convergente suivant la formule de Maclaurin, on aura nécessairement

$$\varphi(r,0) = \varphi(r,2\pi), \qquad \psi(r,0) = \psi(r,2\pi);$$

puis il ajoute :

« Voilà donc une condition nouvelle reconnue tout d'abord indis-
» pensable. Elle consiste en ce que les fonctions $\varphi(r,\theta)$, $\psi(r,\theta)$ sont
» assujetties à reprendre les mêmes valeurs aux deux limites $\theta = 0$,
» $\theta = 2\pi$. Réduite à ces termes, elle n'offre rien de surabondant et
» qui ne soit essentiellement distinct des caractères propres à la conti-
» nuité. »

On voit que la condition ici énoncée par **M.** **Lamarle** est précisément celle que j'ai signalée moi-même dans le *Compte rendu* de la séance du 22 juin 1844, non pas comme distincte de la condition de continuité mais comme renfermée dans cette dernière. Si M. Lamarle, en écrivant sa Note, avait eu sous les yeux ce *Compte rendu,* spécialement le passage cité du Mémoire sur les fonctions continues, et s'il avait rapproché ce passage des principes exposés dans mon *Analyse algébrique,* il se serait certainement borné à dire que, *dans le théorème en question, la condition de continuité est la seule qu'on doive mentionner, et que cette condition implique une certaine périodicité de la fonction.*

Au reste, dire que, *dans le théorème dont il s'agit, la condition de continuité est la seule qu'on doive mentionner*, c'est dire seulement que *la fonction $f(x)$ sera développable en série convergente ordonnée suivant les puissances ascendantes de $x$, si le module de la variable $x$ conserve une valeur inférieure à celle pour laquelle la fonction cesse d'être finie et continue*. Mais je suis loin d'admettre que la discontinuité de la fonction entraîne toujours la divergence du développement, et que l'on puisse dire, avec M. Lamarle (p. 137 de ce volume) :

« Toute fonction est développable en série convergente suivant la
» formule de Maclaurin, tant que le module de la variable reste
» moindre que la plus petite des valeurs pour laquelle la fonction
» cesse d'être continue, ou de prendre la même valeur aux deux
» limites $\theta = 0$, $\theta = 2\pi$. *Hors de là la série devient divergente.* »

J'ai précisément émis l'opinion contraire à celle qu'énonce ici M. Lamarle, dans un précédent Mémoire, où je me suis spécialement occupé *des fonctions dont les développements restent convergents, tandis qu'elles deviennent discontinues.* M. Lamarle lui-même ne pourra révoquer en doute l'existence de fonctions qui présentent ce double caractère. Il me suffira de prendre pour exemple la fonction même qu'il a choisie comme propre à montrer une application du théorème général, savoir,

$$(1 + x)^m,$$

et de considérer spécialement le cas où, le module $r$ de $x$ étant inférieur à l'unité, l'exposé $m$ devient fractionnaire et de la forme $\frac{p}{q}$, $p$, $q$ étant des nombres entiers.

On ne pourrait, sans introduire une étrange confusion dans le calcul, représenter par la même notation

$$x^{\frac{p}{q}}$$

toutes les valeurs de $y$ propres à vérifier l'équation

$$y^q = x^p,$$

dans le cas où la variable

$$x = \rho\, e^{\theta\sqrt{-1}}$$

devient imaginaire, et l'on est bien libre assurément d'appliquer, avec
M. Lamarle, la notation

$$x^{\frac{p}{q}}$$

à celle des valeurs de $y$ qu'on tire de la formule

$$y = \rho^{\frac{p}{q}}\left(\cos\frac{p}{q}\theta + \sqrt{-1}\,\sin\frac{p}{q}\theta\right),$$

en y supposant $\theta$ compris entre les limites o, $2\pi$. Admettons pour
l'instant cette hypothèse, et, après avoir ainsi fixé, dans tous les cas
possibles, la valeur de la fonction

$$x^{\frac{p}{q}},$$

ou, en d'autres termes, le sens qui devra être attaché à la notation $x^{\frac{p}{q}}$,
posons, comme l'a fait M. Lamarle,

$$(5) \qquad 1 + r\cos\theta = \rho\cos\alpha, \qquad r\sin\theta = \rho\sin\alpha,$$

en supposant $\rho$ positif. On aura non seulement

$$(6) \qquad \rho = \sqrt{1 + r^2 + 2r\cos\theta},$$

mais encore, en assujettissant l'argument $\alpha$ à demeurer compris entre
les limites o, $2\pi$, et en posant $m = \dfrac{p}{q}$,

$$(7) \qquad (1 + x)^m = (1 + r\,e^{\theta\sqrt{-1}})^m = \rho^m(\cos m\alpha + \sqrt{-1}\,\sin m\alpha).$$

Supposons maintenant que, le module $r$ étant inférieur à l'unité, on
attribue successivement à $x$ deux valeurs très voisines de la valeur
particulière

$$x = -r,$$

et que ces deux valeurs soient respectivement

$$(8) \qquad x = -r\,e^{-\varepsilon\sqrt{-1}}, \qquad x = -r\,e^{\varepsilon\sqrt{-1}},$$

$\varepsilon$ étant un nombre infiniment petit. Les valeurs de $\theta$ correspondantes
à ces deux valeurs de $x$ seront respectivement

$$(9) \qquad \theta = \pi - \varepsilon, \qquad \theta = \pi + \varepsilon.$$

D'ailleurs les formules (5) donneront, 1° pour $\theta = \pi - \varepsilon$,

$$(10) \qquad 1 - r\cos\varepsilon = \rho\cos\alpha, \qquad r\sin\varepsilon = -\rho\sin\alpha.$$

2° pour $\theta = \pi + \varepsilon$,

$$(11) \qquad 1 - r\cos\varepsilon = \rho\cos\alpha, \qquad r\sin\varepsilon = -\rho\sin\alpha$$

On aura donc, dans l'un et l'autre cas,

$$\cos\alpha = \frac{1 - r\cos\varepsilon}{\rho} > 0;$$

mais comme, dans le passage du premier cas au second, $\sin\alpha$ passera du positif au négatif en restant infiniment petit, il est clair que l'argument $\alpha$, renfermé entre les limites $0$, $2\pi$, offrira, dans le premier cas, une valeur très voisine de zéro; dans le second cas, une valeur très voisine de $2\pi$. Donc, si le module $r$ de $x$ est inférieur à l'unité, les deux valeurs de la fonction

$$(1 + x)^m,$$

qui correspondront aux deux valeurs infiniment voisines de $x$ fournies par les équations (8), et, par conséquent, aux valeurs infiniment voisines de $\theta$, fournies par les équations (9), se réduiront sensiblement aux deux valeurs qu'acquiert l'expression

$$\rho^m(\cos m\alpha + \sqrt{-1}\,\sin m\alpha) = \rho^m e^{m\alpha\sqrt{-1}}$$

quand on y pose successivement $\alpha = 0$ et $\alpha = 2\pi$, c'est-à-dire à $\rho^m$ et à $\rho^m e^{2m\pi\sqrt{-1}}$. Donc la différence entre ces deux valeurs de la fonction $(1+x)^m$ ne pourra s'évanouir que dans le cas où l'exposant $m$ sera entier. Dans tout autre cas, la différence entre ces deux valeurs étant, non pas infiniment petite, mais finie, la fonction $(1+x)^m$ cessera d'être une fonction continue de $x$ et même de $\theta$, quand $x$ acquerra une valeur réelle et négative, et offrira, pour une telle valeur, ce qu'on nomme une solution de continuité.

Donc, si l'on attribue à la notation $x^{\frac{\mu}{\nu}}$ le sens que lui a donné

M. Lamarle, la fonction

$$(1 + x)^{\frac{t}{q}}$$

deviendra discontinue pour un module de $x$ inférieur à l'unité; et la
convergence de son développement, dans le cas où l'on aura $r < 1$,
sera due, contrairement à la proposition énoncée par M. Lamarle, non
plus à son caractère de fonction toujours continue, qui aura disparu,
comme on vient de le voir, mais à une circonstance particulière, savoir,
à l'évanouissement de la somme que j'ai désignée par $\Delta$ dans mon
Mémoire sur la substitution des fonctions non périodiques aux fonctions périodiques. (*Voir* les *Comptes rendus des séances de l'Académie
des Sciences*, séance du 10 juin 1844.)

La fonction $(1 + x)^m$ reprendra, pour un module de $x$ inférieur à
l'unité, le caractère de fonction toujours continue, et par conséquent,
le théorème qui fait l'objet de cet article lui sera immédiatement applicable, si l'on attache à la notation $x^m$, pour le cas où $m$ cesse d'être
entier, le sens que je lui ai donné dans mon *Analyse algébrique*, en
supposant que dans la formule

$$x^m = r^m (\cos m\theta + \sqrt{-1} \sin m\theta),$$

$\theta$ varie entre les limites $-\frac{\pi}{2}, +\frac{\pi}{2}$. On pourra même sans inconvénient généraliser cette convention et faire varier l'argument $\theta$ depuis
la limite $-\pi$ jusqu'à la limite $+\pi$, pourvu qu'on ne lui permette
jamais d'atteindre la limite inférieure $-\pi$, mais seulement de s'en
approcher indéfiniment. Dans l'une et l'autre hypothèse, aux deux
valeurs de $x$, déterminées par les équations (8), répondront, en vertu
des formules (10) et (11), des valeurs de $\alpha$ sensiblement nulles, et,
par conséquent, des valeurs de $(1 + x)^m$ dont la différence sera infiniment petite, aussi bien que la différence entre les deux valeurs assignées à la variable $x$.

Comme je l'ai remarqué dans mon *Analyse algébrique* (chap. VIII),
« lorsque les constantes ou variables comprises dans une fonction
» donnée, après avoir été supposées réelles, sont ensuite supposées

» imaginaires, la notation à l'aide de laquelle on exprimait la fonction
» dont il s'agit ne peut être conservée dans le calcul qu'en vertu de
» conventions nouvelles, propres à fixer le sens de cette notation dans
» la dernière hypothèse. » D'après ce qu'on vient de voir, la nature des
conventions a une influence marquée sur le caractère des fonctions
considérées comme continues ; de sorte qu'en passant d'un système
de conventions à un autre, on peut rendre discontinues des fonctions
qui étaient continues et réciproquement. D'après cette remarque, il
n'y a pas lieu de s'étonner que les développements de certaines fonctions restent convergents, dans le cas où ces fonctions deviennent
discontinues, puisqu'en modifiant les conventions admises, on peut
quelquefois enlever à une fonction dont le développement était
convergent le caractère de continuité. Pour rendre plus souvent applicable le théorème sur la convergence des développements, il est
évidemment utile d'adopter les conventions qui conservent ce caractère
le plus longtemps possibles aux fonctions employées dans le calcul.

Cherchons à fixer, d'après ce principe, le sens qu'il serait bon
d'attacher aux deux notations

$$l(x), \quad x^m,$$

la lettre l indiquant un logarithme népérien, et $m$ un exposant quelconque, positif ou négatif, entier ou fractionnaire, réel ou imaginaire.
Il est d'abord évident que, si l'on convient d'étendre à des valeurs
quelconques, réelles ou imaginaires, de $x$ et de $m$ la formule

$$(12) \qquad\qquad x^m = e^{ml(x)},$$

qu'il est facile d'établir quand $x$ et $m$ sont réels, $x$ étant positif, la
question se trouvera réduite à la recherche de l'expression imaginaire
qu'on devra représenter par $l(x)$. Or, la variable $x$ étant imaginaire et
déterminée par l'équation (3), les divers logarithmes népériens de $x$
seront les diverses valeurs de $y$, propres à vérifier la formule

$$e^y = x,$$

et ces diverses valeurs seront celles que fournit l'équation

$$y = l(r) + \theta \sqrt{-1},$$

dans laquelle $l(r)$ désigne le logarithme népérien et réel du module $r$, quand on attribue successivement à l'argument $\theta$ toutes les valeurs qu'il peut recevoir. Mais les calculs n'offriraient plus rien de précis, si l'on représentait par la seule notation $l(x)$ ces diverses valeurs. Il importe donc de choisir l'une d'entre elles, pour lui appliquer cette notation. D'ailleurs, la variable

$$x = r\, e^{\theta \sqrt{-1}}$$

pourra successivement acquérir toutes les valeurs possibles, si l'on fait varier le module $r$ entre les limites $r = 0$, $r = \infty$, et l'argument $p$ entre les liimites

$$p = \varphi - \pi, \qquad p = \varphi + \pi,$$

$\varphi$ désignant un angle fini quelconque, en excluant même une de ces limites. Donc le sens de la notation $l(x)$ se trouvera complètement fixé pour chaque valeur de $x$, si l'on prend

$$(13) \qquad\qquad l(x) = l(r) + \theta \sqrt{-1},$$

en supposant que l'argument $p$ varie entre les limites $\varphi - \pi$, $\varphi + \pi$, sans pouvoir jamais atteindre une de ces deux limites. D'autre part, comme dans le cas où $x$ est réel et positif, on est convenu de représenter par $l(x)$ le logarithme réel de $x$, il faudra que, dans l'équation $(13)$, $\theta$ se réduise à zéro quand $x$ sera réduit à $r$; par conséquent. il faudra que la valeur zéro de l'argument $\theta$ soit comprise entre les limites $\varphi - \pi$, $\varphi + \pi$. Cette dernière condition se trouve remplie lorsqu'on suppose $\varphi = 0$ ou $\varphi = \pi$, c'est-à-dire lorsqu'on fait varier $\theta$ de $0$ à $2\pi$, en excluant la limite supérieure $2\pi$, ou de $-\pi$ à $+\pi$, en excluant la limite inférieure $-\pi$, ou même plus généralement lorsqu'on attribue à l'angle $\varphi$ une valeur comprise entre les limites $0$, $\pi$, en excluant l'une des deux limites de $\theta$.

Entre les trois suppositions que nous venons d'indiquer, les deux premières sont les plus simples, et l'on pourrait être tenté de choisir la première, comme l'a fait M. Lamarle. Mais il importe d'observer qu'alors les fonctions

$$l(x), \quad x^m$$

cesseraient d'être continues dans le voisinage de valeurs réelles et positives de $x$, ce qui ne serait pas sans inconvénient. Il en résulterait, par exemple, que, pour des valeurs du module $r$ inférieures à l'unité, les deux fonctions

$$l(1 + x), \quad (1 + x)^m$$

ne seraient plus des fonctions toujours continues de $x$ et de $\theta$, comme dans le cas où l'on pose $\varphi = 0$. Au contraire, lorsqu'on adopte la seconde supposition, c'est-à-dire lorsqu'on fait varier $\theta$ depuis la limite $-\pi$ exclusivement jusqu'à la limite $\pi$ inclusivement, les deux expressions

$$l(1 + x), \quad (1 + x)^m$$

restent fonctions continues de $x$, pour toute valeur du module $r$ inférieure à l'unité. En effet, posons

$$(14) \qquad 1 + re^{\theta\sqrt{-1}} = \rho\, e^{\alpha\sqrt{-1}},$$

l'argument $\alpha$ étant assujetti, comme l'argument $\theta$, à varier entre la limite $-\pi$ et la limite $\pi$ sans jamais atteindre la limite inférieure. On aura, comme ci-dessus,

$$1 + r\cos\theta = \rho\cos\alpha, \qquad r\sin\theta = \rho\sin\alpha;$$

par conséquent,

$$\cos\alpha = \frac{1 + \cos\theta}{\rho} > 0, \qquad \sin\alpha = \frac{r}{\rho}\sin\theta,$$

et, tandis que l'argument $\theta$ variera entre les limites $-\pi$, $+\pi$, en passant par la valeur zéro, l'argument $\alpha$, toujours compris entre les limites $-\frac{\pi}{2}$, $+\frac{\pi}{2}$, puisque son cosinus sera positif, variera, avec $x$, par degrés insensibles, et passera de la valeur zéro à la valeur $-\arcsin r$, puis reviendra de celle-ci à la valeur zéro, puis, ensuite, passera de la valeur zéro à la valeur arc sin $r$, puis, enfin, reviendra de celle-ci à la valeur zéro, c'est-à-dire à sa valeur primitive. D'ailleurs, $\alpha$ variant avec $x$, comme on vient de le voir, par degrés insensibles, et le module

$$\rho = \sqrt{1 + r^2 + 2 r \cos\theta}$$

jouissant évidemment de la même propriété, il est clair que les fonctions $l(1 + x)$, $(1 + x)^m$, dont les valeurs seront déterminées par les équations

$$l(1 + x) = l(\rho) + \alpha \sqrt{-1},$$
$$(1 + x)^m = e^{m\, l(1+x)} = \rho^m e^{m\alpha\sqrt{-1}},$$

seront, pour $r < 1$, des fonctions continues de la variable imaginaire $x$.

Eu égard à ces considérations, il paraît convenable de fixer le sens des deux notations

$$l(x), \quad x^m,$$

à l'aide des formules (12), (13), ou, ce qui revient au même, à l'aide de la formule (13) et de la suivante :

$$(15) \qquad x^m = r^m e^{m\theta\sqrt{-1}},$$

en assujettissant l'argument $\theta$ de $x$ à varier depuis la limite $-\pi$ exclusivement jusqu'à la limite $\pi$ inclusivement [1].

En reproduisant, dans les *Exercices d'Analyse*, le théorème sur la convergence du développement de $f(x)$ en série ordonnée suivant les puissances ascendantes de $x$, j'ai mentionné, comme condition de convergence, non seulement la continuité de $f(x)$, comme je l'avais fait

---

[1] Depuis la rédaction de cet article, en parcourant le Mémoire que M. Björling à publié sur le développement d'une puissance quelconque réelle ou imaginaire d'un binome, j'ai trouvé, au bas d'une page, une note où il est dit que cet auteur a présenté à l'Académie d'Upsal une Dissertation sur l'utilité qu'il peut y avoir à conserver dans le calcul les deux notations $x^a$, $l(x)$, dans le cas même où la partie réelle de $x$ est négative, M. Björling verra que, sur ce point, je suis d'accord avec lui; il reste à savoir si les conventions auxquelles il aura eu recours, pour fixer complètement, dans tous les cas, le sens des notations $x^a$, $l(x)$ sont exactement celles que j'ai adoptées moi-même ; et, pour le savoir, je suis obligé d'attendre qu'il me soit possible de connaître la Dissertation dont il s'agit.

en 1832, mais encore la continuité de $f'(x)$. Toutefois, une remarque de M. Liouville ayant ramené mon attention sur cet objet, m'a engagé à l'examiner de nouveau dans un Mémoire sur quelques propositions fondamentales du calcul des résidus et sur la théorie des intégrales singulières. (*Voir* les *Comptes rendus des séances de l'Académie des Sciences*, séance du 16 décembre 1844.) On trouve, en effet, dans ce Mémoire, le passage suivant :

« J'observerai que j'ai déduit constamment les divers théorèmes
» précédemment rappelés (ceux qui sont relatifs au résidu intégral
» d'une fonction), et les théorèmes analogues, d'un principe fonda-
» mental établi dans mes Mémoires de 1814 et de 1822. Comme je l'ai
» reconnu dans ces Mémoires, la différence entre les deux valeurs
» d'une intégrale double, dans laquelle la fonction sous le signe $\int$ peut
» s'intégrer en termes finis par rapport à l'une quelconque des deux
» variables que l'on considère, se trouve exprimée par une intégrale
» définie singulière. Ce principe unique suffit pour montrer que,
» dans le théorème relatif au développement des fonctions en séries,
» on pourrait à la rigueur se passer de la considération des fonctions
» dérivées. Il en résulte donc, conformément à l'observation judicieuse
» que M. Liouville me faisait dernièrement à cet égard, qu'entre les
» deux énoncés du théorème, donnés dans mon Mémoire de 1831, et
» dans mes *Exercices d'Analyse*, il semblerait convenable de choisir
» le premier. Toutefois, lorsqu'il s'agit du développement des fonc-
» tions en séries, la considération des fonctions dérivées me paraît ne
» devoir pas être entièrement abandonnée, attendu que très souvent,
» comme je l'ai ailleurs dit ailleurs, cette considération est précisément
» celle qui sert à déterminer les modules des séries. »

Évidemment, M. Lamarle n'a point connu ce passage puisqu'il ne le cite point, quoiqu'il reproduise la remarque, qu'on peut omettre la condition de continuité en ce qui concerne la dérivée.

Avant de terminer cet article, je ferai encore une remarque. La

démonstration que j'ai donnée du théorème dans le Mémoire qui a pour
titre : *Considérations nouvelles sur le théorème des suites et sur les lois de
leur convergence* (t. I des *Exercices d'Analyse*, p. 269 et suiv.) repose
sur l'établissement de quelques équations qui, réduites à des formules
de calcul intégral par la réduction de certains accroissements supposés
très petits à la limite zéro, fournissent, quand on se sert des notations
ci-dessus admises, les résultats suivants.

La formule (1) du paragraphe I du Mémoire cité donne

$$(16) \qquad \int_0^{2\pi} e^{\theta\sqrt{-1}} f'\left(r\, e^{\theta\sqrt{-1}}\right) d\theta = 0,$$

ou, ce qui revient au même,

$$\int_0^{2\pi} \mathrm{D}_r f\left(r e^{\theta\sqrt{-1}}\right) d\theta = 0.$$

Les formules (6), (8), (10) du même paragraphe donnent

$$(17) \qquad \mathrm{D}_r \int_0^{2\pi} f\left(r\, e^{\theta\sqrt{-1}}\right) d\theta = \int_0^{2\pi} \mathrm{D}_r f\left(r\, e^{\theta\sqrt{-1}}\right) d\theta,$$

$$(18) \qquad \mathrm{D}_r \int_0^{2\pi} f\left(r\, e^{\theta\sqrt{-1}}\right) d\theta = 0,$$

$$(19) \qquad \int_0^{2\pi} f\left(r\, e^{\theta\sqrt{-1}}\right) d\theta = \mathrm{const.}$$

Or les formules (16), (17), (18), (19) sont précisément les équations fondamentales desquelles M. Lamarle a déduit aussi la démonstration du théorème. ( *Voir* les pages 132 et 133 du présent volume.)

J'observerai, en finissant, que la démonstration du théorème énoncé
pourrait encore se déduire de la formule générale établie pour l'intégration des différentielles exactes dans mes *Leçons sur le calcul infinitésimal*. En vertu de cette formule, si l'on pose

$$(20) \quad du = \varphi(x, y, z, \ldots)\, dx + \chi(x, y, z, \ldots)\, dy + \psi(x, y, z, \ldots)\, dz + \ldots$$

les expressions

$$\varphi(x, y, z, \ldots), \quad \chi(x, y, z, \ldots), \quad \psi(x, y, z, \ldots), \quad \ldots,$$

étant des fonctions $x, y, z, \ldots$ continues, du moins entre certaines limites, et choisies de manière que le second membre de la formule (14) satisfasse aux conditions d'intégrabilité, et si d'ailleurs on assujettit la fonction $u$ à s'évanouir pour certaines valeurs

$$x_0, \quad y_0, \quad z_0, \quad \ldots$$

de

$$x, \quad y, \quad z, \quad \ldots,$$

respectivement comprises entre les limites dont il s'agit, on aura, comme il est facile de le prouver,

$$u = \int_{x_0}^{x} \varphi(x, y, z, \ldots)\, dx + \int_{y_0}^{y} \chi(x_0, y, z, \ldots)\, dy$$
$$+ \int_{z_0}^{z} \psi(x_0, y_0, z, \ldots)\, dz + \ldots.$$

Or, cette formule devant subsister quand on échangera entre elles les variables $x, y, z, \ldots$, fournira, par suite, plusieurs valeurs de $u$, qui, dans l'hypothèse admise, devront être égales entre elles. On aura, par exemple, si les variables $x, y, z, \ldots$ se réduisent à deux,

$$\int_{x_0}^{x} \varphi(x, y)\, dx + \int_{y_0}^{y} \chi(x_0, y)\, dy = \int_{y_0}^{y} \chi(x, y)\, dy + \int_{x_0}^{x} \varphi(x, y_0)\, dx,$$

ou, ce qui revient au même,

$$\int_{x_0}^{x} [\varphi(x, y) - \varphi(x, y_0)]\, dx = \int_{y_0}^{y} [\chi(x, y) - \chi(x_0, y)]\, dy;$$

puis, en nommant x, y des valeurs particulières de $x, y$ comprises, comme $x_0, y_0$, entre les limites entre lesquelles les fonctions

$$\varphi(x, y), \chi(x, y)$$

restent continues, on trouvera

$$(21) \qquad \int_{x_0}^{x} [\varphi(x, y) - \varphi(x, y_0)]\, dx = \int_{y_0}^{y} [\chi(x, y) - \chi(x_0, y)]\, dy.$$

Si, maintenant, on remplace $x$ et $y$ par d'autres variables $r, \theta$, liées à une variable imaginaire $x$ par l'équation (2), et la différentielle

$$\varphi(x, y)\, dx + \chi(x, y)\, dy$$

par l'expression

$$f(r\, e^{\theta\sqrt{-1}})\, d(r\, e^{\theta\sqrt{-1}}) = e^{\theta\sqrt{-1}} f(r\, e^{\theta\sqrt{-1}})\left[dr + r\, d\theta \sqrt{-1}\right].$$

les fonctions

$$\varphi(x, y), \quad \chi(x, y)$$

se trouveront remplacées par les suivantes :

$$e^{\theta\sqrt{-1}} f(r\, e^{\theta\sqrt{-1}}), \quad r\, e^{\theta\sqrt{-1}} \sqrt{-1}\, f(r\, e^{\theta\sqrt{-1}}).$$

Supposons d'ailleurs que

$$f(x) = f(r\, e^{\theta\sqrt{-1}})$$

reste toujours fonction continue de $x$ pour des valeurs de $r$ comprises entre les limites

$$r = r_0, \quad r = R,$$

et prenons $-\pi, +\pi$ pour limites de l'argument $\theta$. On tirera de la formule (21)

$$(22) \qquad \int_{-\pi}^{\pi} e^{\theta\sqrt{-1}}\left[R f(R e^{\theta\sqrt{-1}}) - r_0 f(r_0 e^{\theta\sqrt{-1}})\right] d\theta = 0.$$

Enfin, si l'on pose $r_0 = 0$ dans la forme (16), elle donnera

$$(23) \qquad \int_{-\pi}^{\pi} z f(z)\, dp = 0,$$

la valeur de $z$ étant

$$z = R\, e^{\theta\sqrt{-1}}$$

L'équation (23) suppose seulement que la fonction $f(z)$ reste continue entre les limites $0$ et $R$ du module de $z$. Si, dans cette même équation, on remplace $f(z)$ par $\dfrac{f(z) - f(x)}{z - x}$, alors, en supposant le module $r$ de $x$ inférieur au module $R$ de $z$, on trouvera

$$(24) \qquad f(x) = \int_{-\pi}^{\pi} \frac{z}{z - x} f(z)\, d\theta;$$

puis, en développant le rapport $\dfrac{z}{z-x}$ suivant les puissances ascendantes de $x$, on obtiendra la formule de Maclaurin, qui subsistera, ainsi que la formule (24), tant que le module de $x$ conservera une valeur inférieure à celle par laquelle la fonction $f(x)$ cessera d'être finie et continue.

# MÉMOIRES

EXTRAITS DU

# BULLETIN DE FERUSSAC

# SUR LES INTÉGRALES DÉFINIES

## PRISES

## ENTRE DES LIMITES IMAGINAIRES.

*Bulletin de Férussac*, Tomo III, p. 214-221; 1825.

Dans un Mémoire présenté à l'Académie des Sciences, le 28 octobre 1822, ainsi que dans le 19ᵉ Cahier du *Journal de l'École Royale Polytechnique*, et dans le résumé des leçons données à cette école, j'ai fait voir comment on pouvait parvenir à fixer, dans tous les cas possibles, le sens que l'on doit attacher à la notation

$$\int_{x_0}^{X} f(x)\, dx$$

destinée à représenter une intégrale définie, prise entre des limites réelles $x_0$, $X$; quelle que fût d'ailleurs la fonction réelle ou imaginaire, désignée par $f(x)$. J'ai prouvé qu'une intégrale de cette espèce, lorsque la fonction $f(x)$ devient infinie entre les limites de l'intégration, est en général déterminée, en sorte qu'elle admet une infinité de valeurs, parmi lesquelles il en existe une qui mérite une attention particulière, et que j'ai nommée *valeur principale*. Enfin, j'ai montré que la considération des valeurs principales des intégrales indéterminées, jointe à la théorie des *intégrales singulières* que j'avais exposée pour la première fois dans un Mémoire de 1814, suffisait pour établir



8

une multitude de formules générales à l'aide desquelles on pouvait
évaluer ou du moins transformer les intégrales définies. Le nouveau
Mémoire, que j'ai présenté à l'Académie des Sciences, le 28 février
dernier, a pour but d'appliquer les principes, qui m'ont guidé dans
ces recherches, aux intégrales prises entre des limites imaginaires.
On sait que l'emploi de ces dernières intégrales a conduit M. Laplace
à des résultats dignes de remarque. Dans ces derniers temps, M. Brisson
nous a dit s'être servi avec succès de ces mêmes intégrales, et de leur
transformation en intégrales définies ordinaires, pour développer des
fonctions données en séries composées de termes proportionnels à des
exponentielles dont les exposants suivent des lois connues. Enfin un
jeune Russe, doué de beaucoup de sagacité, et très versé dans l'analyse
infinitésimale, M. Ostrogradky, ayant aussi recours à l'emploi de ces
intégrales et à leur transformation en intégrales ordinaires, a donné
une démonstration nouvelle des formules que j'ai précédemment
rappelées, et généralisé d'autres formules que j'avais présentées dans
le 19ᵉ *Journal de l'École Royale Polytechnique*. M. Ostrogradky a bien
voulu nous faire part des résultats principaux de son travail. Mais ni
ce travail, ni aucun des Mémoires publiés jusqu'à ce jour sur les
diverses branches du calcul intégral, n'ont fixé le degré de généralité
que comporte une intégrale définie prise entre des limites imaginaires,
et le nombre des valeurs qu'elle peut admettre. Telle est la question
qui vient de faire l'objet de nos recherches. Sa solution, qui dépend du
calcul des variations et de la théorie des intégrales singulières, fournit
immédiatement un grand nombre de formules générales propres,
soit à l'évaluation, soit à la transformation des intégrales définies. Ces
formules comprennent, comme cas particuliers, celles que j'ai déjà
mentionnées, et celles que quelques géomètres ont obtenues depuis
peu par d'autres voies.

Des principes développés dans le Mémoire que nous annonçons, il
résulte que, si l'on désigne par $x$, $y$ deux variables réelles, par
$z = x + y\sqrt{-1}$ une variable imaginaire, par $f(z)$ une fonction réelle
ou imaginaire de $z$, enfin par $x_0$, $y_0$; $X$, $Y$ deux systèmes de valeurs

particulières des variables réelles $x$, $y$, l'intégrale

$$(1) \qquad \int_{x_0+y_0\sqrt{-1}}^{X+Y\sqrt{-1}} f(z)\, dz$$

aura une valeur unique, lorsque la fonction $f(z)$ ne deviendra infinie pour aucune des valeurs de $z = x + y\sqrt{-1}$ correspondantes à des valeurs de $x$ comprises entre les limites $x_0$, $X$, et à des valeurs de $y$ comprises entre les limites $y_0$, $Y$. Si le contraire arrive, c'est-à-dire si l'équation

$$(2) \qquad \frac{1}{f(x+y\sqrt{-1})} = 0$$

se trouve vérifiée par des valeurs de $x$ et de $y$ comprises entre les limites dont il s'agit, l'intégrale (1) admettra généralement diverses valeurs, distinctes les unes des autres. Mais la différence entre deux quelconques de ces valeurs, étant la somme de plusieurs intégrales singulières, c'est-à-dire prises entre des limites infiniment rapprochées, pourra être facilement calculée en termes finis. De plus, si l'on suppose que les variables $x$, $y$ représentent des coordonnées rectangulaires, et si, pour abréger, on indique un point à l'aide de ses coordonnées, renfermées entre parenthèses, une ligne à l'aide de son équation; chaque valeur de l'intégrale (1) sera relative à une ligne, droite ou courbe, tracée dans le plan des $x$, $y$, de manière à lier le point $(x_0, y_0)$ avec le point $(X, Y)$, et dans laquelle un seul point réponde à chaque abscisse comme à chaque ordonnée. Cette ligne sera complètement déterminée, si l'on assujettit les variables $x$ et $y$ à deux équations simultanées de la forme

$$(3) \qquad x = \varphi(t), \qquad y = \chi(t).$$

$\varphi(t)$, $\chi(t)$ désignant deux fonctions réelles d'une nouvelle variable $t$, qui se réduisent à $x_0$ et $y_0$, pour $t = t_0$, à $X$ et $Y$ pour $t = T$; et la valeur particulière de l'intégrale (1), correspondante à la ligne dont il s'agit, sera

$$(4) \qquad \int_{t_0}^{T} \left[ \varphi'(t) + \sqrt{-1}\, \chi'(t) \right] f\left[ \varphi(t) + \sqrt{-1}\, \chi(t) \right] dt.$$

On peut, au reste, substituer à cette ligne un système de plusieurs lignes droites ou courbes, formant un contour qui partirait du point $(x_0, y_0)$ pour aboutir au point $(X, Y)$. On obtiendra un semblable système, si l'on désigne par $\varphi(p, q, r, \ldots)$, $\chi(p, q, r, \ldots)$ deux fonctions réelles de plusieurs variables $p, q, r, \ldots$ propres à remplir les conditions

$$(5) \quad \begin{cases} \varphi(p_0, q_0, r_0, \ldots) = x_0, & \chi(p_0, q_0, r_0, \ldots) = y_0, \\ \varphi(P, Q, R, \ldots) = X, & \chi(P, Q, R, \ldots) = Y, \end{cases}$$

et si l'on assujettit les variables $x$ et $y$, considérées comme fonctions de l'une des quantités $p, q, r, \ldots$ à vérifier, 1° entre les limites $p = p_0$, $p = P$, les équations simultanées

$$(6) \quad x = \varphi(p, q_0, r_0, \ldots), \quad y = \chi(p, q_0, r_0, \ldots);$$

2° entre les limites $q = q_0$, $q = Q$, les équations simultanées

$$(7) \quad x = \varphi(P, q, r_0, \ldots), \quad y = \chi(P, q, r_0, \ldots);$$

3° entre les limites $r = r_0$, $r = R$, les équations simultanées

$$(8) \quad x = \varphi(P, Q, r, \ldots), \quad y = \chi(P, Q, r, \ldots), \quad \ldots$$

Alors l'intégrale (4) se trouvera remplacée par la somme

$$
\begin{aligned}
(9) \quad & \int_{p_0}^{P} \frac{d\left[\varphi(p, q_0, r_0, \ldots) + \sqrt{-1}\,\chi(p, q_0, r_0, \ldots)\right]}{dp} \\
& \times f\{\varphi(p, q_0, r_0, \ldots) + \sqrt{-1}\,\chi(p, q_0, r_0, \ldots)\}\,dp \\
& + \int_{q_0}^{Q} \frac{d\left[\varphi(P, q, r_0, \ldots) + \sqrt{-1}\,\chi(P, q, r_0, \ldots)\right]}{dq} \\
& \times f\{\varphi(P, q, r_0, \ldots) + \sqrt{-1}\,\chi(P, q, r_0, \ldots)\}\,dq \\
& + \int_{r_0}^{R} \frac{d\left[\varphi(P, Q, r, \ldots) + \sqrt{-1}\,\chi(P, Q, r, \ldots)\right]}{dr} \\
& \times f\{\varphi(P, Q, r, \ldots) + \sqrt{-1}\,\chi(P, Q, r, \ldots)\}\,dr \\
& + \ldots\ldots\ldots\ldots\ldots\ldots\ldots\ldots\ldots\ldots\ldots\ldots\ldots\ldots
\end{aligned}
$$

Lorsque les équations (6), (7), (8), $\ldots$ fournissent une seule valeur de $y$ pour chaque valeur de $x$ et réciproquement, la somme (9) représente, aussi bien que l'expression (4), une valeur particulière de

l'intégrale (1). Ajoutez que, dans le cas même où cette condition n'est
pas remplie, la différence entre deux sommes semblables à la précédente peut être obtenue sous forme finie, et que cette différence se
compose toujours d'une suite de termes représentés par des fonctions
connues d'une ou de plusieurs racines de l'équation (2). On déduit
immédiatement de ce principe une multitude de formules générales,
propres, soit à la transformation, soit à l'évaluation des intégrales
définies. Parmi ces formules se trouvent comprises celles que j'ai
données dans le 19ᵉ Cahier du *Journal de l'École Polytechnique*. Ainsi,
par exemple, en réduisant les variables $p$, $q$, $r$, ..., à deux, et posant
successivement

$$(10) \qquad \varphi(p, q) = p = x, \qquad \chi(p, q) = q = y,$$

$$(11) \qquad \varphi(p, r) = r\cos p, \qquad \chi(p, r) = r\sin p.$$

puis comparant, dans chaque hypothèse, les deux sommes que fournit
la formule (9) quand les deux variables changent de rôle, on établira
immédiatement les équations

$$(12) \qquad \int_{x_0}^{X} f\!\left(x + y_0\sqrt{-1}\right) dx + \sqrt{-1} \int_{y_0}^{Y} f\!\left(X + y\sqrt{-1}\right) dy$$
$$= \int_{x_0}^{X} f\!\left(x + Y\sqrt{-1}\right) dx + \sqrt{-1} \int_{y_0}^{Y} f\!\left(x_0 + y\sqrt{-1}\right) dy + \Delta,$$

et

$$(13) \qquad \int_{r_0}^{R} e^{p_0\sqrt{-1}} f\!\left(r\, e^{p_0\sqrt{-1}}\right) dr + \sqrt{-1} \int_{p_0}^{P} R\, e^{p\sqrt{-1}} f\!\left(R\, e^{p\sqrt{-1}}\right) dp$$
$$= \int_{r_0}^{R} e^{P\sqrt{-1}} f\!\left(r\, e^{P\sqrt{-1}}\right) dr + \sqrt{-1} \int_{p_0}^{P} r_0\, e^{p\sqrt{-1}} f\!\left(r_0\, e^{p\sqrt{-1}}\right) dp + \Delta.$$

Dans chacune de ces formules, $\Delta$ représente une somme de termes
finis correspondant à diverses racines de l'équation (2). Si l'on désigne
par $x_1$, $x_2$, ... ces racines, par $\varepsilon$ un nombre infiniment petit, et par
$m$ le nombre des racines égales à $x_1$, alors, en posant

$$(14) \qquad f_1 = \frac{1}{1.2.3\ldots(m-1)} \frac{d^{m-1}\varepsilon^m f(x_1 + \varepsilon)}{d\varepsilon^{m-1}}, \qquad f_2 = \ldots$$

on aura, pour déterminer $\Delta$, une équation de la forme

$$(15) \qquad \Delta = 2\pi(f_1 + f_2 + \ldots)\sqrt{-1}.$$

Il est, d'ailleurs, important d'observer qu'on devra prendre pour $x_1$, $x_2$, ..., si l'on cherche la valeur de $\Delta$ relative à la formule (12), celles des racines de l'équation (2), dans lesquelles la partie réelle sera comprise entre les limites $x_0$, $X$, et le coefficient de $\sqrt{-1}$ entre les limites $y_0$, $Y$. Au contraire, si l'on veut obtenir la valeur de $\Delta$ relative à la formule (13), on devra seulement tenir compte des racines dans lesquelles le module sera compris entre les limites $r_0$, $R$, et le rapport du coefficient de $\sqrt{-1}$ à la partie réelle, entre les limites $\tang p_0$ et $\tang P$. Enfin, si la fonction comprise sous le signe $\int$, dans l'une des intégrales que renferment les formules (12) et (13), devient infinie entre les limites de l'intégration, celui des termes $f_1$, $f_2$, ... qui sera relatif à la valeur infinie de la fonction, devra être réduit à moitié, et l'intégrale elle même à sa valeur principale.

Lorsque la fonction $f(x + y\sqrt{-1})$ s'évanouit pour $x = \pm \infty$, quel que soit $y$, pour $y = \infty$, quel que soit $x$, on tire de l'équation (12)

$$(16) \qquad \begin{cases} \displaystyle\int_0^X f(x)\,dx = \sqrt{-1}\int_0^Y f(y\sqrt{-1})\,dy + \Delta'. \\[2ex] \displaystyle\int_{-x}^0 f(x)\,dx = -\sqrt{-1}\int_0^Y f(y\sqrt{-1})\,dy + \Delta''. \end{cases}$$

et

$$(17) \qquad \int_{-\infty}^{\infty} f(x)\,dx = \Delta,$$

$\Delta$ se composant de termes relatifs aux racines de l'équation (2), dans lesquelles le coefficient de $\sqrt{-1}$ est positif ou nul, et $\Delta'$, $\Delta''$, représentant les deux parties dans lesquelles $\Delta$ se divise, lorsqu'on rassemble tous les termes correspondant aux racines dans lesquelles la partie réelle a un signe déterminé.

On tire encore de la formule (13)

$$(18) \qquad \int_0^\pi e^{p\sqrt{-1}} f(e^{p\sqrt{-1}})\, dp = \sqrt{-1} \int_{-1}^{1} f(r)\, dr + \frac{\Delta'}{\sqrt{-1}},$$

et

$$(19) \qquad \int_{-\pi}^\pi e^{p\sqrt{-1}} f(e^{p\sqrt{-1}})\, dp = \frac{\Delta}{\sqrt{-1}},$$

$\Delta$ se composant de termes relatifs aux racines dont le module est plus petit que l'unité, et $\Delta'$ de termes relatifs à celles de ces racines dans lesquelles le coefficient de $\sqrt{-1}$ est positif.

Ces diverses formules coïncident avec celles que j'ai données dans le Mémoire de 1814, dans le *Journal de l'École polytechnique*, dans le Résumé des leçons données à cette école, dans le *Bulletin de la Société Philomatique*, et dans les nouvelles notes ajoutées au Mémoire sur les ondes. Elles fournissent les valeurs de presque toutes les intégrales définies connues, et celles d'un grand nombre d'autres. Je me contenterai de citer quelques exemples.

Si l'on désigne par $a$, $b$, $r$, $s$ des quantités positives, par $k$ un nombre compris entre les limites 0, 1, et par $F(x)$ une fonction qui ne devienne point infinie pour des valeurs réelles de $x$, ni pour des valeurs imaginaires dans lesquelles le coefficient de $\sqrt{-1}$ soit positif, on tirera des équations (16) et (17)

$$(20) \qquad \int_{-\infty}^{\infty} F(x)\frac{dx}{x} = \pi F(0)\sqrt{-1}.$$

$$(21) \qquad \int_{-\infty}^{\infty} F(x)\frac{r\, dx}{x^2+r^2} = \frac{1}{\sqrt{-1}}\int_{-\infty}^{\infty} F(x)\frac{x\, dx}{x^2+r^2} = \pi F(r\sqrt{-1}).$$

$$(22) \qquad \begin{cases} \displaystyle\int_{-\infty}^{\infty} F(x)\frac{dx}{(r-x\sqrt{-1})^k} = 0. \\[2ex] \displaystyle\int_{-\infty}^{\infty} F(x)\frac{dx}{(r+x\sqrt{-1})^k} = 2\sin k\pi \int_0^\infty F[(x+r)\sqrt{-1}]\frac{dx}{x}. \end{cases}$$

On trouvera encore

$$(23) \quad \begin{cases} \displaystyle\int_{-\pi}^{\pi} \frac{F(x)}{l(r - x\sqrt{-1})}\, dx = -2\pi F\left[(1 - r)\sqrt{-1}\right] & \text{pour} \quad r < 1, \\[2ex] \displaystyle\int_{-\pi}^{\pi} \frac{F(x)}{l(1 - x\sqrt{-1})}\, dx = -\pi F(0), \\[2ex] \displaystyle\int_{-\pi}^{\pi} \frac{F(x)}{l(r - x\sqrt{-1})}\, dx = 0 & \text{pour} \quad r > 1. \end{cases}$$

De même, $\varphi(x)$ représentant une fraction rationnelle, et $\theta$ un arc renfermé entre les limites $0$, $\pi$, on obtiendra facilement les valeurs des intégrales

$$\int_0^\pi x^{a-1}\varphi(x)\, dx, \quad \int_{-\pi}^{\pi} \cos bx\, \varphi(x)\, dx, \quad \int_{-\pi}^{\pi} \sin bx\, \varphi(x)\, dx,$$

$$\int_{-\pi}^{\pi} l(r^2 - 2rx\cos\theta + x^2)\,\varphi(x)\, dx, \quad \int_{-\pi}^{\pi} \varphi(x)\,\text{arc cot}\, x\, dx,$$

$$\int_{-\pi}^{\pi} \text{arc tang}\, \frac{r\cos\theta - x}{r\sin\theta}\,\varphi(x)\, dx, \quad \int_{-\pi}^{\pi} l(1 + 2r\cos bx + r^2)\,\varphi(x)\, dx,$$

$$\int_{-\pi}^{\pi} \text{arc tang}\, \frac{r\sin bx}{1 + r\cos bx}\,\varphi(x)\, dx, \quad \int_0^\pi x^{a-1}\sin\left(\frac{a\pi}{2} - bx\right)\varphi(x)\, dx,$$

$$\int_{-\pi}^{\pi} e^{a\cos bx}\cos(a\sin bx)\,\varphi(x)\, dx, \quad \int_{-\pi}^{\pi} \frac{\sin ax}{\sin bx}\,\varphi(x)\, dx,$$

$$\int_{-\pi}^{\pi} e^{a\cos bx}\sin(a\sin bx)\,\varphi(x)\, dx, \quad \int_{-\pi}^{\pi} \frac{\cos ax}{\sin bx}\,\varphi(x)\, dx,$$

$$\int_{-\pi}^{\pi} \frac{\cos ax}{\cos bx}\,\varphi(x)\, dx, \quad \int_{-\pi}^{\pi} \frac{\sin ax}{\cos bx}\,\varphi(x)\, dx, \quad \ldots$$

On trouvera en particulier

$$(24) \quad \begin{cases} \displaystyle\int_0^\infty e^{a\cos bx}\cos(a\sin bx)\,\frac{r\, dx}{x^2 + r^2} = \frac{\pi}{2}\, e^{ae^{-br}}, \\[2ex] \displaystyle\int_0^\infty e^{a\cos bx}\sin(a\sin bx)\,\frac{x\, dx}{x^2 + r^2} = \frac{\pi}{2}\, e^{ae^{-br}}, \end{cases}$$

$$(25) \quad \int_0^\infty x^{a-1}\sin\left(\frac{a\pi}{2} - bx\right)\frac{r\, dx}{x^2 + r^2} = \frac{\pi}{2}\, r^{a-1} e^{-br},$$

$$(26) \quad \int_0^\infty x^{a-1}e^{\cos bx}\sin\left(\frac{a\pi}{2} - \sin bx\right)\frac{r\, dx}{x^2 + r^2} = \frac{\pi}{2}\, r^{a-1} e^{-br},$$

etc.

Enfin si, avec M. Legendre, on désigne par $\Gamma(x)$ la fonction $\int_0^\infty z^{x-1} e^{-z}\, dz$, on trouvera

$$(27) \quad \begin{cases} \displaystyle\int_{-\infty}^{\infty} \frac{e^{bx\sqrt{-1}}\, dx}{(r - x\sqrt{-1})^a} = 0, \\[2ex] \displaystyle\int_{-\infty}^{\infty} \frac{e^{bx\sqrt{-1}}\, dx}{(r + x\sqrt{-1})^a} = \frac{2\pi}{\Gamma(a)}\, b^{a-1} e^{-br}, \end{cases}$$

$$(28) \quad \int_{-\infty}^{\infty} \frac{dx}{(r - x\sqrt{-1})^a (s - x\sqrt{-1})^b} = \int_{-\infty}^{\infty} \frac{dx}{(r + x\sqrt{-1})^a (s + x\sqrt{-1})^b} = 0,$$

$$(29) \quad \int_{-\infty}^{\infty} \frac{dx}{(r + x\sqrt{-1})^a (s - x\sqrt{-1})^b} = \frac{2\pi}{(r + s)^{a+b-1}} \frac{\Gamma(a + b - 1)}{\Gamma(a)\Gamma(b)},$$

$$(30) \quad \int_0^{\frac{1}{2}\pi} (\cos p)^a \cos bp\, dp = \frac{\pi}{2^{a+1}} \frac{\Gamma(a + 1)}{\Gamma\left(\dfrac{a + b}{2} + 1\right) \Gamma\left(\dfrac{a - b}{2} + 1\right)}$$

toutes les fois que l'intégrale renfermée dans le premier membre conservera une valeur finie.

Ajoutons que des formules précédentes on pourra déduire un grand nombre d'autres, soit en remplaçant, dans certains cas, les constantes réelles par des constantes imaginaires, ce qui sera permis en particulier pour la formule (24), soit en différentiant ou intégrant par rapport à quelques-unes de ces mêmes constantes.

# INTÉGRATION DES ÉQUATIONS
## AUX DIFFÉRENCES PARTIELLES, LINÉAIRES
## ET A COEFFICIENTS VARIABLES ([1])

*Bulletin de Férussac*, Tome IV, p. 71-75; 1825.

J'ai montré dans ce Mémoire comment les formules que j'avais déduites de la théorie des intégrales singulières pouvaient être appliquées à l'intégration des équations différentielles linéaires, des équations aux différences finies, et des équations aux différences partielles. Les formules que j'avais présentées dans les trois premiers paragraphes de ce Mémoire ont été insérées dans le 19ᵉ Cahier du *Journal de l'École Royale Polytechnique*. Je vais inscrire ici celles auxquelles j'étais parvenu dans le 4ᵉ paragraphe, et qui sont relatives à l'intégration des équations aux différences partielles, linéaires, mais à coefficients variables.

J'ai donné dans le 19ᵉ Cahier du Journal cité une formule que l'on peut écrire comme il suit :

$$(1) \quad f(\mu_0,\ \nu_0,\ \varpi_0,\ \ldots) + f(\mu_1,\ \nu_1,\ \varpi_1,\ \ldots) + \ldots$$

$$= \left(\frac{1}{2\pi}\right)^n \iiint{}' \ldots e^{\alpha\mu\sqrt{-1}} e^{\beta\nu\sqrt{-1}} \ldots \sqrt{L^2}\, f(\mu,\ \nu,\ \varpi,\ \ldots)\, d\alpha\, d\mu\, d\beta\, d\nu\, d\gamma\, d\varpi \ldots$$

entre les limites

$$\alpha = +\infty. \qquad \beta = +\infty. \qquad \ldots \qquad \mu = \mu', \qquad \nu = \nu', \qquad \ldots;$$

$$\alpha = -\infty. \qquad \beta = -\infty. \qquad \ldots \qquad \mu = \mu''. \qquad \nu = \nu''. \qquad \ldots.$$

([1]) Extrait du Mémoire présenté à l'Académie royale des Sciences le 26 mai 1823.

Dans cette formule $M$, $N$, ... sont des fonctions quelconques des variables $\mu$, $\nu$, $\varpi$, ...; $n$ représente le nombre de ces variables, et $L$ le dénominateur commun des fractions qui représentent les valeurs de $p$, $q$, $r$, ... tirées des équations

$$(2) \quad \begin{cases} p\dfrac{dM}{d\mu} + q\dfrac{dM}{d\nu} + r\dfrac{dM}{d\varpi} + \ldots = 1, \\[2ex] p\dfrac{dN}{d\mu} + q\dfrac{dN}{d\nu} + r\dfrac{dN}{d\varpi} + \ldots = 1, \\[2ex] \ldots\ldots\ldots\ldots\ldots\ldots\ldots\ldots\ldots\ldots \end{cases}$$

Enfin $\mu_0$, $\nu_0$, $\varpi_0$, $\mu_1$, $\nu_1$, $\varpi_1$, ... désignent les divers systèmes de valeurs de $\mu$, $\nu$, $\varpi$, ... propres à résoudre les équations simultanées

$$(3) \qquad M = 0, \qquad N = 0, \ldots$$

et composés de valeurs de $\mu$ renfermées entre les limites $\mu'$, $\mu''$, de valeurs de $\nu$ renfermées entre les limites $\nu'$, $\nu''$, .... Dans le cas particulier où l'on suppose

$$(4) \qquad M = x - u, \qquad N = y - v, \ldots$$

le nombre des variables $x$, $y$, $z$, ... étant égal à $n$, et $u$, $v$, ... représentant des fonctions des variables $\mu$, $\nu$, $\varpi$, .... on tire de la formule (1)

$$(5) \quad F(x, y, z, \ldots)$$
$$= \left(\frac{1}{2\pi}\right)^{n} \iiint \ldots e^{(v - v)z_1} \ldots \sqrt{L^2}\, F(u, v, \ldots)\, da\, d\mu\, d\beta\, d\nu \ldots$$

entre les mêmes limites. Dans cette dernière, la fonction $F(u, v)$ remplace la fonction $f(\mu, \nu, \varpi, \ldots)$, les limites $\mu'$, $\mu''$, $\nu'$, $\nu''$, ... sont choisies de telle manière que les valeurs correspondantes de $u$, $v$, ... puissent être considérées comme des limites inférieures et supérieures des valeurs attribuées aux variables $x$, $y$, $z$, .... et $L$ désigne le dénominateur commun des valeurs de $p$, $q$, $r$, ... tirées des équations

$$(6) \quad \begin{cases} p\dfrac{du}{d\mu} + q\dfrac{du}{d\nu} + r\dfrac{du}{d\varpi} + \ldots = 0, \\[2ex] p\dfrac{dv}{d\mu} + q\dfrac{dv}{d\nu} + r\dfrac{dv}{d\varpi} + \ldots = 0, \\[2ex] \ldots\ldots\ldots\ldots\ldots\ldots\ldots\ldots\ldots\ldots \end{cases}$$

Ajoutons que dans les formules $(1)$ et $(5)$ on pourrait, au lieu de $\alpha\sqrt{-1}$, $\beta\sqrt{-1}$, écrire partout $a + \alpha\sqrt{-1}$, $b + \beta\sqrt{-1}$, ...., $a$, $b$, désignant des constantes arbitraires.

Concevons maintenant que $K$, $X$, $Y$, ...., $T$ étant des fonctions quelconques des variabls $x$, $y$, $z$, .... $t$, il s'agisse d'intégrer l'équation aux différences partielles

$$(7) \qquad K\varphi + X\frac{d\varphi}{dx} + Y\frac{d\varphi}{dy} + \ldots + T\frac{d\varphi}{dt} = f(x, y, z, \ldots, t)$$

de manière que la variable principale $\varphi$ se réduise à

$$(8) \qquad f_0(x, y, z, \ldots) \qquad \text{pour} \quad t = t_0.$$

On présentera l'équation $(7)$ sous la forme

$$(9) \qquad K\varphi + \left\{ \begin{array}{l} \dfrac{d(X\varphi)}{dx} + \dfrac{d(Y\varphi)}{dy} + \ldots + \dfrac{d(T\varphi)}{dt} \\[2mm] -\varphi\dfrac{dX}{dx} - \varphi\dfrac{dY}{dy} - \ldots - \varphi\dfrac{dT}{dt} \end{array} \right\} = f(x, y, z, \ldots, t)$$

et la valeur inconnue de $\varphi$ sous la forme

$$(10) \qquad \varphi = \left(\frac{1}{2\pi}\right)^n \iiint \ldots e^{\alpha(x-u)\sqrt{-1}} e^{\beta(y-v)\sqrt{-1}} \ldots \psi \, d\alpha \, d\mu \, d\beta \, d\nu \ldots,$$

les limites étant celles de la formule $(1)$; $u$, $v$, ...., $\psi$ étant des quantités que l'on supposera fonctions des seules variables $\mu$, $\nu$, .... $t$. Soient d'ailleurs $S$, $U$, $V$, ...., $W$, ce que deviennent $K$, $X$, $Y$, .... $T$ quand on y remplace $x$ par $u$, $y$ par $v$, .... On tirera des équations $(5)$ et $(10)$

$$(11) \qquad \left\{ \begin{array}{l} K\varphi = \left(\frac{1}{2\pi}\right)^n \ldots e^{\alpha(x-u)\sqrt{-1}} e^{\beta(y-v)\sqrt{-1}} \ldots S\psi \, d\alpha \, d\mu \, d\beta \, d\nu \ldots \\[2mm] X\varphi = \ldots \qquad Y\varphi = \ldots \qquad \text{jusqu'à} \quad T\varphi = \ldots \end{array} \right.$$

et

$$(12) \qquad \left\{ \begin{array}{l} \varphi\dfrac{dX}{dx} = \left(\frac{1}{2\pi}\right)^n \ldots e^{\alpha(x-u)\sqrt{-1}} e^{\beta(y-v)\sqrt{-1}} \ldots \psi\dfrac{dU}{du} \, d\alpha \, d\mu \, d\beta \, d\nu \ldots \\[2mm] \varphi\dfrac{dY}{dy} = \ldots \qquad \text{jusqu'à} \quad \varphi\dfrac{dT}{dt} = \ldots \end{array} \right.$$

enfin on aura

$$(13) \quad f(x, y, z, \ldots, t)$$
$$= \left(\frac{1}{2\pi}\right)^n \iiint \ldots e^{\alpha(x-u)\sqrt{-1}} e^{\beta(v-v)\sqrt{-1}} \ldots \sqrt{L^2} f(u, v, \ldots, t) \, d\alpha \, d\mu \, d\beta \, dv \ldots$$

Cela posé, on satisfera évidemment à l'équation (7) en posant

$$(14) \quad \left\{ \left(U - W\frac{du}{dt}\right)\alpha\sqrt{-1} \right.$$
$$+ \left(V - W\frac{dv}{dt}\right)\beta\sqrt{-1} + \ldots$$
$$\left. + S - \frac{dU}{du} - \frac{dV}{dv} - \ldots \right\} \psi + W\frac{d\psi}{dt} = \sqrt{L^2} f(u, v, \ldots, t).$$

Pour que cette dernière équation se vérifie sans que $u$, $v$, $\ldots$ deviennent fonctions de $\alpha$, $\beta$, $\ldots$, il est nécessaire que l'on ait

$$(15) \qquad U - W\frac{du}{dt} = o, \qquad V - W\frac{dv}{dt} = o, \ldots$$

et

$$(16) \qquad \left(S - \frac{dU}{du} - \frac{dV}{dv} - \ldots\right)\psi + W\frac{d\psi}{dt} = f(u, v, \ldots, t)\sqrt{L^2}.$$

Si l'on veut en outre que $\varphi$ se réduise à

$$(17) \quad f_0(x, y, \ldots)$$
$$= \left(\frac{1}{2\pi}\right)^n \iiint \ldots e^{\alpha(x-\mu)\sqrt{-1}} e^{\beta(v-v)\sqrt{-1}} \ldots f_0(\mu, v, \ldots) \, d\alpha \, d\mu \, d\beta \, dv \ldots$$

pour $t = t_0$, il suffira d'admettre que cette supposition réduit les valeurs de $u$, $v$, $\ldots$ $\psi$ à celles que déterminent les formules

$$(18) \qquad u = \mu, \qquad v = v, \qquad \ldots, \qquad \psi = f_0(\mu, v, \varpi, \ldots).$$

On devra donc alors intégrer les équations simultanées (15) et (16), de manière que les conditions (18) soient remplies pour $t = t_0$.

Pour appliquer à un exemple fort simple les principes que nous venons d'établir, supposons qu'il s'agisse d'intégrer l'équation

$$x\frac{d\varphi}{dx} + y\frac{d\varphi}{dy} + \ldots + t\frac{d\varphi}{dt} - a\varphi = o$$

de manière qu'on ait $\varphi = f_0(x, y, z, \ldots)$ pour $t = 1$. Dans ce cas particulier on trouvera

$$X = x, \quad Y = y, \quad \ldots, \quad T = t, \quad K = -a, \quad f(x, y, \ldots, t) = 0,$$
$$U = u, \quad V = v, \quad \ldots, \quad W = t, \quad S = -a, \quad f(u, v, \ldots, t) = 0;$$

et, par suite, les équations (15) et (16) deviendront

$$u - t\frac{du}{dt} = 0, \qquad v - t\frac{dv}{dt} = 0, \ \ldots,$$
$$-(a+n)\psi + t\frac{d\varphi}{dt} = 0$$

En intégrant celles-ci de manière que les conditions (18) soient vérifiées pour $t = 1$, on trouvera

$$u = \mu t, \qquad v = \nu t, \qquad \ldots, \qquad \psi = t^{a+n} f_0(\mu, \nu, \ldots).$$

Cela posé, la formule (10) donnera

$$\begin{aligned} \varphi &= \left(\frac{1}{2\pi}\right)^n t^{a-n} \iiint \ldots e^{\alpha(x-\mu t)\sqrt{-1}} e^{\beta(y-\nu t)\sqrt{-1}} \ldots f_0(\mu, \nu, \ldots)\, d\alpha\, d\mu\, d\beta\, d\nu \ldots \\ &= \left(\frac{1}{2\pi}\right)^n t^{a} \iiint \ldots e^{\alpha(x-\mu)\sqrt{-1}} e^{\beta(y-\nu)\sqrt{-1}} \ldots f_0\left(\frac{\mu}{t}, \frac{\nu}{t}, \ldots\right) d\alpha\, d\mu\, d\beta\, d\nu \ldots \\ &= t^{a} f_0\left(\frac{x}{t}, \frac{y}{t}, \ldots\right), \end{aligned}$$

ce qui est exact.

Comme toute équation aux différences partielles du 1er ordre peut être remplacée par une équation linéaire du même ordre qui renferme un plus grand nombre de variables, il est clair que la méthode précédente peut être appliquée à l'intégration de toutes les équations aux différences partielles du 1er ordre.

En appliquant la même méthode à l'équation linéaire la plus générale du 2e ordre et à coefficients variables, et présentant cette équation sous la forme

$$K\varphi + \frac{d^2(P\varphi)}{dx^2} + \frac{d^2(Q\varphi)}{dx\,dt} + \frac{d^2(R\varphi)}{dt^2} + \frac{d(S\varphi)}{dx} + \frac{d(T\varphi)}{dt} = f(x, t),$$

on reconnaît qu'on peut toujours disposer de la fonction $f(x, t)$ de de manière à la rendre intégrable. *Exemple* : On intègre par cette méthode l'équation

$$2 \frac{d^2(x^2\varphi)}{dx^2} + 3 \frac{d^2(xt\varphi)}{dx\,dt} + \frac{d^2(t^2 x)}{dt^2} = 0$$

et l'on trouve pour son intégrale

$$\varphi = \frac{1}{t^3} \left\{ f_0\left(\frac{x}{t}\right) + f_1\left(\frac{x}{t^2}\right) \right\}.$$

# DÉMONSTRATION ANALYTIQUE

## D'UNE

## LOI DÉCOUVERTE PAR M. SAVART

## ET RELATIVE

## AUX VIBRATIONS DES CORPS SOLIDES OU FLUIDES.

*Bulletin de Férussac*, Tome XI, p. 111-112; 1829.

Cette Note, lue à l'Académie des Sciences le 13 janvier 1829 et insérée dans les *Mémoires de l'Académie des Sciences de l'Institut de France* (2ᵉ série, t. IX, p. 115-117) a déjà été reproduite dans les *Œuvres de Cauchy*, 1ʳᵉ série, t. II, p. 84-85.

# MÉMOIRE

## SUR LE MOUVEMENT D'UN SYSTÈME DE MOLÉCULES
## QUI S'ATTIRENT
## OU SE REPOUSSENT A DE TRÈS PETITES DISTANCES
## ET
## SUR LA THÉORIE DE LA LUMIÈRE (¹).

*Bulletin de Férussac*, Tome XI, p. 112-114; 1829.

Les équations aux différences partielles, que j'ai données dans les 30°, 31° et 32° livraisons des *Exercices de mathématiques*, expriment le mouvement d'un système de molécules qui s'attirent et se repoussent à de très petites distances, et que l'on suppose très peu écartées des positions qu'elles occupaient dans un état d'équilibre. D'ailleurs, ces équations peuvent être facilement intégrées par les méthodes que j'ai indiquées dans le 19° cahier du *Journal de l'École Polytechnique*, et dans l'application du calcul des résidus aux questions de physique mathématique, et alors les valeurs des inconnues se trouvent représentées par des intégrales multiples dans lesquelles entrent, sous le signe $s$, les fonctions qui expriment à l'origine du mouvement les déplacements et les vitesses des molécules mesurés parallèlement aux axes coordonnées. Or, ces intégrales fournissent le moyen d'assigner les lois suivant lesquelles un ébranlement primitivement produit en un point donné du système que l'on considère se propagera dans tout le

(¹) Lu à l'Académie des Sciences le 12 janvier 1829.

système. C'est ainsi que je suis parvenu aux résultats que je vais énoncer, et qui me paraissent dignes de fixer un moment l'attention des physiciens et des géomètres.

1" Si un système de molécules est tellement constitué, que l'élasticité de ce système soit la même en tous sens, un ébranlement primitivement produit en un point quelconque se propagera de manière qu'il en résulte deux ondes sphériques animées de vitesses constantes, mais inégales. De ces deux ondes, la première disparaîtra si la dilatation initiale du volume se réduit à zéro; et alors, si l'on suppose les vibrations initiales des molécules primitivement parallèles à une droite ou à un plan donné, elles ne cesseront pas d'être parallèles à cette droite ou à ce plan.

2° Si un système de molécules est tellement constitué que l'élasticité reste la même, autour d'un axe parallèle à une droite donnée, dans toutes les directions perpendiculaires à cet axe, les équations du mouvement renfermeront plusieurs coefficients dépendant de la nature du système, et l'on pourra établir entre ces coefficients une relation telle que la propagation d'un ébranlement primitivement produit en un point du système, donne naissance à trois ondes dont chacune coïncide avec une surface du second degré. De plus, si l'on fait abstraction de celle des trois ondes qui disparaît avec la dilatation du volume, quand l'élasticité redevient la même en tous sens, les surfaces des deux ondes restantes se réduiront au système d'une sphère et d'un ellipsoïde de révolution, cet ellipsoïde ayant pour axe de révolution le diamètre même de la sphère.

L'accord remarquable de ce résultat avec le théorème d'Huygens sur la double réfraction de la lumière dans les cristaux à un seul axe, nous a paru assez important pour mériter d'être signalé, et nous croyons devoir en conclure que les équations du mouvement de la lumière sont renfermées dans celles qui expriment le mouvement d'un système de molécules très peu écartées d'une position d'équilibre.

# SUR
# UN NOUVEAU PRINCIPE DE MÉCANIQUE.

*Bulletin de Férussac*, Tome XII, p. 116-121; 1829.

On enseigne dans les divers traités de Mécanique qu'il y a perte de forces vives toutes les fois que les vitesses des corps éprouvent un changement brusque, et que cette perte de forces vives a pour mesure la somme des forces vives dues aux vitesses perdues. Mais cette proposition, que l'on a nommée Théorème de Carnot, est évidemment inexacte, ainsi que la démonstration par laquelle on prétend l'établir. C'est ce dont il est aisé de se convaincre à l'aide des considérations suivantes.

Observons d'abord que dans les mouvements qui nous paraissent instantanés, par exemple dans le choc des corps, il n'y a jamais de changements brusques dans les vitesses. Seulement la vitesse d'un point matériel peut varier sensiblement en direction et en intensité dans un temps très court et qu'on ne peut mesurer. Dans le choc des corps les variations des vitesses sont dues aux actions mutuelles des molécules dont ils se composent. L'observation que nous venons de faire est également applicable aux corps élastiques ou non élastiques. La seule différence qui existe entre les uns et les autres, c'est que les actions mutuelles des molécules dépendent uniquement dans les corps élastiques des distances qui séparent ces molécules, tandis qu'elles dépendent à la fois du temps et des distances dans les corps non élastiques. A la vérité, on pourrait donner le nom de changement brusque à tout changement de vitesse qui s'opérerait dans un temps très court. Mais si l'on admet cette manière de s'exprimer, il y aura changement brusque de vitesse dans le choc des corps élastiques. Or, on sait très bien que le théorème ci-dessus mentionné devient inexact pour ces sortes de corps; et, pour éviter l'objection qui en résulte, les auteurs des traités de mécanique ont été forcés de dire que les vitesses varient d'une manière continue, quand les corps sont élastiques, et brusquement quand les corps cessent de l'être. Mais cette distinction entre des mouvements continus et discontinus est purement illusoire, comme nous l'avons déjà remarqué; et, par conséquent, il est impossible d'admettre que la perte de forces vives soit la somme des forces vives dues aux vitesses perdues, toutes les fois qu'il y a changement brusque dans les vitesses.

Il est également facile de reconnaître l'inexactitude de la démonstration par laquelle on prétend établir le théorème ci-dessus mentionné. En effet, cette démonstration consiste à remplacer dans l'équation différentielle des forces vives les forces motrices qui seraient propres à maintenir le système en équilibre, par les quantités de mouvement perdues dans le choc. Or, une force motrice appliquée à un point matériel ne peut être mesurée par la quantité de mouvement que le point matériel perd ou gagne dans un instant très court, que dans le cas où cette force motrice reste sensiblement égale et parallèle à elle-même pendant cet instant. Mais c'est précisément le contraire qui arrive lorsque cette force motrice produit ce qu'on nomme un changement brusque de vitesse. Donc la démonstration que nous venons d'indiquer est inexacte; et, en effet, si l'on pouvait l'admettre, elle s'appliquerait aussi bien aux corps élastiques qu'aux corps non élastiques; et, par conséquent, elle conduirait à une absurdité.

Toutefois, comme dans les applications de la dynamique, on a souvent à considérer des mouvements dans lesquels les variations de la vitesse sont presque instantanées, il était à désirer que l'on pût obtenir des formules générales spécialement applicables aux mouvements dont il s'agit. Or, en réfléchissant sur cet objet, j'ai été assez heureux pour découvrir un nouveau principe de mécanique qui peut être employé avec avantage dans le choc des corps élastiques ou non élastiques, et que je vais exposer en peu de mots.

Considérons un système quelconque de points matériels assujettis à des liaisons quelconques et soumis à des forces motrices données. Un mouvement virtuel de ce système, au bout d'un temps quelconque $t$, sera un mouvement compatible avec les diverses liaisons telles qu'elles subsistent à cette époque ; et les vitesses virtuelles des différents points matériels ne seront autres que les vitesses qu'ils pourraient acquérir dans un mouvement virtuel. Enfin le moment virtuel d'une force appliquée à l'un des points du système sera le produit de cette force par la vitesse virtuelle du point projeté sur la direction de la force. Cela posé, pour obtenir toutes les équations propres à déterminer le mouvement du système, il suffira, comme l'on sait, d'écrire, que dans un mouvement virtuel quelconque, la somme des moments virtuels des forces appliquées est équivalente à la somme des moments virtuels des forces qui seraient capables de produire les mouvements observés, si tous les points devenaient libres et indépendants les uns des autres. Concevons maintenant que, pendant un instant très court $\Delta t$, compté à partir de la fin du temps $t$, les vitesses varient sensiblement en direction comme en intensité, sans devenir infiniment grandes, et en vertu d'actions développées par le choc de certaines parties du système. Construisons d'ailleurs un parallélogramme qui ait pour un de ses côtés la vitesse d'un point du système à la fin du temps $t$, et pour diagonale la vitesse du même point à la fin du temps $t + \Delta t$. L'autre côté mesurera ce qu'on appelle quelquefois la vitesse gagnée ou perdue par le point pendant l'instant $\Delta t$, et le produit de cette vitesse par la masse du point sera de même la quantité de mouvement gagnée ou perdue pendant l'instant $\Delta t$. Enfin, comme chaque point ne changera pas sensiblement de position pendant l'instant $\Delta t$, et qu'en conséquence la vitesse virtuelle pourra être regardée comme invariable, le moment virtuel de la quantité de mouvement gagnée ou perdue sera évidemment l'intégrale qu'on obtiendra, quand, après avoir multiplié par $dt$ le moment virtuel de la force capable de produire le mouvement observé, on effectuera l'intégration relative à $t$ entre deux limites dont la différence sera exprimée par $\Delta t$. Donc la somme des moments virtuels des quantités de mouvement acquises ou perdues se déduira par une intégrale toute semblable de la somme des moments virtuels des forces qui seraient capables de produire les mouvements observés si les points étaient libres, et, par conséquent, de la somme des moments virtuels des forces appliquées. Or, dans cette dernière somme, les seules forces qui auront des valeurs très considérables seront les forces moléculaires développées par les chocs, et elles disparaîtront de la somme dont il s'agit si le mouvement virtuel est tellement choisi que deux molécules qui réagissent l'une sur l'autre offrent des vitesses égales et parallèles. Donc, pourvu que cette condition soit remplie, la somme des moments virtuels des forces appliquées sera une quantité finie, et l'intégrale dont nous avons parlé plus haut sera sensiblement nulle.

Il en résulte qu'on peut énoncer généralement la proposition suivante :

Lorsque dans un système de points matériels les vitesses varient brusquement en vertu d'actions moléculaires développées par les chocs de quelques parties du système, la somme des moments virtuels des quantités de mouvement acquises ou perdues pendant le choc, est nulle toutes les fois que l'on considère un mouvement virtuel dans lequel les vitesses de deux molécules qui réagissent l'une sur l'autre sont égales entre elles.

S'il arrive qu'après le choc tout point matériel qui a exercé une action moléculaire sur un autre point se réunisse à ce dernier, le principe que nous venons d'énoncer fournira toutes les équations nécessaires pour déterminer, après le choc, les mouvements de toutes les molécules ou de tous les corps dont se compose le système proposé. Dans le même cas, l'une de ces équations, savoir celle qu'on obtient en faisant coïncider les vitesses virtuelles avec les vitesses effectives

après le choc, exprimera que la perte de forces vives est la somme des
forces vives dues aux vitesses perdues.

### *Formules relatives au nouveau principe de mécanique.*

Considérons un système quelconque de points matériels $m$, $m'$, ....
assujettis à des liaisons quelconques et soumis à des forces P, P', ....
dont les projections algébriques soient respectivement X, Y, Z, ....
En désignant par $x$, $y$, $z$, les coordonnées du point matériel $m$, par $\omega$.
sa vitesse au bout du temps $t$, et par $a$, $\delta$, $\gamma$, les angles que forment la
direction de la vitesse $\omega$ avec les demi-axes des coordonnées positives.
on aura

$$(1) \qquad m\left(\frac{d^2 x}{dt^2}\,\delta x + \frac{d^2 y}{dt^2}\,\delta y + \frac{d^2 z}{dt^2}\,\delta z\right) + \ldots = X\,\delta x + Y\,\delta y + Z\,\delta z + \ldots$$

ou ce qui revient au même

$$(2) \qquad m\left(\frac{d.\omega\cos\alpha}{dt}\,\delta x + \frac{d.\omega\cos\delta}{dt}\,\delta y + \frac{d.\omega\cos\gamma}{dt}\,\delta z\right) + \ldots$$
$$= X\,\delta x + Y\,\delta y + Z\,\delta z + \ldots.$$

la caractéristique $\delta$ étant relative à un mouvement virtuel quelconque.
Concevons maintenant que, pendant un instant très court $\theta = \Delta t$, les
vitesses varient sensiblement en grandeur et en direction sans devenir
infiniment grandes, et en vertu d'actions moléculaires développées par
le choc de certaines parties du système. Comme les positions des
points $m$, $m'$, .... et les liaisons ne seront pas sensiblement altérées
pendant le même instant, on pourra regarder $\delta x$, $\delta y$, $\delta z$, comme invariables, et en intégrant les deux membres de l'équation (2) entre les
limites $t = 0$, $t = \theta$, on obtiendra une autre équation

$$(3) \qquad m\left\{(\omega\cos\alpha - \omega_0\cos\alpha_0)\,\delta x + (\omega\cos\delta - \omega_0\cos\delta_0)\,\delta y\right.$$
$$\left. + (\omega\cos\gamma - \omega_0\cos\gamma_0)\,\delta z + \ldots\right\}$$
$$= \delta x \int_0^\theta X\,dt + \delta y \int_0^\theta Y\,dt + \delta z \int_0^\theta Z\,dt + \ldots$$
$$= \int_0^\theta \{X\,\delta x + Y\,\delta y + Z\,\delta z + \ldots\}\,dt.$$

Or, dans la somme $X\delta x + Y\delta y + Z\delta z + \ldots$, les quantités $X$, $Y$, $Z$, ..., auront généralement des valeurs finies, à l'exception de celles qui renfermeront les projections algébriques des forces moléculaires développées par le choc; ajoutons que les termes relatifs à ces forces moléculaires disparaîtront si le mouvement virtuel est tellement choisi que deux molécules qui réagissent l'une sur l'autre aient des vitesses virtuelles égales et parallèles. Donc alors la somme $X\delta x + \ldots$, conservant une valeur finie, le dernier membre de l'équation (3) sera sensiblement nul, et l'on aura

$$(4)\qquad m\{(\omega\cos\alpha - \omega_0\cos\alpha_0)\,\delta x + (\omega\cos\beta - \omega_0\cos\beta_0)\,\delta y$$
$$+ (\omega\cos\gamma - \omega_0\cos\gamma_0)\,\delta z + \ldots\} = 0.$$

*Application.* — Si les masses $m$, $m'$, ..., peuvent se mouvoir de manière que leurs distances restent invariables, en sorte que les mouvements de translation parallèles aux axes des $x$, $y$, $z$, et les mouvements de rotation autour de ces axes soient compatibles avec les liaisons données, on déduira de l'équation (4) les six équations

$$(5)\qquad \begin{cases} m\omega\cos\alpha + \ldots = m\omega_0\cos\alpha_0 + \ldots, \\ m\omega\cos\beta + \ldots = m\omega_0\cos\beta_0 + \ldots \\ m\omega\cos\gamma + \ldots = m\omega_0\cos\gamma_0 + \ldots, \end{cases}$$

$$(6)\qquad \begin{cases} m\omega(y\cos\gamma - z\cos\beta) + \ldots = m\omega_0(y\cos\gamma_0 - z\cos\beta_0) + \ldots, \\ m\omega(z\cos\alpha - x\cos\gamma) + \ldots = m\omega_0(z\cos\alpha_0 - x\cos\gamma_0) + \ldots, \\ m\omega(x\cos\beta - y\cos\alpha) + \ldots = m\omega_0(x\cos\beta_0 - y\cos\alpha_0) + \ldots. \end{cases}$$

Ces six équations expriment que la quantité de mouvement principal et le moment linéaire principal relatif aux quantités de mouvement conservent les mêmes valeurs avant et après le choc.

Si, après le choc, les masses $m$, $m'$, ... se meuvent effectivement de manière que leurs distances restent invariables, on pourra prendre

$$(7)\qquad \delta x = \omega\cos\alpha\,\Delta t, \qquad \delta y = \omega\cos\beta\,\Delta t, \qquad \delta z = \omega\cos\gamma\,\Delta t.$$

Et la formule (4) donnera en transformant et réduisant

$$(8)\qquad m\omega^2 + m'\omega'^2 + \ldots = m\omega\omega_0(\cos\alpha\cos\alpha_0 + \cos\beta\cos\beta_0 + \cos\gamma\cos\gamma_0) + \ldots$$

Si l'on fait pour plus de commodité

$$(9) \qquad \begin{cases} \omega\cos\alpha - \omega_0\cos\alpha_0 = \omega_1\cos\alpha_1, \\ \omega\cos\delta - \omega_0\cos\delta_0 = \omega_1\cos\delta_1, \\ \omega\cos\gamma - \omega_0\cos\gamma_0 = \omega_1\cos\gamma_1 \end{cases}$$

on aura

$$(10) \qquad \omega_1^2 = \omega^2 + \omega_0^2 - 2\omega\omega_0(\cos\alpha\cos\alpha_0 + \cos\delta\cos\delta_0 + \cos\gamma\cos\gamma_0)$$

et, par suite,

$$(11) \qquad \omega^2 + \omega_1^2 - \omega_0^2 = 2\left[\omega^2 - \omega\omega_0(\cos\alpha\cos\alpha_0 + \cos\delta\cos\delta_0 + \cos\gamma\cos\gamma_0)\right].$$

Cela posé, la formule (8) multipliée par 2 donnera

$$(12) \qquad \Sigma m\omega^2 + \Sigma m\omega_1^2 - \Sigma m\omega_0^2 = 0,$$

ou

$$(13) \qquad \Sigma m\omega_0^2 = \Sigma m\omega^2 + \Sigma m\omega_1^2.$$

# SUR

## LE PRINCIPE DES FORCES VIVES.

*Bulletin de Férussac*, Tomo XII, p. 121-122 ; 1829.

Soient $m$, $m'$, ..., des masses soumises à des forces quelconques P, P', ..., et liées entre elles d'une manière quelconque. En désignant par $x$, $y$, $z$, ..., les coordonnées des points matériels $m$, $m'$, ..., par X, Y, Z, ..., les projections algébriques des forces P, P', ..., on aura

$$(1) \qquad m\omega\, d\omega + m'\omega'\, d\omega' + \ldots$$
$$= X\, dx + Y\, dy + Z\, dz + X'\, dx' + Y'\, dy' + Z'\, dz' + \ldots.$$

Concevons maintenant que le point matériel $m$ parte de la position O et parvienne au bout du temps $t$ dans la position A ; en parcourant une courbe ONA ; puis qu'après avoir tracé les droites O$o$, N$n$, A$a$ qui indiquent pour chaque point de la courbe ONA la direction de la force motrice P, on construise une courbe $ona$ normale à toutes ces droites. Si l'on nomme $p$ la distance A$a$ on aura

$$(2) \qquad \frac{dp}{\sqrt{dx^2 + dy^2 + dz^2}} = \lim \frac{\Delta p}{\sqrt{\Delta x^2 + \Delta y^2 + \Delta z^2}}$$

pour le cosinus de l'angle aigu ou obtus formé par la direction $a$A avec la direction de la vitesse. D'ailleurs

$$(3) \qquad \frac{X\, dx + Y\, dy + X\, dz}{P\sqrt{dx^2 + dy^2 + dz^2}}$$

est le cosinus de l'angle aigu ou obtus formé par la direction de la force P avec la direction de la vitesse. On aura donc

$$(4) \qquad \pm P\,dp = X\,dx + Y\,dy + Z\,dz,$$

$$(5) \qquad m\omega\,d\omega + \ldots = \pm P\,dp \pm \ldots,$$

le signe $+$ ou $-$ devant être adopté suivant que la direction $a$A sera celle de la force P ou la direction opposée. La formule $X\,dx + Y\,dy + Z\,dz$ sera une différentielle exacte, et, par conséquent, le principe des forces vives aura lieu toutes les fois que la force P sera une fonction de la longueur $p$. C'est ce qui aura lieu lorsque la force accélératrice, étant constamment dirigée vers un point fixe ou perpendiculaire à un plan fixe, sera fonction de la distance du point matériel au point fixe ou au plan fixe.

Pour deux points qui s'attirent ou se repoussent, on trouvera

$$\pm P\,dp \pm P'\,dp' = \pm P\,dr;$$

le principe des forces vives aura donc lieu si la force P est fonction de la distance des deux points matériels.

# MÉMOIRE

## SUR L'APPLICATION DU CALCUL DES RÉSIDUS
## A L'ÉVALUATION
### ET
## A LA TRANSFORMATION DES PRODUITS COMPOSÉS
## D'UN NOMBRE INFINI DE FACTEURS ([1]).

*Bulletin de Férussac*, Tomo XII, p. 202-205; 1829.

On sait qu'une fonction entière de la variable $x$ peut toujours être
décomposée en facteurs linéaires qui, égalés séparément à zéro, fournissent les diverses racines de l'équation algébrique, dont le premier
membre serait précisément la fonction dont il s'agit. Cette propriété
des fonctions entières subsiste pour quelques fonctions transcendantes.
Ainsi, par exemple, $\sin x$ et $\cos x$ sont décomposables en facteurs
linéaires, qui, égalés séparément zéro, fournissent les diverses racines
des équations $\sin x = 0$, $\cos x = 0$. Mais on se tromperait si l'on
attribuait la propriété ci-dessus énoncée à toute espèce de fonctions,
et il peut arriver que le produit P de tous les facteurs linéaires correspondant aux diverses valeurs de $x$, pour lesquels une fonction transcendante s'évanouit, ne soit pas équivalent ni même proportionnel à
cette fonction. Ainsi, en particulier, les seules valeurs de $x$, propres à

([1]) Lu à l'Académie des Sciences le 31 août 1829.

faire évanouir la fonction $e^x - 1$ sont comprises dans les formules

$$x = 0, \qquad x = \pm n\pi\sqrt{-1},$$

$x$ étant un nombre entier quelconque, et cependant le produit P de $x$ par tous les facteurs linéaires de la forme

$$1 \pm \frac{x}{n\pi\sqrt{-1}}$$

n'est pas équivalent ni même proportionnel à $e^x - 1$. Mais on a dans ce cas

$$e^x - 1 = P\, e^{\frac{x}{2}},$$

en sorte que, pour obtenir la fonction transcendante $e^x - 1$ il faut multiplier le produit P par un nouveau facteur $e^{\frac{x}{2}}$ qui n'est point linéaire, ni décomposable en facteurs linéaires déterminés, et qui ne s'évanouit pour aucune valeur finie de la variable $x$. On voit donc que les principes qui servent de base à la décomposition des fonctions entières en facteurs linéaires, ne sauraient s'appliquer aux fonctions transcendantes. D'un autre côté, il était à désirer que l'on pût établir des formules générales propres à l'évaluation ou à la transformation des produits composés d'un nombre infini de facteurs, ainsi qu'à la décomposition des fonctions transcendantes en produits de cette espèce. Or, j'ai reconnu qu'on pouvait appliquer très utilement à ces questions le calcul des résidus qui offre tant d'avantages dans la sommation des séries, dans l'évaluation des intégrales définies, et dans l'intégration des équations différentielles ou aux différences partielles. C'est ce dont on se convaincra facilement à la lecture du Mémoire que j'ai l'honneur d'offrir à l'Académie. Pour donner une idée des résultats auxquels je suis parvenu, je me contenterai de citer entre autres la proposition suivante :

Théorème. — *Soient $f(z)$, $F(z)$ deux fonctions de la variable $z$ qui restent finies et continues ainsi que leurs dérivées des divers ordres pour toutes les valeurs finies de $z$, et qui ne s'évanouissent ni l'une ni l'autre* *pour $z = 0$. Soient d'ailleurs* $\alpha$, $\beta$, $\gamma$, ..., *les racines de l'équation*

$$(1) \qquad f(z) = 0,$$

$\lambda$, $\mu$, $\nu$, ..., *celles de l'équation*

$$(2) \qquad F(z) = 0$$

*et $x$ une nouvelle variable. Si le rapport*

$$(3) \qquad \frac{f'\left(\dfrac{x}{z}\right) F'(z)}{\left(\dfrac{x}{z}\right) F(z)}$$

*s'évanouit pour des valeurs infiniment petites ou infiniment grandes, mais convenablement choisies du module $r$ de la variable $z$, on aura*

$$(4) \qquad \frac{f\left(\dfrac{x}{\lambda}\right)}{f(0)} \cdot \frac{f\left(\dfrac{x}{\mu}\right)}{f(0)} \cdot \frac{f\left(\dfrac{x}{\nu}\right)}{f(0)} \cdots = \frac{F\left(\dfrac{x}{\alpha}\right)}{F(0)} \cdot \frac{F\left(\dfrac{x}{\beta}\right)}{F(0)} \cdot \frac{F\left(\dfrac{x}{\gamma}\right)}{F(0)} \cdots$$

Il est facile de vérifier l'exactitude de la formule (4) dans le cas où $f(z)$, $F(z)$ se réduisent à deux fonctions entières. Si, la fonction $f(z)$ étant entière, on prend

$$F(z) = \frac{\sin \pi \sqrt{z}}{\pi \sqrt{z}},$$

la même formule donnera

$$(5) \qquad \frac{f(x)}{f(0)} \cdot \frac{f\left(\dfrac{x}{4}\right)}{f(0)} \cdot \frac{f\left(\dfrac{x}{9}\right)}{f(0)} \cdots = \frac{\sin \pi \sqrt{\dfrac{x}{\alpha}}}{\pi \sqrt{\dfrac{x}{\alpha}}} \cdot \frac{\sin \pi \sqrt{\dfrac{x}{\beta}}}{\pi \sqrt{\dfrac{x}{\beta}}} \cdot \frac{\sin \pi \sqrt{\dfrac{x}{\gamma}}}{\pi \sqrt{\dfrac{x}{\gamma}}} \cdots$$

Le second membre de l'équation (5) étant composé d'un nombre fini de facteurs égal au degré de $f(z)$, il résulte de cette équation qu'on peut toujours évaluer le produit

$$\frac{f(x)}{f(0)} \cdot \frac{f\left(\dfrac{x}{4}\right)}{f(0)} \cdot \frac{f\left(\dfrac{x}{9}\right)}{f(0)} \cdots$$

composé d'une infinité de facteurs, c'est-à-dire de tous les facteurs de la forme

$$\frac{f\left(\dfrac{x}{n^2}\right)}{f(0)}.$$

Si l'on pose en particulier $f(z) = 1 - z$, l'équation (5) reproduira la formule connue

$$(6) \qquad (1-x)\left(1-\frac{x}{4}\right)\left(1-\frac{x}{9}\right)\cdots = \frac{\sin \pi \sqrt{x}}{\pi \sqrt{x}}.$$

Si l'on prenait successivement

$$F(z) = \sin z - z \cos z,$$
$$F(z) = (z^2 + b) \sin z - az \cos z,$$
$$F(z) = (e^z + e^{-z}) \cos z - 2,$$
$$\dots \dots \dots \dots \dots \dots \dots \dots \dots,$$

on obtiendrait, au lieu des équations (5) et (6), de nouvelles formules que je me dispenserai d'écrire.

Enfin, si l'on supposait

$$f(z) = \frac{\sin \dfrac{\pi}{2}\sqrt{z}}{\dfrac{\pi}{2}\sqrt{z}}, \qquad F(z) = \cos \frac{\pi}{2}\sqrt{z},$$

on tirerait de l'équation (4)

$$(7) \qquad \cos \frac{x}{2} \cos \frac{x}{4} \cos \frac{x}{6} \cdots = \frac{\sin x}{x} \cdot \frac{3 \sin \dfrac{x}{3}}{x} \cdot \frac{5 \sin \dfrac{x}{5}}{x} \cdots,$$

puis on en conclurait, en remplaçant $x$ par $x\sqrt{-1}$,

$$(8) \qquad \frac{e^{\frac{1}{2}x} + e^{-\frac{1}{2}x}}{2} \cdot \frac{e^{\frac{1}{4}x} + e^{-\frac{1}{4}x}}{2} \cdot \frac{e^{\frac{1}{6}x} - e^{-\frac{1}{6}x}}{2} \cdots = \frac{e^x - e^{-x}}{2x} \cdot \frac{e^{\frac{1}{3}x} - e^{-\frac{1}{3}x}}{\frac{2}{3}x} \cdot \frac{e^{\frac{1}{5}x} - e^{-\frac{1}{5}x}}{\frac{2}{5}x} \cdots.$$

Au reste, le théorème ci-dessus énoncé n'est qu'un cas particulier d'un théorème plus général qui sert à évaluer le rapport entre les produits que renferment les deux membres de la formule (4), à l'aide d'une exponentielle dont l'exposant est une intégrale définie.

# MÉMOIRE

## SUR LA THÉORIE DES NOMBRES (¹).

*Bulletin de Férussac*, Tome XII, p. 205-221; 1829.

## I. *Considérations générales.*

Dans la science des nombres, l'une des propriétés les plus importantes et les plus fécondes en conséquences dignes de remarque, est le théorème connu sous le nom de *loi de réciprocité* entre deux nombres premiers. On sait en particulier que cette proposition sert de base à la théorie des résidus quadratiques. Or, des recherches relatives à la résolution des équations binomes, après m'avoir fourni une démonstration nouvelle de la loi de réciprocité dont il s'agit, m'ont conduit à reconnaître qu'il existe une infinité de lois du même genre, mais d'un ordre plus élevé, et j'ai vu découler immédiatement de ces lois des théories nouvelles, savoir : la théorie des résidus cubiques et généralement des résidus fournis par des puissances d'un degré quelconque. D'ailleurs l'analyse par laquelle je suis parvenu à découvrir ces mêmes lois, m'a offert le moyen de résoudre algébriquement une foule d'équations indéterminées et d'établir des théorèmes dignes de l'attention des géomètres. Je vais indiquer ici les principes sur lesquels repose cette analyse et les résultats divers que l'on peut en déduire.

(¹) Lu à l'Académie royale des Sciences le 21 septembre 1829.

## II. *Principes fondamentaux. Formules déduites de ces principes.*

Soit $n$ un nombre entier quelconque. Je dirai que les nombres
entiers positifs ou négatifs $u$ et $v$ sont *équivalents* suivant le module $n$,
lorsque la différence $u - v$ ou $v - u$ sera divisible par $n$; j'indiquerai
cette équivalence, nommée congruence par M. Gauss, à l'aide de la
notation

$$u \equiv v \qquad (\text{mod. } n)$$

employée par ce géomètre. De plus, $p$ étant un nombre premier, je
dirai avec M. Poinsot que $\rho$ est une racine primitive de l'équation

$$(1) \qquad\qquad x^n = 1$$

et $r$ est une racine primitive de l'équivalence

$$(2) \qquad\qquad x^n \equiv 1 \qquad (\text{mod. } p)$$

lorsque $\rho^n$ sera la plus petite puissance de $\rho$ qui se réduise à l'unité,
et $r^n$ la plus petite puissance de $r$ équivalente à l'unité suivant le
module $p$.

Cela posé, désignons par $\theta$ une racine primitive de l'équation

$$(3) \qquad\qquad x^p = 1$$

et par $t$ une racine primitive de l'équivalence

$$(4) \qquad\qquad x^{p-1} \equiv 1 \qquad (\text{mod. } p).$$

$t$ sera ce qu'on nomme une racine primitive du nombre $p$. Ajoutons
que si l'équivalence (2) admet des racines primitives $r$, $p - 1$ sera
divisé par $n$, et si l'on fait

$$(5) \qquad\qquad p - 1 = n\varpi,$$

on pourra prendre

$$(6) \qquad\qquad r = t^\varpi.$$

Représentons d'ailleurs par $h$, $k$ deux nombres entiers quelconques :
enfin soit

$$(7) \qquad \Theta = \theta + \rho\theta' + \rho^2\theta'' + \ldots + \rho^{p-2}\theta^{(p-1)}$$

et plus généralement.

$$(8) \qquad \Theta_h = \Theta + \rho^h \Theta' + \rho^{2h}\Theta'' + \ldots + \rho^{(p-2)h}\Theta^{(p-1)}$$

de sorte qu'on ait $\Theta_1 = \Theta$ et $\Theta_0 = -1$. Les expressions de la forme $\Theta_h\Theta_k$ jouiront de propriétés remarquables que nous allons faire connaître.

Si d'abord on suppose $h + k$ divisible par $n$ on aura

$$(9) \qquad \Theta_h\Theta_k = (-1)^{\varpi h}p = (-1)^{\varpi k}p.$$

On trouvera, par exemple, en prenant $k = -h$

$$(10) \qquad \Theta_h\Theta_{-h} = (-1)^{\varpi h}p.$$

Si $h + k$ n'est pas divisible par $n$, on cherchera les plus petits nombres $i$ et $j$ propres à vérifier les formules

$$(11) \qquad mh \equiv \iota \quad (\text{mod. } n), \qquad mk \equiv j \quad (\text{mod. } n),$$

$m$ désignant un quelconque des nombres entiers o, 1, 2, 3, ..., $n-1$; puis on représentera par $P_m$ une quantité nulle ou égale au coefficient de $x^{(n-i)\varpi}$ dans le développement de $(1+x)^{(2n-i-j)\varpi}$, suivant que la somme $i+j$ sera comprise entre zéro et $n$, ou entre $n$ et $2n$, en sorte qu'on aura dans le premier cas

$$(12) \qquad P_m = 0$$

et dans le second cas,

$$(13) \qquad P_m = \frac{1.2.3\ldots((2n-i-j)\varpi)}{1.2.3\ldots((n-i)\varpi) \times 1.2.3\ldots((n-j)\varpi)};$$

ajoutons que l'on devra prendre

$$(14) \qquad P_m = 2 \quad \text{si} \quad i+j = n;$$

et

$$(15) \qquad P_m = (-1)^{m\varpi k} = (-1)^{m\varpi h}$$

si la somme $i+j$ s'évanouit avec $i$ et $j$. Cela posé, on trouvera

$$(16) \qquad \Theta_h\Theta_k = (a_0 + a_1\rho + a_2\rho^2 + \ldots + a_{n-1}\rho^{n-1})\Theta_{h+k},$$

$a_0$, $a_1$, $a_2$, ..., $a_{n-1}$ désignant des nombres entiers inférieurs à $p$, qui vérifieront l'équation

$$(17) \qquad a_0 + a_1 + a_2 + \ldots + a_{n-1} = p - 2$$

et pourront être complètement déterminés à l'aide de la formule

$$(18) \qquad a_m \equiv (2 + P_{n-1} r^m + P_{n-2} r^{2m} + \ldots + P_{n-1} r^{(n-1)m}) \varpi \qquad (\text{mod. } p).$$

Soit d'ailleurs $\omega$ le plus petit nombre qui soit en même temps divisible par le plus grand commun diviseur de $h$ et de $n$, par le plus grand commun diviseur de $r$ et de $n$, enfin par le plus grand commun diviseur de $h + k$ et de $n$. L'équation (1) pourra être remplacée par le système des deux suivantes.

$$(19) \qquad x^\omega = 1,$$

$$(20) \qquad x^{n-\omega} + x^{n-2\omega} + \ldots + x^{2\omega} + x^\omega + 1 = 0.$$

et l'on aura 1°

$$(21) \qquad \begin{aligned} p = \ & (a_0 + a_1 x + a_2 x^2 + \ldots + a_{n-1} x^{n-1}) \\ & \times (a_0 + a_1 x^{n-1} + a_2 x^{n-2} + \ldots + a_{n-1} x) \end{aligned}$$

pour toutes les valeurs de $x$ propres à vérifier l'équation (20), ou, ce qui revient au même, pour toutes les valeurs de $x$ qui satisfont à l'équation (1) sans vérifier aucune des trois suivantes

$$(22) \qquad x^h = 1,$$

$$(23) \qquad x^k = 1,$$

$$(24) \qquad x^{h+k} = 1;$$

2°

$$(25) \qquad a_0 + a_1 x + a_2 x^2 + \ldots + a_{n-1} = p - 2,$$

ou

$$(26) \qquad a_0 + a_1 + a_2 x^2 + \ldots + a_{n-1} = \pm 1,$$

pour les valeurs de $x$ qui vérifieront avec l'équation (1) l'une des équations (22), (23), (24), et par conséquent l'équation (19). De plus, il faudra choisir la formule (25), si la valeur de $x$ est propre à vérifier les trois équations (22), (23), (24). Mais si la valeur de $x$ vérifie avec la formule (1) une seule de ces trois équations, il faudra choisir la formule (26); et alors, en posant $x = \rho^m$, on devra réduire le second membre de la formule (26) à $-1$ ou à $+1$, suivant que le produit $mk\varpi \times mh\varpi$ sera pair ou impair.

Dans le cas où l'on prend $h = 1$, $k = 1$; on a $i = j = m$, $i + j = 2m$, et l'on tire de la formule (13) en supposant $m$ supérieur à $\dfrac{n}{2}$

$$(27) \qquad \mathrm{P}_m = \frac{1 \cdot 2 \cdot 3 \ldots (2n - 2m)\varpi}{[1 \cdot 2 \cdot 3 \ldots (n - m)\varpi]^2} = \Pi_{n-m},$$

$\Pi_m$ désignant le terme moyen du développement du binome

$$(28) \qquad\qquad (1 + 1)^{2m\varpi}$$

Alors aussi en supposant $n$ pair et $m = \dfrac{n}{2}$, on tire de la formule (15)

$$(29) \qquad \Pi_{\frac{n}{2}} = (-1)^{\frac{n\varpi}{2}} = (-1)^{\frac{p-1}{2}}.$$

Cela posé, on conclura de la formule (18),

1° pour des valeurs impaires de $n$

$$(30) \qquad \mathfrak{a}_m \equiv \left(2 + \Pi_1 r^m + \Pi_2 r^{2m} + \ldots + \Pi_{\frac{n-1}{2}} r^{\frac{n-1}{2} m}\right)\varpi \qquad (\mathrm{mod}.\,p);$$

2° pour des valeurs paires de $n$

$$(31) \qquad \mathfrak{a}_m \equiv \left(2 + \Pi_1 r^m + \Pi_2 r^{2m} + \ldots\right.$$
$$\left. + \Pi_{\frac{n}{2} - 1} r^{\left(\frac{n}{2} - 1\right)m} + (-1)^{\frac{p-1}{2}} r^{\frac{n}{2} m}\right)\varpi \qquad (\mathrm{mod}.\,p).$$

Lorsque $\omega$ se réduit à l'unité, ce qui arrive par exemple dans le cas où, $n$ étant impair, on prend $h = 1$, $k = 1$, la formule (21) subsiste pour toutes les valeurs de $x$ propres à vérifier l'équation

$$(32) \qquad\qquad x^{n-1} + x^{n-2} + \ldots + x + 1 = 0$$

et l'on en conclut

$$(33) \quad (n - 1)p = (\mathfrak{a}_0 - \mathfrak{a}_1)^2 + (\mathfrak{a}_0 - \mathfrak{a}_2)^2 + \ldots + (\mathfrak{a}_0 - \mathfrak{a}_{n-1})^2$$
$$+ (\mathfrak{a}_1 - \mathfrak{a}_2)^2 + \ldots + (\mathfrak{a}_1 - \mathfrak{a}_{n-1})^2 + \ldots + (\mathfrak{a}_{n-2} - \mathfrak{a}_{n-1})^2.$$

Donc alors le produit $(n - 1)p$ est la somme des carrés des différences entre les nombres

(34) $$a_0, \quad a_1, \quad a_2, \quad \ldots, \quad a_{n-1}$$

combinés deux à deux de toutes les manières possibles. Lorsque $\omega$ cesse de se réduire à l'unité, on tire des équations (20) et (21) qui doivent subsister simultanément.

$$(35) \qquad \left(\frac{n}{\omega} - 1\right)p = (a_0 - a_\omega)^2 + (a_0 - a_{2\omega})^2 + \cdots$$
$$+ (a_\omega - a_{n-\omega})^2 + (a_1 - a_{\omega+1})^2 + \cdots;$$

et par conséquent le produit $\left(\frac{n}{\omega} - 1\right)p$ est la somme des carrés des différences entre les termes de la suite (34) combinés deux à deux, de manière que chaque combinaison renferme deux termes dont les rangs divisés par $\omega$ donnent le même reste. Alors aussi on trouve, en supposant $n$ divisible par $2\omega$.

$$(36) \quad \left(\frac{n}{2\omega} - 1\right)p = (a_0 - a_{2\omega})^2 + (a_0 - a_{4\omega})^2 + \ldots + (a_1 - a_{2\omega+1})^2 + \cdots,$$

en supposant $n$ divisible par $3\omega$

$$(37) \quad \left(\frac{n}{3\omega} - 1\right)p = (a_0 - a_{3\omega})^2 + (a_0 - a_{6\omega})^2 + \ldots + (a_1 - a_{3\omega+1})^2 + \cdots$$

en supposant $n$ divisible par $4\omega$

$$(38) \quad \left(\frac{n}{4\omega} - 1\right)p = (a_0 - a_{4\omega})^2 + (a_0 - a_{8\omega})^2 + \ldots + (a_1 - a_{4\omega+1})^2 + \cdots$$

et ainsi de suite.

Pour montrer l'utilité des formules ci-dessus établies, supposons d'abord $n = 3$, $p = 3\varpi + 1$, alors en prenant $h = 1$, $h = 2$, puis $m = 0$, $m = 1$, $m = 2$, on tirera de la formule (30)

$$(39) \qquad \begin{cases} a_0 \equiv (2 + \Pi) \; \varpi \quad (\mathrm{mod.}\,p), \\ a_1 \equiv (2 + \Pi r) \; \varpi, \\ a_2 \equiv (2 + \Pi r^2)\varpi, \end{cases}$$

$r$ désignant une racine primitive de l'équation

$$(40) \qquad x^3 \equiv 1 \qquad (\mathrm{mod.}\,p)$$

en sorte qu'on ait

$$(41) \qquad 1 + r + r^2 \equiv 0 \quad (\text{mod.}\, p)$$

et la valeur de $\Pi$ étant

$$(42) \qquad \Pi = \frac{1 . 2 . 3 \ldots 2\varpi}{(1 . 2 . 3 \ldots \varpi)^2}.$$

De plus on tirera de la formule $(33)$

$$(43) \qquad 2p = (\mathfrak{a}_0 - \mathfrak{a}_1)^2 + (\mathfrak{a}_0 - \mathfrak{a}_2)^2 + (\mathfrak{a}_1 - \mathfrak{a}_2)^2,$$

de l'équation $(17)$

$$(44) \qquad \mathfrak{a}_0 + \mathfrak{a}_1 + \mathfrak{a}_2 = p - 2,$$

et des formules $(39)$

$$(\mathfrak{a}_1 - \mathfrak{a}_2)^2 = \Pi^2 (r^2 - r)^2 \varpi^2 \equiv - 3\Pi^2 \varpi^2 \quad (\text{mod.}\, p)$$

ou plus simplement

$$(45) \qquad (\mathfrak{a}_1 - \mathfrak{a}_2)^2 \equiv \Pi^2 \varpi \quad (\text{mod.}\, p).$$

Or, après avoir déterminé $\mathfrak{a}_0$ à l'aide de la formule

$$(46) \qquad \mathfrak{a}_0 \equiv (2 + \Pi)\varpi \quad (\text{mod.}\, p)$$

on calculera immédiatement $\mathfrak{a}_1 + \mathfrak{a}_2$ à l'aide de l'équation $(44)$ et $(\mathfrak{a}_1 - \mathfrak{a}_2)^2$ à l'aide de la formule $(45)$, en observant que $(\mathfrak{a}_1 - \mathfrak{a}_2)^2$ doit être inférieur à $2p$, et encore pair ou impair en même temps que $\mathfrak{a}_1 + \mathfrak{a}_2$. Connaissant $\mathfrak{a}_1 + \mathfrak{a}_2$ et $(\mathfrak{a}_1 - \mathfrak{a}_2)^2$ on en déduira deux systèmes de valeurs de $\mathfrak{a}_1$ et $\mathfrak{a}_2$.

Les valeurs de $\mathfrak{a}_0, \mathfrak{a}_1, \mathfrak{a}_2$ étant connues et l'un de ces nombres devant être impair en vertu de la formule $(44)$, il suffira pour résoudre en nombres entiers l'équation indéterminée

$$(47) \qquad x^2 + 3y^2 = p$$

de poser, 1° si $\mathfrak{a}_0$ est impair

$$(48) \qquad x = \mathfrak{a}_0 - \left( \frac{\mathfrak{a}_1 + \mathfrak{a}_2}{2} \right), \qquad y = \pm \frac{\mathfrak{a}_1 - \mathfrak{a}_2}{2};$$

2° si $\mathfrak{a}_1$ est impair

$$(49) \qquad x = \mathfrak{a}_1 - \frac{\mathfrak{a}_2 + \mathfrak{a}_0}{2}, \qquad y = \pm \frac{\mathfrak{a}_2 - \mathfrak{a}_0}{2};$$

$3°$ si $a_2$ est impair

$$(50) \qquad x = a_2 - \frac{a_0 + a_1}{2}, \qquad y = \pm \frac{a_0 - a_1}{2}.$$

En effet, chacun de ces trois systèmes de valeurs de $x$ et de $y$ réduira la formule (16) à la formule (43). Ajoutons que les racines primitives $r$ et $r^2$ de l'équation (40) se déduiront immédiatement des formules (39) ou, ce qui revient au même, des suivantes :

$$(51) \qquad r \equiv - \frac{3a_1 + 2}{\Pi}, \qquad r^2 \equiv - \frac{3a_2 + 2}{\Pi} \qquad (\mathrm{mod.}\, p).$$

Observons enfin que la formule (47) donnera

$$\left(\frac{x}{y}\right)^2 + 3 \equiv 0 \qquad (\mathrm{mod.}\, p);$$

par suite on résoudra l'équivalence

$$(52) \qquad z^2 \equiv - 3 \qquad (\mathrm{mod.}\, p);$$

en prenant

$$(53) \qquad z \equiv \pm \frac{2a_0 - a_1 - a_2}{a_1 - a_2} \qquad (\mathrm{mod.}\, p).$$

Pour appliquer à un exemple particulier les règles que nous venons d'établir, supposons $p = 31$, on trouvera

$$\varpi = 10, \qquad \Pi \equiv - 4 \qquad (\mathrm{mod.}\, 31),$$
$$a_0 \equiv (2 + \Pi)\varpi \equiv - 20 \equiv 11,$$
$$a_0 = 11, \qquad a_1 + a_2 = 29 - 11 = 18,$$
$$(a_1 - a_2)^2 = \Pi^2 \varpi \equiv 160 \equiv 5$$

et comme le carré $(a_1 + a_2)^2$ devra être non seulement pair, ainsi que $a_1 + a_2$, mais encore renfermé entre les limites $0$ et $2p$, ce carré se réduira nécessairement à celui des nombres

$$5, \quad p + 5 = 36$$

qui est pair, c'est-à-dire à $36$. On aura donc

$$(a_1 - a_2)^2 = 36, \qquad a_1 - a_2 = \pm 6.$$

Si, pour fixer les idées, on prend $a_1 - a_2 = 6$, on trouvera

$$a_0 = 11, \qquad a_1 = 12, \qquad a_2 = 6;$$

et les formules (48), (51), (52) donneront

$$x = 2, \qquad y = 3,$$
$$r \equiv 25; \qquad r^2 \equiv 5 \qquad (\mathrm{mod.}\, p),$$
$$z \equiv \pm \frac{2}{3} \equiv \pm 20 \equiv \pm 11,$$

effectivement on aura

$$31 = 2^2 + 3 \cdot 3^2.$$

De plus 5 et 25 sont les deux racines primitives de l'équivalence

$$x^2 \equiv 1 \qquad (\mathrm{mod.}\ 32)$$

et 11, 20 sont les deux racines de la suivante :

$$z^2 \equiv -3 \qquad (\mathrm{mod.}\ 32).$$

Supposons encore $n = 4$, $p = 4\varpi + 1$. Alors en prenant $h = 1$, $k = 1$, on tirera de la formule (31)

$$(54) \qquad \left\{ \begin{aligned} a_0 &\equiv (3 + \Pi)\ \varpi, \\ a_1 &\equiv (1 + \Pi r)\ \varpi, \\ a_2 &\equiv (3 + \Pi r^2)\varpi, \\ a_3 &\equiv (3 + \Pi r^3)\varpi, \end{aligned} \right.$$

$r$ désignant une racine primitive de l'équivalence

$$(55) \qquad x^4 \equiv 1 \qquad (\mathrm{mod.}\, p)$$

en sorte qu'on aura nécessairement

$$(56) \qquad r^2 \equiv -1 \qquad (\mathrm{mod.}\, p)$$

et la valeur de $\Pi$ étant toujours

$$(57) \qquad \Pi = \frac{1 \cdot 2 \cdot 3 \ldots 2\varpi}{(1 \cdot 2 \cdot 3 \ldots \varpi)^2}.$$

De plus les formules (54) se réduiront en vertu de l'équivalence (56) à

$$(58) \qquad \left\{ \begin{aligned} a_0 &\equiv (3 + \Pi)\ \varpi, \\ a_1 &\equiv (1 + \Pi r)\varpi, \\ a_2 &\equiv (3 - \Pi)\ \varpi, \\ a_3 &\equiv (1 + \Pi r)\varpi, \end{aligned} \right.$$

et comme le plus grand commun diviseur $\omega$ de $n = 4$ et de $h + k = 2$
sera lui-même égal à 2, on tirera de la formule (35)

$$(59) \qquad p = (a_0 - a_2)^2 + (a_1 - a_3)^2,$$

on aura d'ailleurs en vertu des équations (17) et (24)

$$(60) \qquad \begin{cases} a_0 + a_1 + a_2 + a_3 = p - 2, \\ a_0 - a_1 + a_2 - a_3 = - 1 \end{cases}$$

et, par suite,

$$(61) \qquad a_0 + a_2 = \frac{p - 3}{2}, \qquad a_1 - a_3 = \frac{p - 1}{2},$$

enfin on tirera des formules (58)

$$(62) \qquad a_0 - a_1 \equiv 2\,\Pi\varpi, \qquad a_1 - a_3 \equiv 2\,\Pi r\varpi \qquad (\mathrm{mod}.\,p),$$

$$(63) \qquad (a_1 - a_3)^2 \equiv - 4\,\Pi^2\varpi^2 \equiv \Pi^2\varpi.$$

La première des formules (62) suffira pour déterminer la diffé-
rence $a_0 - a_2$ qui doit être impaire, ainsi que $a_0 - a_2 = \dfrac{p - 3}{3} = 2\varpi - 1$
et de plus inférieure à $p$, abstraction faite du signe; de même la
formule (63) suffira pour déterminer le carré $(a_1 - a_3)^2$ qui devra être
pair ainsi que $a_1 + a_3 = 2\varpi$ et inférieur à $p$. Cela posé, on tirer
évidemment des formules (61), (62), (63) une seule valeur de $a_0$, une
seule de $a_2$ et deux systèmes de valeurs de $a_1$, $a_3$ qui ne différeront que
par l'échange de $a_1$ en $a_3$ et de $a_3$ en $a_1$. Les valeurs de $a_0$ $a_1$, $a_2$, $a_3$
étant connues, on résoudra l'équation indéterminée

$$(64) \qquad p = x^2 + y^2$$

en prenant

$$(65) \qquad x \equiv \pm (a_0 - a_2), \qquad y \equiv \pm (a_1 - a_3) \qquad (\mathrm{mod}.\,p).$$

Il est bon d'observer que la première des formules (65) donnera pour $x$
un nombre impair inférieur à $p$, et pourra être remplacée par la
suivante

$$x \equiv \pm 2\,\Pi\varpi \equiv \pm \frac{1}{2}\,\Pi \qquad (\mathrm{mod}.\,p);$$

ajoutons que les racines primitives $r$ et $-r$ de l'équivalence (4) seront, en vertu des formules (58) et (62),

$$(67) \qquad r \equiv -\frac{4a_1+1}{\Pi}, \qquad -r \equiv -\frac{4a_3+1}{\Pi} \qquad (\text{mod. } p)$$

ou bien, en vertu des formules (62),

$$(68) \qquad \pm r \equiv \pm \frac{a_1 - a_3}{a_0 - a_2}.$$

*Exemple.* — Si l'on prend $p = 41$, on trouvera

$$\varpi = 10, \qquad \Pi \equiv 10 \quad (\text{mod. } 41), \qquad \tfrac{1}{2}\Pi \equiv 5,$$
$$a_0 - a_2 \equiv -\tfrac{1}{2}\Pi \equiv -5,$$
$$a_0 + a_2 \equiv 19, \qquad a_0 - a_2 \equiv -5, \qquad a_0 \equiv 7,$$
$$a_1 \equiv 12, \qquad a_2 \equiv 13,$$
$$a_1 + a_3 \equiv 20, \qquad (a_1 - a_3)^2 \equiv \Pi^2 \varpi \equiv 16,$$
$$(a_1 - a_2)^2 \equiv 16, \qquad a_1 - a_3 \equiv \pm 4.$$

Si pour fixer les idées, on prend $a_1 - a_3 = 4$, on trouvera

$$a_0 = 7, \qquad a_1 = 13, \qquad a_2 = 12, \qquad a_3 = 8$$

et les formules (65), (67) donneront

$$x = \pm 5, \qquad y = \pm 4,$$
$$r \equiv -\frac{49}{10} \equiv 4.49 \equiv 32, \qquad -r \equiv -\frac{33}{10} \equiv 4.33 \equiv 9,$$

effectivement on aura

$$41 = 5^2 + 4^2$$

et 9, 32 sont les deux racines primitives de l'équivalence

$$x^4 \equiv 1 \qquad (\text{mod. } 41).$$

### III. *Nouvelles formules déduites des principes exposés dans le second paragraphe.*

Adoptons les mêmes notations que dans le second paragraphe, et faisons

$$(1) \qquad \Theta_h \Theta_k = R_{h,k} \Theta_{h+k}$$

on aura, en vertu des formules (9), (16) du second paragraphe, $1^\circ$ en supposant $h + k$ divisible par $n$,

$$(2) \qquad R_{h,k} = -(-1)^{\varpi h} p = -(-1)^{\varpi k} p.$$

$2^\circ$ en supposant $h + k$ non divisible par $n$,

$$(3) \qquad R_{h,k} = a_0 + a_1 \rho + a_2 \rho^2 + \ldots + a_{n-1} \rho^{n-1},$$

$a_0$, $a_1$, …, $a_{n-1}$ désignant des nombres entiers inférieurs à $p - 2$, qui qui pourront être calculés à l'aide de la formule (18). Or il existera entre les diverses valeurs de $R_{h,k} = R_{k,h}$, correspondant aux diverses valeurs de $h$ et de $k$ des relations que nous allons indiquer. En supposant $h = 1$ et prenant pour $k$ un des nombres entiers $1, 2, 3, \ldots,$ $n - 1$, on tire de la formule (1)

$$(4) \qquad \begin{cases} R_{1,1} = \dfrac{\Theta_1^2}{\Theta_2}, \qquad R_{1,2} = \dfrac{\Theta_1 \Theta_2}{\Theta_3}, \\[2ex] R_{1,3} = \dfrac{\Theta_1 \Theta_3}{\Theta_4}, \qquad \ldots, \qquad R_{1,n-2} = \dfrac{\Theta_1 \Theta_{n-2}}{\Theta_{n-1}}, \end{cases}$$

par suite $m$ étant un quelconque des nombres entiers $1, 2, 3, \ldots$ $n - 1$, on trouvera

$$(5) \qquad \frac{\Theta_1^m}{\Theta_m} = R_{1,1}.R_{1,2} \ldots R_{1,m-1} = S_m,$$

$S_m$ désignant un polynome qui sera de même forme que $R_{h,k}$; puis on en conclura

$$(6) \qquad \frac{\Theta_h \Theta_k}{\Theta_{h+k}} = \frac{R_{1,1}.R_{1,2} \ldots R_{1,h+k-1}}{(R_{1,1}.R_{1,2} \ldots R_{1,h-1})(R_{1,1}.R_{1,2} \ldots R_{1,k-1})} = \frac{S_{h+k}}{S_h S_k}$$

ou, ce qui revient au même

$$(7) \qquad R_{h,k} = \frac{R_{1,1}.R_{1,2} \ldots R_{1,h+k-1}}{(R_{1,1}.R_{1,2} \ldots R_{1,h-1})(R_{1,1}.R_{1,2} \ldots R_{1,k-1})} = \frac{S_{h.k}}{S_h S_k}.$$

Cette dernière équation fournit le moyen de calculer la valeur de $R_{h,k}$ lorsqu'on connaît celle des expressions

$$(8) \qquad R_{1,1}, \quad R_{1,2}, \quad \ldots, \quad R_{1,n-1}.$$

Il y a plus, on tirera des formules (2) et (7), en posant $k = n - h$

$$(9) \qquad - S_n = (-1)^{\varpi k} p S_h S_{n-h}$$

on trouvera d'ailleurs $S_1 = 1$.

On aura donc, 1° en supposant $n$ pair

$$(10) \quad - \frac{1}{p} S_n = (-1)^{\varpi} S_{n-1} = S_2 S_{n-2} = (-1)^{\varpi} S_3 S_{n-3} = \ldots = (-1)^{\frac{\varpi n}{2}} S_{\frac{n}{2}}^2,$$

2° en supposant $n$ impair,

$$(11) \qquad - \frac{1}{p} S_n = (-1)^{\varpi} S_{n-1} = S_2 S_{n-2}$$

$$= (-1)^{\varpi} S_3 S_{n-3} = \ldots = (-1)^{\varpi \left( \frac{n-1}{2} \right)} S_{\frac{n-1}{2}} S_{\frac{n-1}{2}}.$$

Or les formules (10) et (11) fourniront le moyen de calculer tous les termes de la suite

$$(12) \qquad S_2, \quad S_3, \quad \ldots, \quad S_{n-3}, \quad S_{n-2}, \quad S_{n-1}$$

lorsqu'on connaîtra ceux dont l'indice est inférieur à $\frac{n}{2} + 1$, et par conséquent tous les termes de la suite

$$(13) \qquad R_{1,1}, \quad R_{1,2}, \quad R_{1,3}, \quad \ldots, \quad R_{1,n-3}, \quad R_{1,n-2}, \quad R_{1,n-1},$$

lorsqu'on connaîtra ceux dont le second indice est inférieur à $\frac{n}{2}$, attendu que l'on a généralement

$$(14) \qquad R_{1,m} = \frac{S_{m+1}}{S_m},$$

alors aussi on pourra déterminer la valeur de $R_{h,k}$.

*Exemples.* — Supposons d'abord $n = 2$. On trouvera

$$(15) \qquad \frac{\Theta_1^2}{\Theta_2} = R_{1,1} = S_2 = (-1)^{\varpi} p, \qquad \Theta_1^2 = (-1)^{\varpi} p$$

Supposons en second lieu $n = 3$, on trouvera

$$\frac{\Theta_1^2}{\Theta_2} = R_{1,1} = S_2, \qquad \frac{\Theta_1^3}{\Theta_3} = R_{1,1} R_{1,2} = S_3,$$

$$- \frac{1}{p} S_3 = (-1)^{\varpi} S_1 S_2 = (-1)^{\varpi} S_2 = S_2,$$

$$- R_{1,2} = (-1)^{\varpi} p = p,$$

attendu que $\varpi = \dfrac{p-1}{3}$ sera un nombre pair. On aura donc

$$(16) \qquad \frac{\Theta_1^2}{\Theta_2} = R_{1,1} \quad , \quad \frac{\Theta_1^3}{\Theta_3} = - R_{1,1} p, \qquad \Theta_1^3 = R_{1,1} p.$$

Supposons encore $n = 4$, on trouvera $\varpi = \dfrac{p-1}{4}$,

$$S_2 = R_{1,1}, \qquad \frac{1}{p} S_4 = (-1)^\varpi S_3 = S_2^2.$$

On aura donc

$$S_2 = R_{1,1}, \qquad S_3 = (-1)^\varpi R_{1,1}^2, \qquad S_4 = p R_{1,1},$$

$$(17) \quad \frac{\Theta_1^2}{\Theta_2} = R_{1,1}, \qquad \frac{\Theta_1^3}{\Theta_3} = (-1)^\varpi R_{1,1}^2, \qquad \frac{\Theta_1^4}{\Theta_4} = - p R_{1,1}^2, \qquad \Theta_1^4 = p R_{1,1}^2.$$

Supposons encore $n = 5$ on trouvera $\varpi = \dfrac{p-1}{5}$, $(-1)^\varpi = 1$.

$$S_1 = R_{1,1}, \qquad S_2 = R_{1,1} R_{1,2}, \qquad -\frac{1}{p} S_5 = S_4 = S_2 S_3,$$

$$S_2 = R_{1,1}, \qquad S_3 = R_{1,1} R_{1,2}, \qquad S_4 = R_{1,1}^2, \qquad S_5 = - p R_{1,1}^2 R_{1,2},$$

$$(18) \qquad \frac{\Theta_1^2}{\Theta_2} = R_{1,1}, \quad \frac{\Theta_1^3}{\Theta_3} = R_{1,1} R_{1,2}, \quad \frac{\Theta_1^4}{\Theta_4} = R_{1,1}^2 R_{1,2}, \qquad \Theta_1^5 = p R_{1,1}^2 R_{1,2}.$$

Supposons ensuite $n = 6$, on trouvera $\varpi = \dfrac{p-1}{6}$,

$$-\frac{1}{p} S_6 = (-1)^\varpi S_3 = S_2 S_4 = (-1)^\varpi S_3^2,$$

$$S_2 = R_{1,1}, \quad S_3 = R_{1,1} R_{1,2}, \qquad S_4 = (-1)^\varpi \frac{S_3^2}{S_2} = (-1)^\varpi R_{1,1} R_{1,2}^2,$$

$$S_5 = R_{1,1}^2 R_{1,2}^2. \qquad - S_6 = (-1)^\varpi p R_{1,1}^2 R_{1,3}^2$$

et, par suite,

$$(19) \qquad \left\{ \begin{aligned} & \frac{\Theta_1^2}{\Theta_2} = R_{1,1}, \qquad \frac{\Theta_1^3}{\Theta_3} = R_{1,1} R_{1,2}, \\[2mm] & \frac{\Theta_1^4}{\Theta_4} = (-1)^\varpi R_{1,1} R_{1,2}^2, \qquad \frac{\Theta_1^5}{\Theta_5} = R_{1,1}^2 R_{1,2}^2, \end{aligned} \right.$$

$$(20) \qquad \Theta_1^6 = (-1)^\varpi p R_{1,1}^2 R_{1,2}^2,$$

etc.

On peut encore trouver des relations dignes de remarque, même entre les termes de la série (13) dont le second indice est inférieur à $\dfrac{n}{2}$.

Pour le faire voir, supposons, par exemple, $n = 5$. Alors on aura

$$(21) \qquad \frac{\Theta_1^2}{\Theta_2} = R_{1,1} = a_0 + a_1\rho + a_2\rho^2 + a_3\rho^3 + a_4\rho^4,$$

$\rho$ étant une racine primitive de l'équation

$$(22) \qquad x^5 = 1,$$

puis on conclura de la formule (21) en remplaçant $\rho$ par $\rho^2$

$$(23) \qquad \frac{\Theta_2^2}{\Theta_2} = a_0 + a_1\rho^2 + a_2\rho^4 + a_3\rho + a_4\rho^3.$$

et, par conséquent,

$$(24) \qquad \frac{\Theta_1^4}{\Theta_1} = R_{1,1}^2 (a_0 + a_1\rho^2 + a_2\rho^4 + a_3\rho + a_4\rho^2) = R_{1,1}^2 R_{1,2},$$

donc

$$(25) \qquad R_{1,2} = a_0 + a_1\rho^2 + a_1\rho^4 + a_3\rho + a_4\rho^3.$$

Ainsi pour obtenir $R_{1,2}$ il suffira de remplacer $\rho$ par $\rho^2$ dans le polynome désigné par $R_{1,1}$. De même en supposant $n = 6$ et

$$R_{1,1} = a_0 + a_1\rho + a_2\rho^2 + a_3\rho^3 + a_4\rho^4 + a_5\rho^5,$$

on tirera des formules (19)

$$
\begin{aligned}
(26) \qquad (-1)\varpi R_{1,2}^2 = {} & (a_0 + a_1\rho + a_2\rho^2 + a_3\rho^3 + a_4\rho^4 + a_5\rho^5) \\
& \times (a_0 + a_1\rho^2 + a_2\rho^4 + a_3 + a_4\rho^2 + a_5\rho^4) \\
= {} & (a_0 - a_3 + \lvert a_1 - a_4 \rvert \rho + \lvert a_2 - a_5 \rvert \rho^2) \\
& \times (a_0 + a_3 + \lvert a_1 + a_4 \rvert \rho^2 + \lvert a_2 + a_5 \rvert \rho),
\end{aligned}
$$

Si pour abréger on écrit $R_1$ au lieu de $R_{1,1}$, et si l'on désigne généralement par $R_m$ ce que devient $R_1$ quand on y remplace $\rho$ par $\rho^m$, on trouvera pour une valeur quelconque de $m$

$$(27) \qquad \frac{\Theta_1^2}{\Theta_2} = R_1, \qquad \frac{\Theta_2^2}{\Theta_4} = R_2, \qquad \frac{\Theta_4^2}{\Theta_8} = R_4$$

et, par suite,

$$(28) \qquad \frac{\Theta_1^2}{\Theta_2} = R_1, \qquad \frac{\Theta_1^4}{\Theta_4} = R_1^2 R_2, \qquad \frac{\Theta_1^8}{\Theta_8} = R_1^4 R_2^2 R_4, \qquad \dots$$

On aura d'ailleurs généralement, 1°

$$(29) \qquad \Theta_m = \Theta_{m+n} = \Theta_{2m+n}, \quad \ldots, \quad \Theta_0 = \Theta_n = \ldots = -1;$$

2°

$$(30) \qquad R_m R_{n-m} = p,$$

lorsque $m$ diffère de $\dfrac{n}{2}$; enfin si $n$ est pair, on devra dans la série des formules (27) et (28) remplacer $-\rho_{\frac{n}{2}}$ par $(-1)^m p = (-1)^{\frac{p-1}{n}} p$; cela posé on trouvera pour $n = 2$, $\dfrac{\Theta_1^2}{\Theta_2} = R_1$,

$$(31) \qquad \Theta_1^2 = R_1 = (-1)^{\frac{p-1}{2}} p;$$

pour $n = 3$, $\quad \dfrac{\Theta_1^4}{\Theta_2} = \dfrac{\Theta_1^3}{\Theta_1} = R_1^2 R_2 = p R_1,$

$$(32) \qquad \Theta_1^3 = p R_1;$$

pour $n = 4$, $\quad \dfrac{\Theta_1^4}{\Theta_1} = R_1^2 R_2 = p R_1^2,$

$$(33) \qquad \Theta_1^4 = p R_1^2;$$

pour $n = 5$, $\quad \dfrac{\Theta_1^4}{\Theta_4} = \dfrac{\Theta_1^5}{\Theta_1 \Theta_4} = R_1^2 R_2,$

$$(34) \qquad \Theta_1^5 = p R_1^2 R_2;$$

pour $n = 6$, $\quad \dfrac{\Theta_1^2 \Theta_1^4}{\Theta_2 \Theta_4} = R_1^3 R_2;$

$$(35) \qquad \Theta_1^6 = p R_1^3 R_2;$$

etc.

Dans ces diverses formules, on a

$$(36) \qquad \left\{ \begin{aligned} &R_1 = a_0 + a_1 \rho + \ldots + a_{n-1} \rho^{n-1} = R_{1,1}, \\ &R_m = a_0 + a_1 \rho^m + \ldots + a_{n-1} \rho^{(n-1)m} \\ &\quad \text{lorsque } m \text{ diffère de } \frac{n}{2} \text{ et} \\ &R_{\frac{n}{2}} = (-1)^{\frac{m-1}{2}} p. \end{aligned} \right.$$

En général, si $n = 2^i + 1$ on trouvera

$$(37) \qquad \Theta_1^n = (-1)^{\frac{p-1}{n}} R_1^{2^{i-1}} R_2^{2^{i-2}} \ldots R_{2^{i-1}} p = R_1^{2^{i-1}} R_2^{2^{i-2}} \ldots R_{2^{i-1}} p.$$

ou, ce qui revient au même,

$$(38) \qquad \Theta_1^n = R_1^{\frac{n-1}{n}}\, R_2^{\frac{n-1}{4}}\, R_4^{\frac{n-1}{8}} \ldots R_{\frac{n-1}{2}}\, p\,;$$

et si $n = 2^l$ on trouvera

$$(39) \qquad \Theta_1^n = (-1)^{\frac{p-1}{2}}\, R_1^{\frac{n}{2}}\, R_2^{\frac{n}{4}} \ldots R_{\frac{n}{4}}^{2}\, p.$$

Convenons à présent que l'on désigne par la notation

$$(40) \qquad \left[\frac{k}{p}\right]$$

une expression équivalente à

$$(41) \qquad 0 \ \text{ou} \ 1 \ \text{ou} \ \rho \ \text{ou} \ \rho^2 \ \text{ou} \ \rho^3 \ \text{ou} \ \ldots \ \text{ou} \ \rho^{n-1}$$

suivant que l'on aura

$$(42) \quad k^{\varpi} \equiv 0 \ \text{ou} \ 1 \ \text{ou} \ \rho \ \text{ou} \ \rho^2 \ \text{ou} \ \ldots \ \text{ou} \ \rho^{n-1} \qquad (\text{mod.}\, p).$$

Alors, en supposant $k$ non divisible par $p$, on trouvera

$$(43) \qquad \Theta^k + \rho^h \Theta^{kt} + \rho^{2h}\Theta^{kt'} + \ldots + \rho^{(p-2)h}\Theta^{k(p-1)} = \frac{\Theta_h}{\left[\dfrac{k}{p}\right]^h} = \left[\frac{k}{p}\right]^{n-h}\Theta_h.$$

Puis en désignant par $q$ un nombre premier impair différent de $p$, et supposant $n = 2$, on trouvera

$$(44) \qquad \Theta^q + \rho^q \Theta^{qt} + \ldots + \rho^{(p-2)q}\Theta^{q(p-1)} = \frac{\Theta_q}{\left[\dfrac{q}{p}\right]^q} = \left[\frac{q}{p}\right]\Theta_q.$$

D'ailleurs si l'on élève à la puissance $q$ les deux membres de la formule

$$(45) \qquad \Theta_1 = \Theta + \rho\Theta^t + \rho^2\Theta^r + \rho^{p-2}\Theta^{p-1}.$$

on en conclura

$$(46) \qquad \Theta_1^q = \Theta^q + \rho^q \Theta^{qt} + \ldots = \left\{\left[\frac{q}{p}\right] + qQ\right\}\Theta_q$$

Q étant de la forme $c_0 + c_1\, \rho = c_0 - c_1$, $c_0$, $c_1$ étant des nombres entiers. On aura donc par suite

$$(47) \qquad \frac{\Theta_1^q}{\Theta_q} = \left[\frac{q}{k}\right] + qQ = \Theta^{q-1}\,;$$

puis on conclura en ayant égard à la formule (31) de laquelle on tire

$$\Theta_1^{q-1} = (-1)^{\frac{p-1}{2}\cdot\frac{q-1}{2}} p^{\frac{q-1}{2}} \Theta_q,$$

$$(48) \qquad (-1)^{\frac{p-1}{2}\cdot\frac{q-1}{2}} p^{\frac{q-1}{2}} = \left[\frac{q}{p}\right] + q\,Q$$

et par conséquent

$$(49) \qquad \left[\frac{q}{p}\right] \equiv (-1)^{\frac{p-1}{2}\cdot\frac{q-1}{2}} p^{\frac{q-1}{2}} \qquad (\text{mod. } q)$$

ou, ce qui revient au même,

$$(5\text{o}) \qquad \left[\frac{q}{p}\right] \equiv (-1)^{\frac{p-1}{2}\cdot\frac{q-1}{2}} \left[\frac{p}{q}\right].$$

Telle est la loi de réciprocité qui sert de base à la théorie des résidus quadratiques.

Concevons maintenant que l'on attribue à $n$ une valeur quelconque et soit Q un polynome de la forme

$$c_0 + c_1\rho + c_2\rho^2 + \ldots + c_{n-1}\rho^{n-1},$$

$c_0, c_1, \ldots, c_{n-1}$ étant des nombres entiers, on trouvera au lieu de la formule (46)

$$(51) \qquad \Theta_1^q = \left\{ \left[\frac{q}{p}\right]^{-q} + q\,Q \right\} \Theta_q.$$

D'ailleurs les formules (38), (39), etc., donneront

$$(52) \qquad \Theta_1^n = p\,\text{R},$$

R désignant un polynome de même forme que Q. Cela posé, nommons $\chi$ le quotient de $q$ par $n$ et $\varsigma$ le reste, de sorte qu'on ait

$$(53) \qquad q = n\chi + \varsigma,$$

on tirera de la formule (5) en écrivant S au lieu de $\text{S}_\varsigma$

$$(54) \qquad \Theta_1^q = \text{S}\,\Theta_\varsigma,$$

et de la formule (52)

$$(55) \qquad \Theta_1^{n\chi} = p^\chi \text{R}^\chi = p^{\frac{q-\varsigma}{n}} \text{R}^{\frac{q-\varsigma}{n}},$$

enfin l'on aura

$$(56) \qquad\qquad \Theta_q = \Theta_\varsigma,$$

donc l'équation (51) donnera

$$(57) \qquad p^{\frac{q-\varsigma}{n}} \mathrm{R}^{\frac{q-\varsigma}{n}} \mathrm{S} = \left[\frac{q}{p}\right]^{-q} + q\mathrm{Q} = \left[\frac{q}{p}\right]^{-\varsigma} + q\mathrm{Q}.$$

Si l'on pose pour abréger

$$(58) \qquad \mathrm{R}^{\frac{q-\varsigma}{n}} \mathrm{S} = b_0 + b_1\rho + b_2\rho^2 + \ldots + b_{n-1}\rho^{n-1},$$

$b_0$, $b_1$, …, $b_{n-1}$ étant des nombres entiers, cette formule deviendra

$$(59) \qquad p^{\frac{q-\varsigma}{n}} (b_0 + b_1\rho + \ldots + b_{n-1}\rho^{n-1}) = \left[\frac{q}{p}\right]^{n-\varsigma} + q\mathrm{Q}.$$

La formule (59) comprend la théorie des résidus cubiques, bi-quadratiques, etc.

Supposons, pour fixer les idées, que $n$ soit un nombre premier impair. La formule (59) dans laquelle $\left[\dfrac{q}{p}\right]^{n-\varsigma}$ représente une puissance de $\varsigma$ continuera de subsister quand on y remplacera $\varsigma$ par une quelconque des racines de l'équation

$$(60) \qquad 1 + \rho + \rho^2 + \rho^3 + \ldots + \rho^{n-1} = 0.$$

Par suite si l'on a

$$(61) \qquad \left[\frac{q}{p}\right]^{n-\varsigma} = \rho^m,$$

$m$ étant un des nombres $0, 1, 2, 3, \ldots n-1$, la formule

$$(62) \qquad \begin{aligned} & p^{\frac{q-\varsigma}{n}} \{ (b_0 - b_m) + (b_1 - b_m)\rho + \ldots + (b_{n-1} - b_m)\rho^{n-1} \} \\ & = 1 - \rho - \rho^2 - \ldots - \rho^{m-1} - \rho^{m+1} - \ldots - \rho^{n-1} + q\mathrm{Q} \end{aligned}$$

produite par l'élimination de $\rho^m$ entre les équations (59) et (60) devra offrir dans ses deux membres les mêmes coefficients pour les mêmes puissances de $\varsigma$. On aura donc par suite,

$$(63) \qquad \begin{aligned} & p^{\frac{q-\varsigma}{n}} \{ b_0 - b_m \} \equiv p^{\frac{q-\varsigma}{n}} \{ b_1 - b_m \} \equiv \ldots \\ & \equiv p^{\frac{q-\varsigma}{n}} \{ b_{n-1} - b_m \} \equiv 1 \qquad (\mathrm{mod.}\ q). \end{aligned}$$

L'équation (63) entraîne évidemment la suivante

$$(64) \qquad b_0 \equiv b_1 \equiv \ldots \equiv b_{m-1} \equiv b_{m+1} \equiv \ldots \equiv b_{n-1} \qquad (\text{mod. } q).$$

Donc les nombres entiers

$$(65) \qquad\qquad b_0, \quad b_1, \quad \ldots \quad b_{n-1}$$

sont équivalents entre eux et à $b_0$ suivant le module $q$ : on devra seulement excepter $b_m$ qui ne sera pas équivalent aux autres, c'es-à-dire le coefficient de $\rho^m$.

Je développerai dans un autre Mémoire de nombreuses conséquences des formules ci-dessus établies. Je me bornerai pour l'instant à remarquer que la valeur commune des $n - 1$ différences

$$b_0 - b_m, \quad b_1 - b_m, \quad \ldots, \quad b_{n-1} - b_m$$

sera, en vertu de la formule (63), une racine de l'équivalence

$$x^m \equiv p^{i-1} \qquad (\text{mod. } q).$$

J'observerai en finissant qu'ayant donné à M. Jacobi communication de mes formules, j'ai appris de cet habile géomètre qu'il était parvenu de son côté, et en s'appuyant sur les mêmes principes à des résultats du même genre. Il a donné quelques-uns de ses résultats, mais sans indiquer la méthode qui les lui avait fournis, dans le Tome II du *Journal* de M. Crelle.

# REMARQUES

sur

## L'ARTICLE N° 5 DU *BULLETIN* DE JUILLET 1829 (¹).

*Bulletin de Férussac*, Tome XII, p. 221-227; 1829.

L'analyse des recherches de M. Cauchy sur l'équilibre et le mouvement des corps élastiques, insérée dans le *Bulletin* de juillet 1829, renferme quelques inexactitudes qu'il nous paraît important de rectifier. Nos observations serviront peut-être à mieux faire connaître une théorie digne de fixer l'attention des géomètres et des physiciens.

Après avoir rendu compte du premier des deux Mémoires que renferment la 30ᵉ et la 31ᵉ livraisons des Exercices, l'auteur de l'article dont il s'agit ajoute : « *M. Cauchy reprend la question sous une autre face, en considérant un corps comme un système de points matériels à distance. Mais, comme indépendamment de l'ignorance où nous sommes sur la loi des forces moléculaires, rien n'est connu sur les rapports de grandeur et de situation des molécules, il faut encore traverser, si j'ose ainsi dire, une nouvelle série d'hypothèses pour arriver à des formules de plus en plus traitables, et l'on peut choisir ces hypothèses de manière à reproduire les équations de M. Navier et toutes celles obtenues dans le Mémoire précédent, en considérant les pressions et condensations dans une masse continue. L'auteur passe des sommes d'éléments discontinus aux intégrales prises entre zéro et l'infini, selon la méthode qui avait été*

---

(¹) Article anonyme, mais manifestement écrit — ou au moins inspiré — par Cauchy (R. T.).

*employée sans contestation depuis Laplace, et que M. Poisson vient de trouver inexacte.* » Nous avons quelques remarques à faire sur ce passage. Les équations d'équilibre ou de mouvement des corps élastiques, déduites des principes établis dans le Mémoire dont il est ici question, ne sont pas moins traitables sous leur forme primitive, et lorsque l'élasticité varie d'une manière quelconque dans les diverses directions, que dans le cas très particulier où l'élasticité du corps reste la même en tous sens. Seulement, les formules relatives à ce dernier cas renferment un grand nombre de coflicients de cette espèce. Les coefficients dont il s'agit sont au nombre de 21 (voyez la 42ᵉ livraison), si l'on ne conserve que ceux qui ne s'évanouissent pas lorsque, dans l'état naturel du corps, les molécules sont distribuées symétriquement sur des droites menées par l'une d'entre elles, de part et d'autre de cette dernière (¹). Les formules générales contiendront encore 15 coefficients (voyez la 37ᵉ livraison), si l'on admet, en outre, que la pression ou tension en un point quelconque devient nulle dans l'état naturel.

Mais la preuve que ces 15 coefficients ne rendront pas les formules générales intraitables, c'est que M. Cauchy les a traitées effectivement dans les 37ᵉ, 38ᵉ et 39ᵉ livraisons, et qu'il est parvenu à en déduire les équations aux différences partielles qui déterminent les lois d'équilibre et de mouvement d'une plaque ou d'une verge extraite d'un corps solide dont l'élasticité varie d'une manière quelconque dans les diverses directions. On pourrait d'ailleurs étendre les calculs que M. Cauchy a développés au cas où l'on conserverait dans les formules générales 21 coefficients constants, ou même tous ceux que renferme le second des Mémoires inséré dans les livraisons 30 et 31. Au reste, si les équations d'équilibre ou de mouvement des corps élastiques renferment, dans le cas général, 15 coefficients au moins à la place d'un seul qu'on y avait d'abord introduit, ce n'est pas la faute de M. Cauchy, et cela tient à la nature même de la question. Mais on ne saurait dire qu'il est indifférent de tenir compte de la variation d'élasticité d'un corps, quand on

<hr>

(¹) M. Cauchy indique dans les Exercices les raisons de négliger ordinairement les autres qui seraient au nombre de 12.

passe d'une direction à une autre; car les belles expériences de M. Savart ont fait connaître toute l'étendue et l'importance de ces variations.

La frayeur que les 15 coefficients de M. Cauchy pourraient inspirer étant ainsi dissipée et les formules qui les renferment étant admises, on n'aura point *à traverser une série d'hypothèses* pour en déduire les équations de M. Navier; il suffira simplement de supposer que l'élasticité redevienne la même en tous sens. Or, il est remarquable que cette unique supposition réduira les 15 coefficients à un seul, et les formules générales aux équations de M. Navier. Il ne faudra point, pour arriver à ces équations, transformer les intégrales aux différences finies en intégrales aux différences infiniment petites. On devra même s'en garder soigneusement, sous peine de voir tous les coefficients s'évanouir.

*Loin de passer des sommes d'éléments discontinus aux intégrales prises entre zéro et l'infini*, M. Cauchy n'admet pas même avec M. Poisson qu'on doive réduire les sommes triples aux différences finies à des sommes simples et remplacer les sommes doubles relatives aux angles par des intégrales doubles. Il est vrai que l'auteur de l'article a pu apercevoir des intégrales prises entre zéro et l'infini dans le Mémoire dont il s'agit, avant que M. Cauchy parlât des formules de M. Navier, mais il aurait dû remarquer que M. Cauchy examine en passant une hypothèse particulière, celle qu'il croit convenir à la nature des fluides élastiques, et qu'il a si heureusement développée dans un Mémoire lu à l'Académie, et inséré dans le *Bulletin* de juin 1829. Cette hypothèse qui consiste à admettre que l'action des molécules les plus voisines est insensible, paraît à l'auteur de l'article contraire à un principe généralement admis, qui est celui de *l'accroissement rapide des forces moléculaires, à mesure que la distance des molécules diminue.* Mais aucun physicien n'admet que les forces moléculaires augmentent indéfiniment à mesure que la distance diminue; tous, et M. Poisson le premier, établissent au contraire que l'intensité de cette attraction approche d'une limite constante : autrement, elle deviendrait infinie au contact, et le corps solide disparaîtrait, ou plutôt se réduirait à un point matériel unique. Pour se convaincre de la vérité de cette assertion, il suffit de remarquer que M. Poisson dit, pour les corps solides, que la fonction $f(r)$ pourrait être composée d'un ou de plusieurs termes de la forme $ab\left(-\dfrac{r}{n\alpha}\right)^m$ : par conséquent, à mesure que $r$ diminue, $f(r)$ approche d'être une quantité constante. Dans l'hypothèse de M. Cauchy pour les liquides, cette quantité devrait s'évanouir pour $r = 0$ ; et la distance diminuant l'attraction moléculaire qui va d'abord en augmentant. diminuerait ensuite en s'approchant de zéro. Telle serait la fonction $kr\,e^{-r\alpha^2}$, $\alpha$ étant un très grand nombre, qui s'évanouit pour $r = 0$, $r = \infty$, et qui, pour $r = \dfrac{1}{\alpha^2}$, admet un maximum.

Je ne m'arrêterai pas à la prétendue contradiction qu'on a remarquée dans la définition d'une lame naturellement droite et d'une épaisseur variable. M. Cauchy donne ce nom à toute lame dans laquelle une suite de plans parallèles donnent pour section deux courbes symétriques, par rapport à un axe situé dans la lame : et comme on suppose toujours l'épaisseur de la lame très petite, ces deux courbes coïncideront sensiblement avec leur axe et la lame paraîtra sensiblement droite. Je ne puis trouver le raisonnement qui. dans le Mémoire sur les vibrations longitudinales d'une verge cylindrique ou prismatique à-base quelconque, pourrait ne pas satisfaire pleinement tous les lecteurs, à moins que l'auteur de l'article ne parle du passage où M. Cauchy applique à l'axe même de la verge des équations trouvées pour un point quelconque de la surface ; rien cependant n'est plus facile à comprendre. On développe toujours les coefficients des pressions suivant les dimensions en épaisseur de la verge, et lorsqu'il s'agit des vibrations longitudinales, on ne conserve que les premiers termes du développement, c'est-à-dire ceux qui sont indépendants des dimensions de la verge ; dès lors les coefficients deviennent indépendants du point que l'on considère. Ce principe une fois admis, et je crois qu'il le sera par tous les lecteurs, les conséquences qu'en déduit M. Cauchy deviennent rigoureuses, et comme les formules auxquelles il parvient sont les mêmes que celles qu'il avait trouvées pour une verge rectangulaire, il en conclut que les lois des vibrations sont les mêmes pour toutes les verges, quel que soit leur contour.

Je trouve dans l'analyse de la 39° livraison un passage qui peut induire en erreur. En donnant le nombre des vibrations tournantes exécutées dans une verge rectangulaire pendant l'unité de temps, lorsqu'on la tord, son axe restant fixe, nombre qui, calculé par la théorie de M. Cauchy est $\frac{n\Omega}{2a}$ l'auteur de l'article définit bien $n$ et $a$; $a$ est toujours la longueur de la verge, $n$ un coefficient constant qu'il faut faire successivement égal à 1, 2, 3, etc., pour avoir la série des sons qui peuvent être produits successivement; mais il oublie complètement de définir la quantité $\Omega$, de sorte que le lecteur qui a vu souvent reparaître cette lettre dans le cours de l'article, pourrait croire qu'elle a partout la même signification, et même il ne peut plus éviter cette erreur lorsque l'auteur de l'article dit : *qu'encore dans ce cas, le son le plus grave a pour valeur* $\frac{\Omega}{2a}$. Cependant ici $\Omega$ a une valeur tout à fait différente; cette valeur est déterminée par l'équation

$$\frac{1}{c\Omega^2} = \frac{3}{8}\left(\frac{i^2}{i} + \frac{h^2}{h}\right)\left(\frac{1}{i^2} + \frac{1}{h^2}\right).$$

$i$, $h$, sont les deux dimensions de la verge rectangulaire, i, h, deux coefficients constants. En second lieu, cette valeur de $\Omega$ ne renfermant pas le nombre $n$, ne varie pas d'un son à l'autre. Ainsi, au lieu de ces mots : *substituant la valeur du coefficient $\Omega$ propre au son dont il s'agit,* il fallait dire simplement *substituant pour $\Omega$ sa valeur.*

Je ne puis passer sous silence les observations générales qui terminent cet article. L'auteur dit qu'*on a de la peine à se rendre compte du degré d'exactitude des formules en raison de l'influence que peuvent acquérir les quantités qu'on néglige successivement avant d'arriver au résultat final.* Je ne vois pas l'à-propos de cette remarque spécialement appliquée aux recherches de M. Cauchy sur l'équilibre et le mouvement des corps élastiques. Il me semble qu'on peut en dire autant des formules établies dans les divers Mémoires qui ont paru non seulement sur le même sujet, mais encore sur presque toutes les questions de physique mathématique. En effet, si l'on réduit les questions de ce genre à l'intégration d'équations linéaires aux différentielles partielles et à coefficients constants, cela tient ordinairement à ce que l'on considère les variables principales comme des quantités infiniment petites dont les puissances supérieures peuvent être négligées relativement à la première. Mais je ne sache pas que dans la théorie des cordes vibrantes, de la propagation du son dans l'air, dans la théorie des ondes, dans celle du mouvement des corps ou des lames élastiques, on ait tenté jusqu'à ce jour de déterminer les limites des erreurs commises. Il y a plus, quoiqu'on ait cultivé l'astronomie longtemps avant la physique mathématique, on n'a pu fixer encore d'une manière précise le degré d'exactitude des formules qui représentent les inégalités séculaires ou périodiques des mouvements planétaires, et l'on ne voit pourtant pas que cette considération ait empêché ni Lagrange, ni l'auteur de la Mécanique céleste, ni d'autres géomètres, de publier leurs travaux sur l'astronomie. Enfin les Ouvrages que M. Cauchy a fait paraître sur l'analyse algébrique ou le calcul intégral, et dans lesquels il a donné les conditions de convergence des séries, particulièrement des séries périodiques et de la série de Lagrange, les restes de ces mêmes séries et les moyens d'évaluer les limites des erreurs commises dans l'intégration par approximation des équations différentielles, prouvent, ce me semble, qu'il sait apprécier aussi bien que qui que ce soit l'avantage de connaître le degré d'exactitude auquel on parvient dans la solution d'un problème. Quelques partisans de l'ancienne école et de l'ancienne méthode ne lui ont-ils pas même fait un crime de sa trop grande rigueur ?

Après le passage que je viens de rappeler, l'auteur de l'article ajoute que, par inadvertance sans doute, M. Cauchy emploie fréquemment des phrases telles que celles-ci : « *On aura sensiblement, c'est-à-dire en négligeant les quantités infiniment petites* », phrases dont les deux membres se contredisent et nous reportent au temps de l'origine du calcul différentiel; car si une quantité est réellement infiniment petite, le calcul où on la néglige est exact rigoureusement et non pas sensiblement.

L'expression employée par M. Cauchy me paraît parfaitement exacte et claire ; les formules seraient rigoureusement vraies, si les quantités qu'il néglige étaient nulles ; mais comme dans le fait ces quantités ne peuvent jamais être nulles, qu'elles sont seulement très petites, ces formules ne sont et ne doivent être vraies qu'à peu près, de sorte que les résultats de l'expérience doivent s'en rapprocher d'autant plus que les quantités négligées dans le calcul sont plus petites ; pour avoir des formules encore plus exactes, il faudrait calculer quelques termes de plus. Au lieu de faire là-dessus des critiques, on devrait plutôt féliciter M. Cauchy sur l'heureux accord de ses formules avec l'expérience qui, il faut l'avouer, doit seule ici décider du degré d'exactitude. Cet accord a été plus frappant que jamais, suivant l'expression de M. Savart, dans le beau Mémoire qu'il lisait dernièrement à l'Académie. On a été surpris de voir une formule des plus compliquées, des plus générales et surtout des plus difficiles à soumettre à l'expérience, vérifiée jusqu'aux dix millièmes dans un grand nombre d'opérations. Cette formule est celle qui donne la valeur de $\Omega$ pour les vibrations tournantes, et que nous avons citée plus haut.

Il n'est pas exact de dire que M. Cauchy n'a résolu que le seul cas des vibrations à périodes régulières ; M. Cauchy a donné les intégrales générales de plusieurs des équations auxquelles il est parvenu ; entre autres de celle qui détermine les vibrations d'une verge rectangulaire. Enfin si c'est un tort de ne rien laisser à généraliser aux *Varignon*, cette observation ne paraît pas ici à sa place : car, par exemple, quel mode de généralisation pourrait-on employer pour passer de la valeur de $\Omega$ correspondante aux vibrations tournantes dans le cas où l'élasticité est la même en tous sens, à la valeur générale de cette quantité qui ne peut s'obtenir qu'au moyen des 15 coefficients ?

SUR

# LA THÉORIE DES NOMBRES.

*Bulletin de Férussac*, Tome XV, p. 137-139; 1831.

Dans divers Mémoires présentés à l'Académie des sciences en 1829 et 1830, j'ai développé les principes que j'avais établis dans le *Bulletin des sciences* de septembre 1829, et j'ai montré comment on pouvait en déduire, 1° diverses méthodes propres à la détermination des racines primitives, 2° un grand nombre de propositions dignes de remarque sur la théorie des nombres. Pour donner une idée de ces propositions, je me contenterai d'énoncer la suivante :

Théorème I. — *Soient $p$ un nombre premier, $n$ un diviseur premier de $p$, $\varpi$ la valeur du rapport* $\dfrac{p-1}{n}$

$$A_1 = \frac{1}{6}, \qquad A_2 = \frac{1}{30}, \qquad A_3 = \frac{1}{42} \dots$$

*les nombres de Bernoulli, et $m$ le plus petit nombre entier équivalent, suivant le module $n$, à $\pm 2 A_{\frac{n+1}{4}}$. Enfin soit $s$ une racine primitive de l'équivalence*

$$(1) \qquad x^{n-1} \equiv 1 \qquad (\mathrm{mod}\, n);$$

$P_s$, *le produit des nombres entiers* 1, 2, 3, ...., $s$; $n'$ *le nombre des racines de l'équivalence* $x^{\frac{n-1}{2}} \equiv 1 (\mathrm{mod}\, n)$, *qui sont inférieures à* $\dfrac{n-1}{2}$, *et* $n'' = n - n' - 1$ *le nombre des racines de l'équivalence* $x^{\frac{n-1}{2}} \equiv -1 (\mathrm{mod}\, n)$

*qui remplissent la même condition. Si n est de la forme* $4k + 3$, *l'équation*

$$(2) \qquad x^2 + ny^2 = 4p''',$$

*sera résoluble en nombres entiers, et on la vérifiera en prenant*

$$(3) \qquad x \equiv \mathrm{P}_\varpi \mathrm{P}_{x'\varpi} \mathrm{P}_{x''\varpi} \mathrm{P}_{x^n \to \varpi}, \qquad (\bmod\, p)$$

ou bien

$$(4) \qquad x \equiv \mathrm{P}_{x\varpi} \mathrm{P}_{x'\varpi} \mathrm{P}_{x''\varpi} \ldots \mathrm{P}_{x^n\,\varpi} \qquad (\bmod\, p)$$

*suivant que l'on aura* $n' < n''$ *ou* $n' > n''$. *De plus, on trouvera dans le premier cas*

$$(5) \qquad m = \frac{n - 1 - 4n'}{3} \qquad \text{ou} \qquad m = \frac{n - 1 - 4n'}{6}$$

*et dans le second cas*

$$(6) \qquad m = \frac{4n' - n + 1}{2} \qquad \text{ou} \qquad m = \frac{4n' - n + 1}{6}$$

*suivant que n soit de la forme* $8k + 7$ *ou* $8k + 3$.

$1^{er}$ *exemple.* — Soit $n = 7$. On trouvera

$$\frac{n+1}{4} = 2, \quad 2 A_2 \equiv \frac{2}{30} \equiv \frac{1}{15} \equiv 1, \qquad m = 1.$$

De plus l'équation

$$x^6 \equiv 1 \qquad (\bmod\, 7)$$

se décomposera en deux autres, savoir :

$$x^3 \equiv 1, \qquad x^3 \equiv -1$$

dont la première aura pour racines 1, 2, 4, tandis que la seconde aura pour racines 3, 5, 6. Donc, $p$ étant de la forme $7n \pm 1$, on vérifiera l'équation

$$(7) \qquad x^2 + 7y^2 = 4p.$$

en prenant

$$(8) \qquad x = \pm \mathrm{P}_{3\varpi} \mathrm{P}_{4\varpi} \mathrm{P}_{6\varpi} = \pm \frac{\mathrm{P}_{3\varpi}}{\mathrm{P}_\varpi \mathrm{P}_{2\varpi}}$$

$$= \pm \frac{1 . 2 \ldots 3\varpi}{(1 . 2 \ldots \varpi)(1 . 2 \ldots 2\varpi)} = \pm \frac{(2\varpi + 1) \ldots 3\varpi}{1 . 2 \ldots \varpi}.$$

Ainsi, en particulier, on vérifiera l'équation

$$x^2 + 7y^2 = 4.29 = 116$$

en prenant

$$x \equiv \pm \frac{9.10.11.12}{1.2.3.4} \equiv \pm \frac{9.10.11}{2} \equiv \pm \frac{3.11}{2} \equiv \pm \frac{4}{2} \equiv \pm 2.$$

Effectivement

$$4 + 7.16 = 116.$$

Dans l'équation (7) $x$ et $y$ ne peuvent être impaires puisque l'on aurait $x^2 + 7y^2$ divisible par 8, tandis que $4p$ est seulement divisible par 4. On peut donc supposer $x = 2x'$, $y = 2y'$, et alors l'équation (7) donnera

$$(9) \qquad\qquad x'^2 + 7y'^2 = p,$$

la valeur de $x'$ étant

$$x' \equiv \pm \frac{1}{2} \frac{(2\varpi + 1)\dots 3\varpi}{1.2\dots\varpi}.$$

Ainsi, en particulier, on vérifiera la formule

$$x'^2 + 7y'^2 = 29$$

en prenant

$$x' \equiv \pm 1 \equiv \pm \frac{1}{2} \frac{9.10.11.12}{1.2.3.4} \equiv \pm \frac{9.10.11}{4} \equiv \pm \frac{3.4}{4} \equiv \pm 1$$

et la formule

$$x'^2 + 7y'^2 \equiv 43$$

en prenant

$$x' \equiv \pm \frac{1}{2} \frac{13.14.15.16.17.18}{1.2.3.4.5.6}$$

$$\equiv \pm \frac{13.14.15.17}{5} \equiv \pm 3.13.14.17$$

$$\equiv \mp 13.17 \equiv \pm \frac{4}{3} 17 \equiv \mp \frac{18}{3} \equiv \mp 6.$$

$2^o$ *exemple.* — Soit $x = n$. On trouvera

$$\frac{n+1}{4} = 3, 2 A_3 = \frac{2}{42} = \frac{1}{21} \equiv -1, \qquad m = 1.$$

Donc on pourra résoudre l'équation

$$4p = x^2 + 11y^2$$

lorsque $p$ sera de la forme $11\varpi + 1$. D'autre part l'équivalence

$$x^{10} \equiv 1 \pmod{11}$$

se décomposera en deux autres, savoir

$$x^5 \equiv 1 \pmod{11}, \qquad x^5 \equiv -1 \pmod{11}.$$

Les racines de la première seront 1, 4, 5, 9, 10, et celles de la seconde, 2, 3, 6, 7, 8. Cela posé, on trouvera

$$x = \pm P_{2\varpi} P_{4\varpi} P_{7\varpi} P_{8\varpi} P_{10\varpi} = \pm \frac{P_{2\varpi} P_{6\varpi}}{P_{1\varpi} P_{3\varpi} P_{\varpi}}$$

$$= \pm \frac{(1.2 \ldots 2\varpi)(1.3 \ldots 6\varpi)}{(1.2 \ldots \varpi)(1.2 \ldots 4\varpi)(1.2 \ldots 3\varpi)} = \pm \frac{(4\varpi + 1) \ldots 6\varpi}{(2\varpi + 1) \ldots 3\varpi} \cdot \frac{1}{1.2 \ldots \varpi}.$$

Ainsi, en particulier, soit $p = 23$. On aura $\varpi = 2$

$$x \equiv \pm \frac{9.10.11.12}{1.2.5.6} \equiv \pm \frac{9.10.11}{5} \equiv \pm 9.2.11 \equiv \mp 9$$

Effectivement

$$4.23 = 92 = 9^2 + 11 \cdot 1^2.$$

Des théorèmes du même genre sont relatifs à la résolution des équations indéterminées de la forme

$$x^2 + ny^2 = p^m \qquad \text{ou} \qquad x^2 + ny^2 = 4p^m,$$

$n$ étant un nombre premier de la forme $4n + 1$, ou même un nombre composé, et $m$ étant un nombre entier dont on peut *a priori* assigner la valeur.

# MÉMOIRE

## SUR LA THÉORIE DE LA LUMIÈRE (¹).

*Bulletin de Férussac*, Tome XIII, p. 414-427; 1830.

J'ai donné le premier, dans les *Exercices de mathématiques* (3ᵉ et 4ᵉ volume), les équations générales d'équilibre ou de mouvement d'un système de molécules sollicitées par des forces d'attraction ou de répulsion mutuelle, en admettant que ces forces fussent représentées par des fonctions des distances entre les molécules; et j'ai prouvé que ces équations, qui renferment un grand nombre de coefficients dépendant de la nature du système, se réduisaient, dans le cas où l'élasticité redevenait la même en tous sens, à d'autres formules qui ne renferment qu'un seul coefficient, et qui avaient été primitivement obtenues par M. Navier. J'ai de plus déduit de ces équations celles qui déterminent les mouvements des plaques et des verges élastiques, quand on suppose que l'élasticité n'est pas la même en tous sens; et j'ai ainsi obtenu des formules qui comprennent, comme cas particuliers, celles que M. Poisson et d'autres géomètres avaient trouvées dans la supposition contraire. L'accord remarquable de ces diverses formules, et des lois qui s'en déduisent, avec les observations des physiciens, et spécialement avec les belles expériences de M. Savart, devait m'encourager à suivre les conseils de quelques personnes qui m'engageaient à faire des équations générales que j'avais données une application nouvelle

(¹) Lu à l'Académie des Sciences le 1ᵉʳ mai et les 7 et 14 juin 1830.

à la théorie de la lumière. Ayant suivi ce conseil, j'ai été assez heureux pour arriver aux résultats que je vais exposer dans ce Mémoire, et qui me paraissent dignes de fixer un moment l'attention des physiciens et des géomètres.

Les trois équations aux différences partielles qui représentent le mouvement d'un système de molécules sollicitées par des forces d'attraction ou de répulsion mutuelle, renferment, avec le temps $t$, et les coordonnées rectangulaires $x$, $y$, $z$ d'un point quelconque de l'espace, les déplacements $\xi$, $\eta$, $\zeta$ de la molécule $m$ qui coïncide, au bout du temps $t$, avec le point dont il s'agit; ces déplacements étant mesurés parallèlement aux axes des $x$, $y$, $z$. Les mêmes équations offriront 21 coefficients dépendant de la nature du système, si l'on fait abstraction des coefficients qui s'évanouissent, lorsque les masses $m$, $m'$, $m''$, des diverses molécules sont deux à deux égales entre elles et distribuées symétriquement de part et d'autre de la molécule $\mu$ sur des droites menées par le point avec lequel cette molécule coïncide. Enfin ces équations seront du second ordre, c'est-à-dire qu'elles ne contiendront que des dérivées du second ordre des variables principales $\xi$, $\eta$, $\zeta$, et l'on pourra, en considérant chaque coefficient comme une quantité constante, ramener leur intégration à celle d'une équation du sixième ordre qui ne renfermera plus qu'une seule variable principale. Or cette dernière pourra être facilement intégrée à l'aide des méthodes générales que j'ai données dans le 19ᵉ Cahier du *Journal de l'École Polytechnique*, et dans le Mémoire sur l'application du calcul des résidus aux questions de physique mathématique. En appliquant ces méthodes au cas où l'élasticité du système reste la même en tous sens, et réduisant la valeur de la variable principale à la forme la plus simple, à l'aide d'un théorème établi depuis longtemps par M. Poisson, on obtient précisément les intégrales qu'a données ce géomètre dans les Mémoires de l'Académie. Mais dans le cas général, la variable principale étant représentée par une intégrale définie sextuple, il fallait, pour découvrir les lois des phénomènes, réduire cette intégrale sextuple à une intégrale d'un ordre moins élevé. Cette réduction m'a longtemps arrêté :

mais je suis enfin parvenu à l'effectuer, pour l'équation aux différences
partielles ci-dessus mentionnée, et même généralement pour toutes
les équations aux différences partielles dans lesquelles les diverses
dérivées de la variable principale, prises par rapport aux variables
indépendantes $x$, $y$, $z$, $t$, sont des dérivées de même ordre. Alors j'ai
obtenu, pour représenter la variable principale, une intégrale définie
quadruple, et j'ai pu rechercher les lois des phénomènes dont la
connaissance devait résulter de l'intégration des équations proposées.
Cette recherche a été l'objet du dernier Mémoire que j'ai eu l'honneur
d'offrir à l'Académie, et qui renferme entre autres la proposition suivante :

Étant donnée une équation aux différences partielles dans laquelle
toutes les dérivées de la variable principale relatives aux variables
indépendantes $x$, $y$, $z$, $t$, sont de même ordre, si les valeurs initiales
de la variable principale et de ses dérivées prises par rapport au temps
sont sensiblement nulles dans tous les points situés à une distance finie
de l'origine des coordonnées, cette variable et ses dérivées n'auront
plus de valeurs sensibles au bout du temps $t$, dans l'intérieur d'une
certaine surface, et par conséquent les vibrations sonores, lumineuses,
etc., qui peuvent être déterminées à l'aide de l'équation aux différences
partielles, se propageront dans l'espace de manière à produire une
onde sonore, lumineuse, etc., dont la surface sera précisément celle
que nous venons d'indiquer. De plus on obtiendra facilement l'équation
de la surface de l'onde, en suivant la règle que je vais tracer.

Concevons que, dans l'équation aux différences partielles, on remplace une dérivée quelconque de la variable principale prise par rapport aux variables indépendantes $x$, $y$, $z$, $t$ par le produit de ces
variables élevées à des puissances dont les degrés soient marqués, pour
chaque variable indépendante, par le nombre des différenciations qui
lui sont relatives. La nouvelle équation que l'on obtiendra sera de la
forme

$$F(x, y, z, t) = 0,$$

et représentera une certaine surface courbe. Considérez maintenant le rayon vecteur mené de l'origine à un point quelconque de cette surface courbe; portez sur ce rayon vecteur, à partir de l'origine, une longueur égale au carré du temps divisé par ce même rayon; menez ensuite par l'extrémité de cette longueur un plan perpendiculaire à sa direction. Ce plan sera le plan tangent à la surface de l'onde, et par conséquent cette surface sera l'enveloppe de l'espace que traverseront les divers plans qu'on peut construire en opérant comme on vient de le dire. Au reste, on arrive encore aux mêmes conclusions, en suivant une autre méthode que je vais exposer en peu de mots et que j'ai développée dans mes dernières leçons au Collège de France.

Supposons que les valeurs initiales de la variable principale et de ses dérivées prises par rapport au temps ne soient sensibles que pour les points situés à des distances très petites d'un certain plan mené par l'origine des coordonnées, et dépendent uniquement de ces distances. Cette même variable et ces dérivées ne seront sensibles, au bout du temps $t$, que dans le voisinage de l'un des plans parallèles, construits à l'aide de la règle que nous avons précédemment indiquée. Par conséquent, si les vibrations sonores, lumineuses, etc., sont primitivement renfermées dans une onde plane, cette onde, que nous nommerons élémentaire, se divisera en plusieurs autres dont chacune se propagera dans l'espace, en restant parallèle à elle-même, avec une vitesse constante. Mais ces diverses ondes auront des vitesses de propagation différentes. Si maintenant on conçoit qu'au premier instant plusieurs ondes élémentaires soient renfermées dans des plans divers menés par l'origine des coordonnées, mais peu inclinés les uns sur les autres, et que les vibrations sonores, lumineuses, etc., soient assez petites pour rester insensibles dans chaque onde élémentaire prise séparément; alors, ces vibrations ne pouvant devenir sensibles que par la superposition d'un grand nombre d'ondes élémentaires, il est clair que les phénomènes relatifs à la propagation du son, de la lumière, etc., ne pourront être observés, au premier moment, que dans une très petite étendue autour de l'origine des coordonnées, et au bout du

temps $t$, que dans le voisinage des diverses nappes de la surface qui
sera touchée par toutes les ondes élémentaires. Or cette dernière surface sera précisément la surface courbe dont nous avons parlé ci-dessus.
et que l'on nomme généralement surface de l'onde.

Cela posé, si l'on considère le mouvement de propagation des ondes
planes, dans un système de molécules sollicitées par des forces d'attraction ou de répulsion mutuelle, on pourra prendre successivement pour
variables principales trois déplacements rectangulaires d'une molécule $m$ mesurés parallèlement aux trois axes d'un certain ellipsoïde qui
aura pour centre l'origine des coordonnées, et que l'on construira facilement dès que l'on connaîtra les coefficients dépendant de la nature
du système proposé, et la direction du plan $ABC$, qui renfermait une
onde plane au premier instant. Alors cette onde se divisera en six
autres qui auront constamment la même épaisseur que la première, et
se propageront avec des vitesses constantes, dans des plans parallèles
à $ABC$.

Ces ondes, prises deux à deux, auront des vitesses de propagation égales, mais dirigées en sens contraires. De plus ces vitesses,
mesurées suivant une droite perpendiculaire au plan $ABC$, pour les
trois ondes qui se mouvront dans un même sens, seront constantes et
respectivement égales aux quotients qu'on obtient en divisant l'unité
par les trois demi-axes de l'ellipsoïde ci-dessus mentionné. Les points
situés hors de ces ondes seront en repos, et si les trois demi-axes de
l'ellipsoïde sont inégaux, le déplacement absolu et la vitesse absolue
des molécules, dans une onde plane, resteront toujours parallèles à
celui des trois axes de l'ellipsoïde qui sera réciproquement propro-
tionnel à la vitesse de propagation de cette onde. Mais, si deux ou trois
axes de l'ellipsoïde deviennent égaux, les ondes planes qui se propageront dans le même sens avec des vitesses réciproquement proportionnelles à ces axes, coïncideront, et la vitesse absolue de chaque
molécule renfermée dans une onde plane sera, au bout d'un temps
quelconque, parallèle aux droites suivant lesquelles les vitesses initiales se projetaient sur le plan mené par les deux axes égaux de l'ellip-

soïde, ou même, si l'ellipsoïde se change en une sphère, aux directions de ces vitesses initiales.

Concevons maintenant qu'au premier instant plusieurs ondes planes, peu inclinées les unes sur les autres et sur un certain plan $ABC$, se rencontrent et se superposent en un certain point $A$. Le temps venant à croître, chacune de ces ondes se propagera dans l'espace, en donnant naissance, de chaque côté du plan qui la renfermait primitivement, à trois ondes semblables renfermées dans des plans parallèles, mais douées de vitesses de propagation différentes; par conséquent le système d'ondes planes que l'on considérait d'abord se subdivisera en trois autres systèmes, et le point de rencontre des ondes qui feront partie d'un même système se déplacera suivant une certaine droite avec une vitesse de propagation distincte de celle des ondes planes. Donc, au bout d'un temps quelconque $t$, le point $A$ se trouvera remplacé par trois autres points dont les positions dans l'espace pourront être calculées pour une direction donnée du plan $ABC$, et les diverses positions que pourront prendre les trois points dont il s'agit pour diverses directions primitivement attribuées au plan $ABC$, détermineront une surface courbe à trois nappes, dans laquelle chaque nappe sera constamment touchée par les ondes planes qui feront partie d'un même système. Or cette surface courbe sera précisément celle dont nous avons déjà parlé ci-dessus, et que nous avons nommée surface de l'onde.

Au reste, pour que la propagation des ondes planes puisse s'effectuer dans un corps élastique, il est nécessaire que les coefficients, ou du moins certaines fonctions des coefficients renfermés dans les équations aux différences partielles qui représentent le mouvement du corps élastique, restent positives. Dans le cas contraire, les ondes planes ne pourraient plus se propager, et l'on en serait averti par le calcul qui donnerait pour les vitesses de propagation des valeurs imaginaires.

Dans la théorie de la lumière, on désigne sous le nom d'éther le fluide impondérable que l'on considère comme étant le milieu élastique dans lequel se propagent les ondes lumineuses. Le point de rencontre d'un grand nombre d'ondes planes dont les plans sont peu inclinés les uns aux autres est celui dans lequel on suppose que la lumière peut être perçue par l'œil. La série des positions que ce point de rencontre prend dans l'espace, tandis que les ondes se déplacent, constitue ce qu'on nomme un rayon lumineux; et la vitesse de la lumière mesurée dans le sens de ce rayon doit être soigneusement distinguée, 1° de la vitesse de propagation des ondes planes, 2° de la vitesse propre des molécules éthérées. Enfin l'on appelle rayons polarisés ceux qui correspondent à des ondes planes dans lesquelles les vibrations des molécules restent constamment parallèles à une droite donnée, quelles que soient les directions des vibrations initiales.

Pour plus de généralité, nous dirons que, dans un rayon lumineux, la lumière est polarisée parallèlement à une droite ou à un plan donné, lorsque les vibrations des molécules lumineuses seront parallèles à cette droite ou à ce plan, sans être parallèles dans tous les cas aux directions des vibrations initiales; et nous appellerons plan de polarisation le plan qui renfermera la direction du rayon lumineux, et celle de vitesses propres de molécules éthérées. Ces définitions s'accordent, comme on le verra plus tard, avec les dénominations reçues.

Cela posé, il résulte des principes ci-dessus établis, qu'en partant d'un point donné de l'espace, un rayon de lumière dans lequel les vitesses propres des molécules ont des directions quelconques, se subdivisera généralement en trois rayons de lumière polarisée parallèlement aux trois axes d'un certain ellipsoïde. Mais chacun de ces rayons polarisés ne pourra plus être divisé par l'action du fluide élastique dans lequel la lumière se propage. De plus, le mode de polarisation dépendra de la constitution de ce fluide, c'est-à-dire de la distribution de ses molécules dans l'espace ou dans un corps transparent, et du plan qui renfermait primitivement les molécules vibrantes. Si la constitution du fluide élastique est telle que les vitesses de propagation des ondes planes deviennent imaginaires, cette propagation ne pourra plus s'effectuer, et le corps dans lequel le fluide éthéré se trouve compris deviendra ce qu'on nomme un corps opaque. Si le corps reste transparent, et

si dans ce corps le fluide éthéré se trouve distribué de telle sorte que
son élasticité demeure la même en tous sens autour d'un point quelconque, les trois rayons polarisés, dans lesquels se subdivise généralement un rayon quelconque de lumière, seront dirigés suivant la
même droite; et, comme la vitesse de la lumière sera la même dans les
deux premiers rayons, ceux-ci se confondront l'un avec l'autre. Il ne
restera donc alors que deux rayons polarisés, l'un double, l'autre
simple, ayant la même direction. Or, le calcul fait voir que dans le
rayon simple la lumière sera polarisée suivant la direction dont il s'agit,
tandis que dans le rayon double la lumière sera polarisée perpendiculairement à cette direction. Si les vibrations initiales des molécules
lumineuses sont renfermées dans un plan perpendiculaire à la direction
dont il s'agit, le rayon simple disparaîtra, et les vitesses propres des
molécules dans le rayon double resteront constamment dirigées suivant
des droites parallèles aux directions des vitesses initiales, de sorte qu'à
proprement parler, il n'y aura plus de polarisation. Alors aussi la
vitesse de propagation de la lumière sera équivalente à la vitesse de
propagation d'une onde plane, et la même en tous sens autour de
chaque point. Or, la réduction de tous les rayons à un seul, et l'absence
de toute polarisation dans les milieux où la lumière se propage en tous
sens avec la même vitesse étant des faits constatés par l'expérience,
nous devons conclure de ce qui précède que dans ces milieux les
vitesses propres des molécules éthérées sont perpendiculaires aux
directions des rayons lumineux, et comprises dans les ondes planes.
Ainsi l'hypothèse admise par Fresnel devient une réalité. Cet habile
physicien, malheureusement enlevé aux sciences par une mort préma-
turée, a donc eu raison de dire que dans la lumière ordinaire les vibrations sont transversales, c'est-à-dire perpendiculaires aux directions
des rayons. A la vérité, les idées de Fresnel sur cet objet ont été vive-
ment combattues par un illustre académicien dans plusieurs articles
que renferment les *Annales de physique et de chimie*, et dont l'un est
relatif au mouvement de deux fluides superposés. Suivant l'auteur de
ces articles, les vibrations des molécules dans l'éther finiraient par être

toujours sensiblement perpendiculaires aux surfaces des ondes que le mouvement produit en se propageant, et dès lors la polarisation, telle qu'elle a été précédemment définie, deviendrait impossible et disparaîtrait complètement. Alors aussi la surface de l'onde serait toujours un ellipsoïde, et n'offrirait qu'une seule nappe, en sorte que pour expliquer la double réfraction on serait obligé de supposer deux fluides éthérés simultanément renfermés dans le même milieu. Mais on doit remarquer que l'auteur, comme il le dit lui-même, avait déduit ces diverses conséquences de l'intégration de l'équation connue aux différences partielles qui représente les mouvements des fluides élastiques, et de celle qu'on en déduit lorsqu'on suppose inégaux les trois coefficients des dérivées partielles de la variable principale. Or, ces équations ne paraissent point applicables à la propagation des ondes lumineuses dans un fluide éthéré, et l'accord remarquable de la théorie que je propose avec l'expérience me semble devoir confirmer l'assertion que j'ai déjà émise dans un précédent Mémoire sur le mouvement de la lumière ; savoir, que les équations différentielles de ce mouvement sont comprises dans celles que renferment les $31^e$ et $32^e$ livraisons des *Exercices de mathématiques.*

Nous allons maintenant appliquer la théorie que nous venons de reproduire en peu de mots à la propagation de la lumière dans les cristaux à un axe où à deux axes optiqués. Pour y parvenir, il ne sera pas nécessaire d'employer les équations générales que nous avons données dans la $31^e$ livraison des *Exercices*, comme propres à représenter le mouvement d'un système de molécules sollicitées par des forces d'attraction ou de répulsion mutuelle, et l'on pourra réduire ces équations aux formules (68) de la page 208 du troisième volume, c'est-à-dire aux formules qui expriment le mouvement d'un système qui offre trois axes d'élasticité perpendiculaires entre eux. On pourra d'ailleurs supposer qu'aucune force intérieure n'est appliquée au système, et alors les formules dont il s'agit renfermeront seulement le temps $t$, les coordonnées $x, y, z$ d'une molécule quelconque $m$, ses déplacements $\xi$, $\eta$, $\zeta$, mesurés parallèlement aux axes coordonnés, et neuf coefficients $G, H, I, L, M, N, P, Q, R$, dont les trois premiers seront proportionnels aux pressions supportées, dans l'état naturel du fluide éthéré, par trois plans respectivement perpendiculaires à ces mêmes axes. Les coefficients dont il est ici question, étant regardés comme constants, on construira sans peine l'ellipsoïde dont les trois axes sont réciproquement proportionnels aux trois vitesses de propagation des ondes planes parallèles à un plan donné, et dirigés parallèlement aux droites suivant lesquelles se mesurent les vitesses propres des molécules éthérées dans ces ondes planes. On pourra aussi déterminer, 1° les directions des trois rayons polarisés produits par la subdivision d'un rayon lumineux dans lequel les vibrations des molécules auraient des directions quelconques; 2° la vitesse de la lumière dans chacun de ces trois rayons; 3° les diverses valeurs que prendrait cette vitesse, dans les rayons polarisés produits par la subdivision de plusieurs rayons lumineux qui partiraient simultanément d'un même point. Enfin l'on pourra construire la surface à trois nappes, qui, au bout du temps $t$, passerait par les extrémités de ces rayons, et que l'on nomme la surface de l'onde lumineuse. Quant à l'intensité de la lumière, elle sera mesurée, dans chaque rayon, par le carré de la vitesse des molécules. Cela posé, si l'élasticité du fluide éthéré reste la même en tous sens autour d'un axe quelconque parallèle à l'axe des $z$, on aura

$$(1) \qquad G = H, \qquad L = M = 3R, \qquad P = Q;$$

et par conséquent les neuf coefficients dépendant de la distribution des molécules dans l'espace se réduiront à cinq, savoir : $H, I, N, Q, R$. Il y a plus : deux nappes de la surface ci-dessus mentionnée pourront se réduire au système de deux ellipsoïdes de révolution circonscrits l'un à l'autre; et, pour que cette dernière réduction ait lieu, il suffira que la condition

$$(2) \qquad (3R - Q)(N - Q) = 4Q^2$$

soit remplie. Enfin l'un des deux ellipsoïdes deviendra une sphère qui aura pour diamètre l'axe de révolution de l'autre ellipsoïde, si l'on

suppose
$$(3) \qquad\qquad H = I;$$

et alors la marche des deux rayons polarisés sera précisément celle qu'indique le théorème d'Huygens, relatif aux cristaux qui offrent un seul axe optique. Or, l'exactitude de ce théorème ayant été mise hors de doute par les nombreuses expériences des physiciens les plus habiles, il résulte de notre analyse que, dans les cristaux à un axe optique, les coefficients $H, I, N, Q, R$, vérifient les conditions (2) et (3). D'ailleurs l'élasticité du fluide éthéré n'étant, par hypothèse, la même en tous sens qu'autour de l'axe des $z$, il n'est pas naturel d'admettre que l'on ait $G = H = I$, à moins que l'on ne suppose les trois coefficients $G, H, I$, généralement nuls. Il est donc très probable que dans l'éther ces trois coefficients s'évanouissent, et avec eux les pressions supportées par un plan quelconque dans l'état naturel. Cette hypothèse étant admise, l'ellipsoïde et la sphère ci-dessus mentionnés seront représentés par les équations

$$(4) \qquad \frac{x^2+y^2}{R} + \frac{z^2}{Q} = t^2, \qquad \frac{x^2+y^2+z^2}{Q} = t^2;$$

en sorte que $\sqrt{Q}$ sera le demi-diamètre de la sphère, et $\sqrt{R}$ le demi-diamètre de l'équateur dans l'ellipsoïde. Il importe d'observer que dans les cristaux doués d'un seul axe optique, ces deux demi-diamètres, ou leurs carrés $Q, R$, sont toujours très peu différents l'un de l'autre, et qu'en conséquence l'ellipse génératrice de l'ellipsoïde offre une excentricité très petite. Il en résulte aussi que la condition (8) se réduit sensiblement à la suivante

$$N = 3R,$$

c'est-à-dire à une condition qui est remplie, toutes les fois que l'élasticité d'un milieu reste la même en tous sens autour d'un point quelconque. Ajoutons que l'intensité de la lumière déterminée par le calcul pour chacun des deux rayons polarisés que nous considérons ici, est précisément celle que fournit l'observation. Quant au troisième rayon polarisé, le calcul montre qu'il est très difficile de l'apercevoir, attendu que l'intensité de la lumière y demeure toujours très petite quand elle n'est pas rigoureusement nulle. Nous indiquerons plus tard les moyens d'en constater l'existence.

Concevons à présent que, dans le fluide éthéré, l'élasticité cesse d'être la même en tous sens autour d'un axe parallèle à l'axe des $z$. Si l'on coupe la surface de l'onde lumineuse par les plans coordonnés, les sections faites dans deux nappes de cette surface pourront se réduire aux trois cercles et aux trois ellipses représentées par les équations

$$(5)\qquad \begin{cases} \dfrac{y^2}{R}+\dfrac{z^2}{Q}=t^2, & \dfrac{y^2+z^2}{P}=t^2, \\ \dfrac{z^2}{P}+\dfrac{x^2}{R}=t^2, & \dfrac{z^2+x^2}{Q}=t^2, \\ \dfrac{x^2}{Q}+\dfrac{y^2}{P}=t^2, & \dfrac{x^2+y^2}{R}=t^2; \end{cases}$$

et, pour que cette réduction ait lieu, il suffira que les coefficients $G$, $H$, $I$ étant nuls, les trois conditions

$$(6)\qquad \begin{cases} (M-P)(N-P)=4P^2, \quad (N-Q)(L-Q)=4Q^2, \\ (L-R)(M-R)=4R^2, \end{cases}$$

toutes trois semblables à la condition (2), soient vérifiées. Il y a plus, si les excentricités des trois ellipses sont assez petites pour qu'on puisse négliger leurs carrés, les conditions (6) entraîneront la suivante

$$(M-P)(N-Q)(L-R)=(N-P)(L-Q)(M-R)=8PQR$$

et l'équation de la surface de l'onde lumineuse pourra être réduite à

$$(7)\qquad \begin{cases} (x^2+y^2+z^2)(Px^2+Qy^2+Rz^2) \\ -[P(Q+R)x^2+Q(R+P)y^2+R(P+Q)z^2]t^2+t^4=0. \end{cases}$$

Or, les trois cercles, les trois ellipses, et la surface du 4^e degré représentées par les équations (5), (7), sont précisément celles que Fresnel a données comme propres à indiquer la marche des deux rayons polarisés, aperçus jusqu'à ce jour dans les cristaux à deux axes optiques: et l'on sait d'ailleurs que, dans ces cristaux, les excentricités des ellipses sont fort petites. Donc les conditions (6) doivent y être sensiblement vérifiées. Au reste, il est bon d'observer que, si les excentricités devenaient nulles, ou en d'autres termes, si l'on avait

$$(8) \qquad\qquad P = Q = R.$$

les conditions (6) donneraient

$$(9) \qquad\qquad L = M = N = 3R,$$

et que les conditions (8), (9) sont précisément celles qui doivent être remplies pour que l'élasticité d'un milieu reste la même dans tous les sens.

Quant au troisième rayon polarisé, comme l'intensité de sa lumière est fort petite, il sera généralement très difficile de l'apercevoir, si ce n'est dans des circonstances particulières que notre théorie nous permettra d'indiquer.

En résumant ce qu'on vient de dire, on voit que, les conditions (6) étant supposées rigoureusement remplies, les sections faites dans la surface de l'onde lumineuse par les plans coordonnés coïncideront exactement avec celles que Fresnel a données. Quant à la surface même, elle sera peu différente de la surface du 4ᵉ degré que cet illustre physicien a obtenue, et par conséquent cette dernière est, dans la théorie de la lumière, ce qu'est le mouvement elliptique des planètes dans le système du monde.

Les excentricités des ellipses suivant lesquelles la surface de l'onde lumineuse se trouve coupée par les plans coordonnés étant généralement fort petites pour les cristaux à un seul axe ou à deux optiques, il en résulte qu'on peut déterminer avec une grande approximation, dans ces cristaux, les vitesses de propagation des ondes planes, et les plans de polarisation des rayons lumineux, à l'aide de la règle que je vais indiquer.

Pour obtenir les vitesses de propagation des ondes planes parallèles à un plan donné *ABC*, et correspondantes aux deux rayons polarisés que transmet un cristal à un ou deux axes optiques, il suffit de couper l'ellipsoïde que représente l'équation

$$(10) \qquad \frac{x^2}{P} + \frac{y^2}{Q} + \frac{z^2}{R} = 1$$

par un plan diamétral parallèle au plan donné. La section ainsi obtenue sera une ellipse dont les deux axes seront numériquement égaux aux vitesses de propagation des ondes planes dans les deux rayons. De plus, celui de ces deux rayons dans lequel les ondes planes se propageront avec une vitesse représentée par le grand axe de l'ellipse sera polarisé parallèlement au petit axe; et réciproquement le rayon dans lequel les ondes planes se propageront avec une vitesse représentée par le petit axe de l'ellipse sera polarisé parallèlement au grand axe. Si l'on fait coïncider le plan $ABC$ avec l'un des plans principaux de l'ellipsoïde, les deux rayons polarisés suivront la même route, et les deux vitesses de la lumière dans ces rayons seront précisément les vitesses de propagation des ondes planes. Par suite les vitesses de la lumière dans les six rayons polarisés, dont les directions coïncident avec les trois axes de l'ellipsoïde, sont deux à deux égales entre elles et à l'un des nombres $\sqrt{P}, \sqrt{Q}, \sqrt{R}$. Ajoutons que les deux rayons dont la vitesse est $\sqrt{P}$ sont polarisés parallèlement à l'axe des $x$, ceux dont la vitesse est $\sqrt{Q}$ parallèlement à l'axe des $y$, et ceux dont la vitesse est $\sqrt{R}$ parallèlement à l'axe des $z$. Dans le cas particulier où les quantités $P$, $Q$, deviennent égales entre elles, la surface représentée par l'équation (10), ou

$$(11) \qquad \frac{x^2 + y^2}{Q} + \frac{z^2}{R} = 1,$$

est un ellipsoïde de révolution dont l'axe est ce qu'on appelle l'axe optique du cristal. Alors, l'un des demi-axes de la section faite par un plan diamétral quelconque est constamment égal à $\sqrt{Q}$, ainsi que la vitesse de la lumière dans l'un des deux rayons polarisés. Le rayon dont il s'agit est celui qu'on nomme rayon ordinaire, et il se trouve polarisé parallèlement à la droite, qui dans le plan $ABC$ forme le plus petit et le plus grand angle avec l'axe optique, tandis que l'autre rayon, appelé rayon extraordinaire, est polarisé parallèlement à la droite d'intersection du plan *ABC* et d'un plan perpendiculaire à l'axe optique. Alors aussi les deux rayons ordinaire et extraordinaire se superposent, quand ils sont dirigés suivant l'axe optique, et se réduisent à un rayon unique qui n'offre plus aucune trace de polarisation.

Lorsque les trois quantités $P$, $Q$, $R$, sont inégales entre elles, l'ellipsoïde représenté par l'équation (10) peut être coupé suivant des cercles par deux plans diamétraux qui renferment tous deux l'axe moyen. Donc les deux rayons polarisés se superposent lorsque les ondes planes deviennent parallèles à l'un de ces plans. Alors, la direction commune des deux rayons est ce qu'on appelle un axe optique. Donc, pour les cristaux dans lesquels l'élasticité de l'éther n'est pas la même en tous sens autour d'un axe, il existe deux axes optiques suivant lesquels se dirigent les rayons qui n'offrent plus aucune trace de polarisation.

Toutes ces conséquences de notre analyse sont conformes à l'expérience, et même, dans des leçons données au Collège royal de France, M. Ampère avait déjà remarqué que la construction de l'ellipsoïde représenté par l'équation (10) fournit le moyen de déterminer les vitesses de propagation des ondes planes et les plans de polarisation des rayons lumineux. Seulement ces plans, que l'on croyait perpendiculaires aux directions des vitesses propres des molécules éthérées, renferment au contraire ces mêmes directions.

Nous ajouterons qu'à l'équation (10) on pourrait substituer la suivante

$$(12) \qquad P x^2 + Q y^2 + R z^2 = 1.$$

En effet, les deux sections faites par un même plan dans les deux ellipsoïdes que représentent les équations (10) et (12), ont leurs axes parallèles, et ceux de la seconde section sont respectivement égaux aux quotients que l'on obtient en divisant l'unité par les axes de la première.

# SUR
## LES DIVERSES MÉTHODES
### A L'AIDE DESQUELLES ON PEUT ÉTABLIR
### LES ÉQUATIONS
### QUI REPRÉSENTENT LES LOIS D'ÉQUILIBRE
### OU
### LE MOUVEMENT INTÉRIEUR DES CORPS SOLIDES OU FLUIDES (¹)

*Bulletin de Férussac*, Tomo XIII, p. 169-176; 1830.

Lorsqu'on recherche les équations qui représentent l'équilibre ou
le mouvement intérieur d'un corps solide ou fluide, on peut ou considérer ce corps comme une masse continue, ou le regarder comme un
système de points matériels qui s'attirent ou se repoussent à de très
petites distances. Dans le premier cas, il faut d'abord établir la théorie
des pressions ou tensions exercées en un point donné d'une masse
continue contre les divers plans qu'on peut faire passer par ce même
point. J'ai donné le premier cette théorie, qui offre quelques analogies
avec la théorie de la courbure des surfaces, dans un Mémoire
présenté à l'Académie des sciences le 30 septembre 1822, et relatif à
l'équilibre, ainsi qu'au mouvement intérieur des corps solides élastiques ou non élastiques. Une Note indiquant les principaux résultats

(¹) Lu à l'Académie royale des Sciences le 8 mars 1830.

auxquels j'étais parvenu, a été insérée dans le *Bulletin de la Société philomathique* de janvier 1823, et ces résultats ont été reproduits encore dans les tomes 2 et 3 des *Exercices de mathématiques*. J'ai fait voir en particulier que les pressions ou tensions exercées en un point d'un corps contre divers plans passant par ce point étaient en général obliques par rapport aux plans qui les supportaient, et ne pouvaient devenir toutes normales à ces plans que dans le cas où elles étaient égales entre elles; que pour chaque point il existait trois plans principaux rectangulaires entre eux, et supportant des pressions ou tensions normales, parmi lesquelles se trouvaient toujours les pressions ou tensions *maxima* ou *minima*; qu'on pouvait toujours, en s'appuyant sur la considération d'un tétraèdre infiniment petit, déduire la pression exercée contre un plan quelconque des trois pressions supportées par des plans parallèles aux plans coordonnés; et que les neuf composantes de ces trois dernières pressions se réduisaient à six; enfin, que les intensités des pressions supportées par divers plans et que leurs composantes normales, pouvaient être facilement déterminées moyennant la construction d'ellipsoïdes dont chacun devait être remplacé dans certains cas par deux systèmes d'hyperboloïdes conjugués. Enfin, j'ai donné les relations qui existent dans l'état d'équilibre d'un corps solide ou fluide entre les pressions ou tensions et les forces accélératrices. Les équations qui expriment ces relations, et celles qu'on en tire lorsqu'on tient compte de la force accélératrice qui serait capable de produire le mouvement observé de chaque point, si ce point devenait libre, sont les véritables équations d'équilibre et de mouvement des corps solides ou fluides élastiques ou non élastiques considérés comme des masses continues. Ces équations, dans le cas d'équilibre, se réduisent à

$$(1)\quad\begin{cases} \dfrac{dA}{dx} + \dfrac{dF}{dy} + \dfrac{dE}{dz} + \rho X = 0, \\[2mm] \dfrac{dF}{dx} + \dfrac{dB}{dy} + \dfrac{dD}{dz} + \rho Y = 0, \\[2mm] \dfrac{dE}{dx} + \dfrac{dD}{dy} + \dfrac{dC}{dz} + \rho Z = 0, \end{cases}$$

$\rho$ désignant la densité du corps au point $(x, y, z)$; X. Y, Z, les projections algébriques de la force accélératrice $\Phi$ sur les axes de coordonnées supposées rectangulaires, et A, F, E; F, B, D; E, D, C, les projections algébriques sur les mêmes axes des pressions supportées au point $(x, y, z)$, par trois plans parallèles aux plans coordonnés.

Dans le cas du mouvement, les équations ($1$) doivent être remplacées par les suivantes :

$$(2) \quad \begin{cases} \dfrac{d\mathrm{A}}{dx} + \dfrac{d\mathrm{F}}{dy} + \dfrac{d\mathrm{E}}{dz} + \rho \mathrm{X} = \rho \dfrac{d^2 \xi}{dt^2}, \\[2ex] \dfrac{d\mathrm{F}}{dx} + \dfrac{d\mathrm{B}}{dy} + \dfrac{d\mathrm{D}}{dz} + \rho \mathrm{Y} = \rho \dfrac{d^2 \eta}{dt^2}, \\[2ex] \dfrac{d\mathrm{E}}{dx} + \dfrac{d\mathrm{D}}{dy} + \dfrac{d\mathrm{C}}{dz} + \rho \mathrm{Z} = \rho \dfrac{d^2 \zeta}{dt^2}, \end{cases}$$

$x, y, z, t$ étant les variables indépendantes, et $\xi, \eta, \zeta$, désignant les déplacements d'une molécule mesurée parallèlement aux axes des $x, y, z$.

Pour déduire des équations ($1$) et ($2$) les lois d'équilibre ou de mouvement d'un corps, il est nécessaire de connaître les relations qui existent entre les pressions A, B, C, D, E, F, et les déplacements $\xi, \eta, \zeta$.

Or, on peut faire à ce sujet les remarques suivantes :

Lorsqu'un corps se condense ou se dilate, la distance $r$ entre deux molécules très voisines croît ou diminue dans un certain rapport, et la différence $\varepsilon$ de ce rapport à l'unité est une quantité positive ou négative, qu'on peut nommer la condensation ou dilatation linéaire dans le sens du rayon vecteur $r$.

Or, cette condensation linéaire varie dans les diverses directions, et j'ai fait voir que si les déplacements $\xi, \eta, \zeta$, sont très petits, ses diverses valeurs seront réciproquement proportionnelles aux carrés des rayons vecteurs d'un ellipsoïde ou de deux hyperboloïdes conjugués.

C'est ce qui résulte immédiatement de la formule

$$(3) \qquad \varepsilon = \frac{d\xi}{dx}\cos^2\alpha + \frac{d\eta}{dy}\cos^2\theta + \frac{d\zeta}{dz}\cos^2\gamma + \left(\frac{d\eta}{dz} + \frac{d\zeta}{dy}\right)\cos\theta\cos\gamma$$

$$+ \left(\frac{d\zeta}{dx} + \frac{d\xi}{dz}\right)\cos\gamma\cos\alpha + \left(\frac{d\xi}{dy} + \frac{d\eta}{dx}\right)\cos\alpha\cos\theta$$

dans laquelle $\alpha$, $\theta$, $\gamma$ désignent les angles que forme le rayon vecteur $r$ avec les demi-axes des coordonnées positives. Les condensations ou dilatations mesurées suivant les trois axes de l'ellipsoïde sont celles que j'ai nommées condensations ou dilatations linéaires principales. Parmi elles se trouvent toujours les condensations maxima ou minima. Il résulte encore de la formule (3), qu'en chaque point d'un corps les condensations ou dilatations linéaires, mesurées dans des directions quelconques, sont complètement déterminées, dès que l'on connaît, pour ce même point les valeurs des six quantités,

$$(4) \qquad \frac{d\xi}{dx}, \quad \frac{d\eta}{dy}, \quad \frac{d\zeta}{dz}, \quad \frac{d\eta}{dz} + \frac{d\zeta}{dy}, \quad \frac{d\zeta}{dx} + \frac{d\xi}{dz}, \quad \frac{d\xi}{dy} + \frac{d\eta}{dx}.$$

Pour appliquer la théorie que nous venons de rappeler, aux corps élastiques, il suffit d'admettre un principe que j'ai posé dans le Mémoire de 1822, savoir : qu'en chaque point d'un corps parfaitement élastique, la pression ou tension exercée contre un plan quelconque dépend uniquement des condensations ou dilatations linéaires, en sorte que le système de ces condensations ou dilatations étant connu, on peut en déduire le système entre des pressions ou tensions dans les différents sens. A la vérité, en appliquant ce principe, j'avais implicitement supposé dans le Mémoire de 1822, que la nature du corps ou plutôt son élasticité était la même dans tous les sens. Mais rien n'empêche d'étendre le même principe au cas où cette condition n'est pas remplie, et dès lors les six pressions

$$(5) \qquad A, \quad B, \quad C, \quad D, \quad E, \quad F$$

ne peuvent être que des fonctions des quantités (4); or, si après avoir développé ces fonctions suivant les puissances ascendantes des quantités dont il s'agit, on néglige les termes proportionnels aux carrés ou aux puissances supérieures des mêmes quantités, et si l'on suppose d'ailleurs les pressions nulles dans l'état naturel on trouvera

$$
(6) \quad
\begin{cases}
\begin{aligned}
A = {}& a_1 \frac{d\xi}{dx} + a_2 \frac{d\eta}{dy} + a_3 \frac{d\zeta}{dz} \\
& + a_4\left( \frac{d\eta}{dz} + \frac{d\zeta}{dy} \right) + a_5\left( \frac{d\zeta}{dx} + \frac{d\xi}{dz} \right) + a_6\left( \frac{d\xi}{dy} + \frac{d\eta}{dx} \right), \\[4pt]
B = {}& b_1 \frac{d\xi}{dx} + b_2 \frac{d\eta}{dy} + b_3 \frac{d\zeta}{dz} \\
& + b_4\left( \frac{d\eta}{dz} + \frac{d\zeta}{dy} \right) + b_5\left( \frac{d\zeta}{dx} + \frac{d\xi}{dz} \right) + b_6\left( \frac{d\xi}{dy} + \frac{d\eta}{dx} \right), \\[4pt]
C = {}& c_1 \frac{d\xi}{dx} + c_2 \frac{d\eta}{dy} + c_3 \frac{d\zeta}{dz} \\
& + c_4\left( \frac{d\eta}{dz} + \frac{d\zeta}{dy} \right) + c_5\left( \frac{d\zeta}{dx} + \frac{d\xi}{dz} \right) + c_6\left( \frac{d\xi}{dy} + \frac{d\eta}{dx} \right), \\[4pt]
D = {}& d_1 \frac{d\xi}{dx} + d_2 \frac{d\eta}{dy} + d_3 \frac{d\zeta}{dz} \\
& + d_4\left( \frac{d\eta}{dz} + \frac{d\zeta}{dy} \right) + d_5\left( \frac{d\zeta}{dx} + \frac{d\xi}{dz} \right) + d_6\left( \frac{d\xi}{dy} + \frac{d\eta}{dx} \right), \\[4pt]
E = {}& e_1 \frac{d\xi}{dx} + e_2 \frac{d\eta}{dy} + e_3 \frac{d\zeta}{dz} \\
& + e_4\left( \frac{d\eta}{dz} + \frac{d\zeta}{dy} \right) + e_5\left( \frac{d\zeta}{dx} + \frac{d\xi}{dz} \right) + e_6\left( \frac{d\zeta}{dy} + \frac{d\eta}{dx} \right), \\[4pt]
F = {}& f_1 \frac{d\xi}{dx} + f_2 \frac{d\eta}{dy} + f_3 \frac{d\zeta}{dz} \\
& + f_4\left( \frac{d\eta}{dz} + \frac{d\zeta}{dy} \right) + f_5\left( \frac{d\zeta}{dx} + \frac{d\xi}{dz} \right) + f_6\left( \frac{d\xi}{dy} + \frac{d\eta}{dx} \right),
\end{aligned}
\end{cases}
$$

$a_1$, $a_2$, $a_3$, $a_4$, $a_5$, $a_6$, $b_1$, etc., désignant des coefficients qui seront déterminés pour chaque point, mais pourront varier avec $x$, $y$, $z$.

Ces équations sont celles que M. Poisson a données dans son dernier Mémoire, et qu'il a déduites d'une méthode peu différente de celle que nous venons d'indiquer ([1]).

---

([1]) Pour établir les formules (6), qu'il regarde comme applicables aux corps solides élastiques, dont les molécules sont très peu écartées des positions qu'elles occupaient dans l'état naturel, M. Poisson part de ce principe, que les pressions A, B, C, D, E, F, correspondantes au point ($x$, $y$, $z$), dépendent uniquement des déplacements relatifs des

Chacune d'elles, prise à part, est de la même forme que l'une des équations inscrites sous les numéros (5) et (6) à la page 2 de la 3-ᵉ livraison des *Exercices de mathématiques;* seulement il n'arrive plus ici, comme dans les *Exercices,* que quelques-uns des coefficients qui servent à déterminer la pression A soient égaux à quelques-uns de ceux qui servent à déterminer chacune des autres pressions B, C, D. E, F; et les 36 coefficients $a_1$, $b_1$. $c_1$. $d_1$, $e_1$, $f_1$ : $a_2$, $b_2$, etc., sont tous distincts les uns des autres.

Si l'élasticité du corps est la même dans tous les sens, les axes suivant lesquels se mesurent les condensations ou dilatations principales $\varepsilon'$, $\varepsilon''$, $\varepsilon'''$ doivent être perpendiculaires aux plans qui supporteront les pressions principales $p'$, $p''$. $p'''$. De plus ces pressions ne peuvent être que des fonctions de $\varepsilon'$, $\varepsilon''$. $\varepsilon'''$. tellement choisies que leurs valeurs ne soient pas altérées par un échange opéré entre les axes des $x$. $y$, $z$. Pour remplir cette condition, en négligeant les puissances supérieures de $\varepsilon'$. $\varepsilon''$, $\varepsilon'''$, il faudra supposer

$$(7) \qquad \begin{cases} p' = k_1 \varepsilon' + k_2(\varepsilon'' + \varepsilon'''), \\ p'' = k_1 \varepsilon'' + k_2(\varepsilon' + \varepsilon''), \\ p''' = k_1 \varepsilon''' + k_2(\varepsilon' + \varepsilon''). \end{cases}$$

$k_1$, $k_2$ désignant des coefficients qui soient déterminés pour chaque point. mais puissent varier avec $x$. $y$. $z$. Si l'on fait pour abréger

$$(8) \qquad \upsilon = \varepsilon' + \varepsilon'' + \varepsilon'''$$

$\upsilon$, ainsi que je l'ai remarqué. représentera la dilatation ou condensation de volume au point $(x, y, z)$. et en écrivant $k$, K, au lieu

moécules dans le voisinage de ce point, et par conséquent des neuf quantités

$$\frac{d\xi}{dx}, \quad \frac{d\xi}{dy}, \quad \frac{d\xi}{dz}, \quad \frac{d\eta}{dx}, \quad \frac{d\eta}{dy}, \quad \frac{d\eta}{dz}, \quad \frac{d\zeta}{dx}, \quad \frac{d\zeta}{dy} \quad \frac{d\zeta}{dz};$$

puis en considérant ces quantités comme infiniment petites du premier ordre, et négligeant les infiniment petits du second ordre, il réduit les valeurs de A, B, C, D, E, F, à des fonctions linéaires des quantités dont il s'agit. Enfin il ramène ces fonctions à la forme sous laquelle elles se présentent dans les équations (6), en admettant que les pressions s'évanouissent dans l'état naturel du corps, et en observant que cet état continue de subsister, quand on imprime à tous les points un mouvement commun de rotation autour de l'un des axes coordonnés.

de $k_1 - k_2$, $k_2$, on réduira les formules (7) à

$$(9) \quad \begin{cases} p' = k\,\varepsilon' + \mathrm{K}\upsilon, \\ p' = k\,\varepsilon'' + \mathrm{K}\upsilon, \\ p'' = k\,\varepsilon'' + \mathrm{K}\upsilon; \end{cases}$$

puis, en raisonnant comme dans le tome 3 des *Exercices de mathématiques* (p. 167 et suiv.), on en conclura

$$(10) \quad \begin{cases} \mathrm{A} = k\,\dfrac{d\xi}{dx} + \mathrm{K}\upsilon, \\[2mm] \mathrm{B} = k\,\dfrac{d\eta}{dy} + \mathrm{K}\upsilon, \\[2mm] \mathrm{C} = k\,\dfrac{d\zeta}{dz} + \mathrm{K}\upsilon, \\[2mm] \mathrm{D} = \dfrac{1}{2}\,k\left(\dfrac{d\eta}{dz} + \dfrac{d\zeta}{dy}\right), \\[2mm] \mathrm{E} = \dfrac{1}{2}\,k\left(\dfrac{d\zeta}{dx} + \dfrac{d\xi}{dz}\right), \\[2mm] \mathrm{F} = \dfrac{1}{2}\,k\left(\dfrac{d\xi}{dy} + \dfrac{d\eta}{dx}\right). \end{cases}$$

Enfin, si l'on substitue les valeurs précédentes de A, B, C, D, E, F, dans les formules (1) ou (2), on obtiendra précisément les équations que j'ai données (dans le tome 3 des *Exercices de mathématiques*, p. 179) comme représentant l'équilibre ou le mouvement d'un corps élastique dont l'élasticité reste la même dans tous les sens. Ces équations, qui renferment deux coefficients dépendant de la nature du corps, comprennent, comme cas particulier, d'autres équations qui n'en renferment qu'un seul, savoir celles auxquelles MM. Navier et Poisson étaient parvenus dans des Mémoires présentés à l'Académie, le 14 mai 1821 et le 1ᵉʳ septembre 1827, par des méthodes très différentes de celle que je viens d'indiquer, et les équations que j'avais données dans le Mémoire déjà cité de 1822.

On peut se proposer de trouver les équations qui devraient remplacer les formules (6), si l'on considérait un corps élastique passant d'un premier état dans lequel les pressions ne seraient pas nulles à un second état distinct du premier. Or, en se servant de la méthode par laquelle M. Poisson a établi les *équations* (6), et des formules que j'ai données dans le premier volume des *Exercices de mathématiques*, p. 33, on obtient, au lieu des équations (6), celles qui suivent :

$$(11)\quad\left\{\begin{aligned}
A =\ & a_0 + e_0\left(\frac{d\xi}{dz} - \frac{d\zeta}{dx}\right) + f_0\left(\frac{d\xi}{dy} - \frac{d\eta}{dx}\right) \\
& + a_1\frac{d\xi}{dx} + a_2\frac{d\eta}{dy} + a_3\frac{d\zeta}{dz} + a_4\left(\frac{d\eta}{dz} + \frac{d\zeta}{dy}\right) \\
& + a_5\left(\frac{d\zeta}{dx} + \frac{d\xi}{dz}\right) + a_6\left(\frac{d\xi}{dy} + \frac{d\eta}{dx}\right). \\[4pt]
B =\ & b_0 + f_0\left(\frac{d\xi}{dz} - \frac{d\xi}{dx}\right) + d_0\left(\frac{d\eta}{dz} - \frac{d\zeta}{dy}\right) \\
& + b_1\frac{d\xi}{dx} + b_2\frac{d\eta}{dy} + b_3\frac{d\zeta}{dz} + b_4\left(\frac{d\eta}{dz} + \frac{d\zeta}{dy}\right) \\
& + b_5\left(\frac{d\zeta}{dx} + \frac{d\xi}{dz}\right) + b_6\left(\frac{d\xi}{dy} + \frac{d\eta}{dx}\right). \\[4pt]
C =\ & c_0 + d_0\left(\frac{d\xi}{dz} - \frac{d\zeta}{dx}\right) + e_0\left(\frac{d\eta}{dz} - \frac{d\zeta}{dy}\right) \\
& + c_1\frac{d\xi}{dx} + c_2\frac{d\eta}{dy} + c_3\frac{d\zeta}{dz} + c_4\left(\frac{d\eta}{dz} + \frac{d\zeta}{dy}\right) \\
& + c_5\left(\frac{d\zeta}{dx} + \frac{d\xi}{dz}\right) + c_6\left(\frac{d\xi}{dy} + \frac{d\eta}{dx}\right), \\[4pt]
D =\ & d_1 + \tfrac{1}{2}(c_0 - b_0)\left(\frac{d\eta}{dz} - \frac{d\zeta}{dy}\right) - \tfrac{1}{2}f_0\left(\frac{d\xi}{dz} - \frac{d\zeta}{dx}\right) - \tfrac{1}{2}e_0\left(\frac{d\xi}{dy} - \frac{d\eta}{dx}\right) \\
& + d_1\frac{d\xi}{dx} + d_2\frac{d\eta}{dy} + d_3\frac{d\zeta}{dz} + d_4\left(\frac{d\eta}{dz} + \frac{d\zeta}{dy}\right) \\
& + d_5\left(\frac{d\zeta}{dx} + \frac{d\xi}{dz}\right) + d_6\left(\frac{d\xi}{dy} + \frac{d\eta}{dx}\right). \\[4pt]
E =\ & e_0 + \tfrac{1}{2}(a_0 - c_0)\left(\frac{d\zeta}{dx} - \frac{d\xi}{dz}\right) - \tfrac{1}{2}d_1\left(\frac{d\eta}{dx} - \frac{d\xi}{dy}\right) - \tfrac{1}{2}f_0\left(\frac{d\eta}{dz} - \frac{d\zeta}{dy}\right) \\
& + e_1\frac{d\xi}{dx} + e_2\frac{d\eta}{dy} + e_3\frac{d\zeta}{dz} + e_4\left(\frac{d\eta}{dz} + \frac{d\zeta}{dy}\right) \\
& + e_5\left(\frac{d\zeta}{dx} + \frac{d\xi}{dz}\right) + e_6\left(\frac{d\xi}{dy} + \frac{d\eta}{dx}\right), \\[4pt]
F =\ & f_0 + \tfrac{1}{2}(b_0 - a_0)\left(\frac{d\xi}{dy} - \frac{d\eta}{dx}\right) - \tfrac{1}{2}e_0\left(\frac{d\zeta}{dy} - \frac{d\eta}{dz}\right) - \tfrac{1}{2}d_0\left(\frac{d\zeta}{dx} - \frac{d\xi}{dz}\right) \\
& + f_1\frac{d\xi}{dx} + f_2\frac{d\eta}{dy} + f_3\frac{d\zeta}{dz} + f_4\left(\frac{d\eta}{dz} + \frac{d\zeta}{dy}\right) \\
& + f_5\left(\frac{d\zeta}{dx} + \frac{d\xi}{dz}\right) + f_6\left(\frac{d\xi}{dy} + \frac{d\eta}{dx}\right).
\end{aligned}\right.$$

Les $42$ coefficients que renferment ces dernières savoir :

$$a_0, \ b_0, \ c_0, \ d_0, \ e_0, \ f; \ a_1, \ b_1, \ \text{etc.},$$

doivent être considérés en général comme représentant des fonctions de $x, y, z$. Ajoutons que les formules $(11)$, comprennent comme cas particulier, les formules qui sont inscrites sous les numéros $(36), (37)$. à la page $138$ du $4^e$ volume des *Exercices*, et qui renferment seulement $21$ coefficients distincts.

Dans un second article j'examinerai en particulier les équations auxquelles on parvient quand on considère les corps comme des systèmes de points matériels.

# L'INTÉGRATION D'UNE CERTAINE CLASSE

## D'ÉQUATIONS

### AUX DIFFÉRENCES PARTIELLES.

*Bulletin de Férussac*. Tome XIII, p. 273-279; 1830.

La solution d'un grand nombre de questions de physique mathématique dépend de l'intégration d'équations aux différences partielles linéaires, et à coefficients constants, dans lesquelles les dérivées de la variable principale sont toutes du même ordre. Telles sont en particulier les équations qui expriment les lois de la propagation des ondes à la surface d'un liquide renfermé dans un canal dont la profondeur est très petite, et les lois de la propagation du son dans un gaz, dans un liquide, ou dans un corps solide élastique. Il était important d'obtenir les intégrales générales des équations de ce genre sous une forme telle qu'on pût en déduire aisément la connaissance des phénomènes que ces équations représentent. Tel est l'objet de divers Mémoires que j'ai présentés dernièrement à l'Académie des Sciences. Je vais donner en peu de mots une idée des résultats auxquels je suis parvenu, et qui me paraissent dignes de fixer un instant l'attention des géomètres.

Soit $\varphi$ une fonction des variables indépendantes $x, y, z, \ldots, t$; servons-nous d'ailleurs, pour plus de simplicité, de la notation adoptée dans le 2ᵉ volume des *Exercices de mathématiques,* et désignons en conséquence, par

$$D_x^h D_y^k D_z^l, \ldots, D_t^m \varphi$$

la dérivée

$$(1) \qquad \frac{d^{h+k+l+\ldots+m}\varphi}{dx^h\, dy^k\, dz^l \ldots dt^m}.$$

Une équation linéaire aux différences partielles et à coefficients constants, entre la variable principale $\varphi$, et les variables indépendantes $x, y, z, \ldots, t$, pourra s'écrire comme suit

$$(2) \qquad F(D_x, D_y, D_z, \ldots, D_t)\varphi = 0,$$

la fonction $F(u, v, w, s)$, étant ce qui devient le premier membre de l'équation, aux différences partielles quand on y remplace les diverses valeurs de l'expression (1) par les valeurs correspondantes du produit

$$u^h v^k w^l \ldots s^m.$$

De plus, si, dans l'équation (2), toutes les dérivées de $\varphi$ sont du même ordre, $F(u, v, w, \ldots, s)$ sera une fonction homogène de $u$, $v$, $w$, $s$. Cela posé, en suivant le principe que j'ai indiqué dans les Mémoires ci-dessus mentionnés, on pourra intégrer l'équation (2), de manière que les fonctions arbitraires introduites par l'intégration soient les valeurs de $\varphi$, $\frac{d\varphi}{dt}$, $\frac{d^2\varphi}{dt^2}$, etc., correspondant à $t = 0$, et l'on arrive en particulier aux conclusions suivantes.

Concevons, pour fixer les idées, que les variables indépendantes se réduisent à quatre, $x, y, z, t$. Soit $n$ l'ordre de l'équation (2) réduite à la forme

$$(3) \qquad F(D_x, D_y, D_z, D_t)\varphi = 0.$$

Représentons par

$$\varphi = f_1(x, y, z), \qquad \frac{d\varphi}{dt} = f_2(x, y, z), \qquad \ldots,$$

$$\frac{d^{n-1}\varphi}{dt^{n-1}} = f_{n-1}(x, y, z)$$

les valeurs de $\varphi$, $\frac{d\varphi}{dt}$, $\ldots$, $\frac{d^{n-1}\varphi}{dt^{n-1}}$ correspondant à $t = 0$. L'intégrale générale de l'équation (3) sera

$$(4) \qquad \varphi = - \frac{1}{16\pi^2} D_t^2 \int_0^{2\pi} \int_0^{\pi} \int_0^{2\pi} \int_0^{\pi}$$

$$\times \, \mathcal{E} \, \frac{F(u, v, w, s) - F\left(u, v, w, \dfrac{s\,f(\lambda, \mu, \nu)}{D_t}\right)}{\left(1 - \dfrac{f(\lambda, \mu, \nu)}{D_t}\right) s\left(\big(F(u, v, w, s)\big)\right)}$$

$$\times \, \frac{t^2 \sin p \, \sin \varpi \, d\varpi \, dt \, dp \, dq}{\cos^2 \partial \sqrt{\cos^2 \partial}},$$

le signe E du calcul des résidus étant relatif à la variable $s$ qui, en vertu de la formule

$$(5) \qquad F(u, v, w, s) = 0$$

devient fonction de $u$, $v$, $w$, et les valeurs de $u$, $v$, $w$, $\partial$, $\lambda$, $\mu$, $\nu$, étant déterminées par les formules

$$(6) \qquad u = \cos\varpi, \qquad v = \sin\varpi \cos\tau. \qquad w = \sin\varpi \sin\tau,$$

$$(7) \qquad \cos\partial = u \cos\varpi + v \sin p \cos q + w \sin p \sin q,$$

$$(8) \qquad \begin{cases} \lambda = x + \dfrac{st}{\cos\partial} \cos p, \qquad \mu = y + \dfrac{st}{\cos\partial} \sin p \cos q, \\[2mm] \nu = z + \dfrac{st}{\cos\partial} \sin p \sin q \end{cases}$$

Ajoutons 1°, qu'après avoir développé la fonction

$$(9) \qquad \frac{F(u, v, w, s) - F\left(u, v, w, \dfrac{s\,f(\lambda, \mu, \nu)}{D_t}\right)}{1 - \dfrac{f(\lambda, \mu, \nu)}{D_t}}$$

suivant les puissances ascendantes de $f(\lambda, \mu, \nu)$, on devra remplacer dans le développement les exposants de $f(\lambda, \mu, \nu)$ par des indices, en écrivant, par exemple,

$$\frac{f_m(\lambda, \mu, \nu)}{D_t^m}$$

au lieu de

$$\left(\frac{f(\lambda, \mu, \nu)}{D_t}\right)^m;$$

2° que, T désignant une fonction quelconque de $t$, on devra, dans le second membre de l'équation (4), considérer les notations

$$D_t T, \quad \frac{T}{D_t}, \quad \frac{T}{D_t^2}, \quad \cdots, \quad \frac{T}{D_t^{n-2}}$$

comme propres à représenter les quantités

$$\frac{dT}{dt}, \quad \int_0^t T\, dt, \quad \int_0^t \int_0^t T\, dt^2, \quad \cdots, \quad \int_0^t \int_0^t \cdots \int_0^t T\, dt^{n-2}.$$

Si, pour plus de simplicité, on suppose que les fonctions $f(x, y, z)$, $f_1(x, y, z)$, ...., $f_{n-1}(x, y, z)$ s'évanouissent toutes à l'exception de la première; la valeur de $\varphi$, fournie par l'équation (6) deviendra

$$(10) \qquad \varphi = -\frac{1}{16\pi^2} D_t^2 \int_0^{2\pi} \int_0^{\pi} \int_0^{2\pi} \int_0^{\pi}$$
$$\times \sum \frac{F(u, v, w, s) - F(u, v, w, 0)}{s\left(\dfrac{dF(u, v, w, s)}{ds}\right)}$$
$$\times \frac{l^2 \sin p \sin \varpi\, d\varpi\, d\tau, dp\, dq}{\cos^2 \delta \sqrt{\cos^2 \delta}},$$

le signe $\sum$ indiquant une somme de termes semblables les uns aux autres et relatifs aux diverses valeurs de $s$ que fournit l'équation (5).

Dans le cas particulier où l'on suppose

$$(11) \qquad F(u, v, w, s) = s^2 - a^2(u^2 + v^2 + w^2),$$

l'équation (3) devient

$$(12) \qquad \frac{d^2\varphi}{dt^2} = a^2 \left( \frac{d^2\varphi}{dx^2} + \frac{d^2\varphi}{dy^2} + \frac{d^2\varphi}{dz^2} \right)$$

et la formule (10) peut être réduite à

$$(13) \qquad \varphi = \frac{1}{4\pi} \frac{d}{dt} \int_0^{2\pi} \int_0^{\pi} t \sin p\, f_0(\lambda, \mu, \nu)\, dp\, dq$$
$$+ \frac{1}{4\pi} \int_0^{2\pi} \int_0^{\pi} t \sin p\, f_1(\lambda, \mu, \nu)\, dp\, dq.$$

les valeurs de $\lambda$, $\mu$, $\nu$ étant

$$(14) \qquad \begin{cases} \lambda = x + at \cos p, \\ \mu = y + at \sin p \cos q, \\ \nu = z + at \sin p \sin q. \end{cases}$$

On se trouve ainsi ramené à l'intégrale que M. Poisson a donnée de l'équation (12).

Concevons maintenant que l'équation (3) se rapporte à une question de physique mathématique, dans laquelle $t$ représente le temps, et $x$, $y$, $z$ des coordonnées rectilignes. Supposons d'ailleurs que les valeurs initiales de $\varphi$, $\frac{d\varphi}{dt}$, ..., $\frac{d^{n-1}\varphi}{dt^{n-1}}$ c'est-à-dire les fonctions $f_0(x, y, z)$, $f_1(x, y, z)$, .... $f_{n-1}(x, y, z)$ soient sensiblement nulles pour tous les points situés à une distance sensible de l'origine des coordonnées. Au bout du temps $t$, les valeurs de $f_0(\lambda, \mu, \nu)$, $f_1(\lambda, \mu, \nu)$, ..., $f_{n-1}(\lambda, \mu, \nu)$, ne cesseront d'être nulles pour que des valeurs de $\lambda$, $\mu$, $\nu$,, très peu différentes de celles qui vérifient les conditions

$$\lambda = 0, \qquad \mu = 0, \qquad \nu = 0$$

ou

$$(15) \quad \begin{cases} x + \dfrac{st}{\cos\delta} \cos p = 0, \\[2mm] y + \dfrac{st}{\cos\delta} \sin p \sin q = 0, \\[2mm] z + \dfrac{st}{\cos\delta} \sin p \sin q = 0. \end{cases}$$

D'ailleurs on tire des formules (15)

$$\frac{x}{\cos p} = \frac{y}{\sin p \cos q} = \frac{z}{\cos p \sin q} = - \frac{st}{\cos\delta} = \frac{ux + cy + wz}{\cos\delta}$$

et par conséquent

$$(16) \qquad ux + cy + wz + st = 0.$$

Donc au bout du temps $t$ la variable $\varphi$ n'aura de valeur sensible que dans les points de l'espace qui appartiendront à l'un des plans que peut représenter l'équation (16), lorsqu'on y regarde $u$, $c$, $w$ comme des paramètres variables. Or ces points sont tous situés en dehors de la surface enveloppe, que touche dans ses diverses positions le plan mobile représenté par l'équation (16). Cela posé, soit

$$(17) \qquad \psi(x, y, z, t) = 0$$

l'équation de la surface dont il s'agit. Le phénomène ou sonore, ou lumineux, etc., qui dépendait de la valeur de $\varphi$, et qui dans le premier instant, n'était sensible que tout près de l'origine, ne sera sensible au bout du temps $t$, que dans le voisinage de la surface à laquelle appartiendra l'équation (17), de sorte qu'à cette époque il cessera de se produire en-deçà de la surface. Donc la propagation de ce phénomène dans l'espace donnera naissance à une onde sonore ou lumineuse qui ne laissera pas de traces de son passage, et dont la surface sera précisément celle que représente la formule (17). Ajoutons que, pour obtenir cette formule, il suffira d'éliminer les paramètres variables $u$, $v$, $w$, entre l'équation (16) et ses dérivées relatives à $u$, $v$, $w$, ou, ce qui revient au même, d'éliminer les rapports $\frac{v}{u}$, $\frac{w}{u}$, entre les trois équations,

$$(18) \qquad \frac{x}{t} + \frac{ds}{du} = 0, \qquad \frac{y}{t} + \frac{ds}{dv} = 0, \qquad \frac{z}{t} + \frac{ds}{dw} = 0$$

attendu que $s$, $u$, $v$, $w$ sont, en vertu de la formule (5), quatre fonctions homogènes de $u$, $v$, $w$, la première du premier degré, les trois dernières d'un degré nul. Donc $\psi(x, y, z, t)$ sera une fonction des seuls rapports $\frac{x}{t}$, $\frac{y}{t}$, $\frac{z}{t}$. Donc, le temps, venant à croître, la surface de l'onde restera semblable à elle-même, et la vitesse de l'onde, suivant une droite quelconque menée par l'origine, c'est-à-dire la vitesse avec laquelle un point de la surface se déplacera sur cette droite, sera une quantité constante.

Il est bon d'observer que la méthode par laquelle on établit l'équation (4) s'applique au cas même où l'équation (2) acquerrait un second membre équivalant à une fonction donnée de $x$, $y$, $z$, $t$, et se présenterait sous la forme

$$F(D_x, D_y, D_z, \ldots, D_t)\,\varphi = f(x, y, z, \ldots, t).$$

Si l'équation (3) devient

$$(19) \qquad \frac{d^2\varphi}{dt^2} = A\,\frac{d^2\varphi}{dx^2} + B\,\frac{d^2\varphi}{dy^2} + C\,\frac{d^2\varphi}{dz^2} + 2D\,\frac{d^2\varphi}{dy\,dz} + 2E\,\frac{d^2\varphi}{dz\,dx} + 2F\,\frac{d^2\varphi}{dx\,dy},$$

A, B, C, D, E, F désignant des coefficients constants, la formule (10)
pourra être réduite à

$$(20) \qquad \varphi = \frac{1}{4\pi} \frac{d}{dt} \int_0^{2\pi} \int_0^{\pi} \mathrm{f}_0\left(x + t\frac{ds}{du}, y + t\frac{ds}{dv}, z + t\frac{ds}{dw}\right) \frac{t \sin p \, dp \, dq}{S s^2}$$
$$+ \frac{1}{4\pi} \int_0^{2\pi} \int_0^{\pi} \mathrm{f}_1\left(x + t\frac{ds}{du}, y + t\frac{ds}{dv}, z + t\frac{ds}{dw}\right) \frac{t \sin p \, dp \, dq}{S s^2},$$

les valeurs de $s$, S étant déterminées par les formules

$$(21) \qquad s^2 = Au^2 + Bv^2 + Cw^2 + 2Dvw + 2Ewu + 2Fuv,$$

$$(22) \qquad Ss^2 = \frac{(ABC - AD^2 - BE^2 - CF^2 + 2DEF)^{\frac{1}{2}}}{\left\{\left(\frac{ds}{du}\right)^2 + \left(\frac{ds}{dv}\right)^2 + \left(\frac{ds}{dw}\right)^2\right\}^{\frac{1}{2}}};$$

et les valeurs de $u$, $v$, $w$ par les formules

$$(23) \qquad \frac{Au + Fv + Ew}{\cos p} = \frac{Fu + Bv + Dw}{\sin p \cos q} = \frac{Eu + Dv + Cw}{\sin p \sin q},$$
$$u^2 + v^2 + w^2 = 1.$$

Alors aussi la surface de l'onde pourra être facilement déterminée par
la méthode suivante.

On construira d'abord l'ellipsoïde dont les coordonnées $\xi$, $\eta$, $\zeta$
vérifient, au bout du temps $t$, l'équation

$$(24) \qquad A\xi^2 + B\eta^2 + C\zeta^2 + 2D\eta\zeta + 2E\zeta\xi + 2F\xi\eta = t^2,$$

puis on déterminera les coordonnées $x$, $y$, $z$ en fonction des coordonnées $\xi$, $\eta$, $\zeta$, à l'aide des formules

$$(25) \quad A\xi + F\eta + E\zeta = x, \qquad F\xi + B\eta + D\zeta = y, \qquad E\xi + D\eta + C\zeta = z.$$

Cela posé, l'équation (24) pourra s'écrire comme il suit.

$$(26) \qquad x\xi + y\eta + z\zeta = t^2.$$

Or, si, dans cette dernière équation on substitue aux coordonnées $\xi$,
$\eta$, $\zeta$, leurs valeurs en $x$, $y$, $z$, tirées des formules (25), l'équation que

l'on obtiendra, savoir,

$$\frac{\begin{aligned}&(BC - D^2)x^2 + (CA - E^2)y^2 + (AB - F^2)z^2 \\ &\quad + 2(EF - AD)yz + 2(FD - BE)zx + 2(DE - CF)xy\end{aligned}}{ABC - AD^2 - BE^2 - CF^2 + 2DEF} = l^2,$$

représentera un second ellipsoïde dont la surface sera celle de l'onde cherchée. Si l'on nomme $\rho$, $r$, les rayons vecteurs menés de l'origine à deux points correspondants $(\xi, \eta, \zeta)$ et $(x, y, z)$ des deux ellipsoïdes, et $\delta$ l'angle compris entre ces rayons vecteurs, la formule (26) donnera

$$(28) \qquad\qquad \rho r \cos \delta = l^2.$$

Donc, au bout du temps $t$, le produit du premier rayon vecteur, par la projection du second sur le premier, sera constamment égal à $l^2$.

Dans un second article, je montrerai comment, étant donnée la surface de l'onde, on peut retrouver l'équation aux différences partielles qui correspond à cette surface. En résolvant ce dernier problème, et considérant une onde lumineuse représentée par le système d'une sphère et d'un ellipsoïde de révolution dont l'axe coïncide avec le diamètre de la sphère, on se trouve ramené à une équation que j'ai déjà considérée dans un autre Mémoire, et qui est renfermée, comme cas particulier, dans les formules propres à déterminer les vibrations de molécules qui s'attirent ou se repoussent à de très petites distances. ( *Voyez* le *Bulletin* de février 1829, p. 112.)

# LA RÉFRACTION ET LA RÉFLEXION
# DE LA LUMIÈRE.

*Bullletin de Férussac*, Tome XIV, p. 6-10; 1830.

Concevons deux milieux élastiques séparés par le plan des $yz$, et dans l'un desquels se propagent des ondes élémentaires dont les plans soient parallèles à l'axe des $z$. L'existence de ces ondes que nous nommerons incidentes entraînera la coexistence 1° d'un deuxième système d'ondes propagées dans le premier milieu, et que l'on nomme réfléchies; 2° d'un troisième système d'ondes propagées dans le deuxième milieu et que l'on nomme réfractées. Car en faisant abstraction de ces ondes réfléchies et réfractées, on ne pourrait satisfaire aux conditions que nous allons indiquer et qui sont relatives à la surface de séparation.

Soient $\xi$, $\eta$, $\zeta$ les déplacements de la molécule qui coïncide au bout du temps $t$ avec le point $(x, y, z)$, ces déplacements étant mesurés parallèlement aux axes et $s$ la vitesse de propagation, dans le premier milieu, d'une onde incidente comprise dans un plan parallèle à celui qui a pour équation

$$x \cos\lambda + y \sin\lambda = 0.$$

Les valeurs de $\xi$, $\eta$, $\zeta$, pour un point renfermé dans cette onde incidente, seront de la forme

$$(1) \quad \begin{cases} \xi = \phantom{-} \sin\lambda \varphi (x \cos\lambda + y \sin\lambda - st), \\ \eta = - \cos\lambda \varphi (x \cos\lambda + y \sin\lambda - st), \\ \zeta = \Phi (x \cos\lambda + y \sin\lambda - st), \end{cases}$$

les déplacements des molécules étant supposés parallèles au plan de l'onde. Par suite les vitesses $\frac{d\xi}{dt}, \frac{d\eta}{dt}, \frac{d\zeta}{dt}$, ainsi que les pressions A, B, C, D, E, F, seront des fonctions de la seule quantité variable $x\cos\lambda + y\sin\lambda - st$, et dans le voisinage de la surface de séparation des deux milieux, les valeurs de ces pressions ou de ces vitesses deviendront des fonctions de $y\sin\lambda - st$. Si l'on considère deux systèmes d'ondes simultanément propagées dans le premier milieu, et un système d'ondes propagées dans le second; si d'ailleurs on suppose que l'élasticité de chaque milieu reste la même en tous sens, les équations (1) devront être remplacées, pour le premier milieu, par les formules

$$(2)\quad\begin{cases} \xi = \quad\sin\lambda\,\varphi\,(x\cos\lambda + y\sin\lambda - st) + \sin\lambda_1\chi(x\cos\lambda_1 + y\sin\lambda_1 - st), \\ \eta = -\cos\lambda\,\varphi\,(x\cos\lambda + y\sin\lambda - st) - \cos\lambda_1\,X(x\cos\lambda_1 + y\sin\lambda_1 - st), \\ \zeta = \Phi(x\cos\lambda + y\sin\lambda - st) + X(x\cos\lambda_1 + y\sin\lambda_1 - st), \end{cases}$$

et pour le second milieu, par les formules

$$(3)\quad\begin{cases} \xi = \quad\sin\lambda'\,\varpi(x\cos\lambda' + y\sin\lambda - s't), \\ \eta = -\cos\lambda'\,\varpi(x\cos\lambda' + y\sin\lambda' - s't), \\ \zeta = \Pi(x\cos\lambda' + y\sin\lambda' - s't) \end{cases}$$

ou, ce qui revient au même, par les suivantes :

$$(4)\quad\begin{cases} \xi = \quad\sin\lambda'\,\Psi\left[\dfrac{s}{s'}(x\cos\lambda' + y\sin\lambda' - s't)\right], \\ \eta = -\cos\lambda'\,\Psi\left[\dfrac{s}{s'}(x\cos\lambda' + y\sin\lambda' - s't)\right], \\ \zeta = \Psi\left[\dfrac{s}{s'}(x\cos\lambda' + y\sin\lambda' - s't)\right]. \end{cases}$$

Cela posé les valeurs de

$$(5)\qquad \frac{d\xi}{dt},\quad \frac{d\eta}{dt},\quad \frac{d\zeta}{dt},\quad A,\quad B,\quad C,\quad D,\quad E,\quad F,$$

correspondant à des points très voisins du plan des $yz$ deviendront, pour le premier milieu, fonctions des seules quantités

$$(6)\qquad y\sin\lambda - st,\quad y\sin\lambda_1 - st;$$

et pour le deuxième milieu, fonctions des seules quantités

$$(7) \qquad \frac{s}{s'} y \sin \lambda' - st.$$

Or pour obtenir les conditions relatives à la surface de séparation, il suffit d'écrire que les valeurs dont il s'agit, ou du moins quelques-unes d'entre elles, restent les mêmes dans le passage d'un milieu à l'autre, et dès lors ces conditions ne peuvent être remplies à moins qu'on n'ait

$$y \sin \lambda - st = y \sin \lambda_1 - st = \frac{s}{s'} y \sin \lambda' - st,$$

quelles que soient $y$ et $t$; et par suite

$$(8) \qquad \sin \lambda = \sin \lambda_1 = \frac{s}{s'} \sin \lambda'.$$

Or, en observant que pour $s' = s$, on devrait avoir non seulement $\sin \lambda' = \sin \lambda$, mais encore $\cos \lambda' = \cos \lambda$, on tirera de la formule (8)

$$(9) \qquad \sin \lambda_1 = \sin \lambda, \qquad \cos \lambda_1 = - \cos \lambda,$$

$$(10) \qquad \sin \lambda' = \frac{s}{s} \sin \lambda, \qquad \cos \lambda' = \left( 1 - \frac{s'^2}{s^2} \sin^2 \lambda \right)^{\frac{1}{2}}.$$

Donc l'angle d'incidence est égal à l'angle de réflexion, tandis que les sinus des angles d'incidence et de réfraction sont entre eux comme les vitesse de propagation de la lumière dans les deux milieux. De plus, on reconnaîtra sans peine que, dans le cas où la lumière incidente est polarisée perpendiculairement à l'axe des $z$, les valeurs de la vitesse $\frac{d\zeta}{dt}$ et de la pression A relatives à la surface de séparation doivent être les mêmes pour les deux milieux, et l'on obtiendra ainsi des formules qui s'accordent avec la loi de **M.** Brewster sur l'angle de polarisation complète, si l'on suppose que la densité de l'éther reste la même dans les deux milieux. Cette hypothèse étant admise, les fonctions $\chi'(x)$, $\psi'(x)$ se trouveront liées à la fonction $\varphi'(x)$ par les formules

$$(11) \qquad \frac{\chi'(x)}{\varphi'(x)} = \frac{\sin 2\lambda - \sin 2\lambda'}{\sin 2\lambda + \sin 2\lambda'}, \qquad \frac{\psi'(x)}{\varphi'(x)} = \frac{\sin \lambda}{\sin \lambda'} \frac{2 \sin 2\lambda}{\sin 2\lambda + \sin 2\lambda'}.$$

Enfin, comme dans le cas où la lumière se trouverait polarisée parallèlement à l'axe des $z$, ce seraient évidemment les composantes D, E de la pression totale $\sqrt{C^2 + D^2 + E^2}$ supportée près de la surface de séparation par un plan perpendiculaire à l'axe des $z$, qui devraient conserver les mêmes valeurs pour les deux milieux élastiques, il en résulte que les fonctions $X'(x)$, $\Psi'(x)$ seront liées à la fonction $\Phi'(x)$ par les formules

$$(12) \qquad \frac{X'(x)}{\Phi'(x)} = \frac{\sin(\lambda' - \lambda)}{\sin(\lambda' + \lambda)}, \qquad \frac{\Psi''(x)}{\Phi'(x)} = \frac{\sin\lambda}{\sin\lambda'} \frac{\sin 2\lambda}{\sin(\lambda' + \lambda)}.$$

La première des formules (11) et la première des formules (12) coïncident avec celles que Fresnel a données dans le n° 17 des *Annales de physique et de chimie*. Les formules (11) et (12) doivent être réunies, lorsque la lumière incidente n'est polarisée ni parallèlement à l'axe des $z$, ni perpendiculairement à cet axe. Ces formules montrent que la lumière réfléchie est polarisée tout entière dans le plan de réflexion, quand le rayon réfléchi est perpendiculaire au rayon réfracté, et s'accordent avec toutes les observations des physiciens sur la réflexion ou la réfraction de la lumière. Il suit des mêmes formules que les carrés des vitesses des molécules lumineuses dans les ondes incidentes, réfléchie et réfractée, sont proportionnels aux trois quantités $1$, $\Theta$, $\Theta'$, ces quantités $1$, $\Theta$, $\Theta'$ étant déterminées, 1° quand la lumière incidente est polarisée perpendiculairement à l'axe des $z$, par les équations

$$(13) \qquad \Theta = \left( \frac{\sin 1\lambda - \sin 2\lambda'}{\sin 2\lambda + \sin 2\lambda'} \right)^2, \qquad \Theta' = \left( \frac{\sin\lambda}{\sin\lambda'} \right)^2 \left( \frac{2\sin 2\lambda}{\sin 2\lambda + \sin 2\lambda'} \right)^2,$$

2° quand la lumière est polarisée parallèlement à l'axe des $z$, par les deux suivantes :

$$(14) \qquad \Theta = \left( \frac{\sin(\lambda' - \lambda)}{\sin(\lambda' + \lambda)} \right)^2, \qquad \Theta' = \left( \frac{\sin\lambda}{\sin\lambda'} \right)^2 \left( \frac{\sin 2\lambda}{\sin(\lambda' + \lambda)} \right)^2.$$

Si l'on nomme $\Theta''$ ce que devient $\Theta'$ quand on change entre eux les angles $\lambda$, $\lambda'$, on tirera des formules (13) ou des formules (14)

$$(15) \qquad\qquad \Theta'\Theta'' = (1 - \Theta)^2.$$

D'ailleurs, si le deuxième milieu est terminé par deux faces parallèles, dont l'une coïncide avec le plan des $yz$, et si l'on représente par $1$ l'intensité de la lumière incidente, $\Theta$ sera l'intensité de la lumière réfléchie par la première surface, tandis que les quantités de lumière qui s'échapperont du deuxième milieu après deux réfractions, dont la seconde pourra s'opérer à la suite d'une ou de plusieurs réflexions consécutives, seront respectivement exprimées par les produits $\Theta'\Theta''$, $\Theta\Theta'\Theta''$, $\Theta^2\Theta'\Theta''$, etc., dont la somme, en vertu de la formule (15), sera

$$(16) \qquad \Theta'\Theta''(1 + \Theta + \Theta^2 + \ldots) = (1 - \Theta)^2(1 + \Theta + \Theta^2\ldots) = 1 - \Theta.$$

En ajoutant à cette dernière expression la quantité de lumière réfléchie par la première surface, on obtiendra pour somme l'unité. Donc la lumière polarisée perpendiculairement ou parallèlement à l'axe des $z$, n'éprouvera aucune diminution résultant de son passage à travers le second milieu. Cette proposition se trouve d'accord avec l'expérience, et s'étend évidemment au cas où les vitesses initiales des molécules ont des directions quelconques, attendu que dans ce dernier cas, la vitesse d'une molécule a pour carré la somme des carrés de ses deux composantes, parallèle et perpendiculaire à l'axe des $z$.

### Note sur la dispersion de la lumière.

Supposons qu'une onde lumineuse comprise dans un plan parallèle au plan des $zx$ se propage dans un milieu élastique; admettons de plus qu'on prenne pour axe des $x$ une droite parallèle aux déplacements des molécules, en sorte qu'on ait $\eta = 0$, $\zeta = 0$; d'ailleurs $\xi$ ne sera fonction que de $y$ et $t$; en conséquence, si l'on pousse l'approximation jusqu'aux dérivées du quatrième ordre, on obtiendra pour déterminer $\xi$ l'équation différentielle

$$(1) \qquad \frac{d^2\xi}{dt^2} = R\frac{d^2\xi}{dy^2} + R'\frac{d^4\xi}{dy^4},$$

à laquelle on satisfait en prenant, par exemple.

$$(2) \qquad \xi = K\sin[k(y + \Omega t)],$$

pourvu qu'on ait :

$$(3) \qquad \Omega^2 = R - R'k^2 = s^2(1 - \Theta k^2)$$

en posant

$$R = s^2, \qquad R' = \Theta R = \Theta s^2,$$

Si l'on désigne par $l$ la longueur d'une ondulation, c'est-à-dire la distance, mesurée suivant l'axe des $y$, de deux molécules pour lesquelles au même instant $t$, $\xi$ et $\frac{d\xi}{dt}$, sont les mêmes, on aura

$$(4) \qquad l = \frac{2\pi}{k}.$$

De même en désignant par T le temps d'une oscillation, c'est-à-dire le temps nécessaire pour que les valeurs de $\xi$ et $\frac{d\xi}{dt}$ correspondant à une même molécule deviennent les mêmes; T sera déterminé par l'équation

$$(5) \qquad \Omega T = \frac{2\pi}{k} = l,$$

c'est de cette valeur T que dépend la nature d'une couleur.

Les formules (3) et (5) renferment toute la théorie de la dispersion. Ajoutons que de ces formules, jointes à celles de la réfraction et de la réflexion, on conclut immédiatement que, dans la réfraction ou la réflexion la couleur reste ce qu'elle était d'abord, le coefficient de $t$ ne changeant point. Au reste, on peut encore intégrer généralement les équations que j'ai données dans les *Exercices de mathématiques* pour représenter le mouvement d'un système de molécules sollicitées par des forces d'attraction et de répulsion mutuelle, savoir :

$$\frac{d^2\xi}{dt^2} = S\left\{ \pm m\frac{f(r)}{r}\Delta\xi \right\} + S\left\{ mf(r)\varepsilon\cos\alpha \right\},$$

$$\frac{d^2\eta}{dt^2} = S\left\{ \pm m\frac{f(r)}{r}\Delta\eta \right\} + S\left\{ mf(r)\varepsilon\cos\theta \right\},$$

$$\frac{d^2\zeta}{dt^2} = S\left\{ \pm m\frac{f(r)}{r}\Delta\zeta \right\} + S\left\{ mf(r)\varepsilon\cos\gamma \right\},$$

la valeur de $\varepsilon$ étant

$$\varepsilon = \frac{1}{r}(\cos\alpha\,\Delta\xi + \cos\delta\,\Delta\eta + \cos\gamma\,\Delta\zeta).$$

On arrive ainsi d'une manière plus générale et plus simple à la polarisation et à la dispersion de la lumière. C'est ce que j'ai montré, au Collège de France, dans mes leçons des 19 et 22 juin 1830, et ce que j'expliquerai plus en détail dans un nouvel article.

SUR

# LA MÉCANIQUE CÉLESTE

## ET SUR

## UN NOUVEAU CALCUL

## QUI S'APPLIQUE A UN GRAND NOMBRE

## DE QUESTIONS DIVERSES (¹).

*Bulletin de Férussac,* Tome XV, p. 260-269; 1831.

Avant d'indiquer d'une manière plus précise l'objet des recherches que j'ai l'honneur de présenter à l'Académie, il ne sera pas inutile de dire à quelle occasion elles ont été entreprises.

Les méthodes qne les géomètres ont employées pour déduire du principe de la gravitation les mouvements des corps célestes, laissaient encore beaucoup à désirer. Souvent elles manquaient de la rigueur convenable. Ainsi, en particulier, on ne trouve nulle part, dans la Mécanique céleste de Laplace, une démonstration suffisante de la formule de Lagrange, qui sert pourtant de base à la plupart des théories exposées dans cet Ouvrage. D'ailleurs, pour déterminer à l'aide de ces méthodes les coefficients numériques relatifs à telle ou telle perturbation des mouvements planétaires, les astronomes étaient quelquefois obligés d'entreprendre des calculs qui exigeaient plusieurs années de

(¹) Lu à l'Académie de Turin le 11 octobre 1831.

travail. Un des membres les plus distingués de cette Académie,
M. Plana, m'ayant parlé dernièrement encore du temps que consumaient
de pareils calculs, je lui dis que j'étais persuadé qu'il serait possible de
les abréger, et même de déterminer immédiatement le coefficient
numérique correspondant à une inégalité donnée. Effectivement, au
bout de quelques jours, je lui rapportai des formules à l'aide desquelles
on pouvait résoudre de semblables questions, et dont j'avais déjà fait
l'application à la détermination de certains nombres qu'il est utile de
considérer dans la théorie de Saturne et de Jupiter. Quelques jours
après, en s'appuyant sur des résultats qu'il avait obtenus dans un de
ses Mémoires, M. Plana m'a dit avoir retrouvé ou les mêmes formules,
ou des formules du même genre. Au reste, pour établir les formules
dont il s'agit, et d'autres formules analogues que renferme le Mémoire
ci-joint, il suffit d'appliquer au développement de la fonction, désignée
par $R$, dans la Mécanique céleste, des théorèmes bien connus, tels que
le théorème de Taylor et le théorème de Lagrange, sur le développement des fonctions des racines des équations algébriques ou transcendantes. Mais on a besoin de recourir à d'autres principes et à de nouvelles méthodes pour arriver à des résultats plus importants dont je
vais maintenant donner une idée.

En joignant à la série de Stirling ou de Maclaurin le reste qui la
complète, et présentant ce reste sous la forme que Lagrange lui a
donnée ou sous d'autres formes de même genre, on peut s'assurer,
dans un grand nombre de cas, qu'une fonction $f(x)$, de la variable $x$,
est développable pour certaines valeurs de $x$ en une série convergente
ordonnée suivant les puissances ascendantes de cette variable et déterminer la limite supérieure des modules (1) des valeurs réelles ou imaginaires de $x$, pour lesquels le développement subsiste. Ajoutons que,
pour développer une fonction explicite de plusieurs variables $x$, $y$,
$z$, ... suivant les puissances ascendantes de $x$, $y$, $z$, .... c'est-à-dire

---

(1) Le module d'une valeur imaginaire de $x$ est la racine carrée positive de la somme
qu'on obtient, en ajoutant le carré de la partie réelle au carré du coefficient de $\sqrt{-1}$.
Lorsque ce coefficient s'évanouit, le module se réduit à la valeur numérique de $x$.

en une série convergente dont le terme général soit une fonction entière et homogène de $x, y, z, \ldots$, il suffit de remplacer la fonction proposée $f(x, y, z, \ldots)$ par $f(\alpha x, \alpha y, \alpha z, \ldots)$, puis de développer $f(\alpha x, \alpha y, \alpha z, \ldots)$ suivant les puissances ascendantes de $\alpha$, et de poser ensuite $\alpha = 1$. Par conséquent la théorie du développement des fonctions explicites de plusieurs variables se ramène immédiatement à la théorie du développement des fonctions explicites d'une seule variable. Mais il importe d'observer que l'application des règles, à l'aide desquelles on peut décider si la série de Stirling est convergente ou divergente, devient souvent très difficile, attendu que, dans cette série, le terme général ou proportionnel à $x^n$ renferme la dérivée de l'ordre $n$ de la fonction $f(x)$ ou du moins sa valeur correspondante à une valeur nulle de $x$, et que, hormis certains cas particuliers, la dérivée de l'ordre $n$ d'une fonction donnée prend une forme de plus en plus compliquée, à mesure que $n$ augmente.

Quant aux fonctions implicites, on a présenté, pour leurs développements en séries, diverses formules déduites le plus souvent de la méthode des coefficients indéterminés. Mais les démonstrations qu'on a prétendu donner de ces formules sont généralement insuffisantes : 1° parce qu'on n'a point examiné si les séries sont convergentes ou divergentes, et qu'en conséquence on ne peut dire le plus souvent dans quels cas les formules doivent être admises ou rejetées; 2° parce qu'on ne s'est point attaché à démontrer que les développements obtenus avaient pour sommes les fonctions développées, et qu'il peut arriver qu'une série convergente provienne du développement d'une fonction, sans que la somme de la série soit équivalente à la fonction elle-même. Il est vrai que l'établissement des règles générales propres à déterminer dans quels cas les développements des fonctions implicites sont convergents, et représentent ces mêmes fonctions, paraissait offrir de grandes difficultés. On peut en juger en lisant attentivement le Mémoire de M. Laplace sur la convergence ou la divergence de la série que fournit, dans le mouvement elliptique d'une planète, le développement du rayon vecteur, suivant les puissances ascendantes de l'excentricité,

Je pense donc que les géomètres et les astronomes attacheront quelque
prix à mon travail, quand ils apprendront que je suis parvenu à établir, sur le développement des fonctions, soit explicites, soit implicites,
des principes généraux, et d'une application facile, à l'aide desquels
on peut non seulement démontrer avec rigueur les formules, et indiquer les conditions de leur existence, mais encore fixer les limites des
erreurs que l'on commet en négligeant les restes qui doivent compléter
les séries. Parmi ces règles, celles qui se rapportent à la fixation des
limites des erreurs commises, présentent dans leur ensemble un nouveau calcul que je désignerai sous le nom de *Calcul des limites*. Je me
contenterai d'indiquer ici en peu de mots, quelques-unes des propositions fondamentales sur lesquelles repose le calcul dont il s'agit.

Soit $f(x)$ une fonction de la variable $x$. Si l'on attribue à cette
variable une valeur imaginaire $\bar{x}$ dont le module soit X, le rapport de $\bar{x}$
à X sera une exponentielle de la forme $e^{p\sqrt{-1}}$, $p$ désignant un certain
arc réel que l'on pourra supposer compris entre les limites $-\pi, +\pi$;
et le module de $f(\bar{x})$ dépendra tout à la fois du module X et de l'arc $p$.
Or, parmi les valeurs que prendra le module $f(\bar{x})$ quand on fera
varier $p$, il y en aura généralement une qui sera supérieure à toutes les
autres.

C'est cette valeur *maximum* du module de $f(\bar{x})$ que je considère spécialement dans le calcul des limites. Je la désigne par la lettre
caractéristique A placée devant la fonction $f(\bar{x})$, et je prouve : 1° que
la fonction $f(x)$ est développable par le théorème de Stirling en une
série convergente ordonnée suivant les puissances ascendantes de $x$,
lorsque, le module de $x$ étant égal ou inférieur à X, la fonction $f(x)$
reste finie et continue pour le module X ou pour un module plus petit
de la variable réelle ou imaginaire $x$ ; 2° qu'alors, dans le développement de $f(x)$ suivant les puissances ascendantes de $x$, le coefficient de $x^n$ offre un module inférieur au quotient qu'on obtient en
divisant par $X^n$, le module *maximum* de $f(\bar{x})$. Cela posé, si l'on attribue
à $x$ une valeur imaginaire dont le module soit désigné par $\xi$, le module
du terme général, dans le développement de $f(x)$, sera inférieur au

produit de $\Lambda f(\bar{x})$ par la $n^{\text{ième}}$ puissance du rapport $\frac{\xi}{X}$. D'ailleurs, lorsque la fonction $f(x)$ est développable en une série convergente ordonnée suivant les puissances ascendantes de $x$, le reste qui complète cette série, prolongée jusqu'au $n^{\text{ièmes}}$ terme, équivaut à la somme des termes dans lesquels l'exposant de $x$ est égal ou supérieur à $n$. Donc le module de ce reste, s'il est imaginaire, ou sa valeur numérique, s'il est réel, ne surpassera pas la somme des termes correspondants à ceux que nous venons d'indiquer dans la progression géométrique ci-dessus mentionnée, c'est-à-dire le reste qui complète cette progression. Ainsi, la détermination d'une limite supérieure au reste, qui complète la série propre à représenter le développement d'une fonction quelconque, se trouve ramenée à la détermination des restes des progressions géométriques, c'est-à-dire à une question résolue depuis longtemps en analyse. On sait en effet que, dans la progression géométrique, qui a pour premier terme l'unité, et pour raison $\frac{\xi}{X}$, la somme des termes dans lesquels $\xi$ porte un exposant égal ou supérieur à $n$, équivaut au quotient du $n^{\text{ième}}$ terme par la différence $1 - \frac{\xi}{X}$. Lorsque le premier terme devient $\Lambda f(\bar{x})$, il faut multiplier par ce premier terme le quotient dont il s'agit.

Il est important d'observer que, d'après ce qu'on vient de dire, les limites supérieures aux modules du terme général de la série de Stirling et du reste qui complète cette série sont des fonctions du module $X$, qui représentent les maxima relatifs à $p$ des modules de certaines fonctions de la variable imaginaire $\bar{x} = X e^{p\sqrt{-1}}$. D'ailleurs le module $X$ doit surpasser le module $\xi$, et être déterminé de manière que la fonction $f(x)$ reste finie et continue pour le module $X$ ou pour un module plus petit de la variable $x$. Or, parmi les valeurs de $X$ qui remplissent ces deux conditions, on devra évidemment choisir de préférence celles qui rendront les limites supérieures dont il s'agit, les plus petites possible, et alors ces limites, considérées comme valeurs particulières des fonctions de $\bar{x}$ ci-dessus mentionnées, seront tout à la fois des *maxima* relativement à l'angle $p$, et des *minima* relativement au module X, ou, ce que nous avons nommé dans un autre Mémoire, les modules principaux de ces mêmes fonctions.

Au surplus, quand on se propose uniquement de calculer des limites supérieures aux modules des termes généraux ou des restes des séries, il n'est point nécessaire de déterminer exactement les modules principaux dont il est ici question ; et l'on peut se contenter de chercher des nombres supérieurs à ces modules.

Il est facile d'étendre les principes que nous venons d'indiquer aux fonctions de plusieurs variables. Soit en effet $f(x, y, z, \ldots)$ une fonction donnée des variables $x, y, z, \ldots$. Si l'on attribue à ces variables des valeurs imaginaires $\bar{x}, \bar{y}, \bar{z}, \ldots$ dont les modules soient respectivement X, Y, Z, $\ldots$ le module de $f(\bar{x}, \bar{y}, \bar{z}, \ldots)$ dépendra tout à la fois des modules X, Y, Z, $\ldots$ et des rapports imaginaires $\dfrac{x}{X}, \dfrac{y}{Y}, \dfrac{z}{Z}, \ldots$

Or on peut choisir ces rapports, ou plutôt les arcs de cercle qui s'y trouvent renfermés, de manière que le module de $f(\bar{x}, \bar{y}, \bar{z}, \ldots)$ acquière la plus grande valeur possible, les nombres X, Y, Z restant les mêmes. C'est cette plus grande valeur ou cette valeur *maximum* que je désigne par la caractéristique $\Lambda$, placée devant la fonction $f(x, y, z, \ldots)$, et je prouve : 1° que la fonction $f(x, y, z, \ldots)$ est développable en une série convergente ordonnée suivant les puissances ascendantes de $x, y, z, \ldots$, quand les modules des variables $x, y, z$ étant égaux ou inférieurs à X, Y, Z, $\ldots$ la fonction $f(x, y, z, \ldots)$ reste finie et continue pour les modules X, Y, Z, $\ldots$ ou pour des modules plus petits de ces mêmes variables; 2° qu'alors, dans le développement de $f(x, y, z, \ldots)$ suivant les puissances ascendantes de $x, y, z, \ldots$ le coefficient de $x^n, y^{n'}, z^{n''} \ldots$ offre un module inférieur au quotient qu'on obtient en divisant par $X^n \, Y^{n'} \, Z^{n''} \ldots$ le module maximum de $f(\bar{x}, \bar{y}, \bar{z}, \ldots)$. Cela posé, si l'on attribue à $x, y, z, \ldots$ des valeurs réelles ou imaginaires dont les modules $\xi, \eta, \zeta, \ldots$ soient plus petits que X, Y, Z, $\ldots$, les divers termes du développement de la fonction $f(x, y, z, \ldots)$ offriront des modules respectivement inférieurs aux

termes correspondants d'une fonction de $\xi$, $\eta$, $\zeta$, ... qu'on obtiendra
en multipliant le module maximum de $f(\bar{x}, \bar{y}, \bar{z}, ...)$ par les sommes
des progressions géométriques qui ont pour premiers termes l'unité
et pour raisons les rapports $\frac{\xi}{X}$, $\frac{\eta}{Y}$, $\frac{\zeta}{Z}$, .... Donc, si l'on néglige, dans le
développement de la première fonction $f(x, y, z, ...)$ certains termes,
par exemple, ceux dans lesquels l'exposant de $x$ est égal ou supérieur
à $n$, l'exposant de $y$ égal ou supérieur à $n'$, l'exposant de $z$ égal ou
supérieur à $n''$, etc., l'erreur (¹) commise sera plus petite que la somme
des termes correspondants de la seconde fonction, et par conséquent
inférieure au produit de $\Lambda f(\bar{x}, \bar{y}, \bar{z}, ...)$ par les restes des progressions géométriques ci-dessus mentionnées.

Observons encore, qu'après avoir déterminé en fonction de X, Y, Z
une limite supérieure au reste de la série qui représente le développement de $f(x, y, z, ...)$ suivant les puissances ascendantes de $x$, $y$,
$z$, ..., on devra choisir X, Y, Z, ... de manière à rendre cette limite
la plus petite possible.

Si l'on voulait obtenir une limite supérieure à la somme des modules
des termes qui, dans le développement de $f(x, y, z, ...)$, offrent un
degré égal ou supérieur à $n$, c'est-à-dire des termes dans lesquels les
exposants de $x$, $y$, $z$. ... offrent une somme égale ou supérieure à $n$,
il suffirait de chercher une limite supérieure au reste de la série qui
représente le développement de $f(\alpha x, \alpha y, \alpha z, ...)$ suivant les puissances ascendantes de $\alpha$, et de poser dans cette limite $\alpha = 1$.

Les principes que nous venons d'établir, s'appliquent très facilement
aux séries qui représentent les développements des fonctions explicites
d'une ou de plusieurs variables, et fournissent pour ces séries, non
seulement des règles générales de convergence, mais encore des limites
supérieures aux modules des termes généraux, et aux erreurs que l'on
commet, quand on calcule seulement un certain nombre de termes en

---

(¹) Lorsque les termes négligés sont réels, l'erreur commise a pour mesure la valeur
numérique de leur somme. Lorsqu'ils deviennent imaginaires, le module de cette même
somme peut servir à mesurer l'erreur dont il s'agit.

négligeant tous les autres. Pour étendre l'application des mêmes principes aux séries qui représentent les développements d'une ou de plusieurs fonctions implicites, déterminées par une ou plusieurs équations algébriques ou transcendantes, il suffit d'observer qu'en vertu de la formule de Lagrange et des formules analogues qui se déduisent du calcul des résidus, les coefficients des termes généraux, dans ces mêmes séries, peuvent être, comme dans les séries de Taylor et de Stirling, exprimés au moyen des dérivées des divers ordres de certaines fonctions, et qu'en conséquence, la détermination de limites supérieures aux modules des termes généraux, et aux restes des séries, peut être réduite à la détermination des modules *maxima* de ces mêmes fonctions. On pourra donc établir, pour les séries proposées, des règles de convergence et trouver des limites supérieures aux restes des séries, ou plutôt à leurs modules. La seule question qui restera indécise, sera de savoir si les séries, supposées convergentes, ont effectivement pour sommes les fonctions implicites dont le développement les a produites. Or, on peut s'appuyer, pour résoudre cette question, sur des propositions générales, semblables à celles que je vais énoncer.

THÉORÈME I. — *Supposons qu'une fonction implicite u de la variable x, soit déterminée par une équation algébrique ou transcendante, qu'elle se réduise à u pour une valeur nulle de x, et que l'on ait développé cette fonction implicite en une série ordonnée suivant les puissances ascendantes de x par la formule de Stirling, de Lagrange, etc., ou ce qui revient au même, par la méthode des coefficients indéterminés. La somme de cette série représentera la fonction u, si la valeur de x est tellement choisie que, la série étant convergente, la fonction explicite de x et u, qui constitue le premier membre de l'équation donnée, soit elle-même développable en une série convergente ordonnée suivant les puissances ascendantes de la variable x et de la différence $u - u_0$.*

THÉORÈME II. — *Supposons que plusieurs fonctions implicites u, v, w, ... de plusieurs variables x, y, z, ... soient déterminées par une ou*

*plusieurs équations algébriques ou transcendantes, qu'elles se réduisent à*
$u_0$, $v_0$, $w_0$, ... *pour des valeurs nulles de* $x$, $y$, $z$, ..., *et qu'on ait développé ces fonctions implicites en séries ordonnées suivant les puissances ascendantes de* $x$, $y$, $z$, ... *par les formules de Stirling, de Lagrange, etc., ou, ce qui revient au même, par la méthode des coefficients indéterminés. Les sommes de ces séries représenteront les valeurs du* $u$, $v$, $w$, .... *si les valeurs de* $x$, $y$, $z$, ... *sont tellement choisies que, les séries étant convergentes, les fonctions explicites de* $x$, $y$, $z$, ..., $u$, $v$, $w$, ... *qui constituent les premiers membres des équations données, soient elles-mêmes développables en séries convergentes, ordonnées suivant les puissances ascendantes des variables* $x$, $y$, $z$, ... *et des différences* $u - u_0$, $v - v$, $w - w_0$, ....

Pour démontrer ces propositions, il suffit évidemment d'observer que, si les conditions énoncées sont remplies, les premiers membres des équations données, après les substitutions des valeurs générales de $u - u_0$, $v - v_0$, $w - w_n$, ..., seront encore des séries convergentes ordonnées suivant les puissances ascendantes de $x$, $y$, $z$, ..., et que, dans ces séries convergentes, le coeffficient de chaque terme sera identiquement nul.

Au surplus, sans le secours de ces propositions, et en s'appuyant sur des formules générales que fournit le calcul des résidus, on peut établir directement des règles dignes de remarque sur la convergence des séries qui représentent les développements des fonctions implicites, et sur la fixation des limites supérieures aux modules des restes qui complètent les séries.

Les propositions ci-dessus mentionnées peuvent encore être facilement étendues au cas où les fonctions implicites seraient déterminées par des équations aux différences finies ou infiniment petites ou aux différences partielles, ou aux différences mêlées. Ainsi, en particulier, on pourra énoncer le théorème suivant :

Théorème III. — *Soient données plusieurs équations différentielles* *simultanées entre la variable $x$, des fonctions inconnues $y$, $z$, ... de cette variable et leurs dérivées de divers ordres $y'$, $z'$, ..., $y''$, $z''$, .... Supposons d'ailleurs que par la méthode des coefficients indéterminés on ait développé $y$, $z$, ... en séries convergentes ordonnées suivant les puissances ascendantes de $x$. Les sommes de ces séries représenteront les valeurs générales de $y$, $z$, ..., si la valeur de $x$ est tellement choisie que, les séries dont il s'agit, et par suite, celles qui représenteront les dérivées de $y$, $z$, ..., étant convergentes, les fonctions explicites de $x$, $y$, $z$, ..., $y'$, $z'$, ... qui constituent les premiers membres des équations données, soient elles-mêmes développables en séries convergentes ordonnées suivant les puissances ascendantes de $x$ et des différences qu'on obtient en retranchant des valeurs générales de $y$, $z$, ..., $y'$ $z'$, ... leurs valeurs initiales correspondant à $x = 0$.*

Je n'ai pu qu'indiquer rapidement quelques-uns des principaux résultats contenus dans le Mémoire que j'ai l'honneur de présenter à l'Académie. Ce Mémoire renferme encore : 1° une théorie de la variation des constantes arbitraires ([1]), plus générale et, à quelques égards, plus simple que celles qui se trouvent exposées dans les Mémoires de MM. Lagrange, Laplace et Poisson ; 2° des intégrales définies, propres à représenter, dans le développement connu de la fonction R, le coefficient du sinus ou du cosinus d'un angle donné ; 3° des formules d'interpolation qui servent à déterminer une fonction entière de $\sin x$ et de $\cos x$, quand on connaît un nombre suffisant de valeurs particulières de cette même fonction ; 4° plusieurs développements nouveaux de la fonction R, avec des formules propres non seulement à fournir les termes généraux de ces développements, mais encore à déterminer les limites des erreurs commises quand on conserve seulement certains

([1]) Dans un Mémoire présenté à l'Institut, M. Ostrogradsky s'était aussi occupé de la variation des constantes arbitraires, et il avait appliqué, à ce que je crois, une formule de M. Fourier à la conversion des termes qui composent le développement de la fonction R en intégrales définies. Mais n'ayant qu'un souvenir confus de ce Mémoire, tout ce que je puis dire ici, c'est que dans le cas où quelques-unes de ces formules coïncideraient avec quelques-unes des miennes, je ne prétends en aucune manière, lui contester la priorité.

termes en négligeant tous ceux qui les suivent. Je montre aussi dans quels cas l'un de ces développements doit être employé de préférence à l'autre. Ainsi, en particulier, si l'on demande les perturbations produites dans le mouvement d'une planète par une autre planète située à très peu près la même distance du Soleil que la première, le développement employé jusqu'ici par les astronomes devra être rejeté, et il faudra lui substituer un des autres développements ci-dessus mentionnés. On devra donc recourir à ces nouveaux développements dans la théorie des petites planètes, quand on recherchera les inégalités qui dépendent de leurs attractions mutuelles.

Au reste, si l'Académie attache quelque prix aux travaux dont je viens de l'entretenir, je pourrai, sous peu de temps, lui offrir d'autres Mémoires dans lesquels je montrerai d'une part, comment on peut appliquer le calcul des résidus à la théorie du développement des fonctions implicites, et de l'autre, comment on peut s'assurer de la convergence des séries qui représentent les intégrales des équations différentielles linéaires ou non linéaires, et fixer les limites supérieures aux modules des restes qui complètent ces mêmes séries.

# SUR
## LES RAPPORTS QUI EXISTENT
### ENTRE
## LE CALCUL DES RÉSIDUS ET LE CALCUL DES LIMITES
### ET SUR
## LES AVANTAGES QUE PRÉSENTENT
## CES DEUX NOUVEAUX CALCULS DANS LA RÉSOLUTION
## DES ÉQUATIONS ALGÉBRIQUES OU TRANSCENDANTES (¹).

*Bulletin de Férussac*, Tome XVI, p. 116-119; 1831.

Dans le Mémoire que j'ai eu l'honneur de présenter le 11 octobre dernier à l'Académie, j'ai posé les bases du nouveau calcul que je désigne sous le nom de calcul des limites ; et après avoir montré comment on peut le faire servir à la détermination des limites des erreurs commises dans le développement des fonctions explicites, quand on arrête les séries après un certain nombre de termes, j'ai indiqué plusieurs théorèmes à l'aide desquels on pouvait étendre l'application du même calcul au développement des fonctions implicites. J'ai ajouté que, sans recourir à ces théorèmes, on pouvait établir directement des règles dignes de remarque sur la convergence des séries qui représentent les développements des fonctions implicites, et sur la fixation

(¹) Lu à l'Académie de Turin le 27 novembre 1831.

des limites supérieures aux modules des restes qui complètent les séries. L'exposition de ces règles, la recherche de ces limites, ainsi que la détermination du nombre et des valeurs des diverses racines d'une équation algébrique ou transcendante, ou simplement des racines qui remplissent des conditions données, forment la matière du nouveau Mémoire. Plusieurs des propositions qu'il renferme me paraissent dignes, par leur importance et leur nouveauté, de fixer un moment l'attention des géomètres. Pour en donner une idée, je me contenterai d'en citer ici quelques-unes.

Soient $x$ une variable réelle et $f(x)$ une fonction de cette variable qui devienne infinie pour $x = a$. Si l'on fait croître $x$, la fonction $f(x)$ passera, en devenant infinie, du négatif au positif, ou du positif au négatif ou bien elle ne changera pas de signe. La quantité $+1$, dans le premier cas, $-1$, dans le second, zéro, dans le troisième, est ce que je nomme l'*indice* de la fonction, pour la valeur donnée $a$ de la variable $x$. J'appelle indice intégral pris entre deux limites données $x = x_0$, $x = X$, la somme des indices correspondant aux valeurs de $x$ qui rendent la fonction infinie entre ces limites ; et je désigne cet indice intégral par la lettre $J$, suivie de doubles parenthèses, dont l'usage est le même que dans le calcul des résidus, et accompagnée des limites $x_0$, X, que l'on écrit à la suite de la lettre $J$, comme on écrit à la suite de la lettre $\int$ les limites d'une intégrale définie. Cela posé, je fais voir 1° que la détermination du nombre des racines réelles ou imaginaires des équations algébriques ou transcendantes se réduit à la détermination des indices des fonctions ; 2° que la détermination de l'indice d'une fraction rationnelle peut être ramenée à la recherche du plus grand commun diviseur algébrique entre les polynomes qui composent ses deux termes. Il y a plus. Soient $x$, $y$ deux variables réelles,

$$z = x + y\sqrt{-1}$$

une variable imaginaire, et $f(z)$ une fonction réelle ou imaginaire de $z$. Concevons que, $x$, $y$ étant considérées comme des coordonnées rectangulaires, on trace dans le plan des $x$, $y$, un contour $OO'O'' \ldots$ formé d'une ou de plusieurs lignes droites ou courbes. Soit $s$ une longueur variable mesurée sur ce contour, à partir d'un point fixe, et dans le sens du mouvement de rotation direct. Enfin posons

$$f(z) = \varphi + \chi\sqrt{-1},$$

$\varphi, \chi$ désignant deux fonctions réelles de $x$, $y$; et soit $\psi(s)$ la fonction de $s$ à laquelle se réduit le rapport $\frac{\varphi}{\chi}$ quand on exprime les coordonnées $x$, $y$ par le moyen de l'arc $s$. Chacune des racines réelles ou imaginaires de l'équation

$$f(z) = 0$$

offrira une partie réelle et un coefficient de $\sqrt{-1}$ qui seront des valeurs de $x$, $y$ propres à représenter les coordonnées d'un point situé en dedans ou en dehors du contour OO'O″ .... Cela posé, je démontre : 1° que le nombre des racines correspondantes à des points renfermés dans le contour OO'O″ ... est la moitié de l'indice intégral de la fonction $\psi(s)$ étendu au périmètre entier de ce contour; 2° que le résidu intégral d'une fonction quelconque de $z$, étendu à toutes les racines dont il s'agit, peut être exprimé par une intégrale définie très simple et relative à l'arc $s$. Cette dernière proposition fournit immédiatement les diverses formules générales que j'ai données pour la détermination des intégrales définies dans un Mémoire présenté à l'Institut en 1814, dans les *Exercices de mathématiques*, et dans les *Annales* de M. Gergonne. Elle offre le moyen de représenter par une seule intégrale définie la somme des racines correspondantes à des points renfermés dans le contour OO'O″ ..., ou la somme de fonctions semblables de ces racines. Lorsque, la fonction $f(z)$ étant décomposée en deux parties $\Pi(z)$, $\varpi(z)$, le module du rapport

$$\frac{\varpi(z)}{\Pi(z)}$$

est, pour tous les points situés sur le contour OO'O″ ...., inférieur à l'unité, le nombre des racines correspondantes à des points renfermés dans son contour reste le même pour les deux équations qu'on obtient en égalant à zéro la fonction $f(z)$ ou sa première partie $\Pi(z)$; et la somme des racines de l'équation $f(z) = 0$, ou la somme des fonctions semblables de ces racines peut être développée en une série convergente dont les différents termes ne contiennent plus que les racines de l'équation $\Pi(z) = 0$. On reconnaît ainsi que le théorème énoncé par M. Laplace dans les *Mémoires de l'Académie des sciences* de 1777, est inexact toutes les fois que le nombre désigné par $i$ dans ce théorème diffère de l'unité, et que le théorème substitué par M. Paoli au théorème de Laplace, cesserait lui-même d'être exact, si le premier membre de l'équation que l'on considère ne remplissait pas certaines conditions. Ajoutons qu'à l'aide des principes ci-dessus indiqués, la détermination du nombre des racines d'une équation algébrique qui corresdent à des points situés dans le contour $OO'O'' \ldots$ peut s'effectuer très simplement toutes les fois que ce contour est uniquement composé de droites ou d'arcs de cercles, ou même de courbes tellement choisies que, pour tous les points situés sur chacune d'elles, $x$ et $y$ puissent être exprimés rationnellement en fonction d'une troisième variable $t$. Ainsi, l'opération connue sous le nom de division algébrique suffira pour déterminer combien de racines réelles ou imaginaires d'une équation de degré quelconque offrent des modules inférieurs à un nombre donné, ou des parties réelles comprises entre des limites données, etc. Parmi le grand nombre de théorèmes remarquables auxquels on est conduit de cette manière, se trouvent compris le théorème de Descartes, celui de MM. Budan et Fourier, ceux que j'ai moi-même établis dans le *Journal de l'École polytechnique*, ceux que M. Ch. Sturm a publiés dans le *Bulletin des sciences*, de juin 1829, etc. Quant à la détermination des limites des erreurs commises dans le développement des fonctions implicites, elle devient encore plus simple et plus facile, lorsqu'on a égard aux principes que je viens de résumer en peu de mots.

# FORMULES EXTRAITES D'UN MÉMOIRE
## PRÉSENTÉ LE 27 NOVEMBRE 1831
## A L'ACADÉMIE DES SCIENCES DE TURIN

PAR

M. AUGUSTIN CAUCHY

MEMBRE DE L'INSTITUT DE FRANCE.

*Bulletin de Férussac*, Tome XVI, p. 119-128; 1831.

Soient $x$, $y$ deux variables réelles, considérées comme représentant des coordonnées rectangulaires;

$z = x + y\sqrt{-1}$ une variable imaginaire;

$OO'O'' \ldots$ un contour ou un polygone composé d'une ou de plusieurs lignes droites ou courbes, et tracé arbitrairement dans le plan des $x, y$;

P l'un quelconque des points renfermés dans le contour $OO'O'' \ldots$;

$s$ une longueur variable comptée sur ce contour, à partir d'un point donné O, et dans un sens tel que, la longueur $s$ venant à croître, le rayon vecteur mené du point P à l'extrémité de cette longueur ait, dans le plan des $x, y$, un mouvement de rotation direct autour du point P;

$c$ le périmètre entier du contour $OO'O'' \ldots$;

$f(z)$ une fonction réelle ou imaginaire de $z$, qui obtienne généralement une valeur unique et déterminée pour chacun des systèmes de valeurs de $x, y$, propres à représenter les coordonnées de points renfermés dans le contour $OO'O'' \ldots$;

enfin

$$\mathcal{E}((f(z)))$$

le résidu intégral de $f(z)$ étendu à celle des racines de l'équation

$$(1) \qquad \frac{1}{f(z)} = 0$$

qui correspondent à de semblables valeurs de $x, y$. Il suffira de recourir à la théorie des intégrales singulières pour établir la formule

$$(2) \qquad \mathcal{E}((f(z))) = \frac{1}{2\pi\sqrt{-1}} \int_0^c f(z)\frac{dz}{ds}\,ds.$$

On pourra d'ailleurs décomposer l'intégrale que renferme la formule (2) en plusieurs parties, puis substituer à la variable $s$, dans chaque intégrale particlle, une autre variable $t$ qui croisse ou décroisse tandis que $s$ augmente. Cela posé, on reconnaîtra sans peine que l'équation (2) comprend comme cas particuliers les formules générales que j'ai données dans le Mémoire de 1814, dans les *Exercices de mathématiques*, etc.... Ainsi, par exemple, si l'on réduit le contour $OO'O' \ldots$ à un rectangle dont les côtes soient parallèles aux axes des $x$ et $y$, ou bien au système de deux droites menées par l'origine des coordonnées et de deux arcs de cercles qui aient cette origine pour centre, ou bien encore à la circonférence entière d'un cercle décrit de cette origine avec le rayon R, on tirera successivement de la formule (2)

$$\underset{x_0,y_0}{\overset{X\ Y}{\mathcal{E}}}((f(z))) = \frac{1}{2\pi}\int_{y_0}^{Y}\{f(X+y\sqrt{-1}) - f(x_0+y\sqrt{-1})\}\,dy$$
$$+\frac{\sqrt{-1}}{2\pi}\int_{x_0}^{X}\{f(x+Y\sqrt{-1}) - f(x+y_0\sqrt{-1})\}\,dx,$$

$$\underset{(r_0)\ (p_0)}{\overset{(R)\ (P)}{\mathcal{E}}}((f(z))) = \frac{1}{2\pi}\int_{P_0}^{P}\{Rf(Re^{p\sqrt{-1}}) - r_0 f(r_0 e^{p\sqrt{-1}})\}e^{p\sqrt{-1}}\,dp$$
$$+\frac{\sqrt{-1}}{2\pi}\int_{r_0}^{R}\{e^{P\sqrt{-1}}f(re^{P\sqrt{-1}}) - e^{p_0\sqrt{-1}}f(re^{p_0\sqrt{-1}})\}\,dr,$$

$$\underset{(0)\ (-\pi)}{\overset{(R)\ (\pi)}{\mathcal{E}}}((f(z))) = \int_{-\pi}^{\pi} R\,e^{p\sqrt{-1}}f(Re^{p\sqrt{-1}})\,dp.$$

Dans ces dernières formules, $r$, $p$ représentent des coordonnées polaires liées aux coordonnées rectangulaires $x$, $y$, par l'équation imaginaire

$$x + y\sqrt{-1} = r\, e^{p\sqrt{-1}},$$

ou, ce qui revient au même, par les deux équations réelles

$$x = r\cos p, \qquad y = r\sin p.$$

De plus, $x_0$, $y_0$, $r_0$, $p_0$ et X, Y, R, P désignent des valeurs particulières des quatre variables $x$, $y$, $r$, $p$.

Il est bon d'observer qu'en vertu de la formule (2) le module de l'expression $\mathscr{E}((( f(z)))$ sera inférieur au produit

$$\frac{r}{2\pi}\, \mathrm{A}f(z),$$

si l'on indique à l'aide de la lettre A la plus grande valeur que puisse acquérir le module de la fonction $f(z)$ pour un point situé sur le contour $OO'O''\ldots$.

Concevons, pour fixer les idées, que, les fonctions $f(z)$, $F(z)$, étant finies et continues, ainsi que la dérivée $f'(z)$ de $f(z)$, pour toutes les valeurs de $z$ correspondantes à des points renfermés dans le contour $OO'O''\ldots$, on prenne

$$f(z) = \frac{f'(z)}{f(z)} F(z).$$

L'équation (1) sera réduite à

$$(3) \qquad\qquad f(z) = 0$$

si d'ailleurs on représente par $m$ le nombre des racines de l'équation (3) qui correspondent à des points renfermés dans le contour $OO'O''\ldots$ et par $z_1$, $z_2$, $\ldots$, $z_n$ ces mêmes racines, on aura, en vertu de la formule (2),

$$(4) \qquad\qquad m = \frac{1}{2\pi\sqrt{-1}} \int_0^r \frac{f'(z)}{f(z)} \frac{dz}{ds}\, ds.$$

$$(5) \qquad\qquad z_1 + z_2 + \ldots + z_m = \frac{1}{2\pi\sqrt{-1}} \int_0^r z\, \frac{f'(z)}{f(z)} \frac{dz}{ds}\, ds.$$

$$(6) \qquad F(z_1) + F(z_2) + \ldots + F(z_m) = \frac{1}{2\pi\sqrt{-1}} \int_0^r F(z)\, \frac{f'(z)}{f(z)} \frac{dz}{ds}\, ds.$$

Soient maintenant $x$ une variable réelle et $f(x)$ une fonction de cette variable, qui devienne infinie pour $x = a$. Si l'on fait croître $x$ la fonction $f(x)$ passera, en devenant infinie, du négatif au positif, ou du positif au négatif, ou bien elle ne changera pas de signe. La quantité $+1$, dans le premier cas, $-1$, dans le second, zéro, dans le troisième, est ce que je nomme l'*indice* de la fonction $f(x)$ pour la valeur donnée $a$ de la variable $x$. L'*indice intégral* de $f(x)$, pris entre les limites

$$x = x_0 \quad \text{et} \quad x = X > x_0,$$

n'est autre chose que la somme des indices correspondant aux diverses valeurs de $x$, qui, rendant la fonction $f(x)$ infinie entre ces limites, représentent des racines réelles de l'équation

$$(7) \qquad \frac{1}{f(x)} = 0.$$

Je désigne cet indice intégral à l'aide de la lettre $J$ et par la notation

$$(8) \qquad J_{x_0}^{X} ((f(x))),$$

l'usage des doubles parenthèses étant ici le même que dans le calcul des résidus. Lorsque la limite $x_0$ est une racine de l'équation $(7)$, le terme correspondant à $x = x_0$, dans la somme représentée par l'expression $(8)$, doit être réduit à $+\frac{1}{2}$ ou à $-\frac{1}{2}$, suivant que la fonction $f(x)$ devient positive ou négative pour des valeurs de $x$ croissantes au-delà de $x_0$. Pareillement, lorsque $X$ est une racine de l'équation $(7)$, le terme correspondant à $x = X$, dans la somme représentée par l'expression $(8)$, doit être réduit à $+\frac{1}{2}$, ou à $-\frac{1}{2}$, suivant que la fonction $f(x)$ devient négative ou positive pour des valeurs de $x$ décroissantes au-dessous de $X$. Cela posé, en partant de l'équation identique

$$\int_{x_0}^{X} \frac{f'(x)\sqrt{-1}}{1 + f(x)\sqrt{-1}}\, dx = \int_{x_0}^{X} \frac{f'(x)}{f(x) - \sqrt{-1}}\, dx,$$

on établira sans peine la proposition suivante :

Théorème. — *La somme des deux indices*

$$(9) \qquad \underset{x_0}{\overset{X}{\mathbf{J}}}\left(\left(f(x)\right)\right), \quad \underset{x_0}{\overset{X}{\mathbf{J}}}\left(\left(\frac{1}{f(x)}\right)\right)$$

*est équivalente à* $+1$, *à* $-1$, *ou à zéro, suivant que les deux quantités*

$$f(X), \qquad -f(x_0)$$

*sont toutes deux positives ou toutes deux négatives, ou l'une positive et l'autre négative; de sorte qu'on a généralement*

$$(10) \qquad \underset{x_0}{\overset{X}{\mathbf{J}}}\left(\left(f(x)\right)\right)+\underset{x_0}{\overset{X}{\mathbf{J}}}\left(\left(\frac{1}{f(x)}\right)\right) = \frac{1}{2}\left\{\underset{-\varepsilon}{\overset{\varepsilon}{\mathbf{J}}}\frac{f(X)}{((x))} - \underset{-\varepsilon}{\overset{\varepsilon}{\mathbf{J}}}\frac{f(x_0)}{((x))}\right\},$$

$\varepsilon$ *désignant un nombre infiniment petit.*

Lorsque la fonction $f(x)$ se présente sous la forme d'une fraction rationnelle, et que le degré du numérateur surpasse le degré du dénominateur, on peut, dans la détermination de l'indice (8), substituer au numérateur de la fraction rationnelle le reste qu'on obtient en le divisant par le dénominateur. On pourra ensuite, en vertu de la formule (10), échanger entre eux les deux termes de la fraction restante. Or, à l'aide de ces opérations plusieurs fois répétées, on finira par déterminer complètement l'indice intégral d'une fraction rationnelle quelconque, et cette détermination se trouvera réduite à la recherche du plus grand commun diviseur algébrique de deux polynomes entiers.

Revenons maintenant à la formule (4), et soient $\varphi(x, y)$, $\chi(x, y)$, deux fonctions réelles déterminées par la formule

$$(11) \qquad f(x + y\sqrt{-1}) = \varphi(x, y) + \sqrt{-1}\,\chi(x, y).$$

Posons, d'ailleurs, pour abréger,

$$(12) \qquad \psi(x, y) = \frac{\varphi(x, y)}{\chi(x, y)}.$$

Enfin, soient $\varphi(s)$, $\chi(s)$ et $\psi(s)$, ce que deviennent les fonctions $\varphi(x, y)$, $\chi(x, y)$ et $\psi(x, y)$, quand on exprime les coordonnées $x$, $y$ en fonction de l'arc $s$. On tirera de la formule (4)

$$(13) \qquad m = \frac{1}{2} \int_0^{'} ((\psi(s))).$$

Il y a plus. Comme, en désignant par la lettre $\tau$ une constante réelle, on peut, sans altérer l'équation (3), y remplacer la fonction $f(z)$ par le produit

$$(\cos\tau + \sqrt{-1}\,\sin\tau)\,f(z);$$

il en résulte que, dans la formule (12), on pourra aux fonctions $\varphi(x,y)$, $\chi(x,y)$ substituer celles qui, dans le produit

$$(\cos\tau + \sqrt{-1}\,\sin\tau)[\varphi(x,y) + \sqrt{-1}\,\chi(x,y)],$$

représentent la partie réelle et le coefficient de $\sqrt{-1}$, et poser, en conséquence

$$(14) \qquad \psi(x,y) = \frac{\varphi(x,y)\cos\tau - \chi(x,y)\sin\tau}{\chi(x,y)\cos\tau + \varphi(x,y)\sin\tau}.$$

Si, dans cette dernière formule, on attribue à $\tau$ : 1° une valeur nulle; 2° la valeur $\frac{\pi}{2}$, on obtiendra successivement l'équation (12) et la suivante :

$$(15) \qquad \psi(x,y) = -\frac{\chi(x,y)}{\varphi(x,y)}.$$

Lorsque le contour $OO'O'' \ldots$ est formé de plusieurs lignes droites ou courbes, alors, pour faciliter le calcul du nombre $m$ déterminé par la formule (13), on peut décomposer l'indice intégral

$$\int_0^{c} ((\psi(s)))$$

en plusieurs parties correspondantes à ces mêmes lignes, et substituer dans chaque partie à la variable $s$ une autre variable $t$ qui croisse ou décroisse, tandis que $s$ augmente. Cela posé, si l'on réduit le contour $OO'O'' \ldots$ à un rectangle dont les côtés soient parallèles aux axes des

$x$, $y$ ; ou au système de deux droites menées par l'origine, et de deux arcs de cercle qui aient cette origine pour centre, ou bien encore à la circonférence entière d'un cercle décrit de cette origine avec le rayon R, etc., on trouvera successivement

$$(16)\qquad m = \frac{1}{2}\left\{ \int_{x_0}^{X}((\psi(x, y_0))) + \int_{y_0}^{Y}((\psi(X, y))) \right.$$
$$\left. - \int_{x_0}^{X}((\psi(x, Y))) - \int_{y_0}^{Y}((\psi(x_0, y))) \right\},$$

$$(17)\qquad m = \frac{1}{2}\left\{ \int_{r_0}^{R}((\psi(r\cos p_0, r\sin p_0))) + \int_{p_0}^{P}((\psi(R\cos p, R\sin p))) \right.$$
$$\left. - \int_{r_0}^{R}((\psi(r\cos P, r\sin P))) - \int_{p_0}^{P}\psi(r_0\cos p, r_0\sin p))) \right\},$$

$$(18)\qquad m = \frac{1}{2}\int_{-\pi}^{\pi}((\psi(R\cos p, R\sin p))),$$

etc.

Ces diverses valeurs de $m$ pourront être aisément calculées à l'aide de la formule (10), si la fonction $f(z)$ est entière, puisqu'alors les seconds membres des formules (16), (17), (18) renfermeront seulement des fonctions rationnelles de la variable $x$, ou de la variable $y$, ou du rayon vecteur $r$, ou de l'expression imaginaire

$$e^{p\sqrt{-1}} = \frac{1 + \tan\frac{p}{2}\sqrt{-1}}{1 - \tan\frac{p}{2}\sqrt{-1}},$$

et, par conséquent, de $\tan\frac{p}{2}$. Il est facile d'en conclure que, pour une équation algébrique de degré quelconque, la détermination du nombre des racines qui offriront des modules inférieurs à un nombre donné, sera réduite à la recherche du plus grand commun diviseur algébrique de deux polynomes dont les degrés ne surpassent pas celui de la proposée, et qu'on pourra en dire autant de la détermination du nombre des racines, dans lesquelles le module $r$ et l'arc $p$, ou la partie réelle $x$ et le coefficient $y$ de $\sqrt{-1}$ resteront compris entre des limites données. Si l'équation $f(z) = 0$ n'a point de racines égales, alors, en désignant par $\varepsilon$ un nombre infiniment petit, et posant $y_0 = -\varepsilon$, $Y = \varepsilon$, on tirera de la formule (16)

$$(19) \qquad m = \int_{x_0}^{X}\left(\left(\frac{f'(x)}{f(x)}\right)\right).$$

On peut d'ailleurs s'assurer directement que, dans tous les cas, la valeur précédente de $m$ est précisément le nombre des racines réelles et distinctes de l'équation (3), renfermées entre les limites $x_0$, X. De la formule (19) jointe à l'équation (10), on déduit immédiatement le théorème de Descartes, ainsi que plusieurs autres théorèmes dignes de remarque, publiés par l'Abbé Degua, par MM. Budan et Fourier, et par M. Ch. Sturm.

Si l'on voulait déterminer la différence $\mu$ entre le nombre des racines positives distinctes, inférieures à un nombre donné R, et le nombre des racines négatives distinctes, supérieures à $-$R, il faudrait recourir à la formule

$$(20) \qquad \mu = \int_{-R}^{R}\left(\left(\frac{x\,f'(x)}{f(x)}\right)\right),$$

et de cette dernière formule, jointe à l'équation (10), on déduirait facilement un théorème à l'aide duquel j'ai démontré le premier, dans le *Journal de l'École polytechnique*, que pour toute équation algébrique, on peut trouver des fonctions rationnelles des coefficients dont les signes fournissent le moyen de déterminer le nombre des racines réelles négatives.

Il suit encore des formules (12) et (16), que, si l'équation $f(z) = 0$ est algébrique et du degré $n$, le nombre $m$ des racines qui offriront des parties réelles supérieures à une quantité donnée $a$, sera, pour des valeurs paires de $n$,

$$(21) \qquad m = \frac{n}{2} + \frac{1}{2}\int_{-\infty}^{\infty}\left(\left(\frac{\chi(a, y)}{\varphi(a, y)}\right)\right),$$

et, pour des valeurs impaires de $n$,

$$(24) \qquad m = \frac{n}{2} - \frac{1}{2} \boldsymbol{J}_{-\varepsilon}^{\varepsilon}\left(\left(\frac{\varphi(a, y)}{\chi(a, y)}\right)\right).$$

On aura, d'ailleurs, quel que soit $n$,

$$\boldsymbol{J}_{-\varepsilon}^{\varepsilon}\left(\left(\frac{\varphi(a, y)}{\chi(a, y)}\right)\right) + \boldsymbol{J}_{-\varepsilon}^{\varepsilon}\left(\left(\frac{\chi(a, y)}{\varphi(a, y)}\right)\right) = \pm 1,$$

le double signe devant être réduit au signe $+$ ou au signe $-$, suivant que le rapport

$$\frac{\varphi(a, y)}{\chi(a, y)}$$

deviendra positif ou négatif pour des valeurs infinies de $y$.

Au reste, quels que soient la fonction $f(z)$ et le contour $OO'O'' \ldots$, il résulte des formules (10) et (13), que le nombre des racines de l'équation $f(z) = 0$, correspondant à des points renfermés dans le contour dont il s'agit, se calculera aisément, si, pour chaque portion de ce contour, $\psi(xy)$ peut être exprimé rationnellement en fonction de la variable $s$, ou même d'une autre variable $t$.

Concevons à présent que, la fonction $f(z)$ étant décomposée en deux parties $\Pi(z)$, $\varpi(z)$, le module du rapport $\dfrac{\varpi(z)}{\Pi(z)}$ reste, pour tous les points situés sur le contour $OO'O'' \ldots$ inférieur à l'unité, en sorte qu'on ait tout à la fois

$$(25) \qquad f(z) = \Pi(z) + \varpi(z)$$

et

$$(26) \qquad \sqrt{\frac{\varpi(z)}{\Pi(z)}} < 1.$$

On conclura de la formule (4), que les racines correspondant à des points renfermés dans le contour $OO'O'' \ldots$ sont en même nombre pour l'équation (3) et pour la suivante :

$$(27) \qquad \Pi(z) = 0.$$

De plus, si l'on désigne ces racines par $z_1, z_2, \ldots, z_m$ pour l'équation (3), et par $\zeta_1, \zeta_2, \ldots, \zeta_m$ pour l'équation (27), on tirera de la formule (6) jointe à la formule (2),

$$(28) \qquad F(z_1) + F(z_2) + \ldots + F(z_m)$$
$$= F(\zeta_1) + F(\zeta_2) + \ldots + F(\zeta_m) + \mathcal{L}\left(\left(\frac{d\gamma\left(1 + \frac{\varpi(z)}{\Pi(z)}\right)}{dz} F(z)\right)\right);$$

puis en supposant remplie la condition (26),

$$(29) \qquad F(z_1) + F(z_2) + \ldots + F(z_m)$$
$$= F(\zeta_1) + F(\zeta_2) + \ldots + F(\zeta_m)$$
$$- \mathcal{L}\left(\left(\frac{\varpi(z)}{\Pi(z)} F'(z)\right)\right) + \frac{1}{2} \mathcal{L}\left(\left(\left(\frac{\varpi(z)}{\Pi(z)}\right)^2 F'(z)\right)\right)$$
$$- \frac{1}{3} \mathcal{L}\left(\left(\left(\frac{\varpi(z)}{\Pi(z)}\right)^3 F'(z)\right)\right) + \ldots$$

Donc alors la somme

$$F(z_1) + F(z_2) + \ldots + F(z_m)$$

sera développable en une série convergente dont les différents termes s'exprimeront en fonction des racines $\zeta_1, \zeta_2, \ldots, \zeta_m$ de l'équation auxiliaire $\Pi(z) = 0$. Ajoutons, qu'en vertu de la formule (1), le module du terme général de cette série, c'est-à-dire le module de l'expression

$$(30) \qquad \frac{1}{n} \mathcal{L}\left(\left(\left(\frac{\varpi(z)}{\Pi(z)}\right)^n F'(z)\right)\right)$$

sera inférieur à la quantité

$$(31) \qquad \frac{c}{2n\pi} \Lambda\left[\left(\frac{\varpi(z)}{\Pi(z)}\right)^n F'(z)\right]$$

et, à plus forte raison, au produit

$$(32) \qquad \frac{cN}{2\pi} \frac{M^n}{n},$$

les valeurs $M$, $N$ étant respectivement

$$(33) \qquad M = \Lambda \frac{\varpi(z)}{\Pi(z)}, \qquad N = \Lambda F'(z).$$

Donc la somme faite du terme (30) et de ceux qui le suivent, ou le reste de la série offrira un module inférieur à

$$\frac{c\,N}{2\pi}\left(\frac{M^n}{n}+\frac{M^{n+1}}{n+1}+\dots\right)<\frac{c\,N}{2\pi}\left(\frac{M^n}{n}+\frac{M^{n+1}}{n}+\dots\right),$$

et par conséquent à

$$(34)\qquad \frac{c\,N}{2\pi}\,\frac{M^n}{n(1-M)}.$$

Si l'on prend $F(z)=z$, la formule (29) deviendra

$$(35)\quad z_1+z_2+\dots+z_m=\zeta_1+\zeta_2+\dots+\zeta_m$$
$$-\mathcal{L}\left(\left(\frac{\varpi(z)}{\Pi(z)}\right)\right)+\frac{1}{2}\,\mathcal{L}\left(\left(\left(\frac{\varpi(z)}{\Pi(z)}\right)^2\right)\right)$$
$$-\frac{1}{3}\,\mathcal{L}\left(\left(\left(\frac{\varpi(z)}{\Pi(z)}\right)^3\right)\right)+\dots$$

et le reste de la série ne surpassera pas le produit

$$(36)\qquad \frac{c}{2\pi}\,\frac{M^r}{n(1-M)},$$

Les formules qui précèdent comprennent comme cas particuliers celles que Lagrange et M. Paoli ont données pour le développement des fonctions en séries. Si, pour fixer les idées, on suppose $\Pi(z)=(z-a)^m$, $a$ désignant une constante arbitrairement choisie, l'équation (3) sera réduite à

$$(37)\qquad (z-a)^m+\varpi(z)=0$$

et la formule (29) donnera

$$(38)\quad F(z_1)+F(z_2)+\dots+F(z_m)$$
$$=m\,F(a)+\sum_{n=1}^{n=\infty}\frac{(-1)^n}{n}\cdot\frac{1}{1.2\dots(mn-1)}\,\frac{d^{mn-1}\left[(\varpi(a)^n\,F'(a)\right]}{da^{mn-1}}$$

pourvu qu'on ait $\Lambda\dfrac{\varpi(z)}{(z-a)^m}<1$. Si l'on réduisait le nombre $m$ à l'unité, alors, à la place de l'équation (38), on retrouverait la formule de Lagrange, savoir

$$(39)\qquad F(z)=F(a)+\sum_{n=1}^{n=\infty}\frac{(-1)^n}{1.2\dots n}\,\frac{d^{n-1}\left[\varpi(a)^n\,F'(a)\right]}{da^{n-1}}.$$

Turin, ce 17 septembre 1831.

# MÉMOIRES

EXTRAITS DU

# BULLETIN DE LA SOCIÉTÉ PHILOMATIQUE

# MÉMOIRES

## SUR LA

## DÉTERMINATION DU NOMBRE DES RACINES RÉELLES
## DANS LES ÉQUATIONS ALGÉBRIQUES (¹).

*Bulletin de la Société Philomatique*, p. 95-100; 1814.

Les géomètres se sont beaucoup occupés de la question qui fait
l'objet de ces Mémoires, et qui peut être envisagée sous deux points
de vue différents, selon qu'il s'agit des équations littérales, ou selon
que l'on considère une équation dont tous les coefficients sont donnés
en nombres. Dans le second cas, le problème se résout complètement,
en formant par les règles connues une équation auxiliaire dont les
racines sont les carrés des différences entre celles de la proposée, ce
qui fournit le moyen d'assigner une quantité moindre que la plus
petite de ces différences, et, par suite, de déterminer non seulement
le nombre des racines réelles, mais aussi des limites entre lesquelles
chacune des racines est comprise; mais relativement aux équations
littérales, la question consiste à trouver des fonctions rationnelles de
leurs coefficients, dont les signes déterminent dans chaque cas particulier le nombre et l'espèce de leurs racines réelles : or ce n'était
jusqu'à présent que pour les équations des cinq premiers degrés qu'on

---

(¹) Ces mémoires ont été lus à l'Institut dans le courant de 1813. Malgré son titre,
l'article qui suit ne donne pas le texte des mémoires de Cauchy, mais une analyse critique, due très certainement à Legendre (R. T.).

était parvenu à former de semblables fonctions, et M. Cauchy s'est proposé de compléter cette partie de l'algèbre, en donnant une méthode applicable aux équations littérales de tous les degrés. Cette méthode est fondée sur la considération des courbes paraboliques, dont Stirling et Degua avaient déjà fait usage pour le même objet : on doit la regarder comme une extension de celle que Degua a donnée dans le volume de l'Académie des Sciences pour l'année 1741, et comme une application des principes posés par ce géomètre.

Pour en donner une idée, supposons que l'équation proposée soit représentée par $fx = 0$; faisons $fx$ égale à une nouvelle indéterminée $y$ : l'équation $y = fx$ appartiendra à une courbe parabolique, c'est-à-dire à une courbe composée d'une seule branche qui s'étend indéfiniment dans le sens des abscisses positives et dans celui des abscisses négatives. Les intersections de cette courbe avec l'axe des abscisses répondront aux racines réelles de l'équation proposée; or l'inspection seule de la courbe suffit pour montrer que le nombre de ces intersections surpassera au plus d'une unité le nombre des ordonnées *maxima* tant positives que négatives. Lorsqu'il n'y aura qu'un seul *maximum* entre deux intersections consécutives, le nombre des intersections sera précisément égal à celui des *maxima* augmenté d'une unité; mais si la courbe éprouve plusieurs sinuosités entre une intersection et celle qui la suit immédiatement, l'ordonnée partant de zéro, passera par plusieurs *maxima* et *minima* successifs avant de redevenir nulle, et il est facile de voir que le nombre de ces *maxima* surpassera toujours d'une unité celui des *minima*, d'où il résulte que le nombre total des intersections diminué d'une unité est toujours égal au nombre total des ordonnées *maxima*, moins le nombre des ordonnées *minima* (¹).

Ce principe n'est pas modifié par les portions extrêmes de la courbe qui se prolongent indéfiniment au-dessus et au-dessous de l'axe des abscisses, et dont chacune contient un nombre égal de *maxima* et de *minima*. Il a également lieu par rapport à la totalité de la courbe, et

______

(¹) Dans tout ceci, le *maximum* et le *minimum* se rapportent aux grandeurs des ordonnées, abstraction faite de leurs signes.

lorsque l'on considère séparément la partie qui répond, soit aux abscisses positives, soit aux négatives. En effet, il est aisé de voir, par un raisonnement semblable au précédent, que, dans l'une des deux parties, l'excès du nombre des ordonnées *maxima* sur celui des ordonnées *minima* est égal au nombre des intersections, et que, dans l'autre partie, il est égal à ce nombre diminué d'une unité. Mais pour savoir de quel côté cette unité doit être retranchée, on observera que les intersections répondant aux racines réelles de l'équation $fx = o$, il suffit de savoir si le nombre des racines négatives est pair ou impair, ce qui se décide, comme on sait, par le signe du dernier terme.

Les plus grandes et les plus petites ordonnées de la courbe que nous considérons répondent aux abscisses déterminées par la différentielle première de l'équation $fx = o$, c'est-à-dire en employant la notation de M. Lagrange, par l'équation $f'x = o$. Si donc on la sait résoudre, on connaîtra le nombre total des ordonnées *maxima* et *minima*, et il ne s'agira plus que de distinguer les unes des autres. Or, aux sommets des ordonnées *maxima* positives ou négatives, la courbe tourne sa concavité vers l'axe des abscisses; elle est au contraire convexe vers cet axe aux sommets des ordonnées *minima*. Relativement aux premières, les deux quantités $fx$ et $f''x$ sont de signes contraires, et leur produit est négatif; par rapport aux secondes, ces quantités sont de même signe, et leur produit est positif. Donc, en substituant toutes les racines réelles de l'équation $f'x = o$ dans la fonction $fx \times f''x$, on connaîtra par les signes de cette quantité combien la courbe a d'ordonnées de chaque espèce, soit dans la partie des abscisses positives, soit dans la partie négative; d'où l'on conclura, d'après les principes précédents, le nombre et les signes des racines réelles de l'équation $fx = o$.

Cette solution du problème suppose, comme on voit, la résolution de l'équation $f'x = o$ d'un degré inférieur d'une unité à celui de la proposée. Elle est due à Degua, qui l'a exposée, avec tous les développements nécessaires, dans le Mémoire cité plus haut. On y trouve aussi les règles qu'il a données pour reconnaître, sans résoudre aucune équation, si la proposée a toutes ses racines réelles, ou bien si elles sont en partie réelles et en partie imaginaires. Mais ce géomètre croyait impossible de fixer le nombre des racines imaginaires quand il en existe, à moins de résoudre une équation du degré immédiatement inférieur à celui de la proposée.

Tel est le point où Degua a laissé la question, et où M. Cauchy l'a reprise dans les Mémoires dont nous rendons compte.

Au lieu de résoudre l'équation $f'x = 0$, formons-en une autre dont les racines soient les valeurs du produit $fxf''x$ prises avec des signes contraires, et correspondant à toutes les racines réelles ou imaginaires de $f'x = 0$. Cette équation auxiliaire s'obtiendra par les règles de l'élimination, et elle sera du même degré que $f'x = 0$, c'est-à-dire du degré $n-1$, si l'on suppose que $n$ marque le degré de la proposée $fx = 0$. Or les valeurs de $fxf''x$, qui répondent à des racines imaginaires de $f'x = 0$, pourront quelquefois être réelles; mais alors ce produit $fxf''x$ aura nécessairement des racines égales. Si donc on suppose d'abord que l'équation auxiliaire n'a pas de racines égales, il sera certain que le nombre de ses racines positives moins le nombre de ses racines négatives sera égal à celui des racines réelles de la proposée diminué d'une unité. Ainsi la détermination de ce dernier nombre, pour une équation du degré $n$, se trouve ramenée à celle de la différence entre les nombres de racines positives et de racines négatives pour une autre équation du degré $n-1$. Voici comment M. Cauchy résout ce second problème.

Soit $z$ l'inconnue de l'équation auxiliaire, et $Z = 0$ cette équation, de manière que $Z$ désigne un polynome en $z$ du degré $n-1$, M. Cauchy forme une seconde équation auxiliaire dont les racines sont les valeurs du produit $ZZ''$ multipliées par celles de $z$ et prises avec des signes contraires, c'est-à-dire les valeurs de la fonction $-zZZ''$, qui répondent aux racines de $Z' = 0$; $Z'$ et $Z''$, désignant à l'ordinaire les deux premières fonctions dérivées de $Z$. Cette seconde équation auxiliaire s'obtiendra, comme la première, par les règles de l'élimination, et elle sera du même degré que $Z' = 0$, ou du degré $n-2$. Si l'on suppose qu'elle n'a pas de racines égales, elle jouira d'une propriété qui consiste en ce que la différence entre le nombre de ses racines positives et celui de ses racines négatives étant augmentée ou diminuée d'une unité, donnera la même différence relativement aux racines positives et négatives de l'équation $Z = 0$. Cette différence, pour la première auxilaire, se conclura donc de celle qui a lieu pour la seconde, et il suffira de savoir si l'on doit augmenter ou diminuer celle-ci d'une unité. Or cela dépendra uniquement des signes des derniers termes dans les équations $Z = 0$ et $Z' = 0$; car si elles ont toutes deux un nombre pair ou toutes deux un nombre impair de racines positives, auquel cas leurs derniers termes seront de même signe, il faudra diminuer d'une unité la différence relative à la seconde auxiliaire pour en conclure celle qui se rapporte à la première; et, au contraire, il faudra l'augmenter d'une unité, lorsque l'une de ces équations $Z = 0$ et $Z' = 0$ aura un nombre pair et l'autre un nombre impair de racines positives, c'est-à-dire lorsque leurs derniers termes seront de signes différents. En observant donc que le dernier terme du polynome $Z'$ est de même signe que l'avant-dernier du polynome $Z$, M. Cauchy énonce cette règle générale :

L'excès du nombre des racines positives sur celui des racines négatives de l'équation $Z = 0$ est égal au même excès, par rapport à la seconde équation auxiliaire, diminué ou augmenté d'une unité, selon que le produit des coefficients des deux derniers termes du polynome $Z$ est une quantité positive ou négative.

Concevons d'après cela que l'on forme une troisième équation auxiliaire qui se déduise de la seconde, comme celle-ci se déduit de $Z = 0$; puis une quatrième qui se déduise de la troisième, aussi de la même manière, et ainsi de suite, jusqu'à ce qu'enfin on soit parvenu à une équation du premier degré, ce qui formera un nombre $n - 1$ d'équations, puisque la première $Z = 0$ est du degré $n - 1$, et que le degré s'abaisse d'une unité en passant d'une auxiliaire à la suivante. Supposons que, dans chacune de ces $n - 1$ équations, on fasse le produit des coefficients des deux derniers termes; il résulte de la règle qu'on vient d'énoncer, que la différence entre les nombres de racines positives et de racines négatives de la première auxiliaire $Z = 0$, sera égale au nombre des produits de cette espèce qui seront négatifs, moins le nombre de ceux qui seront positifs; donc aussi, d'après la relation qui existe entre cette auxiliaire et la proposée $X = 0$, le nombre des racines réelles de celles-ci, diminué d'une unité, sera égal à cette même différence entre les nombres des produits de signes différents.

Ainsi, par les signes de $n - 1$ fonctions rationnelles des coefficients de la proposée, on pourra juger du nombre de ses racines réelles. Pour qu'elles le soient toutes, il faudra que toutes ces fonctions soient négatives; et pour qu'elles soient toutes imaginaires, il suffira que le nombre des positives surpasse d'une unité celui des négatives. Si, par exemple, la proposée est du sixième degré, il y aura pour la réalité de toutes ses racines cinq conditions déterminées; mais, au contraire, pour qu'aucune de ses racines ne soit réelle, il faudra que trois sur cinq quantités soient négatives, condition qui peut être remplie de dix manières différentes.

La règle que M. Cauchy a donnée pour déterminer la différence entre les nombres de racines positives et de racines négatives de la première auxiliaire, peut également s'appliquer à la proposée elle-même; et comme celle-ci est du degré $n$, il en résulte qu'en formant un nombre $n$ de fonctions de ses coefficients, on pourra, d'après leurs signes, déterminer la différence entre les nombres de ses racines réelles de l'une et de l'autre espèces; on en connaît déjà la somme au moyen des $n - 1$ fonctions précédentes; donc, au moyen de $2n - 1$ fonctions rationnelles des coefficients de la proposée formées suivant des lois déterminées, on pourra connaître le nombre et l'espèce de ses racines réelles, ce qui est la solution générale du problème que M. Cauchy s'est proposé de résoudre.

Au reste, quoiqu'on n'ait besoin, en dernière analyse, que des deux derniers termes de chaque équation auxiliaire, il n'en faut pas moins les former toutes en entier; car chacune d'elles est nécessaire au calcul de la suivante. Les calculs deviendront extrêmement compliqués et presque inexécutables, quand il s'agira d'équation d'un degré un peu

élevé ; mais cette difficulté paraît tenir en grande partie à la nature de
la question, et elle n'a pas empêché M. Cauchy d'appliquer sa méthode
aux équations complètes des cinq premiers degrés pour lesquels il a
formé les systèmes de fonctions dont les signes déterminent le nombre
et l'espèce de leurs racines réelles.

Dans l'exposé que nous venons de faire de la méthode de M. Cauchy,
nous avons supposé qu'aucune des équations auxiliaires n'avait des
racines égales. Lorsque le contraire arrive pour une ou plusieurs
d'entre elles ou pour leurs équations primes, ou enfin pour la proposée
elle-même, les principes sur lesquels M. Cauchy s'est appuyé ne sont
plus généralement vrais, et en même temps les règles qu'il en a
déduites deviennent illusoires. En effet, il est facile de voir que, dans
le cas des racines égales, quelques-uns des produits dont il faut considérer les signes se trouveront égaux à zéro ; on ne saura plus alors si
l'on doit les compter parmi les fonctions positives ou parmi les négatives ; par conséquent les règles précédentes ne seront plus immédiatement applicables. Pour résoudre cette difficulté, M. Cauchy a proposé
différents moyens qui nous semblent laisser encore à désirer, et pour
lesquels nous renverrons le lecteur aux Mémoires mêmes, qui paraî-
tront dans le prochain volume du *Journal de l'École Polytechnique*.

# MÉMOIRE
## SUR LES INTÉGRALES DÉFINIES. (*).

*Bulletin de la Société Philomatique*, p. 185-188; 1814.

La considération des intégrales doubles est un moyen que les géomètres ont souvent employé, soit pour trouver les valeurs des intégrales définies, soit pour les comparer entre elles. M. Laplace s'en est d'abord servi dans son Mémoire sur les fonctions de grands nombres; M. Legendre, dans la première partie de ses *Exercices de Calcul intégral*; et j'ai eu aussi plusieurs fois l'occasion d'en faire usage. C'est sur cette considération qu'est fondée la première partie du Mémoire de M. Cauchy. Il prend une fonction de $y$, que je désignerai par Y; il y met, à la place de $y$, une autre fonction de deux variables $x$ et $z$; et il observe qu'on a identiquement

$$\frac{d\left(Y\frac{dy}{dx}\right)}{dz} = \frac{d\left(Y\frac{dy}{dz}\right)}{dx},$$

d'où il résulte, en multipliant par $dx\,dz$, et prenant ensuite l'intégrale double,

$$\int Y\frac{dy}{dx}\,dx = \int Y\frac{dy}{dz}\,dz.$$

Ces intégrales sont indéfinies; mais si l'on suppose que l'intégrale relative à $x$ est prise depuis $x = a$ jusqu'à $x = a'$, et l'intégrale relative

---

(*) Ce texte est le résumé critique, par Poisson, d'un mémoire de Cauchy, lu à l'Institut le 22 août 1814, qui ne sera publié qu'en 1827 (*Mémoires présentés par divers savants à l'Académie royale des sciences de l'Institut de France, Sciences mathématiques et physiques*, t. I, p. 599-799; cf. *Œuvres complètes d'Augustin Cauchy*, 1ʳᵉ série, t. I, p. 319-506) (R. T.).

à $z$, depuis $z = b$ jusqu'à $z = b'$; que de plus on fasse

$$Y\frac{dy}{dx} = f(x, z) \qquad Y\frac{dy}{dz} = F(x, z).$$

l'équation précédente deviendra, en passant aux intégrales définies,

$$(1) \qquad \int f(x, b')\, dx - \int f(x, b)\, dx = \int F(a', z)\, dz - \int F(a, z)\, dz.$$

Elle établit, comme on voit, une relation entre quatre intégrales définies différentes, qui peut servir à leur détermination; mais M. Cauchy montre, en outre, comment on peut la partager en plusieurs autres équations, ce qui donne le moyen d'en tirer un plus grand avantage. D'abord il suppose que la fonction prise pour $y$, soit de la forme $y = m + n\sqrt{-1}$; l'équation (1) contient alors une partie réelle et une partie imaginaire; elle se subdivise donc en deux autres, que l'auteur décompose de nouveau, par un moyen que nous ne pouvons pas indiquer ici. Comme on peut prendre pour $Y$ telle fonction de $y$ qu'on veut, et y substituer ensuite, à la place de $y$, une infinité d'expressions différentes, il semble que l'équation (1) et celles qui s'en déduisent devraient déterminer quelques intégrales nouvelles; mais parmi les nombreux exemples que l'auteur a rassemblés dans la première partie de son Mémoire, je n'ai remarqué aucune intégrale qui ne fût pas déjà connue, ce qui tient sans doute à ce que son procédé, quoique très général et très uniforme, n'est pas essentiellement distinct de ceux qu'on a employés jusqu'ici.

Voici un des résultats les plus généraux qu'il obtient. Soit $V$ une fonction de $x$; supposons qu'en y substituant $(a + b\sqrt{-1})x$ à la place de cette variable, elle devienne $P + Q\sqrt{-1}$; supposons aussi que les produits $Px^n$ et $Qx^n$ soient nuls, pour les valeurs $x = 0$ et $x = \frac{1}{0}$; en prenant les intégrales entre ces limites, et en faisant, pour abréger,

$$r = \sqrt{a^2 + b^2}, \qquad a = r\cos\theta, \qquad b = r\sin\theta.$$

M. Cauchy trouve qu'on a, en général,

$$\int P x^{n-1} \, dx = \frac{\cos n\theta}{r^n} \int X x^{n-1} \, dx,$$

$$\int Q x^{n-1} \, dx = \frac{\sin n\theta}{r^n} \int X x^{n-1} \, dx.$$

On obtient immédiatement ces formules par la simple observation qu'en substituant $\left(a + b\sqrt{-1}\right) x$ à la place de $x$, les limites de l'intégrale restent les mêmes ; de sorte qu'on a

$$\int X x^{n-1} \, dx = \left(a + b\sqrt{-1}\right)^n \int (P + Q\sqrt{-1}) x^{n-1} \, dx ;$$

mettant pour $a$ et $b$ leurs valeurs, et partageant cette équation en deux autres, on trouve les formules citées ; mais par la manière dont M. Cauchy y parvient, on voit que ces formules sont sujettes à des conditions relatives aux valeurs extrêmes de $P x^n$ et $Q x^n$, et à quelques autres exceptions ; ce qui prouve que l'emploi du facteur imaginaire $a + b\sqrt{-1}$ n'est pas toujours légitime.

Dans la seconde partie de son Mémoire, M. Cauchy observe que l'équation (1) est quelquefois en défaut, et que cela arrive quand les fonctions comprises sous le signe $\int$ deviennent $\frac{0}{0}$ pour des valeurs de $x$ et de $z$ comprises entre les limites de l'intégration. En effet, on sait qu'une fonction de deux variables qui se présente sous cette forme est réellement indéterminée ; elle est susceptible d'une infinité de valeurs différentes, et elle en prend deux, qui ne sont pas les mêmes, lorsqu'on y substitue dans deux ordres différents les valeurs particulières des variables qui la rendent $\frac{0}{0}$. Si donc on a une intégrale $\iint \Phi(x, z)\,dx\,dz$, et que $\Phi(x, z)$ passe par l'indéterminé pour des valeurs $x = \alpha$ et $z = \varsigma$, comprises entre les limites de l'intégration, il arrivera que l'élément $\Phi(\alpha, \varsigma)\,dx\,dz$, qui leur correspond, aura deux valeurs différentes, selon qu'on y fera d'abord $x = \alpha$ et ensuite $z = \varsigma$, ou selon que l'on commencera par $z = \varsigma$ ; donc l'intégrale double, qui est la somme de tous les éléments, n'aura pas non plus la même valeur, selon que l'on commencera l'intégration par rapport à l'une ou à l'autre variable; donc aussi les deux membres de l'équation (1) pourront quelquefois n'être pas égaux, puisqu'ils représentent les résultats d'une intégration double, faite dans deux ordres différents.

A cette remarque de M. Cauchy, on doit ajouter qu'au moins l'une des deux valeurs de $\Phi(x, z)$, correspondantes à $x = \alpha$ et $z = \beta$, doit être infinie; car si elles étaient toutes deux finies, on pourrait négliger l'élément $\Phi(\alpha, \beta)\,dx\,dz$, sans que l'intégrale $\iint \Phi(x, z)\,dx\,dz$ en fût altérée; et alors sa valeur serait encore la même, quoiqu'on eût effectué l'intégration dans deux ordres différents.

M. Cauchy, après avoir indiqué les cas où l'équation (1) devient fautive, détermine la quantité A, qu'il faut alors ajouter à l'un de ses deux membres pour rétablir l'égalité. Il fait voir qu'elle est exprimée par une ou plusieurs intégrales simples, d'une espèce particulière, et qu'il nomme *intégrales singulières*. Ce sont des intégrales prises dans un intervalle infiniment petit, et effectuées sur une fonction contenant elle-même une quantité infiniment petite, qu'on ne doit supprimer qu'après l'intégration. Ces intégrales ne se présentent pas ici pour la première fois; on en rencontre une semblable dans le problème d'un corps pesant sur une courbe donnée, lorsque le mobile approche d'un point où la tangente est horizontale : s'il en est à une distance infiniment petite, et que sa vitesse soit nulle, le temps qu'il emploie pour l'atteindre tout à fait, a une valeur finie qui est déterminée par une intégrale de l'espèce dont nous parlons. Le propre de ces intégrales est d'être indépendantes de la forme de la fonction soumise à l'intégration; ainsi, dans l'exemple que nous citons, la valeur du temps ne dépend pas de l'équation de la courbe, mais seulement de la longueur du rayon de courbure au point que l'on considère; et c'est une circonstance semblable qui permet à M. Cauchy de donner sous une forme très simple la valeur générale de la quantité A.

Ce que le Mémoire dont nous rendons compte contient, selon nous, de plus curieux, c'est l'usage que l'auteur fait des intégrales qu'il nomme *singulières*, pour exprimer d'autres intégrales prises entre des limites finies. Il parvient ainsi à plusieurs résultats déjà connus. Cette manière indirecte de les obtenir ne doit pas être préférée aux méthodes ordinaires, mais elle n'en est pas moins très remarquable, et digne de l'attention des géomètres. Il obtient par ce moyen les valeurs de quelques intégrales qu'on n'avait pas encore explicitement considérées, mais qui rentrent dans d'autres intégrales déjà connues, ou qui s'en déduisent assez facilement. Par exemple, M. Cauchy donne la valeur de l'intégrale

$$\int \frac{\cos bx}{\cos ax} \frac{dx}{1+x^2},$$

prise depuis $x = 0$ jusqu'à $x = \frac{1}{0}$; or elle est comprise dans celle-ci

$$\int \frac{\sin cx \sin 2ax}{(1 + 2x\cos 2ax + a^2)} \frac{dx}{1 + x^2},$$

dont on obtient la valeur en la réduisant en série suivant les puissances de $\alpha$, ainsi que M. Legendre l'a pratiqué relativement à une intégrale un peu moins générale. L'intégrale de M. Cauchy se déduit de celle que nous citons, en y supposant $\alpha = 1$, $c = a + b$, et faisant ensuite les réductions convenables.

# DE LA DIFFÉRENCE

## ENTRE

### LES ATTRACTIONS EXERCÉES PAR UNE COUCHE INFINIMENT MINCE

#### SUR

#### DEUX POINTS TRÈS RAPPROCHÉS L'UN DE L'AUTRE

#### SITUÉS

#### L'UN A L'INTÉRIEUR,

#### L'AUTRE A L'EXTÉRIEUR DE CETTE MÊME COUCHE.

*Bulletin de la Société Philomatique*, p. 53-56; 1815.

On sait que l'attraction exercée par une couche infiniment mince sur un point très rapproché d'elle a deux expressions différentes, suivant que ce point est situé à l'intérieur ou à l'extérieur. On peut d'abord, vu l'épaisseur infiniment petite de la couche, supposer celle-ci réduite à une simple surface attirante, mais pour laquelle la force attractive en chaque point varierait proportionnellement à l'épaisseur dont il s'agit. Cela posé, si l'on considère deux points situés tout près de la surface et sur une même normale, l'un au dedans, l'autre au-dehors, les actions exercées sur ces deux points suivant le plan tangent seront égales entre elles, et les actions exercées suivant la normale différeront d'une quantité égale au produit de *quatre fois le rapport de la circonférence au diamètre par la force attractive de la surface.* En général *la différence des actions exercées suivant une direction déterminée sera égale à la différence qu'on vient de citer multipliée par le cosinus de l'angle que forme cette direction avec la normale.* On trouve une démonstration synthétique de ce théorème dans le premier Mémoire de M. Poisson sur l'électricité. Je vais faire voir comment on peut le déduire des formules générales de l'attraction.

Soient M et N les deux points donnés situés tout près de la surface que l'on considère et sur une même normale, l'un à l'intérieur, l'autre à l'extérieur. Soient $x_1$, $y_1$, $z_1$, $x_2$, $y_2$, $z_2$ les coordonnées respectives des points M et N rapportés à trois axes rectangulaires ; et supposons que la normale menée par ces deux points coupe la surface en un troisième point R, dont les coordonnées soient X, Y, Z. Enfin désignons par E la force attractive au point R, et par $x$, $y$, $z$ les coordonnées variables de la surface. Si l'on représente par

$$(1) \qquad z - Z = P(x - X) + Q(y - Y)$$

l'équation du plan tangent au point R, les coordonnées du point M satisferont aux équations

$$(2) \qquad \begin{cases} x_1 - X + P(z_1 - Z) = 0, \\ y_1 - Y + Q(z_1 - Z) = 0. \end{cases}$$

Soit encore $\theta$ l'angle formé par la normale avec une droite déterminée. Si l'on prend cette droite pour axe des $z$, on aura

$$(3) \qquad \cos\theta = \frac{1}{\sqrt{(1 + P^2 + Q^2)}}.$$

Voyons maintenant quelle est la différence des attractions exercées par la surface suivant cette même droite sur chacun des points M et N.

Désignons par O le point de la surface auquel appartiennent les coordonnées $x$, $y$, $z$ : soit $e$ la force attractive au même point ; et $r_1$ la distance des points O et M, en sorte qu'on ait

$$(4) \qquad r_1 = \left( (x - x_1)^2 + (y - y_1)^2 + (z - z_1)^2 \right)^{\frac{1}{2}}.$$

Enfin, soit A l'attraction de la surface sur le point M suivant l'axe des $z$ : en faisant à l'ordinaire $\frac{dz}{dx} = p$, $\frac{dz}{dy} = q$, on aura

$$(5) \qquad A = -\iint \frac{e(z - z_1)}{r_1^3} (1 + p^2 + q^2)^{\frac{1}{2}} \, dx \, dy,$$

l'intégrale double devant s'étendre à tous les points de la surface. De même, si l'on représente par B l'attraction de la surface sur le point N, et que l'on fasse

$$(6) \qquad r_2 = \left( (x - x_2)^2 + (y - y_2)^2 + (z - z_2)^2 \right)^{\frac{1}{2}},$$

on trouvera

$$(7) \qquad B = -\iint \frac{c(z - z_2)}{r_2^3} (1 + p^2 + q^2)^{\frac{1}{2}} \, dx \, dy,$$

la nouvelle intégrale étant prise entre les mêmes limites que la première.

Si l'on suppose maintenant les points M et N très rapprochés l'un de l'autre et de la surface donnée; on aura à très peu près

$$x_1 = x_2 = X, \qquad y_1 = y_2 = Y, \qquad z_1 = z_2 = Z.$$

Dans le même cas, les éléments des intégrales doubles qui représentent les valeurs de A et de B seront sensiblement égaux entre eux, tant que les quantités

$$\frac{z - z_1}{r_1^3}, \qquad \frac{z - z_2}{r_2^3}$$

auront une valeur finie, c'est-à-dire tant que les quantités

$$x - x_1, \quad y - y_1, \quad z - z_1 \qquad x - x_2, \quad y - y_2, \quad z - z_2,$$

ou, ce qui revient au même, les suivantes :

$$x - X, \quad y - Y, \quad z - Z$$

ne seront pas toutes à la fois infiniment petites. Ainsi, pour obtenir la différence des intégrales doubles qui représentent les attractions A et B, il suffira de déterminer les parties de ces intégrales qui correspondent à des valeurs de $x$, $y$, $z$ très peu différentes de X, Y, Z. On y parvient de la manière suivante.

Considérons d'abord l'intégrale double qui forme le second membre de l'équation (5), et faisons

$$(8) \qquad \begin{cases} Z - z_1 = \alpha. \\ \text{On aura, en vertu des équations (2),} \\ Y - y_1 = -Q\alpha. \\ X - x_1 = -P\alpha. \end{cases}$$

De plus, les points M et R étant censés très voisins l'un de l'autre, $\alpha$ sera une quantité très petite; et, si l'on veut que le point O soit aussi très rapproché du point R, il faudra supposer en outre

$$(9) \qquad x - X = \alpha x', \qquad y - Y = \alpha y', \qquad z - Z = \alpha z',$$

$x'$, $y'$, $z'$ étant de nouvelles variables qui pourront obtenir de très grandes valeurs positives ou négatives, mais telles néanmoins que les quantités $\alpha x'$, $\alpha y'$, $\alpha z'$ restent toujours fort petites. Ainsi, par exemple, si l'on considère $\alpha$ comme un infiniment petit du premier ordre, il sera permis de considérer $x'$, $y'$, $z'$ comme des quantités infinies de l'ordre $\frac{1}{\alpha^n}$, pourvu que $n$ soit $< 1$. Dans cette hypothèse, on aura à fort peu près

$$c = E, \qquad (1 + p^2 + q^2)^{\frac{1}{2}} = (1 + P^2 + Q^2)^{\frac{1}{2}} = \frac{1}{\cos\theta}.$$

On aura de plus en vertu de l'équation (1),

$$z' = P x' + Q y';$$

et, par suite, les équations (8) et (9) donneront

$$\frac{z - z_1}{r_1^3} dx\,dy = \frac{P x' + Q y' + 1}{\left((x' - P)^2 + (y' - Q)^2 + (P x' + Q y' + 1)^2\right)^{\frac{3}{2}}} dx'\,dy'.$$

Cela posé, si l'on désigne par $A'$ la partie de l'intégrale $A$, qui correspond à des valeurs de $x$, $y$, $z$ fort peu différentes de X, Y, Z, on trouvera

$$(10) \qquad A' = - \frac{E}{\cos\theta} \iint \frac{P x' + Q y' + 1}{\rho^3} dx'\,dy'.$$

pourvu que l'on fasse

$$(11) \qquad \rho = \left((x' - P)^2 + (y' - Q)^2 + (P x' + Q y' + 1)^2\right)^{\frac{1}{2}}$$

$$= \left(\frac{1}{\cos^2\theta} + (1 + P^2)x'^2 + 2PQ x'y' + (1 + Q^2)y'^2\right)^{\frac{1}{2}},$$

et que l'on prenne la nouvelle intégrale entre les limites $x' = -\infty$, $x' = +\infty$, $y' = -\infty$, $y' = +\infty$. D'ailleurs entre ces mêmes limites on a évidemment

$$\iint \frac{P x' + Q y'}{\rho^3} dx'\,dy' = 0.$$

L'équation (10) se réduira donc à

$$(12) \qquad \mathrm{A}' = - \frac{\mathrm{E}}{\cos\theta} \iint \frac{dx'\,dy'}{\rho^3} \qquad \begin{bmatrix} x' = -\infty, & x' = +\infty; \\ y' = -\infty, & y' = +\infty. \end{bmatrix}$$

Soit maintenant $y' = x't$ : on aura entre les limites $0$ et $\infty$ de toutes les variables

$$\iint \frac{dx'\,dy'}{\rho^3} = \iint \frac{x'\,dx'\,dt}{\left( \dfrac{1}{\cos^2\theta} + \left( \overline{1 + p^2} + 2PQt + \overline{1 + Q^2}\,t^2 \right) x'^2 \right)^{\frac{3}{2}}}$$

$$= \cos\theta \int \frac{dt}{1 + P^2 + 2PQt + \overline{1 + Q^2}\,t^2} = \frac{\pi}{2}\cos^2\theta.$$

En quadruplant cette valeur, on obtiendra celle de l'intégrale $\iint \frac{dx'\,dy'}{\rho^3}$ prise entre les limites $-\infty$ et $+\infty$ des deux variables; et par suite la formule (12) deviendra

$$(13) \qquad\qquad \mathrm{A}' = - 2\pi \mathrm{E} \cos\theta.$$

Les calculs précédents supposent la quantité $\alpha$, ou $Z - z_1$, positive. Si elle eût été négative, on aurait encore trouvé la même valeur de $\mathrm{A}'$, mais avec un signe différent. On aura donc généralement

$$(14) \qquad\qquad \mathrm{A}' = \mp 2\pi \mathrm{E} \cos\theta,$$

le signe supérieur devant être adopté si $Z$ surpasse $z_1$, et le signe inférieur dans le cas contraire.

De même, si l'on désigne par $\mathrm{B}'$ la partie de l'intégrale $B$ qui correspond à des valeurs de $x$, $y$, $z$, très peu différentes de $X$, $Y$, $Z$, on trouvera

$$(15) \qquad\qquad \mathrm{B}' = \pm 2\pi \mathrm{E} \cos\theta,$$

le signe $+$ devant être adopté si $z_2$ surpasse $Z$, et le signe $-$ dans le cas contraire. D'ailleurs, les quantités

$$z_1 - Z \quad \text{et} \quad z_2 - Z$$

étant toujours nécessairement de signes opposés, il en sera de même des quantités $\mathrm{A}'$ et $\mathrm{B}'$. La différence de ces dernières, et par suite celle des quantités $A$ et $B$, sera donc toujours égale, abstraction faite du signe, à $4\pi \mathrm{E} \cos\theta$.                    C. Q. F. D.

# DÉMONSTRATION GÉNÉRALE DU THÉORÈME DE FERMAT

SUR

## LES NOMBRES POLYGONES.

*Bulletin de la Société Philomatique*, p. 196-197; 1815.

Le théorème dont il s'agit consiste en ce que tout nombre entier peut être formé par l'addition de trois triangulaires, de quatre carrés, de cinq pentagones, de six hexagones, et ainsi de suite. Les deux premières parties de ce théorème, savoir, que tout nombre entier est la somme de trois triangulaires et de quatre carrés, sont les seules qui aient été démontrées jusqu'à présent; ainsi qu'on peut le voir dans la *Théorie des nombres* de M. Legendre, et dans l'Ouvrage de M. Gauss, qui a pour titre *Disquisitiones arithmeticæ*. J'établis dans le Mémoire que j'ai donné à ce sujet la démonstration de toutes les autres; et je fais voir en outre que la décomposition d'un nombre entier en cinq pentagones, six hexagones, sept heptagones, etc., peut toujours être effectuée de manière que les divers nombres polygones en question, à l'exception de quatre, soient égaux à zéro ou à l'unité. On peut donc énoncer en général le théorème suivant :

*Tout nombre entier est égal à la somme de quatre pentagones, ou à une semblable somme augmentée d'une unité; à la somme de quatre hexagones, ou à une semblable somme augmentée d'une ou de deux unités; à la somme de quatre heptagones, ou à une semblable somme augmentée d'une, de deux ou de trois unités, et ainsi de suite.*

La démonstration de ce théorème est fondée sur la solution du problème suivant :

*Décomposer un nombre entier donné en quatre carrés dont les racines fassent une somme donnée.*

Je réduis ce dernier problème à la décomposition d'un nombre entier donné en trois carrés, en faisant voir que, si un nombre entier est décomposable en quatre carrés dont les racines fassent une somme donnée, le quadruple de ce nombre est décomposable en trois carrés dont l'un a pour racine la somme dont il s'agit. Il est aisé d'en conclure que le problème proposé ne peut être résolu que dans le cas où le carré de la somme donnée est inférieur au quadruple de l'entier que l'on considère, et où la différence de ces deux nombres est décomposable en trois carrés ; ce qui a lieu exclusivement, lorsque cette différence, divisée par la plus haute puissance de 4 qui s'y trouve contenue, n'est pas un nombre impair dont la division par 8 donne 7 pour reste. Si aux deux conditions précédentes on ajoute celle que le nombre entier et la somme donnée soient de même espèce, c'est-à-dire, tous deux pairs ou tous deux impairs ; on aura trois conditions qui devront être remplies pour qu'on puisse résoudre le problème dont il s'agit. Mais on ne doit pas en conclure que la solution soit possible toutes les fois qu'on pourra satisfaire à ces mêmes conditions. Pour qu'on soit assuré d'obtenir une solution, il faut en outre, et il suffit, que la somme donnée soit supérieure, ou égale, ou inférieure au plus d'une unité, à une certaine limite dont le carré augmenté de deux équivaut au triple du nombre donné.

En appliquant ces principes aux nombres impairs ou impairement pairs, on reconnaît facilement que tout nombre entier impair, ou divisible une fois seulement par 2. peut être décomposé en quatre carrés, de manière que la somme des racines soit un quelconque des nombres de même espèce compris entre deux limites dont les carrés soient respectivement le triple et le quadruple du nombre donné.

On démontre avec la même facilité que tout nombre entier peut toujours être décomposé en quatre carrés de manière que la somme soit comprise entre les deux limites qu'on vient d'énoncer. On doit seulement excepter parmi les nombres impairs les suivants :

$$1, \quad 5, \quad 9, \quad 11, \quad 17, \quad 19, \quad 29, \quad 41;$$

et, parmi les nombres pairs, tous ceux qui, divisés par une puissance impaire de 2, donnent pour quotient un des nombres premiers

$$1, \quad 3, \quad 7, \quad 11, \quad 17.$$

A l'aide de ces propositions et de quelques autres semblables, on parvient sans peine, non seulement à prouver que tout nombre entier est décomposable en cinq pentagones, six hexagones, etc. ; mais encore à effectuer cette décomposition de telle sorte, que les nombres composants soient tous, à l'exception de quatre, égaux à zéro ou à l'unité.

# DÉMONSTRATION
## D'UN THÉORÈME CURIEUX SUR LES NOMBRES.

*Bulletin de la Société Philomatique*, p. 133-135; 1816.

On a pu voir dans le dernier numéro de ce *Bulletin* l'énoncé d'une propriété remarquable des fractions ordinaires observée par M. J. Farey.

Cette propriété n'est qu'un simple corollaire d'un théorème curieux que je vais commencer par établir.

THÉORÈME. — *Si, après avoir rangé dans leur ordre de grandeur les fractions irréductibles dont le dominateur n'excède pas un nombre entier donné, on prend à volonté dans la suite ainsi formée deux fractions consécutives, leurs dénominateurs seront premiers entre eux, et elles auront pour différence une nouvelle fraction dont le numérateur sera l'unité.*

*Démonstration.* — Soit $\frac{a}{b}$ la plus petite des deux fractions que l'on considère, et $n$ le nombre entier donné. Soient de plus $a'$ et $b'$ les plus grandes valeurs entières que l'on puisse attribuer aux variables $x$ et $y$ dans l'équation indéterminée

$$(1) \qquad bx - ay = 1$$

en supposant toutefois $b' \leq n$. La fraction $\frac{a}{b}$ étant irréductible par hypothèse, et la valeur de $b'$ vérifiant l'équation $ba' - ab' = 1$, $b$ et $b'$

seront nécessairement premiers entre eux, et l'on aura de plus

$$\frac{a'}{b'} - \frac{a}{b} = \frac{1}{bb'}.$$

La fraction $\frac{a'}{b'}$ jouira donc, relativement à la fraction $\frac{a}{b}$, des propriétés énoncées par le théorème, et pour établir ce même théorème il suffira de prouver que, parmi toutes les fractions irréductibles dont le dénominateur n'excède pas $n$, celle qui surpasse immédiatement $\frac{a}{b}$ est précisément $\frac{a'}{b'}$. On y parvient de la manière suivante.

Les diverses valeurs de $y$ qui résolvent l'équation (1) forment la progression arithmétique

$$\ldots, \quad b'-2b, \quad b'-b, \quad b', \quad b'+b, \quad b'+2b, \quad \ldots$$

et puisque $b'$ est la plus grande de ces valeurs qui soit comprise dans $n$, on a nécessairement

$$n < b'+b.$$

Soit maintenant $\frac{f}{g}$ une fraction irréductible et plus grande que $\frac{a}{b}$ prise parmi celles dont le dénominateur n'excède pas $n$. Si l'on fait, pour abréger

$$(2) \qquad\qquad bf - ag = m,$$

on aura

$$\frac{f}{g} - \frac{a}{b} = \frac{m}{bg}.$$

Ainsi la différence des fractions $\frac{f}{g}$, $\frac{a}{b}$ sera généralement exprimée par $\frac{m}{bg}$; et si, on donne à $m$ une valeur constante en laissant varier $g$, cette différence aura la plus petite valeur possible, lorsque $g$ aura la plus grande valeur possible. D'ailleurs les diverses valeurs de $g$ qui satisfont à l'équation (2) sont évidemment comprises dans la progression arithmétique

$$\ldots, \quad mb'-2b, \quad mb'-b, \quad mb', \quad mb'+b, \quad mb'+2b, \quad \ldots$$

dont le terme $mb' + b$, égal ou supérieur à $b' + b$, est par suite supérieur à $n$, et, comme $g$ ne doit pas excéder $n$, il est clair qu'il sera tout au plus égal au terme $mb'$; d'où il suit que la fraction $\dfrac{m}{bg}$ ne pourra devenir inférieure à

$$\frac{m}{mb'b} = \frac{1}{bb'},$$

Donc, parmi toutes les fractions supérieures à $\dfrac{a}{b}$, et dont le dénominateur n'excède pas $n$, la plus petite est celle dont la différence avec $\dfrac{a}{b}$ est égale à $\dfrac{1}{bb'}$, c'est-à-dire, la fonction $\dfrac{a'}{b'}$.

*Corollaire*. — Si, parmi les fractions dont il s'agit dans le théorème, on en prend trois de suite à volonté, en désignant ces trois fractions par

$$\frac{a}{b}, \quad \frac{a'}{b'}, \quad \frac{a''}{b''},$$

on aura

$$a'b - ab' = 1, \qquad a''b' - a'b'' = 1,$$

et par suite

$$a'b - ab' = a''b' - a'b'';$$

d'où l'on conclut

$$\frac{a + a''}{b + b''} = \frac{a'}{b'}.$$

Cette dernière équation n'est autre chose que l'expression analytique de la propriété observée par M. J. Farey.

———————

# LES RACINES IMAGINAIRES DES ÉQUATIONS.

*Bulletin de la Société Philomatique*, p. 5-9; 1817.

Je me suis proposé d'établir, par une démonstration directe et simple, la proposition qui sert de base à la théorie des racines imaginaires, et qu'on peut énoncer comme suit :

**Théorème 1.** — *Si l'équation*

$$(1) \qquad x^n + a_1 x^{n-1} + a_2 x^{n-2} + \ldots + a_{n-1} x + a_n = 0$$

*n'a pas de racine réelle, on pourra toujours y satisfaire en prenant pour $x$ une expression de la forme*

$$(2) \qquad x = r\left(\cos\varphi \pm \sqrt{-1}\right)\sin\varphi;$$

*ou, en d'autres termes, on pourra trouver pour $r$ et $\varphi$ un système de valeurs réelles qui vérifient en même temps les deux équations*

$$(3) \qquad \begin{cases} r^n \cos n\varphi + a_1 r^{n-1} \cos(n-1)\varphi + \ldots + a_{n-1} r \cos\varphi + a = 0, \\ r^n \sin n\varphi + a_1 r^{n-1} \sin(n-1)\varphi + \ldots + a_{n-1} r \sin\varphi = 0. \end{cases}$$

La démonstration de ce théorème est fondée sur les deux lemmes suivants :

**Lemme I.** — *Soit $f(y) = 0$ une équation dont $y = b$ représente une racine réelle, mais qui ait une seule racine égale à $b$, on pourra toujours attribuer à $6$ une valeur assez petite, pour que, $v$ étant égal ou inférieur à $6$, l'une des deux fonctions $f(b+v)$, $f(b-v)$ soit constamment positive, et l'autre constamment négative.*

En effet, puisque $f(b) = 0$, si l'on développe $f(b \pm v)$ suivant les puissances ascendantes de $v$, on aura une équation de la forme

$$(4) \qquad f(b \pm v) = \pm Bv + Cv^2 \pm Dv^3 + \ldots = \pm Bv\left(1 \pm \frac{C}{B}v + \ldots\right)$$

B n'étant pas nul, attendu qu'on suppose une seule racine égale à $b$. Or, $v$ venant à décroître, le signe du second membre de l'équation (4) finira par dépendre uniquement du signe de son premier terme $\pm Bv$; et par suite les signes des deux fonctions $f(b + v)$, $f(b - v)$ finiront par être respectivement égaux à ceux des quantités $+ Bv$. $- Bv$. Donc, etc.

LEMME II. — *Si $f(x, y) = 0$ désigne une fonction rationnelle et entière d'$x$ et d'$y$, et que pour une certaine valeur de $x$ l'équation $f(x, y) = 0$ résolue par rapport à $y$ fournisse plusieurs racines réelles inégales; $x$ venant à croître ou à décroître par degrés insensibles, les racines réelles de l'équation varieront elles-mêmes par degrés insensibles sans qu'aucune d'elles puisse disparaître, à moins que préalablement l'équation n'acquière des racines égales.*

En effet supposons que, pour $x = a$, l'équation $f(x, y) = 0$ admette plusieurs racines réelles inégales dont l'une soit $y = b$. On pourra (lemme I) assigner à $\delta$ une valeur assez petite, pour que, $v$ étant égal ou inférieur à $\delta$ sans être nul, l'une des deux quantités $f(a, b + v)$ $f(a, b - v)$ soit constamment positive et l'autre constamment négative. De plus, $v$ ayant une semblable valeur, on pourra toujours attribuer à $\alpha$ une autre valeur assez petite, pour que, $u$ étant égal ou inférieur à $\alpha$, les trois quantités

$$f(a-u, b+v), \qquad f(a, b+v), \qquad f(a+u, b+v)$$

soient de même signe, et qu'il en soit encore de même des trois suivantes :

$$f(a-u, b-v), \qquad f(a, b-v). \qquad f(a+u, b-v).$$

Cela posé, il est clair : 1° que $f(a-u, b+v)$ et $f(a-u, b-v)$ seront de signes contraires : 2° que $f(a+u, b+v)$ et $f(a+u, b-v)$ seront également de signes contraires; d'où il suit que, $u$ étant égal ou inférieur à $\alpha$, chacune des équations

$$f(a - u, y) = 0, \qquad f(a + u, y) = 0,$$

résolue par rapport à $y$, fournira une racine réelle comprise entre les limites $y = b - v$, $y = b + v$. Ainsi, $v$ ayant une valeur très petite, pourvu qu'elle soit inférieure à $b$, on peut assigner à $\alpha$ une valeur telle $x$ venant à croître depuis $a$ jusqu'à $a + \alpha$, ou à décroître depuis $a$ jusqu'à $a - \alpha$, l'équation $f(x, y) = 0$, résolue par rapport à $y$, conserve toujours une racine réelle comprise entre les limites $b - v$, $b + v$, c'est-à-dire, une racine qui ne diffère pas sensiblement de $b$; ce qui suffit pour établir le lemme énoncé.

Comme on n'altère pas la forme de l'équation $f(x, y) = 0$ en y changeant $x$ en $\frac{1}{x}$, on doit en conclure que le lemme II subsiste dans le cas même où la valeur de $x$ représentée par $a$ devient infinie; et l'on peut assurer que, si pour $\frac{1}{x} = 0$, ou $x = \infty$, l'équation $f(x, y) = 0$ résolue par rapport à $y$ fournit plusieurs racines réelles et inégales, la même équation pour de très petites valeurs de $\frac{1}{x}$ inférieures à une certaine limite $\alpha$, ou, ce qui revient au même, pour de très grandes valeurs de $x$ supérieures à la limite $\frac{1}{\alpha}$, admettra autant de racines réelles fort peu différentes des premières.

Lorsque l'équation $f(x, y) = 0$ est du degré $n$ par rapport à $y$, elle ne saurait admettre $n$ racines réelles différentes de valeurs, que dans le cas où elle n'a pas de racines égales. Si donc, pour $x = a$, elle a en effet $n$ racines réelles différentes; et qu'en faisant varier $x$ par degrés insensibles, on finisse par faire disparaître une ou plusieurs de ces racines; puisque dans l'intervalle ces racines elles-mêmes varieront par degrés insensibles, sans qu'aucune puisse disparaître avant que l'équation n'acquière des racines égales, il est clair que dans le même intervalle une certaine valeur de $x$ aura déterminé une réduction dans le nombre des racines réelles, en amenant l'égalité de deux ou de plusieurs d'entre elles.

Venons maintenant à la démonstration du théorème I.

*Démonstration.* — Si dans les équations (3) on fait $\cos\varphi = s$, elles prendront la forme

$$(5) \quad \begin{cases} f_n(r, s) = 0, \\ r(1 - s^2)^{\frac{1}{2}} f_{n-1}(r, s) = 0, \end{cases}$$

$f_n(r, s)$, $f_{n-1}(r, s)$ désignant deux fonctions rationnelles et entières de $r$ et de $s$, l'une du degré $n$, l'autre du degré $\overline{n-1}$ ; et il suffira évidemment de prouver que, dans le cas où l'équation (1) n'a pas de racines réelles, on peut satisfaire aux deux suivantes :

$$(6) \quad \begin{cases} f_n(r, s) = 0, \\ f_{n-1}(r, s) = 0, \end{cases}$$

par un même système de valeurs réelles de $r$ et de $\varphi$, ou, ce qui revient au même de $r$ et de $s$, $s = \cos\varphi$ étant compris entre les limites $\pm 1$. Or, la supposition $r = \infty$ réduit les équations (3) à celles-ci :

$$(7) \quad \begin{cases} \cos n\varphi = 0, \\ \sin n\varphi = 0. \end{cases}$$

Ces dernières fournissent respectivement pour $\cos\varphi = s$, la première $n$ racines réelles inégales, savoir :

$$(8) \quad \begin{cases} s = \cos\dfrac{\pi}{2n}, \quad s = \cos\dfrac{3\pi}{2n}, \quad \ldots, \\ s = \cos\dfrac{(2n-3)\pi}{2n}, \quad s = \cos\dfrac{(2n-1)\pi}{2n}; \end{cases}$$

et la seconde $\overline{n-1}$ racines réelles pareillement inégales, savoir :

$$(9) \quad s = \cos\dfrac{\pi}{n}, \quad s = \cos\dfrac{2\pi}{n}, \quad \ldots, \quad s = \cos\dfrac{(n-1)\pi}{n},$$

indépendamment des deux valeurs comprises dans la formule

$$(10) \quad s = \pm 1,$$

d'où il suit que, pour le cas de $r = \infty$, on satisfait à l'équation $f_n(r, s) = 0$ au moyen des valeurs des données par les formules (8).

et à l'équation

$$(1 - s^2)^{\frac{1}{2}} f_{n-1}(r, s) = 0,$$

ou, ce qui revient au même, aux deux suivantes

$$(1 - s^2)^{\frac{1}{2}} = 0, \qquad f_{n-1}(r, s) = 0,$$

par les valeurs (9) et (10); savoir, à l'équation $(1 - s^2)^{\frac{1}{2}} = 0$ par les valeurs (10) seulement, et à l'équation $f_{n-1}(r, s) = 0$ par les valeurs (9). On doit en conclure (lemme II) que, pour de très grandes valeurs de $r$ supérieures à une certaine limite R, les équations (6) résolues par rapport à $s$ doivent respectivement fournir, la première $n$ racines réelles très peu différentes des valeurs (8), et la seconde $\overline{n-1}$ racines réelles très peu différentes des valeurs (9).

Supposons maintenant que dans les équations (6) $r$ vienne à décroître par degrés insensibles depuis $r = R$ jusqu'à $r = 0$. Il arrivera de deux choses l'une. Ou, dans cet intervalle, les $\overline{2n-1}$ valeurs réelles de $s$ qui servent de racines aux équations (6), et qui varient avec $r$ par degrés insensibles, subsisteront toujours sans se confondre, et sans que l'ordre de leurs grandeurs respectives soit jamais altéré; ou quelques-unes de ces valeurs, d'abord différentes, deviendront égales entre elles. Il est inutile de considérer séparément le cas où quelques racines réelles finiraient par disparaître soit dans l'une soit dans l'autre des équations (6); parce qu'en faisant l'application du lemme II à ces mêmes équations, on reconnaît sans peine que le cas particulier dont il s'agit rentre dans la seconde des deux hypothèses qu'on vient de faire. De plus il est facile de voir que la première hypothèse est inadmissible. En effet, $a_n$ ne pouvant être nul, puisque l'équation (1) est supposée n'avoir pas de racines réelles, on ne saurait évidemment, pour de très petites valeurs de $r$, satisfaire à la première des équations (6), ou, ce qui revient au même, à la première des équations (3), par des valeurs de $s = \cos\varphi$ comprises entre les limites $\pm 1$. D'ailleurs, tant que la première des équations (6) conserve $n$ racines réelles inégales, comme ces racines varient avec $r$ par degrés insensibles, aucune d'elles ne peut dépasser les limites $\pm 1$, sans avoir préalablement atteint ces mêmes limites ; et d'autre part, si, pour une certaine valeur de $r$, on pouvait satisfaire à l'équation $f_n(r, s) = o$ en supposant $s = \cos\varphi = \pm 1$, la même valeur de $r$ vérifierait la première équation (3) réduite par cette supposition à

$$r^n \pm a_1 r^{n-1} + a_2 r^{n-2} \pm \ldots \pm a_{n-1} r + a_n = o,$$

et l'équation (1) aurait une racine réelle égale, au signe près, à cette valeur. Donc, puisque l'équation (1) n'a pas de racines réelles, on peut assurer que, pour de très petites valeurs de $r$, la première des équations (6) résolue par rapport à $s$ n'aura plus de racines réelles, non seulement entre les limites $s = \pm 1$, mais même hors de ces limites.

La seconde des deux hypothèses entre lesquelles nous devions choisir est donc la seule admissible ; et nous devons conclure que, $r$ venant à décroître au-dessous de la limite R par degrés insensibles, les $\overline{2n-1}$ valeurs réelles de $s$ qui servent de racines aux équations (6) varieront d'abord pendant un certain temps par degrés insensibles en conservant l'ordre de leurs grandeurs respectives, mais qu'à la fin une certaine valeur de $r$ amènera l'égalité de deux ou plusieurs racines réelles.

Il est de plus évident que la première égalité qui se présentera sera celle d'une ou plusieurs racines qui se suivaient immédiatement dans l'ordre de grandeur observé pour $r = $R, c'est-à-dire, pour des valeurs de $r$ très considérables, ou, ce qui revient au même, pour $r = \infty$ ; et comme l'inspection seule des équations (8) et (9) suffit pour faire voir que les diverses racines, rangées d'après cette loi, appartiennent alternativement à la première et à la seconde des équations (6), il est clair que la première égalité sera celle d'une ou de plusieurs racines de la première équation avec une ou plusieurs racines de la seconde. Enfin, comme avant cette première égalité aucune racine réelle de l'équation $f_n(r, s) = o$ n'aura pu disparaître, les racines qui deviendront alors égales entre elles, se trouveront nécessairement, par les raisons que nous avons développées ci-dessus, comprises entre les limites $\pm 1$. Donc, $r$ venant à décroître, les équations (6) finiront par obtenir une racine réelle commune $s$ comprise entre les limites $\pm 1$. C. Q. F. D.

# SECONDE NOTE

SUR

## LES RACINES IMAGINAIRES DES ÉQUATIONS.

*Bulletin de la Société Philomatique*, p. 161-164; 1817.

Qu'il soit toujours possible de décomposer un polynome en facteurs réels du premier et du second degré; ou, en d'autres termes, que toute équation, dont le premier membre est une fonction rationnelle et entière de la variable $x$, puisse toujours être vérifiée par des valeurs réelles ou imaginaires de cette variable : c'est une proposition que l'on a déjà prouvée de plusieurs manières. MM. Lagrange, Laplace et Gauss ont employé diverses méthodes pour l'établir; et j'en ai moi-même donné une démonstration fondée sur des considérations analogues à celles dont M. Gauss a fait usage. Quoi qu'il en soit, dans chacune des méthodes que je viens de citer, on fait une attention spéciale au degré de l'équation donnée, et quelquefois même on remonte de cette dernière à d'autres équations d'un degré supérieur. Ces considérations m'ayant paru étrangères à la question, j'ai pensé que le théorème dont il s'agit dépendait uniquement de la forme des deux fonctions réelles que produit la substitution d'une valeur imaginaire de la variable dans un polynome quelconque; et j'ai été assez heureux, en suivant cette idée, pour arriver à une démonstration qui semble aussi directe et aussi simple qu'on puisse le désirer. Je vais ici l'exposer en peu de mots.

Soit $f(x)$ un polynome quelconque en $x$. Si l'on y substitue pour $x$ une valeur imaginaire $u + v\sqrt{-1}$, on aura

$$(1) \qquad f(u + v\sqrt{-1}) = P + Q\sqrt{-1},$$

P et Q étant deux fonctions réelles $u$ et $v$. De plus, si l'on fait

$$(2) \qquad P + Q\sqrt{-1} = R(\cos T + \sqrt{-1}\sin T),$$

R sera ce qu'on appelle le module de l'expression imaginaire

$$P + Q\sqrt{-1};$$

et sa valeur sera donnée par l'équation

$$(3) \qquad R^2 = P^2 + Q^2.$$

Cela posé, le théorème à démontrer, c'est que l'on pourra toujours satisfaire par des valeurs réelles de $u$ et de $v$ aux deux équations

$$P = 0, \qquad Q = 0;$$

ou, ce qui revient au même, à l'équation unique

$$R = 0.$$

Il importe donc de savoir quelles sont les diverses valeurs que peut recevoir la fonction R, et comment cette fonction varie avec $u$ et $v$. On y parviendra, comme il suit.

Supposons que les quantités $u$ et $v$ obtiennent à la fois les accroissements $h$ et $k$, et soient $\Delta P$, $\Delta Q$, $\Delta R$, les accroissements correspondants de P, Q, R. Les équations (3) et (1) deviendront respectivement

$$(4) \qquad (R + \Delta R)^2 = (P + \Delta P)^2 + (Q + \Delta Q)^2.$$

$$(5) \qquad P + \Delta P + (Q + \Delta Q)\sqrt{-1}$$
$$= f(u + v\sqrt{-1} + h + k\sqrt{-1}) = f(u + v\sqrt{-1})$$
$$+ (h + k\sqrt{-1})\, f_1(u + v\sqrt{-1})$$
$$+ (h + k\sqrt{-1})^2 f_2(u + v\sqrt{-1}) + \ldots,$$

$f_1, f_2, \ldots$ désignant de nouvelles fonctions. Pour déduire de l'équation (5) les valeurs $P + \Delta P$ et de $Q + \Delta Q$, il suffit de ramener le second membre à la forme $p + q\sqrt{-1}$. C'est ce que l'on fera en substituant à

$f(u + v\sqrt{-1})$ sa valeur $R(\cos T + \sqrt{-1}\sin T)$, et posant en outre

$$h + k\sqrt{-1} = \rho(\cos\theta + \sqrt{-1}\sin\theta),$$
$$f_1(u + v\sqrt{-1}) = R_1(\cos T_1 + \sqrt{-1}\sin T_1),$$
$$f_2(u + v\sqrt{-1}) = R_2(\cos T_2 + \sqrt{-1}\sin T_2),$$
$$\dots\dots\dots\dots\dots\dots\dots\dots\dots\dots\dots$$

Après les réductions effectuées, l'équation (5) deviendra

$$(6)\quad P + \Delta P + (Q + \Delta Q)\sqrt{-1}$$
$$= R\cos T + R_1\rho\cos(T_1 + \theta) + R_2\rho^2\cos(T_2 + 2\theta) + \dots$$
$$+ [R\sin T + R_1\rho\sin(T_1 + \theta) + R_2\rho^2\sin(T_2 + 2\theta) + \dots]\sqrt{-1}$$

et l'on en conclura

$$(7)\quad \begin{cases} P + \Delta P = R\cos T + R_1\rho\cos(T_1 + \theta) + R_2\rho^2\cos(T_2 + 2\theta) + \dots, \\ Q + \Delta Q = R\sin T + R_1\rho\sin(T_1 + \theta) + R_2\rho^2\sin(T_2 + 2\theta) + \dots, \end{cases}$$

$$(8)\quad (R + \Delta R)^2 = [R\cos T + R_1\rho\cos(T_1 + \theta) + R_2\rho^2\cos(T_1 + 2\theta) + \dots]^2$$
$$+ [R\sin T + R_1\rho\sin(T_1 + \theta) + R_2\rho^2\sin(T_2 + 2\theta) + \dots]^2.$$

Supposons maintenant que, pour certaines valeurs attribuées aux valeurs $u$ et $v$, l'équation

$$R = 0$$

ne soit pas satisfaite. Si dans cette hypothèse $R_1$ n'est pas nul, le second membre de l'équation (8) ordonné suivant les puissances ascendantes de $\rho$ deviendra

$$R^2 + 2RR_1\rho\cos(T_1 - T + \theta) + \dots;$$

et par suite la quantité

$$(R + \Delta R)^2 - R^2,$$

où, l'accroissement de $R^2$ ordonné suivant les puissances ascendantes de $\rho$ aura pour premier terme

$$2RR_2\rho^2\cos(T_1 - T + \theta).$$

Si dans la même hypothèse $R_1$ était nul, sans que $R_2$ le fût, l'accroissement de $R^2$ aurait pour premier terme

$$2RR_2\rho^2\cos(T_2 - T + 2\theta),$$

etc. Enfin ce premier terme deviendrait

$$2\,\mathrm{RR}_n\rho^n\cos(\mathrm{T}^n - \mathrm{T} + n\theta),$$

si pour les valeurs données de $u$ et $v$ toutes les quantités $\mathrm{R}_1$, $\mathrm{R}_2$, … s'évanouissaient jusqu'à $\mathrm{R}_{n-1}$ inclusivement. D'ailleurs, si l'on attribue à $\rho$ des valeurs positives très petites, et à $\theta$ des valeurs quelconques, ou, ce qui revient au même, si l'on attribue aux quantités $h$ et $k$ des valeurs numériques très petites; l'accroissement de $\mathrm{R}^2$, savoir, $(\mathrm{R}+\Delta\mathrm{R})^2 - \mathrm{R}^2$, sera de même signe que son premier terme représenté généralement par le produit

$$(9) \qquad 2\,\mathrm{RR}_n\rho^n\cos(\mathrm{T}_n - \mathrm{T} + n\theta)$$

et, comme la valeur de $\theta$ étant arbitraire, on peut en disposer de manière à rendre $\cos(\mathrm{T}_n - \mathrm{T} + n\theta)$, c'est-à-dire, le dernier facteur du produit (9), et par suite le produit lui-même, ou positif ou négatif; il en résulte que, dans le cas où des valeurs particulières attribuées aux variables $u$ et $v$ ne vérifient pas l'équation $\mathrm{R} = 0$, la valeur correspondante de $\mathrm{R}^2$ ne peut être ni un maximum, ni un minimum. Donc, si l'on peut s'assurer *a priori* que $\mathrm{R}^2$ admet une valeur minimum, on devra en conclure que cette valeur est nulle, et qu'il est possible de satisfaire à l'équation $\mathrm{R} = 0$.

Or $\mathrm{R}^2$ admettra évidemment un minimum correspondant à des valeurs finies de $u$ et de $v$, si, pour de très grandes valeurs numériques de ces mêmes variables, $\mathrm{R}^2$ finit par devenir supérieure à toute quantité donnée. D'ailleurs si l'on fait

$$u + v\sqrt{-1} = r\left(\cos z + \sqrt{-1}\,\sin z\right);$$

à de très grandes valeurs numériques de $u$ et $v$ correspondront de très grandes valeurs de $r$, et réciproquement. Donc, pour que l'on puisse satisfaire à l'équation $\mathrm{R} = 0$ par des valeurs réelles et finies des variables $u$ et $v$, il est nécessaire et il suffit que la quantité $\mathrm{R}^2$ déterminée par les équations

$$(10) \qquad \begin{cases} \mathrm{R}_2 = \mathrm{P}^2 + \mathrm{Q}^2, \\ \mathrm{P} + \mathrm{Q}\sqrt{-1} = f\left[r\left(\cos z + \sqrt{-1}\,\sin z\right)\right] \end{cases}$$

finisse par devenir constamment, pour de très grandes valeurs de $r$, supérieure à tout nombre donné.

La conclusion précédente subsiste également, que la fonction $f(x)$ soit entière ou non. Elle exige seulement que P et Q soient des fonctions continues des variables $u$ et $v$, et que les quantités $R_1$, $R_2$, ... ne deviennent jamais infinies pour des valeurs finies de ces mêmes variables.

Supposons en particulier que la fonction $f(x)$ soit entière, et faisons en conséquence

$$f(x) = a_0 x^n + a_1 x^{n-1} + \ldots + a_{n-1} x + a_n.$$

Les équations ($10$) donneront

$$P + Q\sqrt{-1} = f[r\cos z + r\sin z\sqrt{-1}].$$
$$= a_0 r^n \cos nz + a_1 r^{n-1}\cos(n-1)z + \ldots + a_{n-1} r\cos z + a_n$$
$$+ (a_0 r^n \sin nz + a_1 r^{n-1}\sin(n-1)z + \ldots + a^{n-1}\sin z)\sqrt{-1},$$

$$P = a_0 r^n\left[\cos nz + \frac{a_1}{a_0}\frac{\cos(n-1)z}{r} + \ldots + \frac{a_{n-1}}{a_0}\frac{\cos z}{r^{n-1}} + \frac{a_n}{a_0}\frac{1}{r^n}\right],$$

$$Q = a_0 r^n\left[\sin nz + \frac{a_1}{a_0}\frac{\sin(n-1)z}{r} + \ldots + \frac{a_{n-1}}{a_0}\frac{\sin z}{r^{n-1}}\right],$$

$$R^2 = P^2 + Q^2 = a_0^2 r^{2n}\left[1 + \frac{2a_1\cos z}{a_0}\frac{1}{r} + \ldots + \left(\frac{a_n}{a_0}\right)^2\frac{1}{r^{2n}}\right],$$

or il est clair que, pour de très grandes valeurs de $r$, la valeur précédente de $R^2$ finira par surpasser toute quantité donnée. Donc, en vertu de ce qui a été dit plus haut, l'on pourra satisfaire par des valeurs réelles de $u$ et de $v$ à l'équation

$$R = 0,$$

ou, ce qui revient au même, aux deux suivantes :

$$P = 0, \quad Q = 0.$$

Au reste la méthode ci-dessus exposée n'est pas uniquement applicable au cas où la fonction $f(x)$ est entière ; et, lors même que cette fonction cesse de l'être, les raisonnements dont nous avons fait usage peuvent servir à décider, s'il est possible de satisfaire à l'équation

$$f(x) = 0$$

par des valeurs réelles ou imaginaires de la variable $x$.

# UNE LOI DE RÉCIPROCITÉ
## QUI EXISTE ENTRE CERTAINES FONCTIONS.

*Bulletin de la Société Philomatique*, p. 121-124; 1817.

Nous avons établi, dans notre Mémoire sur la théorie des ondes, certaines formules que M. Poisson a également obtenues de son côté, et desquelles il résulte que, si deux fonctions respectivement désignées par les caractéristiques $f$ et $\varphi$ satisfont à l'équation

$$(1) \qquad f(x) = \left(\frac{2}{\pi}\right)^{\frac{1}{2}} \int \varphi(\mu) \cos(\mu x)\, d\mu \qquad \left|\begin{array}{l} \mu = 0, \\ \mu = \infty, \end{array}\right.$$

l'intégrale étant prise entre les limites $\mu = 0$, $\mu = \infty$, la même équation subsistera encore, lorsqu'on y remplacera la fonction $f$ par la fonction $\varphi$ et la fonction $\varphi$ par la fonction $f$. De même, si l'on désigne par $f$ et $\psi$ deux fonctions qui vérifient l'équation

$$(2) \qquad f(x) = \left(\frac{2}{\pi}\right)^{\frac{1}{2}} \int \psi(\mu) \sin(\mu x)\, d\mu \qquad \left|\begin{array}{l} \mu = 0, \\ \mu = \infty, \end{array}\right.$$

cette équation subsistera encore après l'échange de la fonction $f$ contre la fonction $\psi$ et de la fonction $\psi$ contre la fonction $f$. On voit donc ici se manifester une loi de réciprocité : 1° entre les fonctions $f$ et $\varphi$ qui satisfont à l'équation (1) ; 2° entre les fonctions $f$ et $\psi$ qui satisfont à l'équation (2). Nous désignerons pour cette raison les fonctions $f(x)$, $\varphi(x)$ sous le nom de fonctions réciproques de première espèce, et les fonctions $f(x)$, $\psi(x)$ sous le nom de fonctions réciproques de seconde espèce. Ces deux espèces de fonctions peuvent être employées avec avantage pour la solution d'un grand nombre de problèmes, et jouissent de propriétés remarquables que nous nous proposons ici de faire connaître.

D'abord. en différentiant plusieurs fois de suite par rapport à $x$ l'équation (1), on reconnaîtra facilement que si

$$f(x) \quad \text{et} \quad \varphi(x)$$

sont deux fonctions réciproques de première espèce,

$$f''(x) \quad \text{et} \quad -x^2\,\varphi(x)$$

seront encore deux fonctions réciproques de première espèce, et qu'il en sera de même des fonctions

$$f^{IV}(x) \quad \text{et} \quad x^4\,\varphi(x),$$
$$f^{VI}(x) \quad \text{et} \quad -x^6\,\varphi(x),$$
$$\text{etc.}$$

Au contraire,

$$f'(x) \quad \text{et} \quad x\,\varphi(x),$$
$$f'''(x) \quad \text{et} \quad -x^3\,\varphi(x),$$
$$\text{etc.}$$

seront des fonctions réciproques de seconde espèce. On arriverait à des conclusions analogues en différentiant plusieurs fois de suite par rapport à $x$ les deux membres de l'équation (2).

On reconnaîtra avec la même facilité que, si

$$f(x) \quad \text{et} \quad \varphi(x)$$

sont deux fonctions réciproques de première espèce, la fonction

$$\varphi(x)\cos(kx)$$

aura pour réciproque de première espèce

$$\frac{1}{2}[f(k+x)+f(k-x)]$$

toutes les fois que $k$ sera plus grande que $x$, et

$$\frac{1}{2}[f(k+x)+f(x-k)]$$

dans le cas contraire, tandis que la fonction

$$\varphi(x)\sin kx$$

aura pour réciproque de seconde espèce

$$\frac{1}{2}[f(k-x)-f(k+x)]$$

dans la première hypothèse, et

$$\frac{1}{2}[f(x-k)-f(k+x)]$$

dans la seconde. Les diverses propositions ci-dessus énoncées supposent les quantités $k$ et $x$ positives ; mais il est facile de voir les modifications qu'on devrait y apporter, si $x$ et $k$ devenaient négatives ([1]).

Les principaux usages, auxquels on peut employer les fonctions réciproques, sont les suivants :

1° Elles servent à la détermination des intégrales définies. Ainsi, par exemple comme on a entre les limites $\mu=0$, $\mu=\infty$,

$$\int e^{-r\mu}\cos(\mu x)\,d\mu=\frac{r}{r^2+x^2},$$

$$\int e^{-r\mu}\sin(\mu x)\,d\mu=\frac{x}{r^2+x^2},$$

on en conclut que

$$e^{-rx}$$

a pour fonction réciproque de première espèce

$$\left(\frac{2}{\pi}\right)^{\frac{1}{2}}\frac{r}{r^2+x^2},$$

et pour fonction réciproque de seconde espèce

$$\left(\frac{2}{\pi}\right)^{\frac{1}{2}}\frac{x}{r^2+x^2};$$

([1]) On peut remarquer encore, que si $f(x)$ et $\chi(x)$ sont deux fonctions réciproques de première ou de seconde espèce, $kf(x)$ et $k\chi(x)$ seront réciproques de même espèce, $k$ étant une constante prise à volonté.

par suite les deux intégrales

$$\int \frac{r}{r^2+\mu^2}\cos(\mu x)\,dx$$
$$\int \frac{\mu}{r^2+\mu^2}\sin(\mu x)\,\mu\partial \qquad \left[\begin{array}{l}\mu=0.\\ \mu=\infty\end{array}\right.$$

doivent être l'une et l'autre égales à

$$\frac{2}{\pi}e^{-rr},$$

ce qui est effectivement exact. On déduit immédiatement de considérations analogues la formule qui sert à convertir les différences finies de puissances positives en intégrales définies.

2° Les fonctions réciproques peuvent servir à transformer les intégrales aux différences finies, et les sommes des séries, lorsque la loi de leurs termes est connue, en intégrales définies. En effet, à l'aide des fonctions réciproques, on peut remplacer une fonction quelconque $f(x)$ de la variable $x$ par la fonction $\cos(\mu x)$ ou $\sin(\mu x)$ placée sous un signe d'intégration définie relatif à la variable $\mu$; et comme on peut obtenir facilement l'intégrale de $\cos(\mu x)$ ou $\sin(\mu x)$ par rapport à $x$ en différences finies, et que les deux espèces d'intégration sont indépendantes, il est clair qu'il sera facile de transformer une intégrale aux différences en intégrale définie. Il est bon de remarquer, qu'au lieu de chercher la valeur de $f(x)$ en intégrale définie, on peut calculer d'abord celle de

$$e^{-kx}f(x),$$

$k$ étant une constante arbitraire, et multiplier l'intégrale trouvée par $e^{kx}$. Cette observation suffit pour lever plusieurs objections que l'on pourrait faire contre la méthode, dans le cas où la fonction $f(x)$ deviendrait infinie pour des valeurs réelles de $x$.

De même, si l'on désigne par

$$z^n f(n)$$

le terme général d'une série, $f(n)$ étant une fonction quelconque de l'indice $n$, on ramènera, par le moyen des fonctions réciproques, la sommation de la série en question à celle d'une autre qui aurait pour terme général

$$z^n \cos(\mu n)$$

et qui est évidemment sommable.

Dans le cas particulier où l'on suppose $z = 1$, on peut appliquer à la formule trouvée la théorie des intégrales singulières, et l'on en déduit alors la proposition suivante :

Désignons par $a$ et $b$ deux nombres dont le produit soit égal à la circonférence du cercle qui a pour rayon l'unité; soient de plus $f$ et $\varphi$ deux fonctions réciproques de première espèce, et formons les deux séries

$$\tfrac{1}{2} f(0) + f(a) + f(2a) + \dots$$

$$\tfrac{1}{2} \varphi(0) + \varphi(b) + \varphi(2b) + \dots$$

Le produit de la première série par $a^{\frac{1}{2}}$ sera égal à celui de la seconde par $b^{\frac{1}{2}}$. La première série sera donc sommable, toutes les fois que la seconde le sera, et réciproquement. Cette proposition nouvelle nous paraît digne d'être remarquée. Elle conduit immédiatement à la sommation des séries qu'Euler a traitées dans son introduction à l'analyse des infiniment petits, et à celle de plusieurs autres qui renferment les premières. Le cas particulier, où l'on prend $f(x) = e^{-x^2}$, offre une série très régulière et très simple dont le terme général est de la forme $a^{\frac{1}{2}} e^{-n^2 a^2}$, et dont la somme reste la même lorsqu'on y remplace $a$ par $\dfrac{\pi}{a}$.

3° Les fonctions réciproques peuvent encore servir à l'intégration des équations linéaires aux différences partielles à coefficients constants, ainsi que je l'ai fait savoir dans mon Mémoire sur la théorie des ondes.

Telles sont les principales propriétés des fonctions réciproques. Peut-être, à raison des nombreuses applications qu'on en peut faire, jugera-t-on qu'elles peuvent mériter quelque intérêt.

# SECONDE NOTE

SUR

# LES FONCTIONS RÉCIPROQUES

*Bulletin de la Société Philomatique*, p. 188-181; 1818.

Nous avons déjà inséré dans le *Bulletin* de 1817 un article sur les fonctions réciproques de première et de seconde espèce. Ces fonctions se trouvent complètement définies par les deux équations

$$(1) \qquad f(x) = \left(\frac{2}{\pi}\right)^{\frac{1}{2}} \int \varphi(u) \cos(\mu x)\, d\mu \left\{ \begin{matrix} \mu = 0 \\ \mu = \infty \end{matrix} \right\},$$

$$(2) \qquad f(x) = \left(\frac{2}{\pi}\right)^{\frac{1}{2}} \int \psi(u) \sin(\mu x)\, d\mu \left\{ \begin{matrix} \mu = 0 \\ \mu = \infty \end{matrix} \right\},$$

dans lesquelles $x$ désigne une quantité positive, et dont chacune subsiste l'orsqu'on échange entre elles les deux fonctions $f$ et $\varphi$, ou bien $f$ et $\psi$, qui s'y trouvent renfermées. Ainsi en admettant les équations précédentes, on aura

$$(3) \qquad \varphi(\mu) = \left(\frac{2}{\pi}\right)^{\frac{1}{2}} \int f(v) \cos(\mu v)\, dv \left\{ \begin{matrix} v = 0 \\ v = \infty \end{matrix} \right\},$$

$$(4) \qquad \psi(\mu) = \left(\frac{2}{\pi}\right)^{\frac{1}{2}} \int f(v) \sin(\mu v)\, dv \left\{ \begin{matrix} v = 0 \\ v = \infty \end{matrix} \right\};$$

et l'on conclura, par suite,

$$(5) \qquad f(x) = \frac{2}{\pi} \iint f(\nu) \cos(\mu x) \cos(\mu\nu)\, d\mu\, d\nu \left\{ \begin{matrix} \mu = 0, & \mu = \infty \\ \nu = 0, & \nu = \infty \end{matrix} \right\},$$

$$(6) \qquad f(x) = \frac{2}{\pi} \iint f(\nu) \sin(\mu x) \sin(\mu\nu)\, d\mu\, d\nu,$$

ou, ce qui revient au même,

$$(7) \qquad \iint f(\nu) \cos\mu(\nu + x)\, d\mu\, d\nu \left\{ \begin{matrix} \mu = 0, & \mu = \infty \\ \nu = 0, & \nu = \infty \end{matrix} \right\} = 0,$$

$$(8) \qquad \iint f(\nu) \cos\mu(\nu - x)\, d\mu\, d\nu \left\{ \begin{matrix} \mu = 0, & \mu = \infty \\ \nu = 0, & \nu = \infty \end{matrix} \right\} = \pi f(x).$$

Ces dernières formules, qui suffisent pour établir les propriétés des fonctions réciproques, sont celles dont M. Poisson et moi nous nous sommes servis, chacun séparément, pour intégrer les équations différentielles du mouvement des ondes. Au moment où j'ai rédigé sur cet objet l'article déjà cité, je ne connaissais d'autre Mémoire où l'on eût employé les formules en question, que celui de M. Poisson et le mien; mais, depuis cette époque, M. Fourier m'ayant donné communication de ses recherches sur la chaleur, présentée à l'Institut dans les années 1807 et 1811, et restées jusqu'à présent inédites, j'y ai reconnu les mêmes formules. Quoi qu'il en soit, comme on en a déjà fait, et qu'on peut en faire encore de nombreuses applications, je crois que les géomètres en verront avec quelque intérêt une démonstration simple et rigoureuse.

Pour établir les équations (7) et (8), nous chercherons les limites vers lesquelles convergent, tandis que $\alpha$ diminue, les intégrales doubles

$$(9) \qquad \iint e^{-\alpha\mu} f(\nu) \cos\mu(\nu + x)\, d\mu\, d\nu,$$

$$(10) \qquad \iint e^{-\alpha\mu} f(\nu) \cos\mu(\nu - x)\, d\mu\, d\nu; \qquad \left\{ \begin{matrix} \mu = 0, & \mu = \infty \\ \nu = 0, & \nu = \infty \end{matrix} \right\},$$

en partant de ce principe, que si N désigne une fonction de $\nu$ toujours positive depuis $v = v_0$ jusqu'à $v = v_1$, et $v'$ une valeur quelconque de $v$ intermédiaire entre $v_0$ et $v_1$, on pourra choisir cette valeur intermédiaire $v'$ de manière à vérifier l'équation

$$\int \mathrm{N} f(v)\, dv \begin{Bmatrix} v = v_0 \\ v = v \end{Bmatrix} = f(v') \int \mathrm{N}\, dv \begin{Bmatrix} v = v_0 \\ v = v_1 \end{Bmatrix}.$$

Cela posé, on trouvera

$$\iint e^{-\alpha\mu} f(v) \cos\mu(v + x)\, d\mu\, dv$$

$$= \int f(v) \frac{\alpha\, dv}{\alpha^2 + (v + x)^2} \begin{Bmatrix} v = 0 \\ v = \infty \end{Bmatrix}$$

$$= f(v') \int \frac{\alpha\, dv}{\alpha^2 + (v + x)^2} \begin{Bmatrix} v = 0 \\ v = \infty \end{Bmatrix}$$

$$= \operatorname{arc\,tang} \frac{\alpha}{x} f(v'),$$

$v'$ désignant une quantité positive; et l'on en concluera en faisant $\alpha = 0$

$$\iint f(v) \cos\mu(v + x)\, d\mu\, dv \begin{Bmatrix} \mu = 0, & \mu = \infty \\ v = 0, & v = \infty \end{Bmatrix} = 0 \times f(v') = 0,$$

du moins toutes les fois que $f(v)$ demeurera constamment finie pour des valeurs positives de $v$.

On aura, au contraire,

$$\iint e^{-\alpha\mu} f(v) \cos\mu(v - x)\, d\mu\, dv$$

$$= \int f(v) \frac{\alpha\, dv}{\alpha^2 + (v - x)^2} \begin{Bmatrix} v = 0 \\ v = \infty \end{Bmatrix}$$

$$= f(v') \int \frac{\alpha\, dv}{\alpha^2 + (v - x)^2} \begin{Bmatrix} v = 0 \\ v = \infty \end{Bmatrix}$$

$$= \left( \frac{\pi}{2} + \operatorname{arc\,tang} \frac{x}{\alpha} \right) f(v'),$$

et en faisant $\alpha = 0$

$$\iint f(v) \cos\mu(v - x)\, d\mu\, dv = \pi f(v').$$

Cette dernière équation prouve déjà que l'intégrale (8) n'est pas nulle en général, mais égale à l'une des valeurs du produit

$$\pi f(\nu').$$

Il reste à déterminer exactement cette valeur. Pour y parvenir, j'observe que, si l'on fait

$$\nu = x + \alpha u,$$

$u$ désignant une nouvelle variable, on aura

$$\int f(\nu)\,\frac{\alpha\,d\nu}{\alpha^2+(\nu-x)^2}\left\{\begin{array}{l}\nu=0\\\nu=x\end{array}\right. = \int f(x+\alpha u)\,\frac{du}{1+u^2}\left\{\begin{array}{l}u=-\dfrac{x}{\alpha}\\[2mm]u=\infty\end{array}\right\}$$

$$= \int f(x+\alpha u)\,\frac{du}{1+u^2}\left\{\begin{array}{l}u=-\dfrac{x}{\alpha}\\[2mm]u=-\dfrac{x}{\alpha^{\frac12}}\end{array}\right\}$$

$$+\int f(x+\alpha u)\,\frac{du}{1+u^2}\left\{\begin{array}{l}u=-\dfrac{x}{\alpha^{\frac12}}\\[2mm]u=\dfrac{x}{\alpha^{\frac12}}\end{array}\right\}$$

$$+\int f(x+\alpha u)\,\frac{du}{1+u^2}\left\{\begin{array}{l}u=\dfrac{x}{\alpha}\\[2mm]u=\infty\end{array}\right\}$$

$$= f(x+\alpha u')\int\frac{du}{1+u^2}\left\{\begin{array}{l}u=-\dfrac{x}{\alpha}\\[2mm]u=-\dfrac{x}{\alpha^{\frac12}}\end{array}\right\}$$

$$+f(x+\alpha u'')\int\frac{du}{1+u^2}\left\{\begin{array}{l}u=-\dfrac{x}{\alpha^{\frac12}}\\[2mm]u=+\dfrac{x}{\alpha^{\frac12}}\end{array}\right\}$$

$$+f(x+\alpha u''')\int\frac{du}{1+u^2}\left\{\begin{array}{l}u=\dfrac{x}{\alpha^{\frac12}}\\[2mm]u=\infty\end{array}\right\},$$

$u'$, $u''$, $u'''$ désignant trois valeurs de $u$ respectivement comprises entre
les limites des trois intégrales correspondantes. On en conclura, en
effectuant les intégrations

$$\iint e^{-\alpha\mu} f(\nu) \cos\mu(\nu - x)\, d\mu\, d\nu \begin{Bmatrix} \mu = 0, & \mu = \infty \\ \nu = 0, & \nu = \infty \end{Bmatrix}$$

$$= \left( \operatorname{arc\,tang} \frac{x}{\alpha} - \operatorname{arc\,tang} \frac{x}{\alpha^{\frac{1}{2}}} \right) f(x + \alpha u')$$

$$+ 2 \operatorname{arc\,tang} \frac{x}{\alpha^{\frac{1}{2}}} f(x + \alpha u'')$$

$$+ \left( \frac{\pi}{2} - \operatorname{arc\,tang} \frac{x}{\alpha^{\frac{1}{2}}} \right) f(x + \alpha u''').$$

et par suite en faisant $\alpha = 0$, puis observant que $\alpha u''$ est compris
entre $-\alpha^{\frac{1}{2}} x$ et $+\alpha^{\frac{1}{2}} x$,

$$\iint f(\nu) \cos\mu(\nu - x)\, d\mu\, d\nu \begin{Bmatrix} \mu = 0, & \mu = \infty \\ \nu = 0, & \nu = \infty \end{Bmatrix} = \pi f(x),$$

du moins toutes les fois que $f(\nu)$ restera constamment finie pour des
valeurs positives de $\nu$.

# NOTE

## SUR L'INTÉGRATION D'UNE CLASSE PARTICULIÈRE

## D'ÉQUATIONS DIFFÉRENTIELLES

*Bulletin de la Société Philomatique*, p. 17-20; 1818.

On sait que l'on regarde l'équation différentielle

$$(1) \qquad dy - f(x, y)\, dx = 0$$

comme intégrée, lorsqu'on a trouvé un facteur propre à convertir le premier membre de cette équation en une différentielle exacte. De plus il est facile de voir que

$$P\, dy - Q\, dx \quad \text{et} \quad P\, dx + Q\, dy$$

seront des différentielles complètes, si $P$ et $Q$ désignent deux fonctions réelles d'$x$ et d'$y$ liées entre elles par une équation de la forme

$$(2) \qquad \varphi(x + y\sqrt{-1}) = P - Q\sqrt{-1}.$$

On aura en effet dans cette hypothèse

$$\frac{dP}{dy} - \frac{dQ}{dy}\sqrt{-1} = \sqrt{-1}\,\varphi'(x + y\sqrt{-1}) = \frac{dP}{dx}\sqrt{-1} + \frac{dQ}{dx},$$

et par suite

$$\frac{dP}{dy} = \frac{dQ}{dx}, \qquad \frac{dP}{dx} = \frac{d(-Q)}{dy}.$$

Il est aisé d'en conclure que si l'on pouvait satisfaire à la condition

$$(3) \qquad f(x,y) = \frac{Q}{P},$$

ou bien à la suivante

$$f(x,y) = -\frac{P}{Q},$$

par des valeurs de P et de Q propres a vérifier en même temps une équation semblable à la formule (2): P, ou Q, serait un facteur propre à rendre intégrable l'équation différentielle donnée. Il importe donc de savoir dans quel cas on pourra satisfaire aux conditions dont il s'agit, et comment on déterminera dans cette hypothèse la valeur de P, ou celle de Q.

Observons d'abord que si dans l'équation (2) on fait $y = 0$, on en conclura

$$P = \varphi(x), \qquad Q = 0.$$

Par suite on ne pourra satisfaire à la première des conditions (3) que dans le cas où l'on aurait

$$(4) \qquad f(x, 0) = 0,$$

et à la seconde que dans le cas où l'on aurait

$$(5) \qquad f(x, 0) = x.$$

Cela posé, concevons que l'on trouve effectivement $f(x, 0) = 0$. On aura, pour déterminer, s'il est possible, les valeurs de P et de Q, les deux équations

$$(6) \qquad f(x,y) = \frac{Q}{P}, \qquad \varphi(x \pm y\sqrt{-1}) = P \mp Q\sqrt{-1}.$$

On en tire

$$P f(x,y) = Q, \qquad P = \frac{\varphi(x + y\sqrt{-1}) + \varphi(x - y\sqrt{-1})}{2}$$

$$Q = \frac{\varphi(x - y\sqrt{-1}) - \varphi(x + y\sqrt{-1})}{2\sqrt{-1}}$$

et par suite

$$(7) \qquad f(x,y)\left(\frac{\varphi\left(x-y\sqrt{-1}\right)+\varphi\left(x+y\sqrt{-1}\right)}{2}\right)$$
$$= \frac{\varphi\left(x-y\sqrt{-1}\right)-\varphi\left(x+y\sqrt{-1}\right)}{2\sqrt{-1}},$$

Soit maintenant

$$\frac{df(x,y)}{dy} = f_1(x,y).$$

Si l'on différentie par rapport à $y$ les deux membres de l'équation (7), et que l'on fasse ensuite $y = 0$, on trouvera

$$(8) \qquad f_1(x,0)\varphi(x) = -\varphi'(x).$$

En intégrant cette dernière équation par rapport à $x$ on en conclut

$$(9) \qquad \varphi(x) = c\,e^{-\int f_1(x,0)dx},$$

$c$ désignant une constante arbitraire. Si les valeurs de P et de Q, qui correspondent à la valeur précédente de $\varphi(x)$, vérifient l'équation

$$f(x,y) = \frac{P}{Q},$$

P sera un facteur propre à rendre intégrable l'équation différentielle donnée.

S'il arrivait que la fonction $f(x,0)$ fût infinie au lieu d'être nulle, on aurait à résoudre au lieu des équations (6) les deux suivantes :

$$(10) \qquad \frac{Q}{P} = -\frac{1}{f(x,y)}, \qquad \varphi(x \pm y\sqrt{-1}) = P \mp Q\sqrt{-1},$$

et il suffirait en conséquence de remplacer dans les calculs que nous venons de faire la fonction $f(x,y)$ par $-\dfrac{1}{f(x,y)}$.

Pour montrer une application des formules précédentes, supposons que l'équation différentielle donnée soit

$$\frac{dy}{dx} = \tan\big(y(a+bx)\big).$$

On aura dans cette hypothèse

$$f(x,y) = \tan\big(y(a+bx)\big), \qquad f(x,0) = 0, \qquad f_1(x,0) = a+bx;$$

et par suite la formule (9) donnera

$$\varphi(x) = c\,e^{-\int (a+bx)dx} = c\,e^{-ax+\frac{1}{2}bx^2}.$$

La valeur de $\varphi(x)$ étant ainsi déterminée, on trouve

$$P = c\,e^{-ax+\frac{1}{2}b(x^2-y^2)}\cos\big(y(a+bx)\big),$$
$$Q = c\,e^{-ax+\frac{1}{2}b(x^2-y^2)}\sin\big(y(a+bx)\big);$$

et comme ces valeurs de P et de Q vérifient l'équation

$$\frac{Q}{P} = \tang\big(y(a+bx)\big);$$

il en résulte qu'on peut rendre l'équation donnée intégrable par le moyen du facteur

$$P = c\,e^{-ax+\frac{1}{2}b(x^2-y^2)}\cos\big(y(a+bx)\big).$$

---

### Remarque sur l'article précédent (¹).

En représentant par $a$, $b$, $c$, $k$, des quantités constantes, et faisant, pour abréger,

$$a + bx + cy + kxy = p,$$

l'équation que M. Cauchy a prise pour exemple est un cas particulier de celle-ci

$$\frac{dy}{dx} = \tang p,$$

dans laquelle il est facile d'effectuer la séparation des variables. En effet elle est la même chose que

$$\cos p\,dy = \sin p\,dx;$$

(¹) Note de M. Poisson.

mettant pour $\cos p$ et $\sin p$, leurs valeurs en exponentielles imaginaires, on en déduit

$$\left(dx + dy\sqrt{-1}\right)e^{-p\sqrt{-1}} = \left(dx - dy\sqrt{-1}\right)e^{p\sqrt{-1}};$$

$u$ et $v$ étant deux nouvelles variables, si l'on fait

$$x + y\sqrt{-1} = 2u, \qquad x - y\sqrt{-1} = 2v,$$

on trouvera

$$p = a + \left(b - c\sqrt{-1}\right)u + \left(b + c\sqrt{-1}\right)v + (v^2 - u^2)\,k\sqrt{-1};$$

au moyen de cette valeur de $p$, il sera aisé de mettre l'équation précédente sous la forme

$$du\, e^{-2ku^2}\, e^{2(c-b\sqrt{-1})u} = dv\, e^{2u\sqrt{-1}}\, e^{-2kv^2}\, e^{-2(c-b\sqrt{-1})v},$$

et maintenant les variables sont séparées.

# NOTE

## SUR L'INTÉGRATION DES ÉQUATIONS
## AUX
## DIFFÉRENCES PARTIELLES DU PREMIER ORDRE
## A UN NOMBRE QUELCONQUE DE VARIABLES.

*Bulletin de la Société Philomatique*, p. 10-21; 1819.

Jusqu'à présent il n'est aucun traité de calcul différentiel et intégral, où l'on ait donné les moyens d'intégrer complètement les équations aux différences partielles du premier ordre, quel que soit le nombre des variables indépendantes. M'étant occupé il y a plusieurs mois de cet objet, je fus assez heureux pour obtenir une méthode générale propre à remplir le but désiré. Mais, après avoir terminé mon travail, j'ai appris que M. Pfaff, géomètre allemand, était parvenu de son côté aux intégrales des équations ci-dessus mentionnées. Comme il s'agit ici d'une des questions les plus importantes du calcul intégral, et que la méthode de M. Pfaff est différente de la mienne, je pense que les géomètres ne verront pas sans intérêt une analyse abrégée de l'une et de l'autre. Je vais d'abord exposer la méthode dont je me suis servi, en profitant, pour simplifier l'exposition, de quelques remarques faites par M. Coriolis. ingénieur des ponts et chaussées, et de quelques autres qui me sont depuis peu venues à l'esprit.

Supposons. en premier lieu. qu'il s'agisse d'intégrer une équation aux différences partielles du premier ordre à deux variables indépendantes. On a déjà pour une intégration de cette espèce plusieurs méthodes différentes, dont l'une (celle de M. Ampère) est fondée sur le changement d'une seule variable indépendante. La méthode que je propose, appuyée sur le même principe dans l'hypothèse admise, se réduit alors à ce qui suit.

Soit

$$(1) \qquad F(x, y, u, p, q) = 0$$

l'équation donnée, dans laquelle $x$ et $y$ désignent les deux variables indépendantes, $u$ la fonction inconnue de ces deux variables, et $p$, $q$ les dérivées partielles de $u$ relatives aux variables $x$ et $y$. Pour que l'on puisse déterminer complètement la fonction cherchée $u$, il ne suffira pas de savoir qu'elle doit vérifier l'équation (1); il sera de plus nécessaire qu'elle soit assujettie à une autre condition, par exemple, à obtenir une certaine valeur particulière fonction de $y$, pour une valeur donnée de la variable $x$. Supposons en conséquence que la fonction $u$ doive recevoir, pour $x = x_0$, la valeur particulière $\varphi(y)$ : la fonction $q$, ou la dérivée partielle de $u$ relativement à $y$, recevra dans cette hypothèse la valeur particulière $\varphi'(y)$. Dans la même hypothèse, la valeur générale de $u$ sera, comme l'on sait, complètement déterminée. Il s'agit maintenant de calculer cette valeur ; on y parviendra de la manière suivante.

Remplaçons $y$ par une fonction de $x$, et d'une nouvelle variable indépendante $y_0$. Les quantités $u, p, q$, qui étaient fonction de $x$ et $y$, deviendront elles-mêmes fonction de $x$ et de $y_0$ ; et l'on aura, en différentiant dans cette supposition,

$$(2) \qquad \frac{du}{dx} = p + q\frac{dy}{dx},$$

$$(3) \qquad \frac{du}{dy_0} = q\frac{dy}{dy_0}.$$

Si l'on retranche l'une de l'autre les deux équations précédentes, après avoir différentié la première par rapport à $y_0$, et la seconde par rapport à $x$, on en conclura

$$(4) \qquad \frac{dp}{dy_0} = \frac{dq}{dx}\frac{dy}{dy_0} - \frac{dy}{dx}\frac{dq}{dy_0}.$$

Si, de plus, on désigne par

$$X\, dx + Y\, dy + U\, du + P\, dp + Q\, dq$$

la différentielle totale du premier membre de l'équation (1), on trouvera, en différentiant cette équation par rapport à $y_0$,

$$(5) \qquad Y\frac{dy}{dy_0} + U\frac{du}{dy_0} + P\frac{dp}{dy_0} + Q\frac{dq}{dy_0} = 0,$$

et par suite, en ayant égard aux équations (3) et (4),

$$(6) \qquad \left(Y + qU + P\frac{dq}{dx}\right)\frac{dy}{dy_0} + \left(Q - P\frac{dy}{dx}\right)\frac{dq}{dy_0} = 0.$$

Observons maintenant que, la valeur de $y$ en fonction de $x$ et de $y_0$ étant tout à fait arbitraire, on peut en disposer de manière qu'elle vérifie l'équation différentielle

$$(7) \qquad Q - P\frac{dy}{dx} = 0,$$

et qu'elle se réduise à $y_0$, dans la supposition particulière $x = x_0$. La valeur de $y$ en $x$ et $y_0$ étant choisie comme on vient de le dire les valeurs particulières de $u$ et de $q$ correspondant à $x = x_0$, savoir, $\varphi(y)$ et $\varphi'(y)$ deviendront respectivement $\varphi(y_0)$ et $\varphi'(y_0)$. Représentons ces mêmes valeurs par $u_0$, $q_0$. On aura

$$(8) \qquad \begin{cases} u_0 = \varphi(y_0), \\ q_0 = \varphi'(y_0). \end{cases}$$

Quant à la formule (6), elle se trouvera réduite par l'équation (7) à

$$\left(Y + qU + P\frac{dq}{dx}\right)\frac{dy}{dy_0} = 0$$

et comme, $y$ renfermant $y_0$ par hypothèse, $\dfrac{dy}{dy_0}$ ne peut être constamment nul, la même formule deviendra

$$(9) \qquad Y + qU + P\frac{dq}{dx} = 0.$$

Cela posé, l'intégration de l'équation (1) se trouvera ramenée à la question suivante : *Trouver pour $y$, $u$, $q$, $p$ quatre fonctions de $x$ et de $y_0$, qui soient propres à vérifier les équations* (1), (2), (3), (7), (9), *et dont trois, savoir $y$, $u$, $q$, se réduisent respectivement à $y_0$, $u_0$, $q_0$, dans la supposition $x = x_0$.*

Nous ne parlons pas de l'équation (4), parce qu'elle est une suite nécessaire des équations (2) et (3). Quant à la valeur particulière de $p$ correspondant à $x = x_0$, elle n'entrera pas dans les valeurs générales de $y$, $u$, $p$, $q$ déterminées par les conditions précédentes. Si on la désigne par $p_0$, elle se déduira de la formule

$$(10) \qquad f(x_0, y_0, u_0, p_0, q_0) = 0.$$

Il est essentiel de remarquer que les valeurs générales de $y$, $u$, $p$, $q$, en fonction de $x$ et de $y_0$ resteront complètement déterminées, si, parmi les conditions auxquelles elles doivent satisfaire, on s'abstient de compter la vérification de l'équation (3). Cette dernière condition doit donc être une conséquence immédiate de toutes les autres. Pour le démontrer, supposons un instant que, les autres étant vérifiées, les deux membres de l'équation (3) soient inégaux. La différence entre ces deux membres ne pourra être qu'une fonction de $x$ et de $y_0$. Soit $\alpha$ cette fonction, et $\alpha_0$ ce qu'elle devient pour $x = x_0$. On aura

$$(11) \qquad \begin{cases} \alpha = \dfrac{du}{dy_0} - q\,\dfrac{dy}{dy_0}, \\[2ex] \alpha_0 = \dfrac{du_0}{dy_0} - q_0\,\dfrac{dy_0}{dy_0} = \varphi'(y_0) - \varphi'(y_0) = 0. \end{cases}$$

On trouvera, par suite, au lieu des équations (3) et (4),

$$(12) \qquad \begin{cases} \dfrac{du}{dy_0} = q\,\dfrac{dy}{dy_0} + \alpha, \\[2ex] \dfrac{dp}{dy_0} = \dfrac{dq}{dx}\,\dfrac{dy}{dy_0} - \dfrac{dy}{dx}\,\dfrac{dq}{dy_0} + \dfrac{d\alpha}{dx}, \end{cases}$$

puis, au lieu de l'équation (6), la suivante :

$$(13) \qquad \left( Y + qU + P\,\dfrac{dq}{dx} \right)\dfrac{dy}{dy_0} + \left( Q - P\,\dfrac{dy}{dx} \right)\dfrac{dq}{dy_0} + U\alpha + P\,\dfrac{d\alpha}{dx} = 0.$$

Cette dernière sera réduite par les équations (7) et (9), qu'on suppose vérifiées, à

$$(14) \qquad U\alpha + P\frac{d\alpha}{dx} = 0.$$

En l'intégrant et considérant $\frac{U}{P}$ comme une fonction de $x$ et de $y_0$, on trouvera

$$(15) \qquad \alpha = \alpha_0 \, e^{-\int \frac{U}{P} dx} \left(\frac{x_0}{x}\right);$$

et par suite, en ayant égard à la seconde des équations (11), on aura généralement

$$(16) \qquad \alpha = 0.$$

Les deux membres de l'équation (3) ne sauraient donc être inégaux dans l'hypothèse admise. On doit en conclure que les quantités $y$, $u$, $p$, $q$ satisfont à toutes les conditions requises, si ces quantités, considérées comme fonctions de $x$, vérifient les équations (1), (2), (7), (9), et si, de plus, $y$, $u$, $q$ se réduisent respectivement à $y_0$, $u_0 = \varphi(y_0)$, et $q_0 = \varphi(y_0)$, pour $x = x_0$. Il est inutile d'ajouter que $p$ doit obtenir dans la même supposition la valeur particulière $p_0$; en effet cette valeur particulière ne sera pas comprise dans les intégrales des équations (1), (2), (7), (9), attendu qu'aucune de ces équations ne renferme $\frac{dp}{dx}$.

Si dans l'équation (2), on substitue la valeur de $\frac{dy}{dx}$ tirée de l'équa- (7), on trouvera

$$(17) \qquad \frac{du}{dx} = p + \frac{Qq}{P} = \frac{Pp + Qq}{P}.$$

De plus, si l'on différentie l'équation (1) par rapport à $x$, on obtiendra la suivante :

$$(18) \qquad X + Y\frac{dy}{dx} + U\frac{du}{dx} + P\frac{dp}{dx} + Q\frac{dq}{dx} = 0,$$

que les valeurs de $\frac{dy}{dx}$, $\frac{du}{dx}$, $\frac{dp}{dx}$ tirées des formules (7), (17) et (9), réduisent à

$$(19) \qquad X + pU + P\frac{dp}{dx} = 0.$$

Cela posé, on pourra substituer l'équation (17) à l'équation (2), et l'équation (19) à l'une des équations (1), (17), (7), (9). Si d'ailleurs on observe que, dans le cas où l'on considère $y$, $u$, $p$, $q$ comme fonctions de $x$ seulement, on peut comprendre les équations (7), (9), (17) et (19) dans la formule algébrique

$$(20) \qquad \frac{dx}{P} = \frac{dy}{Q} = \frac{du}{Pp + Qq} = - \frac{dp}{X + PU} = - \frac{dq}{Y + qU};$$

on conclura définitivement que, *pour déterminer les valeurs cherchées des quantités $y$, $u$, $p$, $q$, il suffit de les assujettir à quatre des cinq équations comprises dans les deux formules*

$$(21) \qquad \begin{cases} f(x, y, u, p, q) = 0, \\ \dfrac{dx}{P} = \dfrac{dy}{Q} = \dfrac{du}{Pp + Qq} = - \dfrac{dp}{X + pU} = - \dfrac{dq}{Y + qU} \end{cases}$$

*et à recevoir, pour $x = x_0$, les valeurs particulières $y_0$, $u_0$, $p_0$, $q_0$; dont les trois dernières sont déterminées en fonction de la première par les équations* (8) *et* (10).

Supposons, pour fixer les idées, qu'à l'aide de l'équation

$$f(x, y, u, p, q) = 0$$

on élimine $p$ des trois équations comprises dans la formule

$$(22) \qquad \frac{dx}{P} = \frac{dy}{Q} = \frac{du}{Pp + Qq} = - \frac{dq}{Y + qU}.$$

En intégrant ces trois dernières, on obtiendra trois équations finies qui renfermeront, avec les quantités

$$x, \quad y, \quad u, \quad q,$$

les valeurs particulières représentées par

$$x_0, \quad y_0, \quad \varphi(y_0), \quad \varphi'(y_0).$$

Si après l'intégration on élimine $q$, les deux équations restantes renfermeront seulement, avec les quantités variables $x, y, u$ et la quantité constante $x_0$, la nouvelle variable $y_0$, dont l'élimination ne pourra s'effectuer que lorsqu'on aura assigné une forme particulière à la fonction arbitraire désignée par $\varphi$. Quoi qu'il en soit, le système des deux équations dont il s'agit pourra toujours être considéré comme équivalent à l'intégrale générale de l'équation (1).

Comme, dans tout ce qui précède, on peut substituer la variable $x$ à la variable $y$, et réciproquement, il en résulte que les intégrales des équations (21) fourniront encore la solution de la question proposée, si l'on considère dans ces intégrales $y_0$ comme constante, $x_0$ comme une nouvelle variable que l'on doit éliminer, et $u_0$, $p_0$, $q_0$ comme des fonctions de cette nouvelle variable déterminées par des équations de la forme

$$(23) \qquad \begin{cases} u_0 = \varphi\,(x_0), \\ p_0 = \varphi'(x_0); \end{cases}$$

$$(24) \qquad f(x_0, y_0, u_0, p_0, q_0) = 0.$$

Appliquons les principes que nous venons d'établir à l'intégration de l'équation aux différences partielles

$$(25) \qquad pq - xy = 0.$$

On aura dans cette hypothèse

$$P = q, \qquad Q = p, \qquad U = 0, \qquad X = -y, \qquad Y = -x;$$

et par suite la seconde des formules (21) deviendra

$$\frac{dx}{q} = \frac{dy}{p} = \frac{du}{2pq} = \frac{dp}{y} = \frac{dq}{x},$$

ou, si l'on réduit toutes les fractions au même dénominateur $pq = xy$, pour les supprimer ensuite,

$$(26) \qquad p\,dx = q\,dy = \frac{1}{2}\,du = x\,dp = y\,dq.$$

On tire successivement de la formule précédente

$$(27) \qquad \frac{dp}{p} = \frac{dx}{x}, \qquad \frac{dq}{q} = \frac{dy}{y}, \qquad du = \frac{p}{x}\,2x\,dx = \frac{q}{y}\,2y\,dy;$$

puis, en intégrant, et ayant égard à l'équation de condition $p_0 q_0 = x_0 y_0$,

$$(28) \qquad \frac{p}{p_0} = \frac{x}{x_0}, \qquad \frac{q}{q_0} = \frac{y}{y_0},$$

$$(29) \qquad \left\{ \begin{aligned} u - u_0 &= \frac{p_0}{x_0}(x^2 - x_0^2) = \frac{q_0}{y_0}(y^2 - y_0^2) \\ &= \frac{y_0}{q_0}(x^2 - x_0^2) = \frac{x_0}{p_0}(y^2 - y_0^2). \end{aligned} \right.$$

Si l'on multiplie l'une par l'autre les deux valeurs de $u - u_0$ que fournit l'équation (29), on aura

$$(30) \qquad (u - u_0)^2 = (x^2 - x_0^2)(y^2 - y_0^2).$$

En joignant cette dernière à l'équation (29) mise sous la forme

$$(31) \qquad q_0(u - u_0) = y_0(x^2 - x_0^2),$$

et remplaçant $u_0$ par $\varphi(y_0)$, $q_0$ par $\varphi'(y_0)$, on trouvera, pour les deux formules dont le système doit représenter l'intégrale générale de l'équation (25),

$$(32) \qquad \left\{ \begin{aligned} [u - \varphi(y_0)]^2 &= (x^2 - x_0^2)(y^2 - y_0^2), \\ [u - \varphi(y_0)]\varphi'(y_0) &= (x^2 - x_0^2)y_0. \end{aligned} \right.$$

Dans ces deux dernières formules $x_0$ désigne une constante choisie à volonté, et $y_0$ une nouvelle variable qu'on ne peut éliminer qu'après avoir fixé la valeur de la fonction arbitraire $\varphi$. Il est bon de remarquer que la seconde des équations (32) n'est autre chose que la dérivée de la première relative à la variable $y_0$.

Si l'on réunit l'équation (30) à l'équation (29) mise sous la forme

$$(33) \qquad p_0(u - u_0) = x_0(y^2 - y_0^2),$$

que l'on considère $y_0$ comme constante, $x_0$ comme variable, puis, que l'on remplace $u_0$ par $\varphi(x)$ et $p_0$ par $\varphi'(x_0)$, on obtiendra deux nouvelles équations, savoir :

$$(34) \qquad \left\{ \begin{aligned} [u - \varphi(x_0)]^2 &= (x^2 - x_0^2)(y^2 - y_0^2), \\ [u - \varphi(x_0)]\varphi'(x_0) &= (y^2 - y_0^2)x_0, \end{aligned} \right.$$

dont le système sera encore propre à représenter l'intégrale générale de l'équation (25). La seconde des équations (34) est la dérivée de la première relativement à $x_0$.

On prouverait absolument de la même manière que l'intégrale générale de l'équation aux différences partielles

$$(35) \qquad pq - u = 0$$

est représentée par le système de deux formules très simples, savoir : de l'équation

$$(36) \qquad \left(u^{\frac{1}{2}} - u_0^{\frac{1}{2}}\right)^2 = (x - x_0)(y - y_0),$$

et de sa dérivée prise relativement à l'une des quantités $x_0$, $y_0$ considérée comme variable, $u_0$ étant censée fonction arbitraire de cette même variable.

La méthode que l'on vient d'exposer n'est pas seulement applicable à l'intégration des équations aux différences partielles à deux variables indépendantes; elle subsiste, quel que soit le nombre des variables indépendantes, ainsi qu'on peut aisément s'en assurer.

Prenons pour exemple le cas où il s'agit d'une équation aux différences partielles à trois variables indépendantes. Soit

$$(37) \qquad f(x, y, z, u, p, q, r) = 0$$

cette équation, dans laquelle $u$ désigne toujours une fonction inconnue des variables indépendantes $x$, $y$, $z$, et $p$, $q$, $r$ les dérivées partielles de $u$ relatives à ces mêmes variables. Pour déterminer complètement la fonction $u$, il ne suffira pas de savoir qu'elle doit vérifier l'équation (37). Il sera, de plus, nécessaire que cette fonction soit assujettie à une autre condition, par exemple, à obtenir une certaine valeur particulière pour une valeur donnée de $x$. Supposons en conséquence que la fonction $u$ doive recevoir, pour $x = x_0$, la valeur particulière $\varphi(y, z)$. Les fonctions $q$ et $r$, ou les dérivées partielles de $u$ relatives à $y$ et à $z$ obtiendront respectivement dans la même hypothèse les valeurs $\dfrac{d\varphi(y, z)}{dy}$, $\dfrac{d\varphi(y, z)}{dz}$, que je désignerai, pour abréger, par $\varphi'(y, z)$ et $\varphi_1(y, z)$.

Il s'agit maintenant de calculer la valeur générale de $y$. On y parviendra de la manière suivante.

Remplaçons $y$ et $z$ par des fonctions de $x$ et de deux nouvelles variables indépendantes $y_0$, $z_0$. Les quantités $u$, $p$, $q$, $r$, qui étaient fonction de $x$, $y$, $z$, deviendront elles-mêmes fonction de $x$, $y_0$, $z_0$; et l'on aura, dans cette supposition,

$$(38) \qquad \frac{du}{dx} = p + q \frac{dy}{dx} + r \frac{dz}{dx},$$

$$(39) \qquad \begin{cases} \dfrac{du}{dy_0} = q \dfrac{dy}{dy_0} + r \dfrac{dz}{dy_0}, \\[2mm] \dfrac{du}{dz_0} = q \dfrac{dy}{dz_0} + r \dfrac{dz}{dz_0}. \end{cases}$$

On tire des trois équations précédentes

$$(40) \qquad \begin{cases} \dfrac{dp}{dy_0} = \dfrac{dq}{dx} \dfrac{dy}{dy_0} - \dfrac{dy}{dx} \dfrac{dq}{dy_0} + \dfrac{dr}{dx} \dfrac{dz}{dy_0} - \dfrac{dz}{dx} \dfrac{dr}{dy_0}, \\[2mm] \dfrac{dy}{dz_0} = \dfrac{dq}{dx} \dfrac{dy}{dz_0} - \dfrac{dy}{dx} \dfrac{dq}{dz_0} + \dfrac{dr}{dx} \dfrac{dz}{dz_0} - \dfrac{dz}{dx} \dfrac{dr}{dz_0}. \end{cases}$$

Si, de plus, on désigne par

$$X \, dx + Y \, dy + Z \, dz + U \, du + P \, dp + Q \, dq + R \, dr$$

la différentielle totale du premier membre de l'équation (37), on trouvera, en différentiant successivement cette équation par rapport à $y_0$ et par rapport à $z_0$,

$$(41) \qquad \begin{cases} \left(Y + qU + P\dfrac{dq}{dx}\right) \dfrac{dy}{dy_0} + \left(Z + rU + P\dfrac{dr}{dx}\right) \dfrac{dz}{dy_0} \\[3mm] \qquad\qquad + \left(Q - P\dfrac{dy}{dx}\right) \dfrac{dq}{dy_0} + \left(R - P\dfrac{dz}{dx}\right) \dfrac{dr}{dy_0} = 0, \\[4mm] \left(Y + qU + P\dfrac{dq}{dx}\right) \dfrac{dz}{dz_0} + \left(Z + rU + P\dfrac{dr}{dx}\right) \dfrac{dz}{dz_0} \\[3mm] \qquad\qquad + \left(Q - P\dfrac{dy}{dx}\right) \dfrac{dq}{dz_0} + \left(R - P\dfrac{dz}{dx}\right) \dfrac{dr}{dz_0} = 0. \end{cases}$$

Observons maintenant que, les valeurs de $y$ et de $z$ en fonction de $x$, $y_0$, $z_0$ étant tout à fait arbitraires, on peut en disposer de manière qu'elles vérifient les équations différentielles

$$(42) \qquad \begin{cases} Q - P\dfrac{dy}{dx} = 0, \\[2mm] R - P\dfrac{dz}{dx} = 0; \end{cases}$$

et que de plus elles se réduisent, pour $x = x_0$, la première à $y_0$, la seconde à $z_0$. Les valeurs de $y$ et de $z$ étant choisies comme on vient de le dire, les équations (41) donneront

$$(43) \qquad \begin{cases} Y + q U + P\dfrac{dq}{dx} = 0, \\[2mm] Z + r V + P\dfrac{dr}{dx} = 0; \end{cases}$$

et, si l'on fait en outre

$$(44) \qquad u_0 = \varphi(y_0, z_0), \qquad q_0 = \varphi'(y_0, z_0), \qquad r_0 = \varphi_1(y_0, z_0),$$

on reconnaîtra facilement que la question proposée se réduit à intégrer les équations (38), (42) et (43), après y avoir substitué la valeur de $p$ tirée de l'équation (37), et en y considérant $y$, $z$, $u$, $q$, $r$, comme des fonctions de $x$, qui doivent respectivement se réduire à $y_0$, $z_0$, $u_0$, $q_0$, $r_0$, pour $x = x_0$. Si entre les intégrales des cinq équations (38), (42) et (43) on élimine $q$ et $r$, il restera seulement trois équations finies entre les quantités $x$, $y$, $z$, $u$, la quantité constante $x_0$, les nouvelles variables $y_0$, $z_0$, et trois fonctions de ces nouvelles variables, savoir :

$$u_0 = \varphi(y_0, z_0), \qquad q_0 = \varphi'(y_0, z_0), \qquad r_0 = \varphi_1(y_0, z_0).$$

Le système de ces trois équations finies, entre lesquelles on ne pourra éliminer $y_0$ et $z_0$ qu'après avoir fixé la valeur de la fonction arbitraire $\varphi(y, z)$, doit être considéré comme équivalent à l'intégrale générale de l'équation (37).

Les valeurs de $y$, $z$, $u$, $q$, $r$, déterminées par la méthode précédente, satisfont d'elles-mêmes aux équations (39). En effet, si l'on suppose

$$\frac{du}{dy_0} - q\frac{dy}{dy_0} - r\frac{dz}{dy_0} = \alpha,$$

$$\frac{du}{dz_0} - q\frac{dy}{dz_0} - r\frac{dz}{dz_0} = \varepsilon,$$

puis, que l'on différentie successivement l'équation $(37)$ par rapport à $y_0$ et par rapport à $z_0$, en ayant égard aux équations $(38)$, $(42)$ et $(43)$, on trouvera

$$U\alpha + P\frac{d\alpha}{dx} = o,$$

$$U\mathcal{6} + P\frac{d\mathcal{6}}{dx} = o;$$

et, par suite,

$$\alpha = \alpha_0\, e^{-\int \frac{U}{P}dx}\left[\begin{smallmatrix}x_0\\x\end{smallmatrix}\right],$$

$$\mathcal{6} = \mathcal{6}\, e^{-\int \frac{U}{P}dx}\left[\begin{smallmatrix}x_0\\x\end{smallmatrix}\right],$$

$\frac{U}{P}$ étant considéré comme une fonction de $x$, $y_0$, $z_0$ et $\alpha_0$, $\mathcal{6}_0$ désignant les valeurs de $\alpha$ et de $\mathcal{6}$ correspondant à $x = x_0$. De plus, comme ces valeurs seront évidemment données par les équations

$$\alpha_0 = \frac{du_0}{dy_0} - q_0\frac{dy_0}{dy_0} = \varphi'(y_0, z_0) - \varphi'(y_0, z_0) = o,$$

$$\mathcal{6}_0 = \frac{du_0}{dz_0} - r_0\frac{dz_0}{dz_0} = \varphi_1(y_0, z_0) - \varphi_1(y_0, z_0) = o,$$

on en conclura généralement

$$\alpha = o.$$
$$\mathcal{6} = o.$$

Si l'on différentie par rapport à $x$ l'équation $(37)$, et que dans l'équation dérivée ainsi obtenue on substitue, pour $\frac{dy}{dx}, \frac{dz}{dx}, \frac{du}{dx}, \frac{dq}{dx}, \frac{dr}{dx}$, leurs valeurs tirées des formules $(38)$, $(42)$, et $(43)$, on trouvera que cette équation dérivée se réduit à

$$(45) \qquad X + pU + P\frac{dp}{dx} = o.$$

Si de plus on désigne par $p_0$ la valeur particulière de $p$ correspondant à $x = x_0$, cette valeur particulière satisfera évidemment à l'équation

$$(46) \qquad f(x_0, y_0, z_0, u_0, p_0, q_0, r_0) = o.$$

Enfin, si l'on observe que, dans le cas où l'on considère $y$, $z$, $u$, $p$, $q$, $r$ comme fonctions de $x$, on peut comprendre les équations $(38)$, $(42)$.

(43) et (45) dans la formule algébrique

$$(47) \qquad \frac{dx}{P} = \frac{dy}{Q} = \frac{dz}{R} = \frac{du}{Pp + Qq + Rr}$$

$$= -\frac{dp}{X + pU} = -\frac{dq}{Y + qU} = -\frac{dr}{Z + rU},$$

on conclura en définitif, que, pour déterminer complètement les quantités $y$, $z$, $u$, $p$, $q$, $r$, il suffit de les assujettir à six des équations comprises dans les deux formules (37), (47), et à recevoir, pour $x = x_0$, les valeurs particulières $y_0$, $z_0$, $u_0$, $p_0$, $q_0$, $r_0$, dont les quatre dernières se trouvent exprimées en fonction des deux premières par les équations (44) et (46).

Appliquons ces principes à l'intégration des équations aux différences partielles

$$(48) \qquad pqr - xyz = 0.$$

Dans cette hypothèse, la formule (47) deviendra

$$\frac{dx}{qr} = \frac{dy}{pr} = \frac{dz}{pq} = \frac{du}{3pqr} = \frac{dp}{yz} = \frac{dq}{xz} = \frac{dr}{xy},$$

ou, si l'on réduit toutes les fractions au même dénominateur $pqr = xyz$, pour le supprimer ensuite,

$$(49) \qquad p\,dx = q\,dy = r\,dz = \tfrac{1}{3}\,du = x\,dp = y\,dq = z\,dr.$$

On tire de cette dernière

$$(50) \qquad \begin{cases} \dfrac{dp}{p} = \dfrac{dx}{x}, \qquad \dfrac{dq}{q} = \dfrac{dy}{y}, \qquad \dfrac{dr}{r} = \dfrac{dz}{z}, \\[2mm] du = 3\,\dfrac{p}{x}\,x\,dx = 3\,\dfrac{q}{y}\,y\,dy = 3\,\dfrac{r}{z}\,z\,dz, \end{cases}$$

puis, en intégrant,

$$(51) \qquad \frac{p}{p_0} = \frac{x}{x_0}, \qquad \frac{q}{q_0} = \frac{y}{y_0}, \qquad \frac{r}{r_0} = \frac{z}{z_0},$$

$$(52) \qquad u - u_0 = \frac{3}{2}\frac{p_0}{x_0}(x^2 - x_0^2) = \frac{3}{2}\frac{q_0}{y_0}(y^2 - y_0^2) = \frac{3}{2}\frac{r_0}{z_0}(z^2 - z_0^2).$$

Si maintenant on multiplie l'une par l'autre les trois valeurs de $u - u_0$

que fournit la formule (52), ou seulement deux de ces valeurs, en ayant égard à l'équation de condition

$$(53) \qquad p_0 q_0 r_0 = x_0 y_0 z_0,$$

on trouvera

$$(54) \qquad (u - u_0)^3 = \frac{27}{8} (x^2 - x_0^2)(y^2 - y_0^2)(z^2 - z_0^2),$$

$$(55) \qquad \begin{cases} (u - u_0)^2 = \frac{9}{4} \frac{x_0}{p_0} (y^2 - y_0^2)(z^2 - z_0^2), \\[2mm] (u - u_0)^2 = \frac{9}{4} \frac{y_0}{q_0} (x^2 - x_0^2)(z^2 - z_0^2), \\[2mm] (u - u_0)^2 = \frac{9}{4} \frac{z_0}{r_0} (x^2 - x_0^2)(y^2 - y_0^2). \end{cases}$$

Enfin, si dans l'équation (54) et dans les deux dernières équations (55) on remplace

$$u_0 \text{ par } \varphi(y_0, z_0), \qquad q_0 \text{ par } \varphi'(y_0, z_0), \qquad r_0 \text{ par } \varphi_1(y_0, z_0),$$

on obtiendra trois formules dont le système représentera l'intégrale générale de l'équation (48), savoir :

$$(56) \qquad [u - \varphi(y_0, z_0)]^3 = \frac{27}{8} (x^2 - x_0^2)(y^2 - y_0^2)(z^2 - z_0^2),$$

$$(57) \qquad \begin{cases} [u - \varphi(y_0, z_0)]^2 \varphi'(y_0, z_0) = \frac{9}{4} (x^2 - x_0^2)(z^2 - z_0^2) y_0, \\[2mm] [u - \varphi(y_0, z_0)]^2 \varphi_1(y_0, z_0) = \frac{9}{4} (x^2 - x_0^2)(y^2 - y_0^2) z_0. \end{cases}$$

Dans ces trois formules $x_0$ désigne une quantité constante, et $y_0$ $z_0$ deux nouvelles quantités variables que l'on doit éliminer après avoir fixé la valeur de la fonction arbitraire $\varphi(y, z)$. On peut remarquer que les équations (57) sont les dérivées de l'équation (56), prises successivement par rapport à $y_0$ et par rapport à $z_0$.

En général, si l'on considère $u_0$ comme fonction de $x_0$, $y_0$, $z_0$, et que l'on fasse

$$(58) \qquad \frac{du_0}{dx_0} = p_0, \qquad \frac{du_0}{dy_0} = q_0, \qquad \frac{du_0}{dz_0} = r_0,$$

les trois équations (55) ne seront que les dérivées de l'équation (54) prises relativement à $x_0$, $y_0$, $z_0$; et, si dans l'équation (54) réunie à deux des équations (55), on regarde l'une des trois quantités $x_0$, $y_0$, $z_0$ comme constante et les deux autres comme variables, on obtiendra un système de trois équations finies propre à représenter l'intégrale générale de l'équation aux différences partielles

$$pqr - xyz = 0.$$

En appliquant la méthode ci-dessus exposée à l'équation aux différences partielles

$$(59) \qquad pqr - u = 0,$$

on trouverait que l'intégrale générale de cette dernière peut être représentée par le système de trois formules très simples, savoir, de l'équation

$$(60) \qquad \left(u^{\frac{2}{3}} - u_0^{\frac{2}{3}}\right)^3 = 8(x - x_0)(y - y_0)(z - z_0),$$

dans laquelle $u_0$ est censée fonction arbitraire de $x_0$, $y_0$, $z_0$, et des deux dérivées de la même équation relatives à deux des trois quantités $x_0$, $y_0$, $z_0$, lorsque l'on considère une de ces trois quantités comme constante et les deux autres comme variables.

L'extension des méthodes précédentes à l'intégration des équations aux différences partielles, qui renferment plus de trois variables indépendantes, ne présentant aucune difficulté, je passerai dans un second article à l'exposition du travail important de M. Pfaff sur les objets que je viens de traiter.

# MÉMOIRES SUR L'INTÉGRATION
## DES ÉQUATIONS LINÉAIRES AUX DIFFÉRENCES PARTIELLES,
### A COEFFICIENTS CONSTANTS
### ET AVEC UN DERNIER TERME VARIABLE.

## PREMIER MÉMOIRE.

*Bulletin de la Société Philomatique*, p. 101-112; 1821.

Dans ce Mémoire je me propose deux objets distincts, savoir :
1° de présenter l'intégrale générale des équations linéaires aux
différences partielles et à coefficients constants, avec un dernier terme
variable, sous la forme la plus directement applicable à la solution
de certains problèmes; 2° de montrer les différentes sortes de réductions que peut admettre dans des cas particuliers l'intégrale dont il
s'agit. Je vais d'abord m'occuper ici de la première de ces deux
questions, en me bornant, pour abréger, au cas où le terme variable
de l'équation aux différences partielles se réduit à zéro.

On sait depuis longtemps intégrer par des sommes d'exponentielles
composées d'un nombre fini ou infini de termes, les équations linéaires
aux différences partielles et à coefficients constants; et M. Poisson
a fait voir, dans le *Bulletin de la Société Philomatique*, de 1817, que les
expressions auxquelles on arrive de cette manière, sont précisément
les intégrales générales de ces équations. Mais on reconnaît bientôt
que les expressions dont il s'agit présentent l'inconvénient de ne

pouvoir se prêter immédiatement à la détermination des fonctions arbitraires. Pour faire disparaître cet obstacle, on a employé deux moyens différents. Le premier consiste à développer les intégrales en séries, ou à les représenter à l'aide d'expressions symboliques déduites de l'analogie entre les puissances et les différences, et à convertir ensuite ces séries ou ces symboles en intégrales définies. (*Voyez* le Mémoire de M. Poisson, publié en 1819, et deux Mémoires de M. Brisson, l'un inséré dans le *Journal de l'École Polytechnique*, l'autre manuscrit.) Le second consiste à introduire dans les sommes d'exponentielles dont nous avons parlé ci-dessus les fonctions arbitraires qui doivent y rester. On peut, d'ailleurs, obtenir ce dernier résultat, soit dans certains cas particuliers, à l'aide de formules uniquement applicables à ces mêmes cas, soit en général, en supposant les exposants imaginaires, et faisant usage des théorèmes que renferment les Mémoires de M. Fourier, sur la chaleur; de M. Poisson et de moi, sur la théorie des ondes. On peut consulter à ce sujet : 1° les Mémoires des deux auteurs que je viens de citer; 2° la 11ᵉ note de mon Mémoire sur les ondes, qui indique précisément la manière de résoudre ces sortes de problèmes. Toutefois on abrège la méthode de solution que j'expose, et celle qui se trouve dans le Mémoire de M. Poisson, en apportant une légère modification à la formule fondamentale. Cette formule, étendue à un nombre $n$ de variables $x, y, z, \ldots$, peut s'écrire ainsi :

$$(1) \quad f(x, y, z, \ldots) = \frac{1}{\pi^n} \iiint \ldots f(\mu, \nu, \varpi, \ldots) \cos\alpha\,(x - \mu)$$
$$\times \cos\beta\,(y - \nu) \cos\gamma\,(z - \varpi) \ldots d\alpha\,d\beta\,d\gamma\,d\mu\,d\nu\,d\varpi \ldots,$$

les intégrations relatives aux variables auxiliaires $\alpha, \beta, \gamma, \ldots$ étant effectuées entre les limites $0, \infty$, et celles qui se rapportent aux variables auxiliaires $\mu, \nu, \varpi, \ldots$, entre les limites $-\infty, +\infty$. Je remplace cette même formule par la suivante :

$$(2) \quad f(x, y, z, \ldots) = \frac{1}{(2\pi)^n} \iiint \ldots e^{\alpha(\mu - x)\sqrt{-1}}\, e^{\beta(\nu - y)\sqrt{-1}}\, e^{\gamma(\varpi - z)\sqrt{-1}} \ldots$$
$$\times f(\mu, \nu, \varpi, \ldots)\,d\alpha\,d\beta\,d\gamma\,d\mu\,d\nu\,d\varpi \ldots.$$

les intégrations relatives à $\alpha$, $6$, $\gamma$, ... étant faites entre les limites $-\infty$, $+\infty$, et celles qui se rapportent à $\mu$, $\nu$, $\varpi$, ... entre des limites quelconques, pourvu que ces limites comprennent les valeurs attribuées à $x$, $y$, $z$, .... Cela posé, concevons qu'il s'agisse de résoudre une équation linéaire aux différences partielles et à coefficients constants, sans dernier terme variable. Supposons que cette même équation renferme, outre la variable principale $\varphi$, $n+1$ variables indépendantes

$$x, \quad y, \quad z, \quad \dots \quad t;$$

et qu'elle se change dans la suivante :

$$(3) \qquad F(\alpha, 6, \gamma, \dots \theta) = 0,$$

lorsqu'on y remplace respectivement

$$\varphi \dots \text{par } 1$$
$$\frac{d\varphi}{dx} \dots \text{par } \alpha\sqrt{-1}$$
$$\frac{d\varphi}{dy} \dots \text{par } 6\sqrt{-1}$$
$$\text{etc.}$$
$$\frac{d\varphi}{dt} \dots \text{par } \theta$$
$$\frac{d^2\varphi}{dx^2} \dots \text{par } \left(\alpha\sqrt{-1}\right)^2$$
$$\frac{d^2\varphi}{dx\,dy} \dots \text{par } \left(\alpha\sqrt{-1}\right)\left(6\sqrt{-1}\right)$$
$$\text{etc.}$$
$$\frac{d^2\varphi}{dx\,dt} \dots \text{par } \left(\alpha\sqrt{-1}\right)\theta$$
$$\frac{d^2\varphi}{dy^2} \dots \text{par } \left(6\sqrt{-1}\right)^2$$
$$\text{etc.}$$
$$\frac{d^2\varphi}{dt^2} \dots \text{par } \theta^2$$
$$\frac{d^3\varphi}{dx^3} \dots \text{par } \left(\alpha\sqrt{-1}\right)^3$$
$$\text{etc.}$$

Enfin proposons-nous de trouver une valeur de $\varphi$ qui, satisfaisant à l'équation donnée, se réduise à

$$f(x, y, z, \ldots),$$

pour $t = 0$. Il suffira évidemment de prendre

$$(4) \qquad \varphi = \left(\frac{1}{2\pi}\right)^n \iiint \ldots e^{\theta t}\, e^{\alpha(\mu-x)\sqrt{-1}}\, e^{\beta(\nu-y)\sqrt{-1}}\, e^{\gamma(\varpi-z)\sqrt{-1}} \ldots$$
$$\times f(\mu, \nu, \varpi, \ldots)\, d\alpha\, d\beta\, d\gamma\, d\mu\, d\nu\, d\varpi \ldots$$

pourvu qu'on détermine $\theta$ par la formule

$$F(\alpha, \beta, \gamma, \ldots, \theta) = 0.$$

Autant cette dernière équation donnera de valeurs différentes de $\theta$, autant la formule (4) fournira de valeurs particulières de $\varphi$, que l'on devra considérer comme des intégrales particulières de l'équation proposée. Si, parmi les coefficients différentiels de $\varphi$ relatifs à $t$, l'équation proposée n'en renferme qu'un, savoir $\dfrac{d\varphi}{dt}$, les valeurs de $\theta$ se réduiront à une seule, et le second membre de la formule (4) représentera immédiatement l'intégrale générale ou la valeur générale de $\varphi$. Dans le cas contraire, on obtiendra l'intégrale générale, en faisant la somme des intégrales particulières, et remplaçant dans chacune d'elles la fonction $f(\mu, \nu, \varpi, \ldots)$, ou par une fonction arbitraire de $\mu, \nu, \varpi$, ou par le produit d'une semblable fonction et d'une fonction déterminée de $\alpha, \beta, \gamma, \ldots$, ou enfin, ce qui est souvent plus commode, par une somme de produits de cette espèce. Dans cette dernière hypothèse, on peut faire en sorte que les diverses fonctions arbitraires soient composées en $\mu, \nu, \varpi, \ldots$, précisément comme les valeurs de $\varphi, \dfrac{d\varphi}{dt}, \dfrac{d^2\varphi}{dt^2}, \ldots$ correspondant à $t = 0$, sont composées en $x, y, z, \ldots$. C'est ce que l'on verra tout à l'heure. Mais, avant d'aller plus loin, il est bon de remarquer que la formule (4), ou une autre formule de même espèce, se déduirait des méthodes que nous avons appliquées, M. Poisson et moi, au problème des ondes. Je vais rapporter ici la méthode de M. Poisson, en restreignant son application, pour plus de facilité, au cas de trois variables indépendantes. Il s'agit alors de trouver une fonction $\varphi$ des trois variables $x, y, t,$

qui satisfasse à l'équation linéaire aux différences partielles, et se réduise, pour $t=0$, à

$$(5)\qquad f(x,y)=\frac{1}{\pi^2}\iiiint\cos\alpha(x-\mu)\times\cos\beta(y-\nu)\,f(\mu,\nu)\,d\alpha\,d\beta\,d\mu\,d\nu,$$

les intégrations étant effectuées comme dans la formule (1). Or, on satisfait à l'équation aux différences partielles, en prenant

$$(6)\qquad \varphi=\Sigma A\,e^{tf(\pm\alpha,\pm\beta)}\,e^{\pm\alpha x\sqrt{-1}}\,e^{\pm\beta y\sqrt{-1}},$$

A étant une quantité indépendante des variables $x$, $y$, $t$, et $f(\alpha,\beta)$ représentant la valeur de $\theta$ que détermine l'équation (3). Pour rendre la valeur de $\varphi$, qui correspond à $t=0$, comparable au second membre de la formule (5), on présentera l'équation (6) sous la forme

$$(7)\qquad \begin{aligned}\varphi= &\ \Sigma A\,e^{tf(\alpha,\beta)}\,e^{-\alpha x\sqrt{-1}}\,e^{-\beta y\sqrt{-1}}\\ &+\Sigma B\,e^{tf(\alpha,-\beta)}\,e^{-\alpha x\sqrt{-1}}\,e^{\beta y\sqrt{-1}}\\ &+\Sigma C\,e^{tf(-\alpha,\beta)}\,e^{\alpha x\sqrt{-1}}\,e^{-\beta y\sqrt{-1}}\\ &+\Sigma D\,e^{tf(-\alpha,-\beta)}\,e^{\alpha x\sqrt{-1}}\,e^{\beta y\sqrt{-1}}.\end{aligned}$$

On fera ensuite

$$(8)\qquad \left\{\begin{aligned}A&=\frac{1}{4\pi^2}e^{\alpha\mu\sqrt{-1}}\,e^{\beta\nu\sqrt{-1}}\,f(\mu,\nu)\,d\alpha\,d\mu\,d\beta\,d\nu,\\ B&=\frac{1}{4\pi^2}e^{\alpha\mu\sqrt{-1}}\,e^{-\beta\nu\sqrt{-1}}\,f(\mu,\nu)\,d\alpha\,d\mu\,d\beta\,d\nu,\\ C&=\frac{1}{4\pi^2}e^{-\alpha\mu\sqrt{-1}}\,e^{\beta\nu\sqrt{-1}}\,f(\mu,\nu)\,d\alpha\,d\mu\,d\beta\,d\nu,\\ D&=\frac{1}{4\pi^2}e^{-\alpha\mu\sqrt{-1}}\,e^{-\beta\nu\sqrt{-1}}\,f(\mu,\nu)\,d\alpha\,d\mu\,d\beta\,d\nu;\end{aligned}\right.$$

et l'on changera le signe $\Sigma$ en une intégrale quadruple relative aux quantités $\alpha$, $\beta$, $\mu$, $\nu$. On trouvera de cette manière

$$(9)\qquad \begin{aligned}\varphi=&\ \frac{1}{4\pi^2}\iiiint e^{tf(\alpha,\beta)}\,e^{\alpha(\mu-x)\sqrt{-1}}\,e^{\beta(\nu-y)\sqrt{-1}}\,f(\mu,\nu)\,d\alpha\,d\beta\,d\mu\,d\nu\\ &+\frac{1}{4\pi^2}\iiiint e^{tf(\alpha,-\beta)}\,e^{\alpha(\mu-x)\sqrt{-1}}\,e^{-\beta(\nu-y)\sqrt{-1}}\,f(\mu,\nu)\,d\alpha\,d\beta\,d\mu\,d\nu\\ &+\frac{1}{4\pi^2}\iiiint e^{tf(-\alpha,\beta)}\,e^{-\alpha(\mu-x)\sqrt{-1}}\,e^{+\beta(\nu-y)\sqrt{-1}}\,f(\mu,\nu)\,d\alpha\,d\beta\,d\mu\,d\nu\\ &+\frac{1}{4\pi^2}\iiiint e^{tf(-\alpha,-\beta)}\,e^{-\alpha(\mu-x)\sqrt{-1}}\,e^{-\beta(\nu-y)\sqrt{-1}}\,f(\mu,\nu)\,d\alpha\,d\beta\,d\mu\,d\nu.\end{aligned}$$

Dans cette dernière formule, les intégrations relatives aux variables $\alpha$, $\beta$ sont supposées faites, comme dans les formules ( 1 ) et ( 5 ) entre les limites o, $\infty$. Cela posé, on reconnaîtra immédiatement qu'on peut réduire la valeur précédente de $\varphi$ à celle que fournit l'équation (4) dans le cas de trois variables, c'est-à-dire, à

$$(10) \qquad \varphi = \frac{1}{4\pi^2} \iiiint e^{\theta t}\, e^{\alpha\mu - \alpha x \sqrt{-1}}\, e^{\beta\nu - \beta y \sqrt{-1}}\, f(\mu, \nu)\, d\alpha\, d\beta\, d\mu\, d\nu,$$

les intégrations devant être effectuées par rapport à $\alpha$ et $\beta$ entre les limites $-\infty$, $+\infty$.

Il nous reste à faire voir comment on doit s'y prendre pour que les fonctions arbitraires comprises dans l'intégrale générale soient précisément celles que fournissent les valeurs de

$$\varphi, \quad \frac{d\varphi}{dt}, \quad \frac{d^2\varphi}{dt^2}, \quad \ldots$$

correspondant à $t = $ o. Désignons respectivement par

$$(11) \quad f_0(x, y, z, \ldots), \quad f_1(x, y, z, \ldots), \quad f_2(x, y, z, \ldots), \quad \ldots, \quad f_{m-1}(x, y, z, \ldots)$$

ces mêmes valeurs, dont le nombre $m$ sera égal à celui des coefficients différentiels de $\varphi$, relatifs à $t$, que renferme l'équation donnée, ou, en d'autres termes, à l'exposant de la plus haute puissance de $\theta$ dans le premier membre de la formule (3). Soient, en outre,

$$\theta_0, \quad \theta_1, \quad \theta_2, \quad \ldots, \quad \theta_{m-1}$$

les diverses valeurs de $\theta$ tirées de cette formule. Conformément à ce qui a été dit ci-dessus, on prendra pour valeur générale de $\varphi$

$$
\begin{aligned}
(12) \quad \varphi = \;& \frac{1}{(2\pi)^n} \iint \cdots \big\{ A_0 f_0(\mu, \nu, \varpi, \ldots) \\
& \qquad + B_0 f_1(\mu, \nu, \varpi, \ldots) + \ldots + K_0 f_{m-1}(\mu, \nu, \varpi, \ldots) \big\} \\
& \times e^{\theta_0 t}\, e^{\alpha\mu - \alpha x \sqrt{-1}}\, e^{\beta\nu - \beta y \sqrt{-1}} \ldots d\alpha\, d\mu\, d\beta\, d\nu \ldots \\
& + \frac{1}{(2\pi)^n} \iint \cdots \big\{ A_1 f_0(\mu, \nu, \varpi, \ldots) \\
& \qquad + B_1 f_1(\mu, \nu, \varpi, \ldots) + \ldots + K_1 f_{m-1}(\mu, \nu, \varpi, \ldots) \big\} \\
& \times e^{\theta_1 t}\, e^{\alpha\mu - \alpha x \sqrt{-1}}\, e^{\beta\nu - \beta y \sqrt{-1}} \ldots d\alpha\, d\mu\, d\beta\, d\nu \ldots \\
& + \cdots\cdots\cdots\cdots\cdots\cdots\cdots\cdots\cdots\cdots\cdots\cdots\cdots\cdots \\
& + \frac{1}{(2\pi)^n} \iint \cdots \big\{ A_{m-1} f_0(\mu, \nu, \varpi, \ldots) + \ldots + K_{m-1} f_{m-1}(\mu, \nu, \varpi, \ldots) \big\} \\
& \times e^{\theta_{m-1} t}\, e^{\alpha\mu - \alpha x \sqrt{-1}}\, e^{\beta\nu - \beta y \sqrt{-1}} \ldots d\alpha\, d\mu\, d\beta\, d\nu \ldots
\end{aligned}
$$

ou, ce qui revient au même,

$$
(13) \quad \varphi = \frac{1}{(2\pi)^n} \int\int \cdots \{ A_0 e^{\theta_0 t} + A_1 e^{\theta_1 t} + \ldots + A_{m-1} e^{\theta_{m-1} t} \}
$$
$$
\times e^{\alpha(\mu - x)\sqrt{-1}} e^{\beta(\nu - y)\sqrt{-1}} \ldots f_0(\mu, \nu, \varpi, \ldots)\, d\alpha\, d\mu\, d\beta\, d\nu \ldots
$$
$$
+ \frac{1}{(2\pi)^n} \int\int \cdots \{ B_0 e^{\theta_0 t} + B_1 e^{\theta_1 t} + \ldots + B_{m-1} e^{\theta_{m-1} t} \}
$$
$$
\times e^{\alpha(\mu - x)\sqrt{-1}} e^{\beta(\nu - y)\sqrt{-1}} \ldots f_1(\mu, \nu, \varpi, \ldots)\, d\alpha\, d\mu\, d\beta\, d\nu \ldots
$$
$$
+ \ldots\ldots\ldots\ldots\ldots\ldots\ldots\ldots\ldots\ldots\ldots\ldots
$$
$$
+ \frac{1}{(2\pi)^n} \int\int \cdots \{ K_0 e^{\theta_0 t} + K_1 e^{\theta_1 t} + \ldots + K_{m-1} e^{\theta_{m-1} t} \}
$$
$$
\times e^{\alpha(\mu - x)\sqrt{-1}} e^{\beta(\nu - y)\sqrt{-1}} \ldots f_{m-1}(\mu, \nu, \varpi, \ldots)\, d\alpha\, d\mu\, d\beta\, d\nu \ldots
$$

et, pour faire coïncider les valeurs de

$$
\varphi, \quad \frac{d\varphi}{dt}, \quad \frac{d^2\varphi}{dt^2}, \quad \ldots, \quad \frac{d^{m-1}\varphi}{dt^{m-1}}
$$

correspondant à $t = 0$, avec les quantités

$$
f_0(x, y, z, \ldots), \quad f_1(x, y, z, \ldots), \quad f_2(x, y, z, \ldots), \quad \ldots, \quad f_{m-1}(x, y, z, \ldots),
$$

on regardera $A_0$, $A_1$, ..., $A_{m-1}$; $B_0$, $B_1$, ..., $B_{m-1}$; $K_0$, $K_1$, ..., $K_{m-1}$ comme des fonctions de $\alpha$, $\beta$, $\nu$ ... déterminées par les équations

$$
(14) \quad
\begin{cases}
A_0 + A_1 + \ldots + A_{m-1} = 1, \\
A_0 \theta_0 + A_1 \theta_1 + \ldots + A_{m-1} \theta_{m-1} = 0, \\
\ldots\ldots\ldots\ldots\ldots\ldots\ldots\ldots\ldots, \\
A_0 \theta_0^{m-1} + A_1 \theta_1^{m-1} + \ldots + A_{m-1} \theta_{m-1}^{m-1} = 0,
\end{cases}
$$

$$
(15) \quad
\begin{cases}
B_0 + B_1 + \ldots + B_{m-1} = 0, \\
B_0 \theta_0 + B_1 \theta_1 + \ldots + B_{m-1} \theta_{m-1} = 0, \\
\ldots\ldots\ldots\ldots\ldots\ldots\ldots\ldots\ldots, \\
B_0 \theta_0^{m-1} + B_1 \theta_1^{m-1} + \ldots + B_{m-1} \theta_{m-1}^{m-1} = 0,
\end{cases}
$$

etc.

$$
(16) \quad
\begin{cases}
K_0 + K_1 + \ldots + K_{m-1} = 0, \\
K_0 \theta_0 + K_1 \theta_1 + \ldots + K_{m-1} \theta_{m-1} = 0, \\
\ldots\ldots\ldots\ldots\ldots\ldots\ldots\ldots\ldots, \\
K_0 \theta_0^{m-1} + K_1 \theta_1^{m-1} + \ldots + K_{m-1} \theta_{m-1}^{m-1} = 1.
\end{cases}
$$

Dans le cas particulier où l'équation proposée ne renferme qu'une seule dérivée partielle de $\varphi$ relative à $t$, savoir :

$$
\frac{d^m \varphi}{dt^m},
$$

la formule (3) ne renferme qu'une seule puissance de $\theta$, savoir $\theta^m$.
Alors, en désignant par $1$, $a$, $b$, $c$, ..., $k$ les racines de l'unité du
degré $m$, on trouvera

$$(17) \qquad \theta_1 = a\theta_0, \qquad \theta_2 = b\theta_0, \qquad \ldots, \qquad \theta_{m-1} = k\theta_0.$$

$$(18) \quad \left\{ \begin{aligned}
& A_0 = \frac{1}{m}, \qquad A_1 = \frac{1}{m}, \qquad A_2 = \frac{1}{m}, \qquad \ldots, \qquad A_{m-1} = \frac{1}{m}, \\
& B_0 = \frac{1}{m\theta_0}, \quad B_1 = \frac{1}{ma\theta_0}, \quad B_2 = \frac{1}{mb\theta_0}, \qquad \ldots, \qquad B_m = \frac{1}{mk\theta_0}, \\
& \cdots\cdots\cdots\cdots\cdots\cdots\cdots\cdots\cdots\cdots\cdots\cdots\cdots\cdots\cdots\cdots\cdots \\
& K_0 = \frac{1}{m\theta_0^{m-1}}, \qquad\qquad\qquad K_1 = \frac{1}{m(a\theta_0)^{m-1}}, \\
& K_2 = \frac{1}{m(b\theta_0)^{m-1}}, \qquad \ldots, \qquad K_m = \frac{1}{m(k\theta_0)^{m-1}}
\end{aligned} \right.$$

et par conséquent la formule (13) deviendra

$$(19) \quad \varphi = \frac{1}{(2\pi)^n} \iint \cdots \left\{ \frac{e^{\theta_0 t} + e^{a\theta_0 t} + \ldots + e^{k\theta_0 t}}{m} \right\}$$
$$\times e^{x\mu - x\sqrt{-1}} e^{\delta\nu - y\sqrt{-1}} \ldots f_0(\mu, \nu, \varpi, \ldots)\, dx\, d\mu\, d\delta\, dy \ldots$$
$$+ \frac{1}{(2\pi)^n} \int dt \iint \cdots \left\{ \frac{e^{\theta_0 t} + e^{a\theta_0 t} + \ldots + e^{k\theta_0 t}}{m} \right\}$$
$$\times e^{x\mu - x\sqrt{-1}} e^{\delta\nu - y\sqrt{-1}} \ldots f_1(\mu, \nu, \varpi, \ldots)\, dx\, d\mu\, d\delta\, dy \ldots$$
$$+ \cdots\cdots\cdots\cdots\cdots\cdots\cdots\cdots\cdots\cdots$$
$$+ \frac{1}{(2\pi)^n} \int^{m-1} dt^{m-1} \iint \cdots \left\{ \frac{e^{\theta_0 t} + e^{a\theta_0 t} + \ldots + e^{k\theta_0 t}}{m} \right\}$$
$$\times e^{x\mu - x\sqrt{-1}} e^{\delta\nu - y\sqrt{-1}} \ldots f_{m-1}(\mu, \nu, \varpi, \ldots)\, dx\, d\mu\, d\delta\, dy \ldots,$$

les intégrations relatives aux variables $x$, $\delta$, $\mu$, ... étant faites,
à l'ordinaire, entre les limites $-\infty$, $+\infty$, et celles qui se rapportent
à la variable $t$, à partir de la limite $t = 0$. Lorsqu'on suppose $m = 1$,
la formule (19) se réduit à l'équation (4); et, lorsqu'on suppose $m = 2$,
à la suivante

$$(20) \quad \varphi = \frac{1}{(2\pi)^n} \iiiint \cdots \frac{e^{\theta_0 t} + e^{-\theta_0 t}}{2}$$
$$\times e^{x\mu - x\sqrt{-1}} e^{\delta\nu - y\sqrt{-1}} \ldots f_0(\mu, \nu, \varpi, \ldots)\, dx\, d\mu\, d\delta\, dy \ldots$$
$$+ \frac{1}{(2\pi)^n} \int dt \iiiint \cdots \frac{e^{\theta_0 t} + e^{-\theta_0 t}}{2}$$
$$\times e^{x\mu - x\sqrt{-1}} e^{\delta\nu - y\sqrt{-1}} \ldots f_1(\mu, \nu, \varpi, \ldots)\, dx\, d\mu\, d\delta\, dy \ldots$$

De plus, si, en substituant aux exponentielles imaginaires les sinus et cosinus, on développe dans l'équation (4) le produit

$$e^{\theta t}\, e^{\alpha(\mu-x)\sqrt{-1}}\, e^{\beta(\nu-y)\sqrt{-1}}\dots$$

et dans l'équation (20) le produit

$$\frac{e^{\theta_0 t}+e^{-\theta_0 t}}{2}\, e^{\alpha(\mu-x)\sqrt{-1}}\, e^{\beta(\nu-y)\sqrt{-1}}\dots$$

les intégrations effectuées par rapport aux variables $\alpha$, $\beta$, $\gamma$, … entre les limites $-\infty$, $+\infty$, feront évidemment disparaître les termes qui renferment un des sinus

$$\sin\alpha(\mu-x),\quad \sin\beta(\nu-y),\quad \sin\gamma(\varpi-z),\quad \dots$$

toutes les fois que le premier facteur

$$e^{\theta t}\quad\text{ou}\quad\frac{e^{\theta_0 t}+e^{-\theta_0 t}}{2}$$

sera une fonction paire de $\alpha$, $\beta$, $\gamma$, …. Par conséquent, dans cette hypothèse, l'équation (4) se trouvera réduite à

$$(21)\qquad \varphi=\frac{1}{(2\pi)^n}\iiiint\dots e^{\theta t}\cos\alpha(\mu-x)\cos\beta(\nu-y)\cos\gamma(\varpi-z)\dots$$
$$\times f_0(\mu,\nu,\varpi,\dots)\,d\alpha\,d\mu\,d\beta\,d\nu\,d\gamma\,d\varpi\dots.$$

et l'équation (20) à

$$(22)\qquad \varphi=\frac{1}{(2\pi)^n}\iiiint\dots\frac{e^{\theta_0 t}+e^{-\theta_0 t}}{2}\cos\alpha(\mu-x)\cos\beta(\nu-y)\cos\gamma(\varpi-z)\dots$$
$$\times f_0(\mu,\nu,\varpi,\dots)\,d\alpha\,d\mu\,d\beta\,d\nu\,d\gamma\,d\varpi\dots$$
$$-\frac{1}{(2\pi)^n}\int dt\iiiint\dots\frac{e^{\theta_0 t}+e^{-\theta_0 t}}{2}\cos\alpha(\mu-x)\cos\beta(\nu-y)\cos\gamma(\varpi-z)\dots$$
$$\times f_0(\mu,\nu,\varpi,\dots)\,d\alpha\,d\mu\,d\beta\,d\nu\,d\gamma\,d\varpi\dots.$$

les intégrations relatives aux variables $\alpha$, $\beta$, $\gamma$, … devant encore être faites entre les limites $-\infty$, $+\infty$, et l'intégration relative à $t$, à partir de $t=0$.

Nous allons maintenant tirer des équations (21) et (22) les intégrales générales des équations aux différences partielles que fournissent diverses questions de physique et de mécanique, et nous retrouverons ainsi les résultats contenus dans les Mémoires des auteurs déjà cités.

La loi suivant laquelle la chaleur se distribue dans un corps solide et homogène, dépend de l'équation

$$(23)\qquad \frac{d\varphi}{dt} = a\left(\frac{d^2\varphi}{dx^2} + \frac{d^2\varphi}{dy^2} + \frac{d^2\varphi}{dz^2}\right),$$

$a$ désignant une quantité positive. Si dans cette équation on remplace respectivement

$$\frac{d\varphi}{dt},\quad \frac{d^2\varphi}{dx^2},\quad \frac{d^2\varphi}{dy^2},\quad \frac{d^2\varphi}{dz^2}$$

par

$$0,\quad (\alpha\sqrt{-1})^2,\quad \beta(\sqrt{-1})^2,\quad \gamma(\sqrt{-1})^2,$$

on trouvera, au lieu de la formule (3), la suivante :

$$(24)\qquad 0 = -a(\alpha^2 + \beta^2 + \gamma^2).$$

On aura d'ailleurs, dans le cas présent, $n = 3$. En conséquence, la formule (21) deviendra

$$(25)\qquad \varphi = \frac{1}{(2\pi)^3}\iiiint\!\!\iint e^{-a(\alpha^2+\beta^2+\gamma^2)t}\cos\alpha(\mu - x)\cos\beta(\nu - y)$$
$$\times\cos\gamma(\varpi - z)\, f(\mu, \nu, \varpi)\, d\alpha\, d\beta\, d\gamma\, d\mu\, d\nu\, d\varpi.$$

De plus, comme on a généralement

$$\int e^{-u^2}\cos 2bu\, du \,\Big|_{-\infty}^{+\infty} = \pi^{\frac{1}{2}} e^{-b^2},$$

et par suite

$$\int e^{-au^2}\cos bu\, du \,\Big|_{-\infty}^{+\infty} = \frac{\pi^{\frac{1}{2}}}{a^{\frac{1}{2}}} e^{-\frac{b^2}{4a}},$$

$a$, $b$ désignant deux nombres quelconques, on pourra, dans le second membre de l'équation (25), effectuer, entre les limites $-\infty$, $+\infty$, les intégrations relatives aux trois variables $\alpha$, $\beta$, $\gamma$; et l'on trouvera, par ce moyen,

$$(26)\qquad \varphi = \frac{1}{2^3(a\pi)^{\frac{3}{2}}}\iiint e^{-\frac{(\mu-x)^2+(\nu-y)^2+(\varpi-z)^2}{4at}}\, t^{-\frac{3}{2}} f(\mu, \nu, \varpi)\, d\mu\, d\nu\, d\varpi.$$

Pour prouver directement que cette dernière valeur de $\varphi$ satisfait à la formule (23), les intégrations étant effectuées entre des limites constantes arbitrairement choisies, il suffit d'observer que, si l'on pose

$$T = e^{-\frac{(\mu - x)^2 + (\nu - y)^2 + (\varpi - z)^2}{4at}}\, t^{-\frac{3}{2}},$$

la fonction T satisfera elle-même à l'équation aux différences partielles

$$\frac{dT}{dt} = a\left(\frac{d^2T}{dx^2} + \frac{d^2T}{dy^2} + \frac{d^2T}{dz^2}\right).$$

Si l'on prend pour limites des intégrations relatives à $\mu$, $\nu$, $\varpi$ les six quantités

$$\mu_0, \quad \nu_0, \quad \varpi_0,$$
$$\mu_1, \quad \nu_1, \quad \varpi_1,$$

et que l'on fasse

$$\mu = x + 2\alpha\sqrt{at}, \qquad \nu = y + 2\6\sqrt{at}, \qquad \varpi = z + 2\gamma\sqrt{at},$$

$\alpha$, $\6$, $\gamma$ désignant trois nouvelles variables, l'équation (26) deviendra

$$(27) \qquad \varphi = \frac{1}{\pi^{\frac{3}{2}}} \iiint e^{-\alpha^2 - \6^2 - \gamma^2} f\left(x + 2\alpha\sqrt{at}, y + 2\6\sqrt{at}, z + 2\gamma\sqrt{at}\right) d\alpha\, d\6\, d\gamma$$

$$\left\{\begin{array}{lll} \alpha = -\dfrac{x - \mu_0}{2\sqrt{at}}, & \6 = -\dfrac{y - \nu_0}{2\sqrt{at}}, & \gamma = -\dfrac{z - \varpi_0}{2\sqrt{at}} \\[2ex] \omega = +\dfrac{\mu_1 - x}{2\sqrt{at}}, & \6 = +\dfrac{\nu_1 - y}{2\sqrt{at}}, & \gamma = +\dfrac{\varpi_1 - z}{2\sqrt{at}} \end{array}\right\}.$$

La valeur de $\varphi$ donnée par l'équation précédente remplit évidemment la condition de se réduire à

$$f(x, y, z)$$

pour $t = 0$, du moins tant que la valeur de $x$ reste comprise entre les limites $\mu_0$, $\mu_1$, celle de $y$ entre les limites $\nu_0$, $\nu_1$, et celle de $z$ entre les limites $\varpi_0$, $\varpi_1$. Si l'on voulait que la même condition fût satisfaite pour des valeurs quelconques des variables $x$, $y$, $z$, il faudrait alors supposer

$$\mu_0 = -\infty, \qquad \nu_0 = -\infty, \qquad \varpi_0 = -\infty,$$
$$\mu_1 = +\infty, \qquad \nu_1 = +\infty, \qquad \varpi_1 = +\infty;$$

ce qui réduirait l'équation (27) à la formule

$$(28) \qquad \varphi = \frac{1}{\pi^{\frac{3}{2}}} \iiint e^{-\alpha^2 - \beta^2 - \gamma^2}$$
$$\times f\left(x + 2\alpha\sqrt{at},\; y + 2\beta\sqrt{at},\; z + 2\gamma\sqrt{at}\right)$$
$$\times d\alpha\, d\beta\, d\gamma \begin{cases} \alpha = -\infty,\; \alpha = \infty \\ \beta = -\infty,\; \beta = \infty \\ \gamma = -\infty,\; \gamma = \infty \end{cases}.$$

Si, au lieu de l'équation (23), nous avions considéré la suivante

$$(29) \qquad \frac{d\varphi}{dt} = a\frac{d^2\varphi}{dx^2},$$

nous aurions obtenu l'intégrale

$$(30) \qquad \varphi = \frac{1}{\pi^{\frac{1}{2}}} \int e^{-\alpha^2} f\left(x + 2\alpha\sqrt{at}\right) d\alpha \begin{cases} \alpha = -\dfrac{x - \mu_0}{2\sqrt{at}} \\[2mm] \alpha = +\dfrac{\mu_1 - x}{2\sqrt{at}} \end{cases}.$$

Pour que la valeur précédente de $\varphi$ se réduise à $f(x)$, quel que soit $x$, il faut supposer

$$\mu_0 = -\infty, \qquad \mu_1 = +\infty.$$

On retrouve alors l'équation

$$(31) \qquad \varphi = \frac{1}{\pi^{\frac{1}{2}}} \int e^{-\alpha^2} f\left(x + 2\alpha\sqrt{at}\right) d\alpha \begin{cases} \alpha = -\infty \\ \alpha = +\infty \end{cases}$$

donnée pour la première fois par M. Laplace.

Après avoir déduit de la formule (21) les intégrales des équations (23) et (29), je vais présenter quelques applications de la formule (22).

Considérons d'abord l'équation aux dérivées partielles, à laquelle se rapportent les petites vibrations des plaques sonores, homogènes et d'une épaisseur constante, savoir :

$$(32) \qquad \frac{d^2 z}{dt^2} + b^2 \left\{ \frac{d^4 z}{dx^4} + 2\frac{d^4 z}{dx^2\, dy^2} + \frac{d^4 z}{dy^4} \right\} = 0.$$

Si dans cette équation, où $b^2$ désigne une constante positive, et où la variable principale se trouve représentée par $z$, on remplace respectivement

$$\frac{d^2 z}{dt^2}, \quad \frac{d^4 z}{dx^4}, \quad \frac{d^4 z}{dx^2\,dy^2}, \quad \frac{d^4 z}{dy^4},$$

par

$$\theta^2, \quad (\alpha\sqrt{-1})^4, \quad (\alpha\sqrt{-1})^2(\mathcal{S}\sqrt{-1})^2, \quad (\mathcal{S}\sqrt{-1})^4,$$

on trouvera, au lieu de la formule (3), la suivante

$$(33) \qquad \theta^2 + b^2(\alpha^2 + \mathcal{S}^2) = 0.$$

On en tirera

$$\theta = \pm b(\alpha^2 + \mathcal{S}^2)\sqrt{-1},$$

ou, ce qui revient au même,

$$\theta = \pm \theta_0,$$

la valeur de $\theta_0$, étant déterminée par l'équation

$$\theta_0 = b(\alpha^2 + \mathcal{S}^2)\sqrt{-1}.$$

On aura d'ailleurs, dans le cas présent, $x = 2$. En conséquence, la formule (22), dans laquelle on devra écrire $z$ au lieu de $\varphi$, donnera

$$(34) \quad z = \frac{1}{4\pi^2}\iiint\cos(\alpha^2 + \mathcal{S}^2)bt\,\cos\alpha(\mu - x)\cos\mathcal{S}(\nu - y)f_0(\mu,\nu)\,d\alpha\,d\mathcal{S}\,d\mu\,d\nu$$
$$+ \frac{1}{4\pi^2}\int dt\iiint\cos(\alpha^2 + \mathcal{S}^2)bt\,\cos\alpha(\mu - x)$$
$$\times \cos\mathcal{S}(\nu - y)f_1(\mu,\nu)\,d\alpha\,d\mathcal{S}\,d\mu\,d\nu.$$

On peut simplifier le second membre de l'équation précédente. En effet, dans le Mémoire qui a remporté le prix sur la théorie des ondes, j'ai fait voir qu'on a généralement

$$\int\cos\varpi^2\cos 2m\varpi\,d\varpi = \frac{1}{2}\left(\frac{\pi}{2}\right)^{\frac{1}{2}}(\cos m^2 + \sin m^2), \qquad \left|\begin{array}{l}\varpi = 0\\ \varpi = \infty\end{array}\right|,$$
$$\int\sin\varpi^2\cos 2m\varpi\,d\varpi = \frac{1}{2}\left(\frac{\pi}{2}\right)^{\frac{1}{2}}(\cos m^2 - \sin m^2),$$

et par suite

$$\iint\cos(\varpi^2 + \rho^2)\cos 2m\varpi\,\cos 2n\rho\,d\varpi\,d\rho\left\{\begin{array}{l}\varpi = 0,\ \varpi = \infty\\ \rho = 0,\ \rho = \infty\end{array}\right\} = \frac{\pi}{4}\sin(m^2 + n^2);$$

On en conclut immédiatement

$$\iint \cos(\varpi^2 + \rho^2)\cos 2m\varpi \cos 2n\rho \, d\varpi \, d\rho \begin{cases} \varpi = -\infty, \varpi = \infty \\ \rho = -\infty, \rho = \infty \end{cases} = \pi \sin(m^2 + n^2);$$

puis, en remplaçant les quatre quantités

$$\varpi, \quad \rho, \quad m, \quad n,$$

par

$$\alpha\sqrt{bt}, \quad \beta\sqrt{bt}, \quad \frac{\mu - x}{2\sqrt{bt}}, \quad \frac{\nu - y}{2\sqrt{bt}},$$

on trouve

$$\iint \cos(\alpha^2 + \beta^2)bt \cos\alpha(\mu - x)\cos\beta(\nu - y) \, d\alpha \, d\beta \begin{cases} \alpha = -\infty, \alpha = \infty \\ \beta = -\infty, \beta = \infty \end{cases}$$
$$= \frac{\pi}{bt} \sin \frac{(\mu - x)^2 + (\nu - y)^2}{4bt}.$$

Cela posé, la formule (34) deviendra

$$(35) \qquad z = \frac{1}{4\pi bt} \iint \sin \frac{(\mu - x)^2 + (\nu - y)^2}{4bt} f_0(\mu, \nu) \, d\mu \, d\nu$$
$$+ \frac{1}{4\pi b} \int \frac{dt}{t} \iint \sin \frac{(\mu - x)^2 + (\nu - y)^2}{4bt} f_1(\mu, \nu) \, d\mu \, d\nu.$$

Pour prouver directement que cette dernière valeur de $z$ vérifie l'équation (32), quelles que soient les quantités constantes prises pour limites des intégrations relatives aux variables $\mu$ et $\nu$. il suffira d'observer que. si l'on pose

$$T = \frac{(\mu - x)^2 + (\nu - y)^2}{4bt}.$$

la fonction T satisfera elle-même à l'équation aux différences partielles

$$\frac{d^2 T}{dt^2} + b^2 \left\{ \frac{d^4 T}{dx^4} + 2\frac{d^4 T}{dx^2 \, dy^2} + \frac{d^4 T}{dy^4} \right\} = 0.$$

# MÉMOIRE SUR L'INTÉGRATION
## DES ÉQUATIONS LINÉAIRES AUX DIFFÉRENCES PARTIELLES,
## A COEFFICENTS CONSTANTS
## ET AVEC UN DERNIER TERME VARIABLE.

## SECOND MÉMOIRE (*).

*Bulletin de la Société Philomatique* p. 145-152; 1821.

Si l'on choisit pour limites des intégrations les quantités

$$\mu_0, \quad \nu_0; \quad \mu_1, \quad \nu_1,$$

les valeurs de

$$z \quad \text{et} \quad \frac{dz}{dt},$$

correspondant à $t = 0$, se réduiront aux deux fonctions

$$f_0(x, y), \quad f_1(x, y),$$

tant que la valeur de $x$ restera comprise entre les limites $\mu_0$, $\mu_1$, et celle de $y$ entre les limites $\nu_0$, $\nu_1$. Si l'on voulait que ces mêmes conditions fussent remplies pour des valeurs quelconques des variables $x$ et $y$, il faudrait supposer

$$\mu_0 = -\infty, \quad \nu_0 = -\infty; \quad \mu_1 = +\infty, \quad \nu_1 = +\infty;$$

(*) Ce mémoire continuant le précédent, les numéros des équations prennent la suite des numéros de ce dernier ( R. T.).

et, en faisant dans cette hypothèse

$$\mu = x + 2\alpha\sqrt{bt}, \qquad \nu = y + 2\delta\sqrt{bt},$$

on obtiendrait, pour déterminer la valeur générale de $z$, l'équation très simple

$$(36) \qquad z = \frac{1}{\pi}\iint \sin(\alpha^2 + \delta^2) f_0\big(x + 2\alpha\sqrt{bt},\, y + 2\delta\sqrt{bt}\big)\, d\alpha\, d\delta$$
$$+ \frac{1}{\pi}\int dt \iint \sin(\alpha^2 + \delta^2) f_1\big(x + 2\alpha\sqrt{bt},\, y + 2\delta\sqrt{bt}\big)\, d\alpha\, d\delta$$
$$\begin{cases} \alpha = -\infty, \ \alpha = \infty \\ \delta = -\infty, \ \delta = \infty \end{cases}.$$

Lorsqu'à la place de l'équation (32) on se propose la suivante

$$(37) \qquad\qquad \frac{d^2 z}{dt^2} + b^2 \frac{d^4 z}{dx^4} = 0,$$

on trouve, pour intégrale générale, au lieu de la formule (36),

$$(38) \qquad z = \frac{1}{(2\pi)^{\frac{1}{2}}}\int (\sin\alpha^2 + \cos\alpha^2) f_0\big(x + 2\alpha\sqrt{bt}\big)\, d\alpha$$
$$+ \frac{1}{(2\pi)^{\frac{1}{2}}}\int dt \int (\sin\alpha^2 + \cos\alpha^2) f_1\big(x + 2\alpha\sqrt{bt}\big)\, d\alpha$$
$$\begin{cases} \alpha = -\infty \\ \alpha = +\infty \end{cases}.$$

Considérons encore l'équation aux différences partielles

$$(39) \qquad\qquad \frac{d^4 Q}{dt^4} + g^2\left\{\frac{d^2 Q}{dx^2} + \frac{d^2 Q}{dy^2}\right\} = 0,$$

qui sert à déterminer les lois de la propagation des ondes à la surface d'un fluide pesant d'une profondeur indéfinie. Si dans cette équation, où la force accélératrice de la pesanteur est désignée par $g$, et la variable principale par Q, on écrit à la place des coefficients différentiels

$$\frac{d^4 Q}{dt^4}, \quad \frac{d^2 Q}{dx^2}, \quad \frac{d^2 Q}{dy^2}$$

les quantités

$$\theta^4, \quad \big(\alpha\sqrt{-1}\big)^2, \quad \big(\delta\sqrt{-1}\big)^2;$$

on trouvera, au lieu de la formule (3), la suivante

$$(40) \qquad \theta^4 - g^2(\alpha^2 + \delta^2) = 0.$$

On en tirera

$$\theta^2 = \pm g(\alpha^2 + \delta^2)^{\frac{1}{2}};$$

et par suite, si l'on fait, pour abréger.

$$\theta_0 = g^{\frac{1}{2}}(\alpha^2 + \delta^2)^{\frac{1}{4}};$$

on obtiendra quatre valeurs de $\theta$, comprises dans les deux formules

$$\theta_0 = \pm \theta_0, \qquad \theta = \pm \theta_0 \sqrt{-1}.$$

Or, dans le problème dont il s'agit, on démontre assez facilement :

1° que la valeur générale de Q ne doit pas renfermer les exponentielles de la forme

$$e^{\theta_0 t}, \quad e^{-\theta_0 t},$$

mais seulement les exponentielles imaginaires

$$e^{\theta_0 t \sqrt{-1}}, \quad e^{-\theta_0 t \sqrt{-1}};$$

2° que cette valeur générale de Q est complètement déterminée, dès que l'on connaît les valeurs particulières de Q et de $\dfrac{dQ}{dt}$, correspondant à $t = 0$. On pourra donc opérer, comme si $\theta$ n'admettait que deux valeurs, savoir :

$$\pm \theta^2 \sqrt{-1},$$

ou, en d'autres termes, comme si la formule (40) se réduisait à

$$(41) \qquad \theta^2 = - g(\alpha^2 + \delta^2)^{\frac{1}{2}},$$

et prendre pour valeur générale de Q le second membre de l'équation (22). On aura de cette manière, en écrivant

$$\cos(\alpha^2 + \delta^2)^{\frac{1}{4}} g^{\frac{1}{2}} t$$

au lieu de

$$\frac{e^{(\alpha^2+\beta^2)^{\frac{1}{4}}g^{\frac{1}{2}}t\sqrt{-1}}+e^{-(\alpha^2+\beta^2)^{\frac{1}{4}}g^{\frac{1}{2}}t\sqrt{-1}}}{2},$$

$$(42)\quad Q=\frac{1}{4\pi^2}\iiiint\cos(\alpha^2+\beta^2)^{\frac{1}{4}}g^{\frac{1}{2}}t\cos\alpha(\mu-x)\cos\beta(\nu-y)f_0(\mu,\nu)\,d\alpha\,d\beta\,d\mu\,d\nu$$
$$+\frac{1}{4\pi^2}\int dt\iiiint\cos(\alpha^2+\beta^2)^{\frac{1}{4}}g^{\frac{1}{2}}t$$
$$\times\cos\alpha(\mu-x)\cos\beta(\nu-y)f_1(\mu,\nu)\,d\alpha\,d\beta\,d\mu\,d\nu;$$

ou, ce qui revient au même,

$$(43)\quad Q=\frac{1}{4\pi^2}\iiiint\cos(\alpha^2+\beta^2)^{\frac{1}{4}}g^{\frac{1}{2}}t\cos\alpha(\mu-x)\cos\beta(\nu-y)f_0(\mu,\nu)\,d\alpha\,d\beta\,d\mu\,d\nu$$
$$+\frac{1}{2\pi^2 g^{\frac{1}{2}}}\iiiint\sin(\alpha^2+\beta^2)^{\frac{1}{4}}g^{\frac{1}{2}}t$$
$$\times\cos\alpha(\mu-x)\cos\beta(\nu-y)f_1(\mu,\nu)\frac{d\alpha\,d\beta\,d\mu\,d\nu}{(\alpha^2+\beta^2)^{\frac{1}{4}}}.$$

Cette dernière équation coïncide avec celle que j'ai donnée dans le Mémoire sur la théorie des ondes. A l'inspection seule de cette même équation, on reconnaît immédiatement que les valeurs de

$$Q\quad\text{et}\quad\frac{dQ}{dt}$$

se réduisent à

$$f_0(x,y)\quad\text{et}\quad f_1(x,y)$$

pour $t=0$.

Si, au lieu de l'équation (39), on eût considéré la suivante :

$$(44)\qquad\frac{d^4Q}{dt^4}+g^2\frac{d^2Q}{dx^2}=0,$$

on aurait trouvé, en opérant comme ci-dessus,

$$(45)\qquad Q=\frac{1}{2\pi}\iint\cos\alpha^{\frac{1}{2}}g^{\frac{1}{2}}t\cos\alpha(\mu-x)f_0(\mu)\,d\alpha\,d\mu$$
$$+\frac{1}{2\pi g^{\frac{1}{2}}}\iint\sin\alpha^{\frac{1}{2}}g^{\frac{1}{2}}t\cos\alpha(\mu-x)f_1(\mu)\frac{d\alpha\,d\mu}{\alpha^{\frac{1}{2}}},$$

$f_0(x)$ et $f_1(x)$ désignant les valeurs de Q et de $\frac{dQ}{dt}$, correspondant à $t=0$.

Après avoir présenté plusieurs applications des formules (21) et (22), revenons à l'équation (19). Dans cette équation, où la lettre $n$ désigne le nombre des variables

$$x, \quad y, \quad z, \quad \ldots,$$

c'est-à-dire, le nombre des variables indépendantes diminué d'une unité : le premier terme du second membre résulte de plusieurs intégrations successives dont le nombre est double de $n$. Parmi ces intégrations, les unes, relatives aux variables $\alpha$, $\varepsilon$, $\gamma$, ... doivent être exécutées sur des fonctions déterminées de ces variables, entre les limites $-\infty$, $+\infty$; et dans plusieurs cas, comme, par exemple, dans le problème de la chaleur et dans celui des plaques vibrantes, elles donnent pour résultat une fonction finie des autres variables $\mu$, $\nu$, $\varpi$, .... Quant aux intégrations relatives à ces dernières variables, il semble, au premier abord, qu'on ne pourra jamais les effectuer, même en partie, avant de connaître la fonction $f_n(x, y, z, \ldots)$, c'est-à-dire, la valeur de $\varphi$ correspondant à $t=0$; et que, par suite, si cette fonction reste arbitraire, le second membre de l'équation (19) aura pour premier terme une intégrale multiple dont l'ordre ne saurait devenir inférieur à $n$. Toutefois, il n'en est pas ainsi, et, après avoir effectué les intégrations relatives aux variables $\alpha$, $\varepsilon$, $\gamma$, ... on peut, dans certains cas, parvenir à des réductions nouvelles par des considérations semblables à celles dont j'ai fait usage dans un Mémoire sur les intégrales définies, lu à l'Institut le 22 août 1814. Mais, comme l'examen de ces réductions m'entraînerait trop loin, je le renverrai à un autre article, et je terminerai la présente Note en donnant la solution d'une difficulté que pourrait offrir l'emploi des formules générales ci-dessus établies.

Considérons, pour fixer les idées, la formule (22). Il arrivera souvent que dans cette formule l'une des exponentielles $e^{b\mu}$, $e^{-b\mu}$ deviendra infinie pour des valeurs infinies des variables $\alpha$, $\varepsilon$, $\gamma$, .... Il n'en faudra pas conclure que les intégrales multiples comprises dans le second membre soient infinies, mais seulement qu'elles se présentent

sous une forme indéterminée, puisque les variables $\alpha$, $\beta$, $\gamma$, ...,
venant à croître, les fonctions sous les signes $\int\!\!\int \cdots$ obtiendront des
valeurs alternativement positives et négatives. Toutefois on fera disparaître l'indétermination dont il s'agit à l'aide d'un artifice de calcul
que je vais indiquer.

Concevons que l'on prenne pour exemple l'intégrale générale de
l'équation

$$(46) \qquad \frac{d^2\varphi}{dt^2} + \frac{d^2\varphi}{dx^2} = 0.$$

Cette intégrale générale, déduite de l'équation (22), est

$$(47) \qquad \varphi = \frac{1}{2\pi} \int\!\!\int \frac{e^{\alpha t} + e^{-\alpha t}}{2} \cos\alpha(\mu - x) f_0(\mu)\, d\alpha\, d\mu$$
$$+ \frac{1}{2\pi} \int dt \int\!\!\int \frac{e^{\alpha t} + e^{-\alpha t}}{2} \cos\alpha(\mu - x) f_1(\mu)\, d\alpha\, d\mu;$$

et chacune des intégrales multiples qu'elle renferme se présente sous
une forme indéterminée. Néanmoins l'expression

$$(48) \qquad \int\!\!\int \frac{e^{\alpha t} + e^{-\alpha t}}{2} \cos\alpha(\mu - x) f_0(\mu)\, d\alpha\, d\mu$$

obtiendra une valeur déterminée, si on la considère comme représentant la limite vers laquelle converge l'intégrale double

$$(49) \qquad \int\!\!\int e^{-k\alpha^2} \frac{e^{\alpha t} + e^{-\alpha t}}{2} \cos\alpha(\mu - x) f_0(\mu)\, d\alpha\, d\mu,$$

tandis que le nombre auxiliaire $k$ s'approche indéfiniment de zéro. De
plus, comme on a, entre les limites $\alpha = -\infty$, $\alpha = +\infty$,

$$\int e^{-k\alpha^2} \frac{e^{\alpha t} + e^{-\alpha t}}{2} \cos\alpha(\mu - x)\, d\alpha$$
$$= \int e^{-k\alpha^2} \frac{\cos\alpha(\mu - x + t\sqrt{-1}) + \cos\alpha(\mu - x - t\sqrt{-1})}{2}\, d\alpha$$
$$= \frac{\pi^{\frac{1}{2}}}{k^{\frac{1}{2}}} \frac{1}{2} \left\{ e^{-\frac{(\mu - x + t\sqrt{-1})^2}{4k}} + e^{-\frac{(\mu - x - t\sqrt{-1})^2}{4k}} \right\}$$
$$= \frac{\pi^{\frac{1}{2}}}{k^{\frac{1}{2}}} e^{-\frac{(\mu - x)^2}{4k}} e^{\frac{t^2}{4k}} \cos\frac{(\mu - x)t}{2k};$$

il est clair qu'on pourra remplacer l'intégrale $(49)$ par la suivante :

$$\frac{1}{3\,\pi^{\frac{1}{2}}k^{\frac{1}{2}}}\,e^{\frac{t^2}{4k}}\int e^{-\frac{(\mu-x)^2}{4k}}\cos\frac{(\mu-x)t}{2k}f_0(\mu)\,d\mu.$$

Si l'on prend cette dernière entre les limites $-\infty$, $+\infty$, et que l'on y suppose

$$\mu = x + 2\,k^{\frac{1}{2}}\alpha,$$

$\alpha$ désignant une nouvelle variable, on trouvera pour résultat

$$\frac{1}{\pi^{\frac{1}{2}}}e^{\frac{t^2}{4k}}\int e^{-\alpha^2}\cos\left(\frac{\alpha t}{k^{\frac{1}{2}}}\right)f_0\left(x+2k^{\frac{1}{2}}\alpha\right)d\alpha\left\{\begin{matrix}\alpha=-\infty\\\alpha=+\infty\end{matrix}\right\}.$$

Cela posé, l'équation $(47)$ deviendra

$$(50)\qquad \varphi = \frac{1}{\pi^{\frac{1}{2}}}e^{\frac{t^2}{4k}}\int e^{-\alpha^2}\cos\left(\frac{\alpha t}{k^{\frac{1}{2}}}\right)f_0\left(x+2k^{\frac{1}{2}}\alpha\right)d\alpha$$
$$+\frac{1}{\pi^{\frac{1}{2}}}\int e^{\frac{t^2}{4k}}\,dt\int e^{-\alpha^2}\cos\left(\frac{\alpha t}{k^{\frac{1}{2}}}\right)f_1\left(x+2k^{\frac{1}{2}}\alpha\right)d\alpha,$$
$$\left\{\begin{matrix}\alpha=-\infty\\\alpha=+\infty\end{matrix}\right\},$$

l'intégration relative à la variable $\alpha$ devant être effectuée entre les limites $-\infty$, $+\infty$, et le nombre $k$ devant être supposé nul après cette intégration. On peut s'assurer directement par le développement en séries des deux fonctions

$$f_0\left(x+2k^{\frac{1}{2}}\alpha\right),$$
$$f_0\left(x+2k^{\frac{1}{2}}\alpha\right),$$

que la valeur précédente de $\varphi$ satisfait à l'équation $(46)$. Ajoutons que, si l'on pose $t=0$, les valeurs de $\varphi$ et de $\dfrac{d\varphi}{dt}$, tirées de la formule $(50)$, se réduiront, la première à

$$\frac{1}{\pi^{\frac{1}{2}}}f_0(x)\int e^{-\alpha^2}\,d\alpha = f_0(x),$$

et la seconde à

$$\frac{1}{\pi^{\frac{1}{2}}} f_1(x) \int e^{-\alpha^2}\, d\alpha = f_1(x).$$

On aurait pu, en introduisant les imaginaires sous les signes $f_0$ et $f_1$, obtenir la valeur de $\varphi$ sous une forme différente de celle que présente l'équation (50). En effet, comme on a généralement, en supposant $k$ infiniment petit,

$$\int e^{-k\alpha^2}\, \frac{e^{2l\sqrt{-1}} + e^{-2l\sqrt{-1}}}{2}\, \cos\alpha\,(\mu - x) f(\mu)\, d\alpha\, d\mu.$$

$$= \int \frac{\cos\alpha(\mu - x + l) + \cos\alpha(\mu - x - l)}{2} f(\mu)\, d\alpha\, d\mu.$$

$$= 2\pi \left\{ \frac{f(x - l) + f(x - l)}{2} \right\},$$

on en conclura, par analogie,

$$\iint e^{-k\alpha^2} \frac{e^{2l} + e^{-2l}}{2}\, \cos\alpha\,(\mu - x) f(\mu)\, d\alpha\, d\mu.$$

$$= 2\pi \left\{ \frac{f(x - l\sqrt{-1}) + f(x + l\sqrt{-1})}{2} \right\}.$$

Cela posé, l'équation (47) donnera

$$(51) \qquad \varphi = \frac{f_0(x + l\sqrt{-1}) + f_0(x - l\sqrt{-1})}{2}$$

$$+ \int \frac{f_1(x + l\sqrt{-1}) + f_1(x - l\sqrt{-1})}{2}\, dl.$$

Si l'on égale entre elles les valeurs de $\varphi$ tirées des formules (50) et (51), et que l'on fasse en outre

$$f_0(x) = f(x), \qquad f_1(x) = \frac{df(x)}{dx} \sqrt{-1} = f'(x) \sqrt{-1},$$

on trouvera

$$(52) \qquad f\left(x + l\sqrt{-1}\right)$$

$$= \frac{1}{\pi^{\frac{1}{2}}} e^{\frac{l^2}{4k}} \int e^{-\alpha^2} \cos\left(\frac{\alpha l}{k^{\frac{1}{2}}}\right) f\left(x + 2k^{\frac{1}{2}}\alpha\right) d\alpha,$$

$$+ \frac{\sqrt{-1}}{\pi^{\frac{1}{2}}} \int e^{\frac{l^2}{4k}}\, dl \int e^{-\alpha^2} \cos\left(\frac{\alpha l}{k^{\frac{1}{2}}}\right) f'\left(x + 2k^{\frac{1}{2}}\alpha\right) d\alpha.$$

le nombre $k$ devant être réduit à zéro, après les intégrations. Cette dernière formule peut être considérée comme servant à définir la fonction $f(x + t\sqrt{-1})$, lorsqu'on connaît la fonction $f(x)$.

La remarque que nous avons faite à l'égard de l'équation (22), serait également applicable aux équations (13) et (19).

*Post-scriptum.* — Si l'on développe les seconds membres des équations (13) et (19) en séries ordonnées suivant les puissances ascendantes de $t$, les coefficients de ces puissances ne renfermeront d'autres facteurs variables que les fonctions (11) et leurs dérivées. De plus, les séries obtenues seront précisément celles que l'on déduirait par le théorème de Maclaurin des équations aux différences partielles qu'il s'agit d'intégrer. Il semble résulter immédiatement de cette observation, que les formules (13) et (19) sont les intégrales générales de ces équations aux différences partielles. Néanmoins, dans un nouveau Mémoire lu à l'Académie des Sciences, j'ai fait voir qu'à un même développement en série pouvaient correspondre plusieurs fonctions très distinctes les unes des autres. Cette remarque suffit pour montrer l'incertitude de la proposition ci-dessus énoncée; et, dans l'état actuel de l'analyse, il ne reste aucun moyen de juger si les formules (13) et (19) sont les intégrales générales des équations qu'elles vérifient, ni à quels caractères on doit reconnaître ces intégrales générales.

Bulletin de la Société Philomatique, p. 49-54; 1822.

SUR

# LE DÉVELOPPEMENT DES FONCTIONS EN SÉRIES
### ET SUR
## L'INTÉGRATION DES ÉQUATIONS DIFFÉRENTIELLES
## OU AUX DIFFÉRENCES PARTIELLES.

Pour découvrir et démontrer les propriétés les plus remarquables des fonctions, on a souvent employé leur développement en séries, ou suites infinies, c'est-à-dire composées d'un nombre infini de termes ; et, parmi les géomètres, ceux même qui ne se sont pas résolu, suivants la méthode de La Grange, à faire de ce développement la principale base du calcul infinitésimal, s'en sont du moins servi pour établir plusieurs théories importantes ; par exemple, pour déterminer le nombre des constantes arbitraires, ou des fonctions arbitraires que comportent les intégrales générales des équations différentielles, ou aux différences partielles, pour calculer ces intégrales, pour fixer les caractères auxquels on doit reconnaître les solutions particulières, ou intégrales singulières, des équations différentielles, etc. Toutefois, en remplaçant les fonctions par des séries, on suppose implicitement qu'une fonction est complètement caractérisée par un développement composé d'un nombre infini de termes, au moins tant que ces termes obtiennent des valeurs finies. Par exemple, lorsqu'on substitue à la fonction $f(x)$ la série de Maclaurin, et que l'on écrit en conséquence

$$(1) \qquad f(x) = f(\mathrm{o}) + \frac{x}{1} f'(\mathrm{o}) + \frac{x^2}{1 \cdot 2} f''(\mathrm{o}) + \ldots,$$

on suppose qu'à un système donné de valeurs finies des quantités

$$f(\mathrm{o}), \quad f'(\mathrm{o}), \quad f''(\mathrm{o}), \quad \ldots$$

correspond toujours une valeur unique de la fonction $f(x)$. Considérons, pour fixer les idées, le cas le plus simple, celui où les quantités $f(\mathrm{o}), f'(\mathrm{o}), f''(\mathrm{o}), \ldots$ s'évanouissent toutes à la fois. Dans cette hypothèse, on devra, ce semble, conclure de l'équation (1) que la fonction $f(x)$ s'évanouit elle-même. Néanmoins cette conclusion peut n'être pas exacte. En effet, si l'on prend

$$f(x) = e^{-\frac{1}{x^2}},$$

on trouvera

$$f(\mathrm{o}) = \mathrm{o}, \quad f'(\mathrm{o}) = (\mathrm{o}), \quad f''(\mathrm{o}) = \mathrm{o}, \quad \ldots.$$

Il en serait encore de même, si l'on supposait

$$f(x) = e^{-\left(\frac{1}{\sin x}\right)^2},$$

ou bien

$$f(x) = e^{-\frac{1}{x^2(a+bx+cx^4+\ldots)}},$$

$a$ désignant une constante positive, et $a + bx + cx^2 + \ldots$ une fonction entière de $x$; ou simplement

$$f(x) = e^{-\frac{1}{x}},$$

la variable $x$ étant assujettie à demeurer constamment positive, etc. On peut donc trouver pour $f(x)$ une infinité de fonctions différentes, dont les développements en séries ordonnées suivants les puissances ascendantes de $x$ se réduisent à zéro.

On serait naturellement porté à croire qu'étant données les quantités $f(\mathrm{o}), f'(\mathrm{o}), f''(\mathrm{o}), \ldots$, l'équation (1) fera du moins connaître la valeur de $f(x)$ toutes les fois que la série comprise dans le second membre restera convergente. Néanmoins il n'en est pas ainsi. En effet, nommons $\varphi(x)$ une fonction développable par le théorème de Maclaurin en série convergente, et, de plus, équivalente à la somme de la série obtenue ; désignons par $\chi(x)$ une autre fonction dont le développement se réduise à zéro : les deux fonctions

$$\varphi(x) \quad \text{et} \quad \varphi(x) + \chi(x),$$

distinctes l'une de l'autre, auront pour développement une même série convergente. Par exemple, les fonctions

$$e^{-x^2} \quad \text{et} \quad e^{-x^2} + e^{-\frac{1}{x^2}}$$

ont pour développement commun la série convergente

$$1 - \frac{x^2}{1} + \frac{x^4}{1.2} - \frac{x^6}{1.2.3} + \dots$$

dont la somme équivaut à une seule d'entre elles.

Il suit de ces remarques qu'à une seule série, même convergente, correspond une infinité de fonctions différentes les unes des autres. Il n'est donc pas permis de substituer indistinctement les séries aux fonctions, et pour être assuré de ne commettre aucune erreur, on doit borner cette substitution au cas où les fonctions, étant développables en séries convergentes, sont équivalentes aux sommes de ces séries. Dans toute autre hypothèse, les séries ne peuvent être employées avec une entière confiance qu'autant qu'elles se trouvent réduites à un nombre fini de termes, et complétées par des restes dont on connaît les valeurs exactes ou approchées. Ainsi, en particulier, lorsqu'on veut déterminer par une méthode rigoureuse les maxima ou minima des fonctions, et les véritables valeurs des fractions qui se présentent sous la forme $\frac{0}{0}$, on emploie la série de Taylor, non pas en la regardant comme composée d'un nombre infini de termes, mais en la complétant par un reste dont la valeur demeure comprise entre certaines limites.

Après les considérations que nous venons d'exposer, on ne sera pas surpris de trouver en défaut dans certains cas des propositions générales établies par le moyen des séries. Nous nous contenterons de citer à ce sujet les exemples qui suivent.

Soit

$$(2) \qquad dy = f(x, y)\, dx$$

une équation différentielle entre les variables $x$, $y$; et

$$y = F(x)$$

une valeur de $y$ propre à vérifier cette équation. On démontre, par le moyen des séries, que cette valeur de $y$ est une intégrale singulière, toutes les fois qu'elle rend infini le coefficient différentiel

$$\frac{df(x, y)}{dy}.$$

Mais cette proposition n'est pas toujours vraie. Ainsi, l'on satisfait à l'équation différentielle

$$(3) \qquad dy = [\, 1 + (y - x)\log(y - x)]\, dx,$$

par la valeur $y = x$, qui rend infinie la fonction

$$\frac{d[\, 1 + (y - x)\log(y - x)]}{dy} = 1 + \log(y - x);$$

et cependant $y = x$, au lieu d'être une intégrale singulière, est tout simplement une intégrale particulière, puisqu'elle se trouve comprise dans l'intégrale générale, savoir :

$$\log(y - x) = c\, e^{x}.$$

C'est encore par le moyen des séries que l'on détermine le plus souvent le nombre de constantes ou de fonctions arbitraires que doit renfermer l'intégrale générale d'une équation différentielle, ou aux différences partielles. Toutefois ce mode de détermination ne saurait être considéré comme suffisamment exact. Supposons, pour fixer les idées, qu'une équation linéaire aux différences partielles renferme avec les variables indépendantes $x$, $y$, et la variable principale $z$; $1^{\circ}$ la dérivée partielle du premier ordre de $z$, par rapport à $x$; $2^{\circ}$ une ou plusieurs dérivées partielles de $z$, relatives à $y$. Dans ce cas, la valeur générale de $z$ pourra être représentée par une série ordonnée suivant les puissances ascendantes de $x$, et qui ne renfermera d'arbitraire que la fonction de $y$, à laquelle $z$ est censée se réduire pour $x = 0$. Par conséquent, si cette fonction est connue pour toutes les valeurs possibles de $y$, il semble que la valeur de $z$ sera complètement déterminée. Néanmoins il n'en est pas ainsi. Concevons en effet que l'équation donnée soit la suivante :

$$(4) \qquad \frac{dz}{dx} = \left(1 + \frac{1}{y^2}\right)\frac{d^2z}{dy^2} - \frac{1}{y^3}\frac{dz}{dy};$$

et désignons par $\varphi(y)$ la fonction de $y$ à laquelle $x$ doit se réduire par $x = 0$. La valeur de $z$, déduite de l'équation $(4)$ par le développement en série, prendra la forme

$$(5) \qquad z = \varphi(y) + \frac{x}{1}\left[\left(1 + \frac{1}{y^2}\right)\frac{d^2\varphi(y)}{dy^2} - \frac{1}{y^3}\frac{d\varphi(y)}{dy}\right] + \cdots$$

Tous les termes de la série précédente étant des fonctions déterminées des variables $x$ et $y$, lorsque la fonction $\varphi(y)$ est elle-même déterminée, il semble en résulter qu'une seule valeur de $z$ remplira la double condition de vérifier l'équation aux différences partielles proposée, et de se réduire à $\varphi(y)$ pour $x = 0$. Néanmoins il est facile de s'assurer que, si l'on satisfait aux deux conditions énoncées par une certaine valeur

$$(6) \qquad z = \chi(x, y).$$

on y satisfera encore en attribuant à $z$ la valeur plus générale

$$(7) \qquad z = \chi(x, y) + cx^{-\frac{1}{2}}e^{-\frac{1+y^2}{4x}},$$

dans laquelle $c$ désigne une constante arbitraire.

Après avoir montré l'insuffisance des méthodes d'intégration fondées sur le développement en séries, il me reste à dire en peu de mots ce qu'on peut leur substituer.

Pour déterminer le nombre des constantes arbitraires que comportent les intégrales générales des équations différentielles entre deux ou plusieurs variables, et pour démontrer l'existence de ces même intégrales, il suffit d'employer les méthodes que j'expose depuis plusieurs années dans mes leçons à l'École Polytechnique. Ces méthodes seront l'objet d'un nouveau Mémoire. La détermination du nombre des constantes arbitraires, en particulier, repose sur le théorème suivant :

*Si une fonction $\varpi(x)$ de la variable $x$ s'évanouit pour $x = 0$, le rapport de cette fonction à sa dérivée, savoir :*

$$\frac{\varpi(x)}{\varpi'(x)},$$

*s'évanouira lui-même quand on fera décroître la variable $x$ au-delà de toute limite.*

J'ajouterai que la méthode dont je fais usage pour démontrer l'existence des intégrales dans tous les cas possibles, sert en même temps à calculer, avec telle approximation que l'on veut, les valeurs des intégrales particulières correspondant à des valeurs données des variables.

Pour distinguer, relativement aux équations différentielles du premier ordre, les intégrales singulières d'avec les intégrales particulières, il suffit d'appliquer la règle que j'ai fait connaître dans un Mémoire lu à l'Institut le 13 mai 1816. D'après cette règle, que l'on démontre rigoureusement sans le secours des séries, pour juger si une certaine valeur de $y$, par exemple,

$$y = \mathrm{F}(x)$$

est une intégrale particulière ou singulière de l'équation différentielle

$$dy = f(x, y)\, dx,$$

on doit recourir, non pas à la fonction dérivée

$$\frac{df(x, y)}{dy},$$

mais à l'intégrale définie

$$\int \frac{dy}{f(x, y) - f(x, \mathrm{F}x)},$$

l'intégration étant effectuée par rapport à $y$ seule, et à partir de $y = \mathrm{F}(x)$. Suivant que cette intégration donnera pour résultat une quantité finie ou infinie, $y = \mathrm{F}(x)$ sera une intégrale singulière ou une intégrale particulière. Ainsi on peut affirmer que la valeur $y = x$ vérifie, comme intégrale singulière, l'équation différentielle

$$dy = \left[ 1 + (y - x)^{\frac{1}{2}} \right] dx\,;$$

et, comme intégrale particulière, les deux suivantes :

$$dy = \left[ 1 + (y - x) \right] dx,$$
$$dy = \left[ 1 + (y - x) \log(y - x) \right] dx.$$

attendu qu'en effectuant les intégrations relatives à $y$, à partir de $y = x$. on trouve

$$\int \frac{dy}{(y - x)^{\frac{1}{2}}} = 2(y - x)^{\frac{1}{2}},$$

$$\int \frac{dy}{y - x} = \log(y - x) - \log 0 = \infty .$$

$$\int \frac{dy}{(y - x) \log(y - x)} = \log\log \frac{1}{y - x} - \log\log \frac{1}{0} = - \infty .$$

Quant à l'intégration des équations aux différences partielles, il ne semble pas possible, dans l'état actuel de l'analyse, d'assigner les caractères auxquels on doit reconnaître leurs intégrales générales, si ce n'est pour les équations du premier ordre, et pour celles qui s'intègrent par les mêmes procédés.

# MÉMOIRE
## SUR LES INTÉGRALES DÉFINIES
### OÙ L'ON FIXE
### LE NOMBRE ET LA NATURE DES CONSTANTES ARBITRAIRES
### ET DES FONCTIONS ARBITRAIRES
### QUE PEUVENT COMPORTER LES VALEURS
### DE CES MÊMES INTÉGRALES
### QUAND ELLES DEVIENNENT INDÉTERMINÉES.

*Bulletin de la Société Philomatique*, p. 161-174; 1822.

Dans mon premier Mémoire sur les intégrales définies, présenté à l'Institut le 22 août 1814 ($^1$), j'avais remarqué qu'une intégrale double peut devenir indéterminée, et j'avais appris à former *a priori* la différence entre les deux valeurs qu'on obtient pour une intégrale de cette espèce, suivant l'ordre qu'on établit entre les deux intégrations. De plus, dans mes leçons à l'École Polytechnique, et dans celles que j'ai données, en 1817, au Collège royal de France, en remplacement de M. Biot, après avoir observé que les intégrales simples peuvent être finies, ou infinies, ou indéterminées, j'ai indiqué les moyens, non

---

($^1$) Ce Mémoire, qui sera bientôt publié, a été approuvé par l'Institut, sur un rapport de M. Legendre, daté du 7 novembre 1814, et dont les conclusions se trouvent imprimées dans l'*Analyse des travaux de l'Institut* pendant la même année. De plus, M. Poisson a donné un extrait de ce Mémoire dans le *Bulletin de la Société Philomatique*, de décembre 1814.

seulement de distinguer ces trois sortes d'intégrales, mais encore de fixer la nature des constantes arbitraires que comporte une intégrale simple indéterminée. Une partie des principes sur lesquels je me suis appuyé se retrouve dans mon Mémoire sur les solutions particulières, présenté à l'Académie royale des Sciences le 13 mai 1816. Les formules nouvelles que j'ai déduites de ces mêmes principes, particulièrement celles que j'ai données dans le Mémoire de 1814, et dans mes leçons au Collège de France, sont d'une très grande généralité. Le plus souvent les intégrales dont elles fournissent les valeurs renferment, sous le signe $\int$, des fonctions arbitraires dont on peut disposer à volonté. Ces mêmes formules comprennent, comme cas particuliers, un grand nombre de celles qui étaient connues avant la publication de mon Mémoire, et plusieurs autres auxquelles on est parvenu depuis par des méthodes différentes, par exemple, à l'aide du développement en série. Toutefois il est essentiel de remarquer que l'on ne peut compter sur les valeurs des intégrales déterminées à l'aide de cette dernière méthode, qu'autant que les séries dont elles représentent les sommes sont convergentes. Les méthodes dont j'avais fait usage n'offrent pas cet inconvénient. L'importance des résultats auxquels elles conduisent, m'a fait penser qu'il serait utile de montrer toute l'extension dont elles sont susceptibles, et d'en indiquer les principales conséquences. Tel est l'objet du Mémoire que j'ai présenté, le 28 octobre dernier, à l'Académie royale des Sciences. Ne pouvant en offrir ici qu'une analyse très courte, je rappellerai d'abord quelques-uns des principes sur lesquels je m'appuie; je citerai ensuite quelques formules générales, que je choisirai de préférence parmi celles que j'ai données dans le Mémoire de 1814, et dans mes leçons au Collège de France.

J'appelle intégrale définie *singulière*, une intégrale prise relativement à une ou à plusieurs variables, entre des limites infiniment rapprochées de certaines valeurs particulières attribuées à ces mêmes variables, savoir, de valeurs infiniment grandes, ou de valeurs par lesquelles la fonction sous le signe $\int$ devient infinie ou indéterminée. Ces sortes d'intégrales ne sont pas nécessairement nulles, et peuvent obtenir des valeurs finies ou même infinies. Supposons, par exemple, que la fonction $f(x)$ devienne infinie pour $x = x_0$. Désignons par $k$ un nombre infiniment petit, par $f_0$ la vraie valeur du produit $kf(x_0 + k)$, correspondant à une valeur nulle de $k$, et par $\alpha'$, $\alpha''$ deux constantes positives. L'intégrale singulière

$$(1) \qquad \int_{x_0 - k\alpha'}^{x_0 + k\alpha''} f(x)\, dx$$

sera équivalente à l'expression

$$(2) \qquad f_0\, l\left(\frac{\alpha''}{\alpha'}\right),$$

et par conséquent elle dépendra : $1^\circ$ de la racine $x_0$ de l'équation $\dfrac{1}{f(x)} = 0$; $2^\circ$ de la constante arbitraire $\dfrac{\alpha''}{\alpha'}$. Ajoutons que les deux intégrales

$$\int_{x_0 + k\alpha'}^{x_0 + k\alpha''} f(x)\, dx, \qquad \int_{x_0 - k\alpha''}^{x_0 - k\alpha'} f(x)\, dx$$

seront égales et de signes contraires, à moins que, pour des valeurs décroissantes de $k$, les deux produits $kf(x_0 + k)$, $-kf(x_0 - k)$ ne convergent vers deux limites différentes.

Considérons maintenant l'intégrale double

$$(3) \qquad \iint f(x, y)\, dx\, dy,$$

et supposons d'abord que, la fonction $f(x, y)$ devenant infinie ou indéterminée, quel que soit $x$, pour $y = F(x)$, les intégrations relatives à $y$ et à $x$ doivent être effectuées, la première entre les limites

$$y = F(x) + k\delta', \qquad y = F(x) + k\delta'',$$

$k$ désignant un nombre infiniment petit, et $\delta'$, $\delta''$ deux fonctions positives mais arbitraires de $x$, la seconde entre les limites constantes

$$x = x', \qquad x = x''.$$

Si l'on nomme $f_0$ la vraie valeur du produit $kf(x_0, F(x) + k)$, correspondant à $k = 0$, la valeur de l'intégrale singulière proposée sera

$$(4) \qquad \int f_0 l\left(\frac{\mathfrak{S}''}{\mathfrak{S}'}\right) dx.$$

Cette intégrale dépendra donc non seulement de la fonction déterminée de $x$, que nous avons représentée par $F(x)$, mais encore de la fonction arbitraire $\dfrac{\mathfrak{S}''}{\mathfrak{S}'}$.

Supposons enfin que la fonction $f(x, y)$ comprise dans l'intégrale (3) devienne infinie pour un système isolé de valeurs de $x$ et de $y$, représentées par $x_0$, $y_0$, et que chaque intégration doive être effectuée entre des limites constantes ou variables, mais très rapprochées de ces valeurs ; alors, en posant $x = x_0 + r\cos p$, $y = y_0 + r\sin p$, on transformera l'intégrale (3) en cette autre

$$\iint f(x_0 + r\cos p, y_0 + r\sin p) r\, dr\, dp,$$

dans laquelle l'intégration relative à $r$ sera la seule dont les deux limites restent infiniment voisines. Si ces limites sont de la forme $k\rho'$, $k\rho''$, $\rho'$, $\rho''$ désignant deux fonctions positives de $p$, et si, de plus, on appelle $f_0$ la vraie valeur du produit $kf(x_0 + k\cos p, y_0 + k\sin p)$, correspondante à $k = 0$, l'intégrale (3) deviendra

$$(5) \qquad \int f_0 l\left(\frac{\rho''}{\rho'}\right) dp.$$

Elle dépendra donc de la fonction arbitraire $\dfrac{\rho''}{\rho'}$. Dans un grand nombre de questions qui se résolvent à l'aide des intégrales singulières, la fonction $f_0$ est de la forme

$$\frac{h}{a\cos^2 p + 2b\cos p \sin p + c\sin^2 p},$$

$a$, $b$, $c$, $h$ désignant des quantités constantes. Alors, en attribuant à $\rho'$, $\rho''$ des valeurs constantes, et supposant l'intégrale (5) prise entre les limites $p = 0$, $p = 2\pi$, on trouve cette intégrale équivalente au produit

$$(6) \qquad \frac{2\pi h}{\sqrt{ac - b^2}} l\left(\frac{\rho''}{\rho'}\right),$$

qu'on obtient en multipliant $2hl\left(\dfrac{\rho''}{\rho'}\right)$ par la surface de l'ellipse qui a pour équation

$$a x^2 + 2\,bxy + c y^2 = 1.$$

Quand on considère les variables $x$ et $y$ comme désignant des coordonnées rectangles, l'expression (6) représente la valeur de l'intégrale (3) étendue à tous les systèmes de valeurs de $x$ et de $y$, qui correspondent à la zone circulaire renfermée entre les deux cercles décrits du point $(x_0, y_0)$ avec les rayons infiniment petits $k\rho'$, $k\rho''$.

On déterminerait avec la même facilité les valeurs des intégrales singulières relatives à plusieurs variables, et l'on prouverait, par exemple, que, si la fonction $f(x, y, z)$ devient infinie pour un système isolé de valeurs de $x$, $y$, $z$, représentées par $x_0$, $y_0$, $z_0$, l'intégrale singulière triple

$$(7) \qquad \iiint f(x, y, z)\,dx\,dy\,dz,$$

étendue à tous les systèmes de valeurs qui correspondent à la zone sphérique comprise entre les deux sphères représentées par les équations

$$(x - x_0)^2 + (y - y_0)^2 + (z - z_0)^2 = k^2 \rho'^2,$$
$$(x - x_0)^2 + (y - y_0)^2 + (z - z_0)^2 = k^2 \rho''^2.$$

sera équivalente à l'expression

$$(8) \qquad \iiint f_0\, l\left(\dfrac{\rho''}{\rho'}\right) \sin p \, dp \, dq \quad \begin{matrix} p = 0, \ p = \pi \\ q = 0, \ q = 2\pi \end{matrix},$$

$f_0$ désignant la vraie valeur du produit $k f(x_0 + k\cos p, y_0 + k\sin p\cos q, z_0 + k\sin p\sin q)$, pour $k = 0$.

Dans les intégrales singulières dont nous venons de nous occuper, les deux limites des intégrations relatives à une ou à plusieurs variables sont infiniment rapprochées de certaines valeurs attribuées à ces mêmes variables, et pour lesquelles la fonction sous le signe $\int$ devient indéterminée ou infinie. Mais il existe encore une autre espèce d'intégrales singulières, savoir, celles qui sont prises par rapport à une ou à

plusieurs variables entre deux limites infiniment grandes et de même
signe. Les valeurs de ces dernières peuvent être toujours obtenues à
l'aide des mêmes moyens. Ainsi, par exemple, si l'on désigne par $k$ un
nombre infiniment petit, et par $\alpha'$, $\alpha''$ deux constantes positives,
l'intégrale singulière

$$(9) \qquad \int_{\frac{1}{k\alpha''}}^{\frac{1}{k\alpha'}} f(x)\, dx$$

aura pour valeur

$$(10) \qquad f_0 l\left(\frac{\alpha''}{\alpha'}\right),$$

$f_0$ désignant la vraie valeur du produit $\frac{1}{k} f\left(\frac{1}{k}\right)$ correspondant à $k = 0$,
ou ce qui revient au même, la vraie valeur du produit $x f(x)$ corres-
pondant à $x = \infty$.

La considération des intégrales singulières fournit le moyen de fixer
non seulement la nature des intégrales prises entre des limites infinies
et de celles dans lesquelles la fonction sous le signe $\int$ devient indéterminée ou infinie entre les limites des intégrations, mais encore les
valeurs de ces mêmes intégrales, et le nombre de constantes arbitraires
ou de fonctions arbitraires qu'elles peuvent comporter. Pour le faire
voir, concevons qu'il s'agisse de fixer la nature et la valeur de
l'intégrale

$$(11) \qquad \int_{x'}^{x''} f(x)\, dx$$

dans le cas où la fonction sous le signe $\int$ devient infinie ou indéterminée entre les limites $x'$, $x''$, pour les $n$ valeurs de $x$ comprises dans
la suite

$$(12) \qquad x_0, \quad x_1, \quad x_2, \quad \ldots, \quad x_{n-1}.$$

En désignant par $k$ un nombre très petit, et par $\alpha'$, $\alpha''$, $\varepsilon'$, $\varepsilon''$, $\ldots$, $\varepsilon'$, $\varepsilon''$
des quantités positives quelconques, on devra regarder l'intégrale (11)

comme sensiblement équivalente à la somme

$$(13) \qquad A = \int_{x'}^{x_0 - k\alpha'} f(x)\,dx + \int_{x_0 + k\alpha''}^{x_1 - k\delta'} f(x)\,dx + \ldots + \int_{x_{n-1}+k\varepsilon''}^{x''} f(x)\,dx.$$

Si dans cette même somme on pose $\alpha' = 1$, $\alpha'' = 1$, $\delta' = 1$, $\delta'' = 1$, $\ldots$, $\varepsilon' = 1$, $\varepsilon'' = 1$, en laissant le nombre $k$ infiniment petit, on obtiendra non plus la valeur générale de l'intégrale (11), mais seulement une valeur particulière que nous désignerons par B, et que nous nommerons *valeur principale*. Cette valeur principale, savoir

$$(14) \qquad B = \int_{x'}^{x_0 - k} f(x)\,dx + \int_{x_0 + k}^{x_1 - k} f(x)\,dx + \ldots + \int_{x_{n-1}+k}^{x''} f(x)\,dx,$$

sera communément une quantité déterminée, qui pourra, dans certains cas, devenir infinie. Lorsqu'on l'aura calculée, en lui ajoutant les intégrales singulières

$$(15) \qquad \left\{ \begin{array}{l} \displaystyle\int_{x_0-k}^{x_1 - k\alpha'} f(x)\,dx, \quad \int_{x_0+k\alpha''}^{x_0 + k} f(x)\,dx, \\[2em] \displaystyle\int_{x_1-k}^{x_1 - k\delta'} f(x)\,dx, \quad \ldots, \quad \int_{x_{n-1}+k\varepsilon''}^{x_{n-1}+k} f(x)\,dx, \end{array} \right.$$

on obtiendra la valeur générale A de l'intégrale (11), laquelle dépendra évidemment des constantes arbitraires $\alpha'$, $\alpha''$, $\ldots$ et sera ordinairement de la forme

$$(16) \qquad B + f_0\, l\left(\frac{\alpha'}{\alpha''}\right) + f_1\left(\frac{\delta'}{\delta''}\right) + \ldots + f_{n-1}\, l\left(\frac{\varepsilon'}{\varepsilon''}\right),$$

$f_0$, $f_1$ $\ldots$ $f_{n-1}$ désignant les valeurs qu'acquièrent les produits $(x - x_0) f(x)$, $(x - x_1) f(x)$, $\ldots$, $(x - x_{n-1}) f(x)$, quand leurs premiers facteurs s'évanouissent.

Si l'on supposait, dans l'intégrale (11), $x' = -\infty$, $x'' = +\infty$, alors il faudrait remplacer les deux quantités $x'$, $x''$, dans la formule (13) par $-\frac{1}{k\theta'}$, $+\frac{1}{k\theta''}$ [$\theta'$, $\theta''$ étant deux constantes positives], et dans la formule (14) par $-\frac{1}{k}$, $+\frac{1}{k}$. Dans la même hypothèses, il faudrait aux intégrales (15) ajouter les deux suivantes :

$$(17) \qquad \int_{-\frac{1}{k\theta'}}^{-\frac{1}{k}} f(x)\,dx, \quad \int_{+\frac{1}{k}}^{+\frac{1}{k\theta''}} f(x)\,dx,$$

dont la somme sera ordinairement équivalente à l'expression

$$(18) \qquad f_{\star}\, l\left(\frac{\theta'}{\theta''}\right),$$

$f_{\star}$ désignant la vraie valeur du produit $xf(x)$, pour $x = \pm\infty$. Alors la valeur générale de l'intégrale (11) deviendra

$$(19) \qquad \mathrm{A} = \mathrm{B} + f_0\, l\left(\frac{\alpha'}{\alpha''}\right) + f_1\, l\left(\frac{\delta'}{\delta''}\right) + \ldots + f_{n-1}\, l\left(\frac{\varepsilon'}{\varepsilon''}\right) + f_{\infty}\, l\left(\frac{\theta'}{\theta''}\right).$$

Cela posé, il est clair que cette valeur générale sera infinie, si quelqu'une des quantités $\mathrm{B}, f_0, f_1, \ldots f_{n-1}, f_{\infty}$ devient elle-même infinie, et que dans le cas contraire elle renfermera autant de constantes arbitraires que l'on trouvera de quantités $f_0, f_1, \ldots$ ayant une valeur différente de zéro.

Si l'on avait $x' = x_0$, ou $x'' = x_{n-1}$, il faudrait supprimer la première ou la dernière des intégrales (15), et remplacer en conséquence dans la formule (16), $l\left(\frac{\alpha'}{\alpha''}\right)$ par $l\left(\frac{1}{\alpha''}\right)$, ou $l\left(\frac{\varepsilon'}{\varepsilon''}\right)$ par $l(\varepsilon')$. Dans tous les cas on établira sans peine la proposition suivante.

*Pour que la valeur générale* A *de l'intégrale* (11) *soit finie et déterminée, il est nécessaire et il suffit que celles des intégrales singulières* (15) *et* (17) *qui se trouvent comprises dans la valeur de* A — B *se réduisent à zéro pour des valeurs infiniment petites de k.*

Il est facile d'étendre les principes que l'on vient d'exposer de manière à les appliquer aux intégrales multiples aussi bien qu'à celles qui renferment sous le signe $\int$ des fonctions en partie réelles, en partie imaginaires. Nous allons maintenant citer quelques formules générales déduites de ces mêmes principes.

Si l'on désigne par $x_0$, $x_1$, ..., $x_{n-1}$ les racines de l'équation

$$(20) \qquad \frac{1}{f(x)} = 0,$$

dans lesquelles les parties réelles restent comprises entre les limites $x'$, $x''$, et les coefficients de $\sqrt{-1}$ entre les limites $y'$, $y''$, et par $f_0$, $f_1$, ..., $f_{n-1}$ les véritables valeurs des produits $kf(x_0 + k)$, $kf(x_1 + k)$, ..., $kf(x_{n-1} + k)$, correspondantes à $k = 0$, on aura

$$(21) \qquad \int_{x'}^{x''} [f(x + y''\sqrt{-1}) - f(x + y'\sqrt{-1})]\,dx$$
$$= \sqrt{-1} \int_{y'}^{y''} [f(x'' + y\sqrt{-1}) - f(x' + y\sqrt{-1})]\,dy$$
$$- 2\pi\sqrt{-1}(f_0 + f_1 + \ldots + f_{n-1}).$$

En égalant dans les deux membres de la formule précédente : $1°$ les parties réelles; $2°$ les coefficients de $\sqrt{-1}$, on obtiendra les équations (36) de la seconde partie du Mémoire de 1814, desquelles on peut réciproquement déduire cette même formule. Ajoutons que, si pour une racine de l'équation (20) la partie réelle devient égale à l'une des quantités $x'$, $x''$, ou le coefficient de $\sqrt{-1}$ à l'une des quantités $y'$, $y''$, l'une au moins des deux intégrales comprises dans la formule (21) deviendra indéterminée. Mais cette formule subsistera encore entre les valeurs *principales* des deux intégrales, pourvu que dans la somme $f_0 + f_1 + \ldots + f_{n-1}$ on prenne seulement la moitié du terme qui correspond à la racine dont il s'agit.

Si l'on fait $y' = 0$, $y'' = a$, et si l'on choisit $x'$, $x''$ de manière que les fonctions $f(x'' + y\sqrt{-1})$, $f(x' + y\sqrt{-1})$ s'évanouissent pour toutes les valeurs de $y$, l'équation (21) donnera

$$(22) \qquad \int_{x'}^{x''} f(x + a\sqrt{-1})\,dx = \int_{x'}^{x''} f(x)\,dx - 2\pi\sqrt{-1}\,(f_0 + f_1 + \ldots + f_{n-1}).$$

De cette dernière formule on tire aisément la suivante :

$$\int_0^\infty x^{m-1} e^{-x} \sin\left(\frac{m\pi}{2} - 2ax\right)\,dx$$
$$= e^{-a^2} \int_0^\infty \frac{(a - x\sqrt{-1})^{m-1} + (a + x\sqrt{-1})^{m-1}}{2}\,e^{-x^2}\,dx.$$

qui subsiste pour toutes les valeurs positives rationnelles ou irrationnelles de $a$ et de $m$, et qui renferme comme cas particulier la formule
connue

$$\int_0^{+\infty} e^{-x^2} \cos 2\,ax\,dx = e^{-a^2} \int_0^{+\infty} e^{-x^2}\,dx = \frac{1}{2}\,\pi^{\frac{1}{2}}\,e^{-a^2}.$$

Concevons maintenant que P, R étant des fonctions réelles de deux
nouvelles variables $p$, $r$, on désigne par $x_0$, $x_1$, .... $x_{n-1}$ celles des
racines de l'équation (20), qui, substituées dans la formule

$$x = \mathrm{P} + \mathrm{R}\sqrt{-1},$$

déterminent des valeurs de $p$ renfermées entre les limites $p'$, $p''$, et des
valeurs de $r$ renfermées entre les limites $r'$, $r''$. Si l'on pose, pour plus
de commodité,

$$(23)\quad \begin{cases} \chi(p, r) = f(\mathrm{P} + \mathrm{R}\sqrt{-1})\dfrac{d(\mathrm{P} + \mathrm{R}\sqrt{-1})}{dp}, \\[2mm] \psi(p, r) = f(\mathrm{P} + \mathrm{R}\sqrt{-1})\dfrac{d(\mathrm{P} + \mathrm{R}\sqrt{-1})}{dr}, \end{cases}$$

on aura généralement

$$(24)\quad \int_{p'}^{p''} [\chi(p, r'') - \chi(p, r')]\,dp$$
$$= \int_{r'}^{r''} [\psi(p'', r) - \psi(p', r)]\,dr - 2\pi\sqrt{-1}(\pm f_0 \pm f_1 \pm \ldots \pm f_{n-1}),$$

chaque terme de la somme $\pm f_0 \pm f_1 \pm \ldots \pm f_{n-1}$ devant être affecté
du signe $+$ ou du signe $-$, suivant que les valeurs de $p$ et de $q$ correspondant à ce terme déterminent une valeur positive ou négative de
la fonction réelle $\dfrac{d\mathrm{P}}{dp}\dfrac{d\mathrm{R}}{dr} - \dfrac{d\mathrm{P}}{dr}\dfrac{d\mathrm{R}}{dp}$. La formule (24) résulte, comme la
formule (21), des calculs développés dans le Mémoire déjà cité. De plus,
des observations semblables à celles que nous avons faites à l'égard de
la première formule s'appliquent encore à la seconde.

Dans le moment où je m'occupais de la résolution des équations par

le moyen des intégrales définies ($^1$), j'avais déduit des méthodes
exposées dans le Mémoire de 1814 la formule générale

$$(25) \quad \int_0^\pi \frac{f(\cos p + \sqrt{-1}\,\sin p)}{F(\cos p + \sqrt{-1}\,\sin p)}\,dp$$
$$= \sqrt{-1} \int_{-1}^{+1} \frac{f(r)}{rF(r)}\,dr + \pi \left\{ \frac{f(o)}{F'(o)} + \frac{f(a)}{aF'(a)} + \frac{f(a')}{a'F'(a')} + \dots \right\}$$
$$+ 2\pi \left\{ \frac{f(\alpha + \beta\sqrt{-1})}{(\alpha + \beta\sqrt{-1})F'(\alpha + \beta\sqrt{-1})} \right.$$
$$\left. + \frac{f(\alpha' + \beta'\sqrt{-1})}{(\alpha' + \beta'\sqrt{-1})F'(\alpha' + \beta'\sqrt{-1})} + \dots \right\}.$$

$a, a', \dots$ désignant les racines réelles de l'équation

$$(26) \qquad\qquad\qquad F(x) = o$$

qui ont des valeurs numériques plus petites que l'unité, et $\alpha + \beta\sqrt{-1}$,
$\alpha' + \beta'\sqrt{-1}, \dots$ les racines imaginaires dans lesquelles le module est
inférieur à l'unité, et le coefficient de $\sqrt{-1}$ positif. Pour obtenir cette
formule, il suffit de poser dans les équations (23) et (24)

$$f(x) = \frac{f(x)}{xF(x)}, \qquad P + R\sqrt{-1} = r(\cos p + \sqrt{-1}\,\sin p),$$
$$p' = o, \qquad p'' = \pi, \qquad r' = o, \qquad r'' = 1,$$

et de remplacer ensuite

$$\int_a^1 \left\{ \frac{f(r)}{rF(r)} - \frac{f(-r)}{rF(-r)} \right\} dr \qquad \text{par} \qquad \int_{-1}^{+1} \frac{f(r)}{rF(r)}\,dr.$$

J'avais appliqué cette même formule à la résolution de l'équation (26),
et j'en avais tirer plusieurs autres, parmi lesquelles je citerai la suivante

$$(27) \qquad \int_0^\pi \frac{e^{p\sqrt{-1}}\,f(e^{p\sqrt{-1}})}{e^{p\sqrt{-1}} - a}\,dp = \pi\,f(a) + \sqrt{-1} \int_{-1}^{+1} \frac{f(r)}{r - a}\,dr,$$

où $a$ représente un nombre inférieur à l'unité. On conclut aisément de

---

($^1$) Un extrait du Mémoire que j'ai présenté sur ce sujet à l'Académie royale des
Sciences, le 22 novembre 1819, se trouve imprimé dans l'analyse des travaux de
l'Académie, pour la même année.

cette dernière

$$(28) \quad \begin{cases} \dfrac{1}{2}\displaystyle\int_{-\pi}^{+\pi} e^{-np\sqrt{-1}}\,f\!\left(b + e^{p\sqrt{-1}}\right) dp = \dfrac{\pi}{1.2.3\ldots n}\,\dfrac{d^n f(b)}{db^n}, \\[2ex] \dfrac{1}{2}\displaystyle\int_{-\pi}^{\pi} e^{-np\sqrt{-1}+h\,e^{p\sqrt{-1}}}\,dp = \dfrac{\pi h^n}{1.2.3\ldots n}, \\[2ex] \Delta^m h^n = \dfrac{1.2.3\ldots n}{2\pi}\displaystyle\int_{-\pi}^{+\pi}\left(e^{p\sqrt{-1}} - 1\right)^m e^{-np\sqrt{-1}+h\,e^{p\sqrt{-1}}}\,dp, \end{cases}$$

$m$, $n$, désignant des nombres entiers, et $b$, $h$ des constantes arbitraires.

Il est bon de rappeler que dans les formules (25) et (27) la fonction f doit être choisie de manière que $f\!\left(r\,e^{p\sqrt{-1}}\right)$ ne deviennent pas indéterminée ni infinie entre les limites $p = 0$, $p = \pi$, $r = 0$, $r = 1$. Ajoutons que chacune de ces formules se divisera en deux autres, lorsqu'on égalera séparément les parties réelles et les coefficients de $\sqrt{-1}$. On tirera ainsi de la formule (27)

$$(29) \quad \frac{1}{2}\int_0^{\pi}\left\{\frac{f\!\left(e^{p\sqrt{-1}}\right)}{1 - a\,e^{-p\sqrt{-1}}} + \frac{f\!\left(e^{-p\sqrt{-1}}\right)}{1 - a\,e^{p\sqrt{-1}}}\right\} dp = \pi\,f(a).$$

En opérant de même sur la formule (25), faisant $F(r) = 1 - ar$, et supposant toujours $a < 1$, on trouvera

$$(30) \quad \frac{1}{2}\int_0^{\pi}\left\{\frac{f\!\left(e^{p\sqrt{-1}}\right)}{1 - a\,e^{p\sqrt{-1}}} + \frac{f\!\left(e^{-p\sqrt{-1}}\right)}{1 - a\,e^{-p\sqrt{-1}}}\right\} = \pi\,f(0).$$

En supposant, au contraire, $a > 1$, on conclurait de la formule (25)

$$(31) \quad \begin{cases} \dfrac{1}{2}\displaystyle\int_0^{\pi}\left\{\dfrac{f\!\left(e^{p\sqrt{-1}}\right)}{1 - a\,e^{-p\sqrt{-1}}} + \dfrac{f\!\left(e^{-p\sqrt{-1}}\right)}{1 - a\,e^{p\sqrt{-1}}}\right\} dp = 0, \\[2ex] \dfrac{1}{2}\displaystyle\int_0^{\pi}\left\{\dfrac{f\!\left(e^{p\sqrt{-1}}\right)}{1 - a\,e^{p\sqrt{-1}}} + \dfrac{f\!\left(e^{-p\sqrt{-1}}\right)}{1 - a\,e^{-p\sqrt{-1}}}\right\} dp = \pi\left\{f(0) - f\!\left(\dfrac{1}{a}\right)\right\}. \end{cases}$$

Enfin, si l'on avait $a = 1$, alors, en appliquant la théorie des intégrales singulières à la détermination des intégrales définies que renferment les premiers membres des équations (31), on trouverait pour les valeurs respectives de ces dernières intégrales

$$(32) \quad \frac{1}{2}\pi\,f(1), \quad \pi\,f(0) - \frac{1}{2}\pi\,f(1),$$

et pour la valeur de leur somme

$$(33) \qquad \frac{1}{2}\int_0^\pi \left\{ f\!\left(e^{p\sqrt{-1}}\right) + f\!\left(e^{-p\sqrt{-1}}\right) \right\} dp = \pi\, f(0),$$

ce qui s'accorde avec la formule (26). Si maintenant l'on ajoute et l'on soustrait l'une de l'autre : 1" les deux équations (29) et (30); 2° les deux équations (31); et qu'on remplace ensuite $f(r)$ par $f(b+r)$ on obtiendra non seulement les deux formules que M. Poisson a données dans le *Bulletin* de septembre dernier (p. 138), mais encore ces mêmes formules modifiées, comme elles doivent l'être dans le cas où l'on suppose $a > 1$. Au reste les deux formules dont il s'agit et celles qui les suivent (p. 139), se déduisent avec la plus grande facilité d'un théorème que j'ai donné dans le Mémoire de 1814 (2° partie, § 5), et qui sert à déterminer la valeur de l'intégrale

$$\int_{-\infty}^{+\infty} f(x)\, dx$$

lorsque la fonction $f(x + y\sqrt{-1})$ s'évanouit, quel que soit $y$, pour des valeurs infinies de $x$, et quel que soit $x$, pour des valeurs infinies positives de $y$. Ce théorème, dont j'ai fait de nombreuses applications dans mes leçons au Collège de France, sera l'objet d'un second article, dans lequel je m'occuperai, en outre, de la transformations des intégrales singulières ou indéterminées en intégrales définies ordinaires, et de l'usage des intégrales singulières dans la sommation des séries. En attendant, parmi le grand nombre de formules nouvelles que fournit le théorème en question, je citerai l'une des plus simples, savoir :

$$(34) \qquad \int_0^{+\infty} x^{a-1} \sin\!\left(\frac{a\pi}{2} - bx\right) \frac{dx}{1+x^2} = \frac{1}{2}\pi\, e^{-b},$$

$a$, $b$ désignant deux constantes positives dont la première, sans être nulle, demeure comprise entre les limites o et 2.

Dans ce qui précède, nous avons considéré chaque intégrale définie, prise entre deux limites réelles, comme n'étant autre chose que la somme des valeurs de la différentielle qui correspondent aux diverses valeurs réelles de la variable renfermées entre les limites dont il s'agit. Cette manière d'envisager une intégrale définie me paraît devoir être adoptée de préférence, parce qu'elle convient également à tous les cas, même à ceux dans lesquels on ne sait point passer généralement de la fonction placée sous le signe $\int$ à la fonction primitive. Elle a, de plus, l'avantage de fournir toujours des valeurs réelles pour les intégrales qui correspondent à des fonctions réelles. Enfin elle permet de séparer facilement chaque équation imaginaire en deux équations réelles. Tout cela n'aurait plus lieu, si l'on considérait une intégrale définie prise entre deux limites réelles, comme nécessairement équivalente à la différence des valeurs extrêmes d'une fonction primitive même discontinue, ou si l'on faisait passer la variable d'une limite à l'autre par une série de valeurs imaginaires. Dans ces deux derniers cas on obtiendrait souvent, pour les intégrales elles-mêmes, des valeurs imaginaires semblables à celle que M. Poisson a donnée pour la suivante :

$$\int_0^\infty \frac{\cos ax}{x^2 - b^2}\, dx.$$

( *Voyez le Journal de l'École Polytechnique*, 18ᵉ Cahier, p, 329.) Si l'on applique à cette dernière les méthodes ci-dessus exposées, on trouvera pour sa valeur principale $-\dfrac{\pi}{2b}\sin ab$, tandis que sa valeur générale, considérée comme limite de la somme

$$\int_0^{1-kx'} \frac{\cos ax}{x^2 - b^2}\, dx + \int_{1+kx''}^\infty \frac{\cos ax}{x^2 - b^2}\, dx$$

sera déterminée par la formule

$$(35) \qquad \int_0^\infty \frac{\cos ax\, dx}{x^2 - b^2} = \frac{\pi}{2b}(\cos ab \log m - \sin ab),$$

$m$ désignant, pour abréger, une constante arbitraire égale au rapport $\dfrac{\alpha'}{\alpha''}$.

De cette formule on tire immédiatement les suivantes :

$$(36)\ \begin{cases} \displaystyle\int_0^\infty \left\{ \dfrac{\cos ax}{x - \dfrac{1}{x}} - m\,\dfrac{\cos\dfrac{a}{x^m}}{x^m - \dfrac{1}{x^m}} \right\} \dfrac{dx}{x} = \dfrac{\pi}{2}\,(\cos a \log m - \sin a), \\[2em] \displaystyle\int_0^\infty \dfrac{\cos ax - \cos\dfrac{a}{x}}{x - \dfrac{1}{x}}\,\dfrac{dx}{x} = -\dfrac{\pi}{2}\sin a, \end{cases}$$

dans lesquelles les fonctions sous le signe $\int$ cessent de passer par l'infini entre les limites des intégrations.

Au reste, il peut arriver qu'à une même intégrale correspondent plusieurs fonctions primitives, dont les unes conduisent à des valeurs réelles de l'intégrale, les autres à des valeurs imaginaires. Ainsi, par exemple, si l'on considère l'intégrale

$$\int_{-1}^{-2} \frac{dx}{x} = \int_{-1}^{+2} \frac{x\,dx}{x^2} = \int_{-1}^{+2} \frac{\frac{1}{2}\,d(x^2)}{x^2},$$

on pourra prendre pour fonction primitive ou la fonction $\log x$ tantôt réelle, tantôt imaginaire, ou la fonction $\frac{1}{2}\log(x^2)$ supposée toujours réelle. La différence des valeurs extrêmes, qui sera imaginaire dans le premier cas, et égale à $\log(-1)$, se réduira dans le second à la quantité réelle $\frac{1}{2}\log(4)$, ou $\log(2)$, laquelle est précisément la valeur principale de l'intégrale proposée.

*Post-scriptum.* — Il serait facile de parvenir aux équations (31) et (33), en partant des équations (29) et (30). De plus, lorsque le développement de $f(x)$, c'est-à-dire, la série

$$f(o) + \frac{x}{1}\,f'(o) + \frac{x^2}{1}\,f''(o) + \dots$$

est convergent pour toutes les valeurs de $m$ inférieures à l'unité, les formules (28), (29), (30), (31) et (33) se déduisent directement d'un théorème de M. Parseval sur la sommation des séries, théorème qu'on peut énoncer comme il suit.

*Si l'on pose*

$$(37) \qquad \begin{cases} \varphi(x) = a_0 + a_1 x + a_2 x^2 + \dots, \\ \chi(x) = b_0 + b_1 x + b_2 x^2 + \dots, \end{cases}$$

et

$$(38) \qquad \psi(x) = a_0 b_0 + a_1 b_1 x + a_2 b_2 x^2 + \dots.$$

*on aura*

$$(39) \quad \psi(xy) = \frac{1}{2\pi} \int_0^\pi \left\{ \varphi(x\, e^{p\sqrt{-1}}) \chi(y\, e^{-p\sqrt{-1}}) + \varphi(x\, e^{-p\sqrt{-1}}) \chi(y\, e^{p\sqrt{-1}}) \right\} dp$$
$$= \frac{1}{2\pi} \int_{-\pi}^{+\pi} \varphi(x\, e^{p\sqrt{-1}}) \chi(y\, e^{-p\sqrt{-1}})\, dp.$$

Ce théorème, que l'on démontre immédiatement par le développement des fonctions que renferment les deux membres de l'équation (39) en séries ordonnées suivant les puissances ascendantes des variables $x$ et $y$, se trouve ainsi rigoureusement établi pour toutes les valeurs d'$x$ et d'$y$ qui rendent ces séries convergentes, et par conséquent pour toutes celles qui rendent convergentes les séries suivant lesquelles se développent $\varphi(x)$ et $\chi(y)$. Dans le cas particulier où l'on prend $x = 1$, $y = 1$, l'équation (39), multipliée par $\pi$ se réduit à

$$(40) \quad \pi \chi(1) = \frac{1}{2} \int_0^\pi \left\{ \varphi(e^{p\sqrt{-1}}) \chi(e^{-p\sqrt{-1}}) + \varphi(e^{-p\sqrt{-1}}) \chi(e^{p\sqrt{-1}}) \right\} dp.$$

On tirera de celle-ci :

— la première des formules (8), en posant
$$\varphi(x) = f(b + x), \qquad \chi(x) = x^n,$$

— la seconde, en posant
$$\varphi(x) = e^{hx}, \qquad \chi(x) = x^n,$$

— la formule (29), en posant
$$\varphi(x) = f(x), \qquad \chi(x) = \frac{1}{1 - ax},$$

— la formule (3o), en posant

$$\varphi(x) = \frac{f(x)}{1-ax}, \qquad \chi(x) = 1,$$

— la première des formules (31), en posant

$$\varphi(x) = -\frac{a\,f(x)}{a-x}, \qquad \chi(x) = 1,$$

— la seconde, en posant

$$\varphi(x) = -f(x). \qquad \chi(x) = \frac{x}{a-x},$$

— enfin la formule (33), en posant

$$\varphi(x) = f(x), \qquad \chi(x) = 1.$$

Je reviendrai à l'équation (39) dans un autre article, dans lequel j'exposerai, en outre, les diverses méthodes à l'aide desquelles je suis parvenu à représenter les racines des équations algébriques ou transcendantes par des intégrales définies.

# RECHERCHES
## SUR L'ÉQUILIBRE ET LE MOUVEMENT INTÉRIEUR
## DES CORPS SOLIDES OU FLUIDES,
## ÉLASTIQUES OU NON ÉLASTIQUES.

*Bulletin de la Société Philomatique*, p. 9-13; 1823.

Ces recherches ont été entreprises à l'occasion d'un Mémoire publié par M. Navier, le 14 août 1820. L'auteur, pour établir l'équation d'équilibre du plan élastique, avait considéré deux espèces de forces produites, les unes par la dilatation ou la contraction, les autres par la flexion de ce même plan. De plus il avait supposé, dans ses calculs, les unes et les autres perpendiculaires aux lignes ou aux faces contre lesquelles elles s'exercent. Il me parut que ces deux espèces de forces pouvaient être réduites à une seule, qui devait constamment s'appeler tension ou pression, et qui était de la même nature que la pression hydrostatique exercée par un fluide en repos contre la surface d'un corps solide. Seulement la nouvelle pression ne demeurait pas toujours perpendiculaire aux faces qui lui étaient soumises, ni la même dans tous les sens en un point donné. En développant cette idée, j'arrivai bientôt aux conclusions suivantes.

Si dans un corps solide élastique ou non élastique on vient à rendre rigide et invariable un petit élément du volume terminé par des faces quelconques, ce petit élément éprouvera sur ses différentes faces, et en chaque point de chacune d'elles, une pression ou tension déterminée. Cette pression ou tension sera semblable à la pression qu'un fluide exerce contre un élément de l'enveloppe d'un corps solide, avec cette seule différence, que la pression exercée par un fluide en repos contre la surface d'un corps solide, est dirigée perpendiculairement à cette surface de dehors en dedans, et indépendante en chaque point de l'inclinaison de la surface par rapport aux plans coordonnés, tandis que la pression ou tension exercée en un point donné d'un corps solide contre un très petit élément de surface passant par ce point, peut être dirigée perpendiculairement ou obliquement à cette surface, tantôt de de dehors en dedans, s'il y a condensation, tantôt de dedans en dehors, s'il y a dilatation, et peut dépendre de l'inclinaison de la surface par rapport aux plans dont il s'agit. De plus, la pression ou tension exercée contre un plan quelconque se déduit très facilement, tant en grandeur qu'en direction, des pressions ou tensions exercées contre trois plans rectangulaires donnés. J'en étais à ce point, lorsque M. Fresnel, venant à me parler des travaux auxquels il se livrait sur la lumière, et dont il n'avait encore présenté qu'une partie à l'Institut, m'apprit que, de son côté, il avait obtenu sur les lois, suivant lesquelles l'élasticité varie dans les diverses directions qui émanent d'un point unique, un théorème analogue au mien. Toutefois le théorème dont il s'agit était loin de me suffire pour l'objet que je me proposais, dès cette époque, de former les équations générales de l'équilibre et du mouvement intérieur d'un corps; et c'est uniquement dans ces derniers temps que je suis parvenu à établir de nouveaux principes propres à me conduire à ce résultat, et que je vais faire connaître.

Du théorème énoncé plus haut, il résulte que la pression ou tension en chaque point est équivalente à l'unité divisée par le rayon vecteur d'un ellipsoïde. Aux trois axes de cet ellipsoïde correspondent trois pressions ou tensions que nous nommerons *principales*, et l'on peut démontrer (¹) que chacune d'elles est perpendiculaire au plan contre lequel elle s'exerce. Parmi ces pressions ou tensions principales se

(¹) La remarque que nous faisons ici s'accorde avec les dernières recherches de M. Fresnel (*Voyez* le *Bulletin* de mai 1822).

trouvent la pression ou tension *maximum*, et la pression ou tension *minimum*. Les autres pressions ou tensions sont distribuées symétriquement autour des trois axes. De plus, la pression ou tension normale à chaque plan, c'est-à-dire, la composante, perpendiculaire à un plan, de la pression ou tension exercée contre ce plan est réciproquement proportionnelle au carré du rayon vecteur d'un second ellipsoïde. Quelquefois ce second ellipsoïde se trouve remplacé par deux hyperboloïdes, l'un à une nappe, l'autre à deux nappes, qui ont le même centre, les mêmes axes, et sont touchés à l'infini par une même surface conique du second degré, dont les arêtes indiquent les directions pour lesquelles la pression ou tension normale se réduit à zéro.

Cela posé, si l'on considère un corps solide variable de forme et soumis à des forces accélératrices quelconques, pour établir les équations d'équilibre de ce corps solide, il suffira d'écrire qu'il y a équilibre entre les forces motrices qui sollicitent un élément infiniment petit dans le sens des axes coordonnés, et les composantes orthogonales des pressions ou tensions extérieures qui agissent contre les faces de cet élément. On obtiendra ainsi trois équations d'équilibre qui comprennent, comme cas particulier, celles de l'équilibre des fluides. Mais, dans le cas général, ces équations renferment six fonctions inconnues des coordonnées $x$, $y$, $z$. Il reste à déterminer les valeurs de ces six inconnues; mais la solution de ce dernier problème varie suivant la nature du corps et son élasticité plus ou moins parfaite. Expliquons maintenant comment on parvient à le résoudre pour les corps élastiques.

Lorsqu'un corps élastique est en équilibre en vertu de forces accélératrices quelconques, on doit supposer chaque molécule déplacée de la position qu'elle occupait quand le corps était à son état naturel. En vertu des déplacements de cette espèce, il y a autour de chaque point des condensations ou des dilatations différentes dans les différentes directions. Or il est clair que chaque dilatation produit une tension, et chaque condensation une pression. De plus, je démontre que les diverses condensations ou dilatations autour d'un point, diminuées ou augmentées de l'unité, deviennent égales, au signe près, aux rayons vecteurs d'un ellipsoïde. J'appelle *condensations* ou *dilatations princi-pales* celles qui ont lieu suivant les axes de cet ellipsoïde, autour desquels toutes les autres se trouvent symétriquement distribuées Cela posé, il est clair que dans un solide élastique, les tensions ou pressions dépendant uniquement des condensations ou dilatations, les tensions ou pressions principales seront dirigées dans les mêmes sens que les condensations ou dilatations principales. De plus, il est naturel de supposer, du moins quand les déplacements des molécules sont très petits, que les tensions ou pressions principales sont respecti-vement proportionnelles aux condensations ou dilatations principales. En admettant ce principe, on arrive immédiatement aux équations de l'équilibre d'un corps élastique, Dans le cas des déplacements très petits, la composante, perpendiculaire à un plan, de la pression ou tension exercée contre ce plan, conserve toujours le même rapport avec la condensation ou dilatation qui a lieu dans le sens de cette composante, et les formules d'équilibre se réduisent à quatre équations aux différences partielles dont l'une détermine séparément la conden-sation ou la dilatation du volume, tandis que chacune des autres sert à fixer le déplacement parallèle à l'un des axes coordonnés.

Les équations d'équilibre d'un corps élastique étant formées, il est aisé d'en déduire par les méthodes ordinaires les équations du mouve-ment. Ces dernières sont encore au nombre de quatre, et chacune d'elles est une équation linéaire aux différences partielles avec un dernier terme variable. Elles s'intègrent par les méthodes exposées dans notre précédent Mémoire. L'une de ces équations renferme seu-lement l'inconnue qui représente la condensation ou la dilatation du volume. Dans le cas particulier où la force accélératrice devient cons-tante et conserve partout la même direction. cette équation se réduit à celle qui détermine la propagation du son dans l'air. avec la seule différence, que la constante qu'elle renferme. au lieu de dépendre de la hauteur de l'atmosphère supposée homogène, dépend de la dilatation ou condensation linéaire d'un corps sous une pression donnée. On doit en conclure que la vitesse du son dans un solide élastique est constante, comme dans l'air, mais varie d'un corps à l'autre suivant la matière dont il se compose. Cette constance est d'autant plus remarquable, que les déplacements des molécules considérés successivement dans les fluides et les solides élastiques suivent des lois différentes.

Mon Mémoire se termine par la formation des équations du mouvement intérieur des corps solides entièrement dépourvus d'élasticité. Pour y parvenir, il suffit de supposer que dans ces corps les pressions ou tensions autour d'un point en mouvement ne dépendent plus des condensations ou dilatations totales qui correspondent aux déplacecements absolus comptés à partir des positions initiales des molécules, mais seulement, à la fin d'un temps quelconque, des condensations ou dilatations très petites qui correspondent aux déplacements respectifs des différents points pendant un instant très court. On trouve alors que la condensation du volume est déterminée par une équation semblable à celle de la chaleur, ce qui établit une analogie remarquable entre la propagation du calorique et la propagation des vibrations d'un corps entièrement dépourvu d'élasticité.

Dans un autre Mémoire, je donnerai l'application des formules que j'ai obtenues à la théorie des plaques et des lames élastiques.

# NOTE
## SUR UN THÉORÈME D'ANALYSE.

*Bulletin de la Société Philomatique* p. 117-122; 1824.

THÉORÈME. — *Soient*

$$(1) \qquad f(x) = k(x - a)(x - b)(x - c)\ldots = kx^m + lx^{m-1} + \ldots + px + q$$

*et*

$$(2) \qquad F(x) = K(x - A)(x - B)(x - C)\ldots = Kx^n + Lx^{n-1} + \ldots + Px + Q,$$

*deux polynomes en $x$, le premier du degré $m$, le second du degré $n$; soit d'ailleurs $R$ une quantité constante. On pourra toujours former deux autres polynomes $u$, $v$, le premier du degré $n-1$, le second du degré $m-1$, et qui seront propres à vérifier l'équation*

$$(3) \qquad\qquad u\,f(x) + v\,F(x) = R.$$

*Démonstration.* — En vertu de la formule d'interpolation de Lagrange, la somme des produits de la forme

$$R\frac{(x - b)(x - c)\ldots(x - A)(x - B)(x - C)\ldots}{(a - b)(a - c)\ldots(a - A)(a - B)(a - C)\ldots} = R\frac{\dfrac{f(x)}{x - a}F(x)}{f'(a)\,F(a)},$$

et des produits de la forme

$$R\frac{(x - a)(x - b)(x - c)\ldots(x - B)(x - C)\ldots}{(A - a)(A - b)(A - c)\ldots(A - B)(A - C)\ldots} = R\frac{f(x)\dfrac{F(x)}{x - A}}{f(A)\,F'(A)},$$

sera équivalente à R. Par conséquent on vérifiera l'équation (3) en prenant

$$(4) \qquad u = R\left\{ \frac{\left(\dfrac{F(x)}{x-A}\right)}{f(A)\,F'(A)} + \frac{\left(\dfrac{F(x)}{x-B}\right)}{f(B)\,F'(B)} + \frac{\left(\dfrac{F(x)}{x-C}\right)}{f(C)\,F'(C)} + \dots \right\},$$

et

$$(5) \qquad v = R\left\{ \frac{\left(\dfrac{f(x)}{x-a}\right)}{F(a)\,f'(a)} + \frac{\left(\dfrac{f(x)}{x-b}\right)}{F(b)\,f'(b)} + \frac{\left(\dfrac{f(x)}{x-c}\right)}{F(c)\,f'(c)} + \dots \right\}.$$

Donc, etc.

*Nota.* — Si l'on voulait déterminer directement les polynomes $u$ et $x$ de manière à vérifier l'équation (3), et en réduisant leurs degrés aux plus petits nombres possibles, il suffirait d'observer qu'en vertu de cette équation l'on doit avoir

pour $x = A$, $u = \dfrac{R}{f(A)}$; pour $x = B$, $u = \dfrac{R}{f(B)}$; etc.;

pour $x = a$, $v = \dfrac{R}{F(a)}$; pour $x = b$, $v = \dfrac{R}{F(b)}$; etc.

On connaît donc $n$ valeurs différentes de $u$, et $m$ valeurs différentes de $v$. Cela posé, les polynomes les plus simples que l'on puisse prendre pour $u$ et $v$ devront être en général le premier du degré $n-1$, le second du degré $m-1$, et si on les détermine, par la formule de Lagrange, à l'aide des valeurs particulières que nous venons d'obtenir, on retrouvera précisément les équations (4) et (5).

*Corollaire I.* — Supposons que l'on prenne

$$(6) \qquad R = k^m K^n (a-A)(a-B)(a-C)\dots(b-A)$$
$$\times (b-B)(b-C)\dots(c-A)(c-B)(c-C)\dots$$

ou, ce qui revient au même,

$$(7) \qquad R = k^m F(a)F(b)F(c)\dots = (-1)^{mn} K^n f(A)f(B)f(C)\dots.$$

Le premier des deux produits

$$F(a)F(b)F(c)\dots, \qquad f(A)f(B)f(C)\dots$$

sera évidemment une fonction entière et symétrique des racines de l'équation $F(x) = 0$, et par conséquent une fonction entière des quantités K, L, ..., P, Q, $\frac{l}{k}$, ..., $\frac{p}{k}$, $\frac{q}{k}$; tandis que le second sera une fonction entière des quantités $k$, $l$, ..., $p$, $q$; $\frac{L}{K}$, ..., $\frac{P}{K}$, $\frac{Q}{K}$. Ces conditions ne peuvent être remplies simultanément qu'autant que la valeur de R déterminée par la formule (7) est une fonction entière des quantités $k$, $l$, ..., $p$, $q$; K, L, ..., P, Q. Ajoutons que, si l'on adopte cette valeur de R, les équations (4) et (5) se réduisent à

$$(8) \quad u = (-1)^{mn} K^n$$
$$\times \frac{\left\{ \begin{array}{l} f(B)\,f(C)\,f(D)\ldots(B-C) \\ \times(B-D)\ldots(C-D)\ldots(x-B)(x-C)(x-D)\ldots+\ldots \end{array} \right\}}{(A-B)(A-C)(A-D)\ldots(B-C)(B-D)\ldots(C-D)\ldots},$$

$$(9) \quad v = k^{m} \frac{\left\{ \begin{array}{l} F(b)\,F(c)\,F(d)\ldots(b-c) \\ \times(b-d)\ldots(c-d)\ldots(x-b)(x-c)(x-d)\ldots+\ldots \end{array} \right\}}{(a-b)(a-c)(a-d)\ldots(b-c)(b-d)\ldots(c-d)\ldots}.$$

Or les deux termes de la fraction que renferme l'équation (8) sont des fonctions *alternées* des quantités A, B, C, D, ..., c'est-à-dire des fonctions qui obtiennent des valeurs alternativement positives et négatives. mais toutes égales, au signe près, lorsqu'on échange ces quantités entre elles. De plus, la fonction alternée qui représente le dénominateur, étant la plus simple de son espèce, divisera celle qui forme le numérateur (*voyez* la première partie du *Cours de l'École Polytechnique*, p. 75). Il en résulte que le rapport $\frac{u}{K^n}$ sera une fonction symétrique et entière des racines de l'équation $F(x) = 0$. Donc, par suite, $u$ sera une fonction entière des quantités $k, l, ..., p, q$; K, $\frac{L}{K}$, ..., $\frac{P}{K}$, $\frac{Q}{K}$, et de la variable $x$. Par la même raison $v$ sera une fonction entière des quantités K, L, ..., P, Q; $k$, $\frac{l}{k}$, ..., $\frac{p}{k}$, $\frac{q}{k}$, et de la variable $x$. On doit en conclure que $u$ et $v$ seront équivalents ou à deux fonctions entières des quantités $x$, $k$, $l$. ..., $p$, $q$; K, L. ..., P. Q; ou à deux semblables fonctions divisées, la première par une puissance K, la seconde par une puissance de $k$. Or R désignant déjà une fonction entière des quantités

$k, l, \ldots, p, q$; K, L, $\ldots$, P, Q, et les quantités $u, v$ devant satisfaire à l'équation (3), la seconde supposition ne saurait être admise. Donc, si l'on attribue à R la valeur fournie par l'équation (6) ou (7), R, $u$ et $v$ seront des fonctions entières des quantités $k, l, \ldots, p, q$; K, L, $\ldots$, P, Q, et de la variable $x$, qui entrera seulement dans $u$ et $v$. De plus, il est aisé de voir que, dans ces fonctions entières, les coefficients numériques seront toujours des nombres entiers.

*Corollaire II.* — Dans le cas où l'on suppose $k = 1$, K $= 1$, les équations (6) et (7) se réduisent aux suivantes :

$$(10) \qquad \mathrm{R} = (a - \mathrm{A})(a - \mathrm{B})(a - \mathrm{C}) \ldots$$
$$\times (b - \mathrm{A})(b - \mathrm{B})(b - \mathrm{C}) \ldots (c - \mathrm{A})(c - \mathrm{B})(c - \mathrm{C}) \ldots$$

$$(11) \qquad \mathrm{R} = \mathrm{F}(a)\,\mathrm{F}(b)\,\mathrm{F}(c) \ldots = (-1)^{mn}\,\mathrm{f}(\mathrm{A})\,\mathrm{f}(\mathrm{B})\,\mathrm{f}(\mathrm{C}).$$

Ce cas particulier, auquel on ramène facilement tous les autres, est celui que nous avons considéré dans le Mémoire présenté à l'Institut le 22 février 1824.

*Corollaire III.* — Pour que les deux polynômes $\mathrm{f}(x)$, $\mathrm{F}(x)$ se changent en deux fonctions entières de $x$ et $y$, la première du degré $m$, la seconde du degré $n$, il est nécessaire et il suffit que les quantités $k$, $l, \ldots, p, q$ et K, L, $\ldots$, P, Q deviennent des fonctions entières de $y$, des degrés représentés par les nombres 0, 1, $\ldots$, $m - 1$, $m$, et par les nombres 0, 1, $\ldots$, $n - 1$, $n$. Alors, les rapports

$$\frac{l}{y}, \quad \ldots, \quad \frac{p}{y^{m-1}}, \quad \frac{q}{y^m}; \qquad \frac{\mathrm{L}}{y}, \quad \ldots, \quad \frac{\mathrm{P}}{y^{n-1}}, \quad \frac{\mathrm{Q}}{y^n}$$

se réduisant à des quantités finies pour des valeurs infinies de $y$, on pourra en dire autant des valeurs de $x$ propres à vérifier les deux équations

$$k\,x^m + \frac{l}{y}\,x^{m-1} + \ldots + \frac{p}{y^{m-1}}\,x + \frac{q}{y^m} = 0$$

et

$$\mathrm{K}\,x^n + \frac{\mathrm{L}}{y}\,x^{n-1} + \ldots + \frac{\mathrm{P}}{y^{n-1}}\,x + \frac{\mathrm{Q}}{y^n} = 0,$$

c'est-à-dire des rapports

$$\frac{a}{y},\ \frac{b}{y},\ \frac{c}{y},\ \ldots,\qquad \frac{A}{y},\ \frac{B}{y},\ \frac{C}{y},\ \ldots,$$

et du suivant

$$\frac{R}{y^{mn}} = \left(\frac{a}{y} - \frac{A}{y}\right)\left(\frac{a}{y} - \frac{B}{y}\right)\left(\frac{a}{y} - \frac{C}{y}\right)\cdots$$
$$\times \left(\frac{b}{y} - \frac{A}{y}\right)\left(\frac{b}{y} - \frac{B}{y}\right)\left(\frac{b}{y} - \frac{C}{y}\right)\cdots\left(\frac{c}{y} - \frac{A}{y}\right)\left(\frac{c}{y} - \frac{B}{y}\right)\left(\frac{c}{y} - \frac{C}{y}\right)\cdots$$

Cela posé, la valeur de R, fournie par l'équation (6) ou (7), sera évidemment une fonction entière de $y$, d'un degré inférieur ou tout au plus égal au produit $mn$. De plus, si dans cette hypothèse ou écrit $f(x, y)$, $F(x, y)$ au lieu de $f(x)$ et de $F(x)$, la formule (3) deviendra

$$(12)\qquad u\,f(x, y) + v\,F(x, y) = R,$$

et il est clair que toutes les valeurs de $y$, qui permettront de vérifier simultanément les équations

$$(13)\qquad f(x, y) = 0,\qquad F(x, y) = 0,$$

devront satisfaire à l'équation

$$(14)\qquad R = 0.$$

*Corollaire IV.* — Il suit du corollaire précédent, qu'étant données deux équations algébriques en $x$ et $y$, l'une du degré $m$, l'autre du degré $n$, on pourra toujours en déduire, par l'élimination de $x$, une équation en $y$, dont le degré sera tout au plus égal au produit $mn$. De plus, on formera aisément le premier membre de l'équation en $y$, par la méthode fondée sur la considération des fonctions symétriques.

*Corollaire V.* — Lorsque les quantités $k$, $l$, $\ldots$, $p$, $q$; K, L, $\ldots$, P, Q, c'est-à-dire les coefficients des deux polynomes $f(x)$ et $F(x)$ se réduisent, au signe près, à des nombres entiers, on peut en dire autant des coefficients des fonctions $u$ et $v$ déterminées par les formules (8) et (9); et la valeur numérique de la quantité R, donnée par l'équa-

tion (6) ou (7), est pareillement un nombre entier. Dans ce cas, si une
même valeur entière de $x$ rend les polynomes $f(x)$ et $F(x)$ divisibles
par un certain nombre $p$, on conclura de la formule (3) que $p$ est un
diviseur entier de R. En d'autres termes, si l'on adopte la notation de
M. Gauss, les formules

$$(15) \qquad f(x) \equiv 0 \quad (\mathrm{mod.}\, p) \qquad \text{et} \qquad F(x) \equiv 0 \quad (\mathrm{mod.}\, p)$$

entraîneront la suivante

$$(16) \qquad R \equiv 0 \quad (\mathrm{mod.}\, p).$$

A l'aide de cette dernière formule, on déterminera facilement tous les
nombres entiers qui pourront être communs diviseurs des deux polynomes $f(x)$ et $F(x)$. Le plus grand de ces nombres entiers, ou le plus
grand commun diviseur entier des deux polynomes, sera précisément
la valeur numérique de R. Si cette valeur numérique se réduit à l'unité,
les deux polynomes n'auront jamais de communs diviseurs; ils en
auront une infinité, si elle se réduit à zéro.

*Corollaire VI.* — A l'aide des principes ci-dessus établis, on prouverait aisément que, si l'on donne plusieurs fonctions entières de $x, y$,
$z, \ldots$ dont le nombre surpasse d'une unité celui des variables qu'elles
renferment, et dont les coefficients soient entiers, on pourra former
un nombre entier qui sera divisible par les diviseurs communs de tous
ces polynomes. Si l'on considère en particulier trois polynomes de la
forme

$$(17) \qquad F(x, y), \quad f(x) \quad \text{et} \quad f(y),$$

on trouvera que le plus grand nombre entier qui puisse les diviser
simultanément est égal, au signe près, à la valeur de R déterminée par
l'équation

$$(18) \qquad R = K^{m(m+1)} F(a, a) F(a, b) F(a, c) \ldots$$
$$\times F(b, a) F(b, b) F(b, c) \ldots F(c, a) F(c, b) F(c, c) \ldots$$

$a, b, c, \ldots$ désignant les racines de l'équation $f(x) = 0$.

*Corollaire VII.* — Tout nombre premier $p$, divisant nécessairement
le binome

$$(19) \quad x^p - x = x\left(x - \cos\frac{2\pi}{p-1} - \sqrt{-1}\sin\frac{2\pi}{p-1}\right)$$
$$\times\left(x - \cos\frac{4\pi}{p-1} - \sqrt{-1}\sin\frac{2\pi}{p-1}\right)\cdots(x-1).$$

quelle que soit la valeur entière de $x$, il suit du corollaire V, que tout
diviseur premier $p$ d'un polynome $F(x)$, divisera le produit

$$(20) \quad R = F(o)F\left(\cos\frac{2\pi}{p-1} + \sqrt{-1}\sin\frac{2\pi}{p-1}\right)$$
$$\times F\left(\cos\frac{4\pi}{p-1} + \sqrt{-1}\sin\frac{4\pi}{p-1}\right)\cdots F(1),$$

qui peut être présenté sous la forme

$$(21) \quad R = \pm ABC\ldots(A^{p-1}-1)(B^{p-1}-1)(C^{p-1}-1)\ldots,$$

lorsque, le coefficient du premier terme de $F(x)$ se réduisant à l'unité,
l'on désigne par A, B, C, ... les racines de l'équation $F(x) = o$, Si
l'on suppose en particulier $F(x) = \dfrac{x^n+1}{x+1}$ ($n$ étant un nombre premier
quelconque), on trouvera $R = o$ ou $R = \pm 2$, suivant que $p$ sera ou
ne sera pas de la forme de $nx+1$. Donc les nombres premiers impairs
de cette forme sont les seuls qui puissent diviser le binome $x^n+1$.
sans diviser $x+1$. Cette proposition était déjà connue.

*Corollaire VIII.* — Tout nombre premier $p$, divisant les deux
binomes $x^p - x$, et $y^p - y$, quelles que soient les valeurs entières de $x$
et $y$, ne pourra diviser le polynome $F(x, y)$, sans diviser le nombre
qui représente, au signe près, le second membre de l'équation (18),
dans le cas où l'on prend pour $a, b, c, \ldots$ les racines de l'équation
$x^p - x = o$.

On pourrait étendre considérablement les applications du théorème
qui fait l'objet de cette Note; mais nous nous bornerons, pour le
moment à celles que nous venons d'indiquer.

SUR

# LE SYSTÈME DES VALEURS QU'IL FAUT ATTRIBUER
## A DEUX ÉLÉMENTS DÉTERMINÉS
## PAR UN GRAND NOMBRE D'OBSERVATIONS
## POUR QUE LA PLUS GRANDE DE TOUTES LES ERREURS,
## ABSTRACTION FAITE DU SIGNE,
## DEVIENNE UN MINIMUM.

*Bulletin de la Société Philomatique*, p. 92-99; 1824.

Supposons qu'on ait déjà une valeur approchée des deux éléments que l'on considère. Désignons par la variable $x$ la correction qui doit affecter le premier élément, et par la variable $y$ la correction qu'il faut apporter au second. Parmi les diverses hypothèses qu'on pourra faire sur les valeurs d'$x$ et d'$y$, une seule satisfera à la première des observations données; et, pour toute autre hypothèse, l'erreur de cette observation sera désignée par une fonction d'$x$ et d'$y$, dans laquelle, vu la petitesse supposée des corrections à faire, on pourra négliger les puissances des variables supérieures à la première. En général, quel que soit le nombre des observations données, leurs erreurs respectives pourront être représentées par autant de polynomes du premier degré en $x$ et $y$. Soient

$$a_1 + b_1 x + c_1 y = e_1.$$
$$a_2 + b_2 x + c_2 y = e_2.$$
$$\dots\dots\dots\dots\dots\dots\dots\dots$$
$$a_n + b_n x + c_n y = e_n$$

ces mêmes polynomes ($n$ étant le nombre des observations données).
La question se réduira à déterminer pour $x$ et $y$ un système de valeurs
tel que le plus grand des polynomes que l'on considère, abstraction
faite du signe, devienne un minimum; et si l'on fait

$$-a_1 - b_1 x - c_1 y = e_{n+1},$$
$$-a_2 - b_2 x - c_2 y = e_{n+2},$$
$$\dots \dots \dots \dots \dots \dots \dots \dots \dots$$
$$-a_n - b_n x - c_n y = e_{2n},$$

il est évident qu'il suffira de chercher le système des valeurs d'$x$ et d'$y$,
pour lequel celui des polynomes $e_1, e_2, \dots, e_n, e_{n+1}, e_{n+2}, \dots, e_{2n}$,
qui aura la plus grande valeur positive, deviendra un minimum.

La méthode [1] que nous avons proposée pour la solution du problème analogue relatif à un nombre quelconque d'éléments, se réduit
dans le cas présent à ce qui suit.

$1°$ On commencera par supposer dans tous les éléments à la fois
l'une des variables nulles, par exemple, $y = 0$, et l'on déterminera
l'autre variable $x$ de manière que le plus grand des polynomes, qui
auront une valeur positive, soit un minimum. Soit $\alpha$ la valeur d'$x$
ainsi déterminée. Pour le système de valeurs

$$x = \alpha, \qquad y = 0$$

deux polynomes $e_p$, $e_q$ deviendront supérieurs à tous les autres, et par
suite le système dont il s'agit satisfera à l'équation

$$e_p = e_q$$

il est d'ailleurs facile de prouver que, dans les deux polynomes $e_p$, $e_q$,
les coefficients d'$x$ seront nécessairement de signes contraires.

$2°$ On examinera si, pour faire diminuer la valeur commune des
deux polynomes $e_p$, $e_q$, il faut faire croître ou diminuer $y$.

$3°$ Supposons que pour faire diminuer la valeur commune des deux

---

[1] Cette méthode était l'objet du Mémoire que j'ai présenté à l'Institut le 28 février 1814,
et pour lequel MM. Laplace et Poisson ont été nommés commissaires. C'est même sur la
demande de ces deux commissaires que le présent extrait avait été rédigé.

polynomes $e_p$, $e_q$ on soit obligé de faire croître $y$, on cherchera parmi tous les polynomes restants un troisième polynome tel, qu'en égalant ce dernier polynome aux deux premiers, on obtienne pour $y$ la plus petite valeur positive possible. Soit $e_r$ le troisième polynome dont il s'agit. L'équation double

$$e_p = e_q = e_r$$

déterminera pour $x$ et $y$ un nouveau système de valeurs que je représenterai par

$$x = \alpha_1, \qquad y = \beta_1 ;$$

et ce système pourra être celui qui doit résoudre la question proposée.

Il la résoudra effectivement, si pour des valeurs de $y$ supérieures à $\beta_1$ le polynome $e_r$ égalé à celui des polynomes $e_p$, $e_q$, où le coefficient d'$x$ a un signe contraire, devient supérieur à la valeur commune des trois polynomes $e_p$, $e_q$, $e_r$ correspondant au système

$$x = \alpha_1, \qquad y = \beta_1.$$

Dans le cas contraire, soit $e_q$ celui des deux polynomes $e_p$, $e_q$ où le coefficient d'$x$ est le signe opposé au coefficient de la même variable dans $e_r$ : on cherchera un nouveau polynome $e_s$ tel que l'équation double

$$e_q = e_r = e_s$$

détermine la plus petite valeur positive possible de $y - \beta_1$. Alors on obtiendra un nouveau système de valeurs d'$x$ et d'$y$, que je désignerai par

$$x = \alpha_2, \qquad y = \beta_2,$$

et qui pourra résoudre dans beaucoup de cas la question proposée.

En continuant de même, on essayera successivement plusieurs systèmes de valeurs d'$x$ et d'$y$. Pour chacun de ces systèmes trois polynomes au moins deviendront à la fois positifs, égaux entre eux et supérieurs à tous les autres. Le nombre des essais ne pourra donc jamais surpasser le nombre des systèmes qui jouissent de cette propriété remarquable. Il s'agit maintenant de déterminer la limite de ce dernier nombre.

Pour y parvenir, il est nécessaire d'observer que, si l'on donne aux deux variables $x$ et $y$ des valeurs déterminées, on pourra former relativement au système de ces valeurs, trois hypothèses différentes. En effet il pourra se faire ; 1° que pour le système dont il s'agit un seul polynome devienne supérieur à tous les autres; 2° que deux polynomes $e_p$, $e_q$ deviennent égaux entre eux et supérieurs à tous les autres; 3° que trois polynomes au moins $e_p$, $e_q$, $e_r$ soient égaux entre eux et supérieurs à tous les autres. Si la première hypothèse a lieu, elle subsistera encore, lorsqu'on fera varier séparément $x$ et $y$ entre certaines limites. Si la seconde hypothèse a lieu, elle subsistera encore, lorsqu'on fera varier $x$ et $y$ entre certaines limites, de manière toutefois que l'équation $e_p = e_q$ soit toujours satisfaite. Mais si la troisième hypothèse a lieu, elle subsistera uniquement pour le système de valeurs d'$x$ et d'$y$ déterminé par l'équation double

$$e_p = e_q = e_r.$$

Suivant que l'un ou l'autre de ces trois cas aura lieu, je dirai que le système donné est du premier, du second ou du troisième ordre. Cela posé, les théorèmes $4^e$, $5^e$, $9^e$ et $10^e$ du Mémoire présenté à l'Institut, suffiront pour déterminer la limite du nombre d'essais qu'on sera obligé de faire, dans le cas où l'on ne considère que deux éléments. Nous allons réduire ces quatre théorèmes à ce qu'ils doivent être dans le cas particulier dont il s'agit.

THÉORÈME IV. — *Si l'on passe successivement en revue tous les systèmes possibles de valeurs d'$x$ et d'$y$, on trouvera que les systèmes du premier ordre ont pour limites respectives les systèmes du second ordre, et que ceux-ci ont eux-mêmes pour limites les systèmes du troisième ordre.*

*Démonstration.* — Comme pour chaque système de valeurs d'$x$ et d'$y$ il est nécessaire qu'au moins un polynome surpasse tous les autres, les divers systèmes de valeurs d'$x$ et d'$y$ se trouveront répartis par groupes, si je puis m'exprimer ainsi, entre les divers polynomes donnés. Dans quelques-uns de ces groupes les valeurs des variables resteront toujours finies, dans d'autres elles pourront s'étendre à l'infini. De plus, comme on ne pourra sortir d'un groupe sans passer dans un autre, on rencontrera nécessairement dans ce passage des systèmes pour lesquels deux polynomes à la fois deviendront supérieurs à tous les autres. Ainsi les systèmes du second ordre serviront de limites respectives aux différents groupes entre lesquels se trouveront répartis les systèmes du premier ordre.

Considérons maintenant un système quelconque du second ordre, par exemple, un de ceux pour lesquels les deux polynomes $e_p$, $e_q$ deviennent à la fois égaux entre eux et supérieurs à tous les autres. Si l'on fait varier en même temps $x$ et $y$, mais de manière à laisser toujours subsister l'équation $e_p = e_q$, on obtiendra, du moins entre certaines limites, de nouveaux systèmes du second ordre semblables à celui que l'on considère, et pour chacun de ces systèmes la valeur commune des deux polynomes $e_p$, $e_q$ sera supérieure à celle de tous les autres polynomes. Mais si l'on fait croître ou décroître l'une des variables, $y$ par exemple, d'une manière continue, il arrivera un moment où les deux polynomes $e_p$, $e_q$ se trouveront égalés par un troisième. Ainsi la série des systèmes du second ordre qui correspondent à une même équation entre deux polynomes donnés, aura en général pour limites deux combinaisons du troisième ordre, l'une de ces limites étant relative à des valeurs constantes de $y$, et l'autre à des valeurs décroissantes de la même variable. Il peut néanmoins arriver que l'une de ces deux limites s'éloigne jusqu'à l'infini,

*Remarque.* — Il est facile de donner au théorème précédent une interprétation géométrique. En effet, concevons que les divers polynomes

$$e_1, \ e_2, \ \ldots, \ e_n, \ e_{n-1}, \ e_{n+2}, \ \ldots, \ e_{2n},$$

tous du premier dégré en $x$ et $y$, représentent les ordonnées d'autant de plans différents les uns des autres, et que l'on ait seulement égard à la portion de chacun de ces plans qui, pour certaines valeurs d'$x$ et d'$y$, devient supérieure à tous les autres. Les portions des divers plans qui jouissent de cette propriété formeront un polyèdre convexe ouvert dans sa partie supérieure; et, si par un point quelconque du plan des $x, y$ on élève une ordonnée, cette ordonnée rencontrera une face, une arête, ou un sommet du polyèdre, suivant que le système de valeurs d'$x$ et d'$y$ qui détermine le pied de l'ordonnée sera du premier, du second ou du troisième ordre. Cela posé, le théorème précédent se réduit à dire que les projections des faces du polyèdre ont pour limites les projections des arêtes, et que celles-ci ont elles-mêmes pour limites les projections des sommets.

Théorème V. — *Si au nombre des groupes formés par les systèmes du premier ordre on ajoute le nombre des systèmes du troisième ordre, la somme surpassera d'une unité le nombre des séries formées par les divers systèmes du second ordre.*

*Démonstration.* — Il suit du théorème précédent : 1° que les groupes formés par les divers systèmes du premier ordre ont pour limites les systèmes du second ordre; 2° que les systèmes du second ordre qui servent de limites à un même groupe de systèmes du premier ordre, sont partagés en plusieurs séries, dont chacune a elle-même pour limites deux systèmes du troisième ordre, à moins toutefois, qu'une de ces limites ne s'éloigne vers l'infini. Si donc on augmente d'une unité le nombre des systèmes du troisième ordre pour tenir lieu des limites qui divergent vers l'infini, on se trouvera placé dans des circonstances tout à fait semblables à celle qui auraient lieu si les systèmes du premier et du second ordre ne pouvaient s'étendre qu'à des valeurs finies d'$x$ et d'$y$. Soient maintenant

$M_1$ le nombre des groupes formés par les systèmes du premier ordre;

$M_2$ le nombre des séries formées par les systèmes du second ordre;

$M_3$ le nombre des systèmes du troisième ordre;

$M_3 + 1$ sera ce dernier nombre augmenté de l'unité; et, pour démontrer le théorème ci-dessus énoncé, il suffira de voir que l'on a

$$(3) \qquad\qquad M_1 + M_3 = M_2 + 1.$$

On y parvient facilement comme il suit.

Nous avons déjà remarqué qu'à chaque système du premier ordre correspondait un polynome supérieur à tous les autres ; à chaque système du second ordre, deux polynomes supérieurs à tous les autres ; et à chaque système du troisième ordre, trois ou un plus grand nombre de polynomes supérieurs à tous les autres. Cela posé, il sera facile de voir que, si les systèmes du premier ordre qui correspondent au polynome $e_p$ ne peuvent s'étendre à des valeurs infinies d'$x$ et d'$y$, les séries de systèmes du second ordre correspondant à ce même polynome seront en nombre égal à celui des systèmes du troisième ordre qui lui servent de limites. Car chaque série de systèmes du second ordre aura nécessairement pour limites deux systèmes du troisième ordre, et réciproquement chacun de ces derniers servira de limites à deux séries de systèmes du second. Soit maintenant $e_q$ un polynome qui, conjointement avec le polynome $e_p$, corresponde à une série de systèmes du second ordre ; et supposons encore que les systèmes du premier ordre qui correspondent au polynome $e_q$ ne puissent s'étendre à l'infini, les système du troisième ordre qui correspondront à la fois aux deux polynomes $e_p$, $e_q$ seront au nombre de deux. Par suite le nombre des séries de systèmes du second ordre, qui correspondront au polynome $e_q$ sans correspondre au polynome $e_p$, surpassera d'une unité le nombre des systèmes du troisième ordre, qui correspondront au premier polynome sans correspondre au second : d'où il est aisé de conclure que le nombre des séries de systèmes du second ordre qui correspondront à l'un des polynomes $e_p$, $e_q$, surpassera d'une unité le nombre des systèmes du troisième ordre correspondant à ces mêmes polynomes. En général désignons sous le nom de systèmes contigus du premier ordre, ceux qui ont pour limite commune une même série de systèmes du second ordre ; et soient $e_p$, $e_q$, $e_r$, $e_s$, $e_t$, ... une suite de polynomes correspondant à des systèmes du premier ordre, tous contigus les uns aux autres, et dans lesquels les valeurs des variables ne puissent s'étendre à l'infini. On fera voir, par des raisonnements semblables aux précédents : 1° que le nombre des séries de systèmes du second ordre correspondant à l'un des trois polynomes $e_p$, $e_q$, $e_r$, surpasse de deux unités le nombre des systèmes du troisième ordre qui leur correspondent; 2° que le nombre des séries de systèmes du second ordre qui correspondent à l'un des quatre polynomes $e_p$, $e_q$, $e_r$, $e_s$, surpasse de trois unités le nombre des systèmes du troisième ordre correspondant à ces mêmes polynomes, etc. Si donc l'on désigne :

— par $N_1$ le nombre des polynomes $e_p$, $e_q$, $e_r$, $e_s$, $e_t$, ...;

— par $N_2$ le nombre des séries de systèmes du second ordre qui correspondent à l'un d'eux;

— par $N_3$ le nombre des systèmes du troisième ordre qui correspondent à l'un de ces mêmes polynomes, on aura généralement

$$N_2 = N_3 + N_1 - 1,$$

ou

$$(6) \qquad N_1 + N_3 = N_2 + 1.$$

D'ailleurs, si l'on suppose que la série $e_p$, $e_q$, $e_r$, $e_s$, $e_t$, ..., renferme tous les polynomes donnés, à l'exception d'un seul, et que l'on veuille passer de l'hypothèse où quelques systèmes du premier et du second ordre s'étendent à l'infini, à celle dans laquelle tous les systèmes ne pourraient s'étendre qu'à des valeurs finies d'$x$ et d'$y$, il faudra faire

$$N_1 = M_1 - 1,$$
$$N_2 = M_2,$$
$$N_3 = M_3 + 1.$$

Cela posé, l'équation (6) deviendra

$$M_1 + M_3 = M_2 + 1.$$

C. Q. F. D.

*Remarque.* — Le théorème précédent peut s'interpréter, en Géométrie, de la manière suivante.

Dans un polyèdre ouvert par sa partie supérieure, la somme faite du nombre des faces et du nombre des sommets surpasse d'une unité le nombre des arêtes.

Pour déduire cette proposition du théorème d'Euler, il suffit de considérer un polyèdre fermé, et de concevoir que dans ce polyèdre les diverses arêtes qui concourent à un même sommet pris dans la partie supérieure, s'écartent l'une de l'autre et divergent vers l'infini.

THÉORÈME IX. — *Chaque système du troisième ordre sert de limite au moins à trois séries de systèmes du second ordre.*

*Démonstration.* — En effet, chaque système du troisième ordre correspond au moins à trois polynomes $e_p$, $c_q$, $c_r$, .... De plus, parmi les séries de systèmes du second ordre qui correspondent à l'un de ces polynomes, il y en a toujours nécessairement deux qui ont pour limite commune le système du troisième ordre que l'on considère ; et réciproquement les séries de systèmes du second ordre, qui ont ce dernier pour limite, correspondent toujours à deux des polynomes dont il s'agit. Par suite le nombre de ces séries est toujours égal à celui des polynomes $e_p$, $c_q$, $c_r$, .... il est donc au moins égal à 3.

*Interprétation géométrique.* — Trois arêtes au moins d'un polyèdre se réunissent toujours à chacun de ses sommets.

*Corollaire.* — Soit toujours $M_3$ le nombre des systèmes du troisième ordre, et $M_1$ le nombre des séries formées par les systèmes du second ordre. Puisque chaque système du troisième ordre sert de limite au moins à trois séries de systèmes du second ordre, et que chaque série a pour limites un seul ou tout au plus deux systèmes du troisième ordre, on aura nécessairement

$$3 M_3 < 2 M_2.$$

Cette inégalité, jointe à l'équation (3) suffit, comme on va le voir, pour déterminer une limite du nombre d'essais qu'exige la méthode proposée.

Théorème X. — *Le nombre d'essais qu'exige la méthode proposée ne surpasse jamais le double du nombre des polynomes qui peuvent devenir supérieurs à tous les autres.*

*Démonstration.* — En effet, le nombre d'essais qu'exige la méthode proposée ne surpasse jamais le nombre des systèmes du troisième ordre désigné ci-dessus par $M_3$. D'ailleurs le nombre des polynomes qui peuvent devenir supérieurs à tous les autres, est égal au nombre des systèmes du premier ordre désigné par $M_1$. Il suffira donc de faire voir qu'on a toujours

$$M_3 < 2 M_1.$$

Or on a, en vertu de l'équation (3),

$$(3) \qquad M_2 + 1 = M_3 + M_1,$$

et, en vertu du théorème

$$M_3 + \frac{1}{2} M_3 < M_2.$$

En ajoutant, membre à membre, cette dernière inégalité à l'équation (3), on aura

$$1 + \frac{1}{2} M_3 < M_1,$$

et par suite

$$M_3 < 2(M_1 - 1) < 2 M_1.$$

C. Q. F. D.

*Interprétation géométrique.* — Dans un polyèdre ouvert par sa partie supérieure, le nombre des sommets ne peut surpasser le double du nombre des faces.

*Corollaire.* — Comme le nombre des polynomes qui peuvent devenir supérieurs à tous les autres est tout au plus égal au nombre des polynomes que l'on considère, c'est-à-dire, au double du nombre des observations, le nombre d'essais qu'exige la méthode proposée ne peut jamais surpasser le quadruple du nombre des observations. Ainsi la limite du nombre des essais est simplement proportionnelle au nombre des observations données.

# MÉMOIRE

## SUR LE CHOC DES CORPS ÉLASTIQUES [1].

*Bulletin de la Société Philomatique*, p. 180-182; 1826.

Dans un Mémoire présenté à l'Académie en 1822, j'ai donné les équations aux différences partielles qui déterminent les mouvements vibratoires des corps solides élastiques ou non élastiques. Dans le nouveau Mémoire, j'applique ces équations au choc des corps élastiques. Je me bornerai pour le moment à l'exposition des phénomènes que présente le choc de deux cylindres droits et homogènes qui viennent se frapper par leurs bases avec des vitesses égales ou inégales, dirigées suivant des droites parallèles à leurs génératrices. Alors les équations aux différences partielles qui déterminent les mouvements des deux cylindres renferment seulement chacune deux variables indépendantes, savoir, une abscisse $x$ et le temps; et, en intégrant ces équations de manière que les variables principales satisfassent aux conditions du problème, on obtient immédiatement les résultats que je vais indiquer.

Supposons, pour fixer les idées, que les deux cylindres soient formés de même matière, mais que leurs longueurs soient différentes. Comme le centre de gravité du système se mouvra uniformément dans l'espace,

[1] Déposé à l'Académie Royale des Sciences le 19 février 1827.

on pourra toujours ramener la question au cas où ce centre a une vitesse nulle, en rapportant le mouvement du système à celui du centre dont il s'agit. Cela posé, soient $a$, A les longueurs respectives des deux cylindres; $\omega$, $\Omega$ leurs vitesses initiales dirigées en sens contraires; $\frac{h}{n}$ la hauteur qu'il faudrait attribuer au second cylindre pour qu'étant suspendu à une tranche infiniment mince du premier, il produisît une dilatation mesurée par $\frac{1}{n}$; et $g$ la force accélératrice de la pesanteur. Enfin faisons, pour abréger, $k^2 = gh$, comptons le temps $t$ à partir de l'instant où le choc commence, et soit

$$\frac{\omega}{\Omega} = \frac{A}{a} > 1.$$

Depuis le commencement du choc jusqu'à la fin du temps qu'on obtiendra en divisant, par la constante $k$, la longueur $a$ du premier cylindre, les vitesses initiales $\omega$ et $\Omega$ disparaîtront dans deux portions contiguës du premier et du second cylindre, et ces deux portions offriront dans chaque tranche une nouvelle vitesse équivalente à la demi-différence $\frac{\omega - \Omega}{2}$, avec une compression représentée par le rapport

$$\frac{\omega + \Omega}{2}.$$

Pendant le même temps, les longueurs des portions dont il s'agit seront égales dans les deux cylindres, et croîtront comme le temps, de manière à devenir finalement équivalentes à la longueur du premier cylindre. Pendant un second temps égal au premier, ces longueurs varieront encore : mais celle qui se rapporte au premier cylindre diminuera proportionnellement au temps, de manière à devenir finalement nulle; tandis que l'autre longueur relative au second cylindre croîtra sans cesse, si la longueur du second cylindre surpasse le double de celle du premier, et croîtra pour diminuer ensuite dans le cas contraire. Quant aux portions restantes des deux cylindres, elles offriront dans chacune de leurs tranches, pendant la période dont il est question, dans le premier cylindre, une vitesse constante égale à la vitesse initiale du second cylindre, avec une compression nulle en chaque point ; et dans le second cylindre la vitesse initiale du second ou du premier cylindre, suivant que la longueur du second cylindre sera inférieure ou supérieure au double de la longueur du premier. A la fin de cette nouvelle période, le premier cylindre étant animé dans tous ses points par une vitesse équivalente à la vitesse initiale du second, se séparera de celui-ci, et le choc sera terminé. Ajoutons qu'après la séparation le premier cylindre, offrant partout des compressions nulles, ne changera plus de forme, tandis que le second cylindre, composé de deux parties dont les vitesses seront différentes, et dont une seule offrira des compressions nulles, continuera de vibrer dans l'espace. On doit seulement excepter le cas où les deux cylindres, étant de même longueur, auraient eu primitivement des vitesses égales dirigées en sens contraires.

Les conséquences qui se déduisent des principes que nous venons d'établir sont très importantes dans la théorie de la dynamique. Ainsi, par exemple, on enseigne, dans la mécanique rationnelle, que, si deux corps parfaitement élastiques viennent à se choquer, la somme des forces vives restera la même avant le choc et après le choc. Mais il est clair qu'alors on fait abstraction du mouvement vibratoire de chaque corps après le choc, et l'on pourrait être curieux de connaître ce qui arrive dans le cas contraire.

Or, si l'on détermine, d'après ce qui a été dit ci-dessus, la somme des forces vives de deux cylindres avant et après le choc, on reconnaîtra : 1° que la perte des forces vives est nulle dans un seul cas, savoir, lorsque les longueurs des deux cylindres sont égales, et que cette perte, bien loin d'être nulle dans les autres cas, comme on le suppose ordinairement, s'élève à la moitié de la somme des forces vives, quand la longueur de l'un des cylindres devient infiniment grande, et qu'elle peut s'élever jusqu'aux trois quarts de cette somme quand les deux cylindres offrent des longueurs doubles l'une de l'autre. Lorsqu'un cylindre vient frapper un plan solide, il se trouve à peu près dans le même cas que s'il frappait un cylindre dont la longueur fût infinie, et, par conséquent, il y a perte de forces vives.

Dans un second Mémoire je montrerai comment on peut étendre les mêmes principes au choc de deux cylindres composés de matières différentes, ou au choc des corps dont la forme n'est pas cylindrique.

# MÉMOIRES

EXTRAITS DES

## ANNALES DE MATHÉMATIQUES

# RAPPORT

## SUR UN MÉMOIRE DE M. PONCELET

### RELATIF

### AUX PROPRIÉTÉS PROJECTIVES DES SECTIONS CONIQUES (*).

*Annales de Mathématiques*, Tome XI, p. 69-83; 1820.

Le Secrétaire perpétuel de l'Académie, pour les Sciences mathématiques, certifie que ce qui suit est extrait du procès-verbal de la séance du lundi 5 juin 1820.

L'Académie nous a chargés, MM. Arago, Poisson et moi, de lui rendre compte d'un Mémoire de M. Poncelet sur les propriétés *projectives* des sections coniques. L'auteur appelle ainsi les propriétés relatives aux cordes communes, aux points de concours des tangentes communes, et beaucoup d'autres semblables qui, étant indépendantes des dimensions attribuées aux courbes que l'on considère et de leurs paramètres, subsistent lorsqu'on projette ces courbes sur de nouveaux plans, à l'aide de droites qui concourent vers un même point; c'est-à-dire, en d'autres termes, lorsqu'on met ces courbes en perspective; ce qui a également lieu pour le cas où, le point de concours s'éloignant à l'infini, les projections deviennent orthogonales. Nous allons d'abord indiquer les moyens que l'auteur emploie pour établir les propriétés dont il s'agit.

(*) Ce mémoire et les trois qui suivent comportent des notes de Gergonne, rédacteur des *Annales de Mathématiques*. Elles sont signées (J. D. G.). (R. T.)

Lorsque plusieurs courbes, qui composent une seule classe ou famille, possèdent en commun diverses propriétés, une des méthodes les plus expéditives pour la démonstration de ces mêmes propriétés consiste à les établir d'abord pour les courbes les plus simples de la classe dont il est question, et à les étendre ensuite aux autres courbes de la même classe, par la comparaison de celles-ci avec les premières. Cette méthode peut même servir à la recherche des propriétés d'une courbe donnée. Veut-on connaître, par exemple, celle d'une ellipse? on commencera par supposer les deux axes égaux; ce qui réduira cette ellipse à une circonférence de cercle. On remarquera que la surface du cercle est égale au carré du rayon multiplié par le nombre qui exprime le rapport de la circonférence au diamètre; que deux rayons qui se coupent à angles droits sont parallèles aux tangentes menées par leurs extrémités; que ces mêmes rayons comprennent entre eux une surface constante; que la somme de leurs carrés est égale à la somme des carrés de leurs projections sur un diamètre quelconque; que les tangentes des angles aigus qu'ils forment avec un même diamètre, étant multipliées l'une par l'autre, donnent l'unité pour produit; enfin, que la perpendiculaire élevée sur un diamètre est moyenne proportionnelle entre les deux segments adjacents. Si maintenant on considère une ellipse dont les deux axes soient inégaux, on décrira sur le grand axe de cette ellipse, pris pour diamètre, une circonférence de cercle, dont l'ordonnée, comptée perpendiculairement au grand axe, aura un rapport constant avec celle de l'ellipse. Cela posé, si l'on appelle diamètres conjugués de l'ellipse ceux dont les projections sur le grand axe coïncident avec les projections de deux diamètres du cercle qui se coupent à angles droits, on conclura immédiatement des remarques faites à l'égard du cercle que la surface de l'ellipse est égale au produit des deux demi-axes par le nombre qui exprime le rapport de la circonférence au diamètre; que, dans la même courbe, les tangentes menées aux extrémités de deux diamètres conjugués, sont parallèles à ces diamètres; que deux demi-diamètres conjugués comprennent entre eux une surface constante; que les sommes des carrés de leurs projections sur le grand axe et sur le petit axe sont respectivement égales aux carrés des demi-axes, et que, par suite, la somme des carrés des deux demi-diamètres équivaut à la somme des carrés des deux demi-axes; enfin, que le rapport de ces deux derniers carrés mesure à la fois le produit des tangentes des angles aigus formés avec le grand axe par deux diamètres conjugués et le rapport du carré d'une ordonnée aux segments correspondants de ce même grand axe. Au reste, pour obtenir le cercle auxiliaire dont nous venons d'indiquer l'usage, il suffit de chercher dans l'espace un cercle dont l'ellipse donnée soit la projection orthogonale, et de rabattre ensuite le plan de ce cercle sur celui de l'ellipse, après avoir fait tourner le premier autour du diamètre parallèle au second (¹). Plus généralement, on peut considérer une ellipse, une hyperbole ou une parabole comme la perspective ou projection centrale d'un cercle quelconque, et déduire, des propriétés de ce cercle, celles de la projection. Tel est, en effet, le moyen employé par M. Poncelet pour déterminer les propriétés projectives des points coniques. Il appelle *centre de projection* le point où se trouve placé dans la perspective l'œil du spectateur. Ce point est le sommet d'une surface conique du second degré qui a pour base la courbe proposée. Il est bon de rappeler, à ce sujet, que, si l'on coupe une surface conique quelconque par deux plans parallèles, les deux sections seront toujours semblables entre elles. Il y a plus, si, d'un centre de projection pris à volonté dans l'espace, on mène des rayons vecteurs aux différents points d'un système composé de points, de lignes ou de surfaces quelconques, et qu'on fasse croître ou décroître à la fois tous les rayons vecteurs dans un rapport donné, on obtiendra un second système de points, lignes ou surfaces, semblable au premier et semblablement placé, en sorte que les droites et les plans menés dans les deux systèmes, par des points correspondants, seront toujours

______

(¹) Il paraîtra peut-être plus simple, et il reviendra d'ailleurs au même, de chercher dans l'espace un plan sur lequel la projection orthogonale de l'ellipse soit un cercle; et il n'y aura pas d'ailleurs besoin de rabattement. On peut consulter, sur ce sujet, un Mémoire de M. Fériot, inséré à la page 240 du volume II de ce recueil.  (J. D. G.)

parallèles. Le centre commun, vers lequel convergent tous les rayons vecteurs, est ce qu'on peut appeler le *centre de similitude* des deux systèmes. Pour deux cercles, tracés sur un même plan, ce centre de similitude ne peut être que le point de concours des tangentes communes, extérieures ou intérieures. M. Poncelet expose ses diverses propriétés, dont un grand nombre dérivent immédiatement de la défition même que nous venons d'en donner.

Outre la considération des projections centrales, M. Poncelet emploie encore, dans son Mémoire, ce qu'il appelle le *principe de la continuité*. L'admission de ce principe en Géométrie consiste à supposer que, dans le cas où une figure composée d'un système de lignes droites ou courbes conserve constamment certaines propriétés, tandis que les dimensions absolues ou relatives de ses diverses parties varient d'une manière quelconque, entre certaines limites, ces mêmes propriétés subsistent nécessairement lorsqu'on fait sortir les dimensions dont il s'agit des limites entre lesquelles on les supposait d'abord renfermées; et que, si quelques parties de la figure disparaissent dans la seconde hypothèse, celles qui restent jouissent encore, les unes à l'égard des autres, des propriétés qu'elles avaient dans la figure primitive (¹). Ce principe n'est, à proprement parler, qu'une forte induction, à l'aide de laquelle on étend des théorèmes établis, d'abord à la faveur de certaines restrictions, aux cas où ces mêmes restrictions n'existent plus. Étant appliqué aux courbes du second degré, il a conduit l'auteur à des résultats exacts. Néanmoins, nous pensons qu'il ne saurait être admis généralement et appliqué indistinctement à toutes sortes de questions en Géométrie, ni même en Analyse (²): En lui accordant

(¹) Le Mémoire qui précède ceci offre, en particulier, des exemples remarquables en faveur de ce principe; on y a vu que le point de concours des tangentes communes à deux cercles, soit extérieures, soit intérieures, ne cesse pas d'exister, lorsque ces tangentes cessent d'être possibles; et qu'il en est de même de la corde commune à deux cercles, lorsque ces cercles cessent de se couper.

(²) C'est aussi, à ce qu'il paraît, l'opinion de M. Durrande; et c'est ce qui l'a déterminé à abandonner les démonstrations, très élégantes d'ailleurs, que Monge avait données de la théorie des pôles, de celle des centres de similitude et de celle des axes radicaux, démonstrations qui ne sont applicables qu'à certains cas. Il faut donc employer le prin-

trop de confiance, on pourrait tomber quelquefois dans des erreurs manifestes. On sait, par exemple, que, dans la détermination des intégrales définies, et par suite, dans l'évaluation des longueurs, des surfaces et des volumes, on rencontre un grand nombre de formules qui ne sont vraies qu'autant que les valeurs des quantités qu'elles renferment restent comprises entre certaines limites.

Au reste, nous distinguerons soigneusement les considérations de M. Poncelet sur la continuité de celles qui ont pour objet les propriétés des lignes auxquelles il donne le nom de *cordes idéales* des sections coniques. Comme ces propriétés nous paraissent mériter d'être remarquées, et qu'elles fournissent à l'auteur un troisième moyen de résoudre les questions relatives aux courbes du second degré, nous allons donner à ce sujet quelques développements.

Si, après avoir mené, par le centre d'une hyperbole, un diamètre $2A$ qui rencontre les deux branches, on fait passer, par les points de rencontre des tangentes à l'hyperbole et par le centre, une parallèle à ces tangentes, puis que l'on cherche à déterminer, par l'analyse, les coordonnées des points où cette parallèle rencontre la courbe et les distances respectives de ces points au centre, on trouvera, pour l'une et l'autre distance, en faisant abstraction du signe, une expression imaginaire de la forme $B\sqrt{-1}$; et par conséquent, pour la distance entre les deux points, une autre expression de la forme $2B\sqrt{-1}$. Le coefficient de $\sqrt{-1}$, dans cette dernière, ou la longueur $2B$, qui est une quantité réelle, peut se construire géométriquement: et, comme la considération de cette longueur peut être utile dans la recherche des propriétés de l'hyperbole, on lui a donné un nom, en disant que $2B$ représente le diamètre conjugué au diamètre $2A$. On sait qu'étant donné le diamètre $2B$, avec sa direction, on peut facilement

---

cipe de M. Poncelet, ainsi que le tour de démonstration introduit par Monge, à peu près comme on employait le calcul différentiel lorsqu'on n'en voyait pas bien encore la métaphysique; c'est-à-dire, uniquement comme instruments de découverte: mais ce n'en seront pas moins des instruments très précieux; car, le plus souvent, en mathématiques, découvrir est tout; et ce ne sont pas d'ordinaire les démonstrations qui embarrassent beaucoup. (J. D. G.)

en déduire le diamètre $2A$; en coupant les asymptotes par une sécante parallèle à la direction donnée, la ligne menée du centre au milieu de la sécante indiquera la direction du diamètre $2A$; et le rapport de cette dernière ligne à la moitié de la sécante sera précisément égal au rapport $\frac{A}{B}$.

Supposons maintenant que l'on cherche, par l'analyse, les points d'intersection, non plus d'un diamètre, mais d'une droite quelconque avec une courbe du second degré, et la distance de ces deux points, ou, en d'autres termes, la corde qui les unit; lorsque la droite ne rencontrera plus la courbe, la distance donnée par l'analyse deviendra imaginaire, et sera de la forme $2C\sqrt{-1}$; tandis que le point milieu de la corde conservera des coordonnées réelles. Il devient alors utile de substituer à la corde imaginaire, qui n'existe pas, une corde fictive $2C$. comptée sur la droite proposée, et dont le milieu coïncide avec le point dont nous venons de parler.

C'est à cette corde fictive qu'on pourrait appliquer la dénomination de corde idéale, par laquelle M. Poncelet désigne tantôt la droite indéfinie que l'on considère, et tantôt la corde imaginaire interceptée par la courbe, puisqu'il appelle centre de la corde idéale le point réel que l'analyse indique comme étant le milieu de la corde imaginaire. Le sens dans lequel l'auteur emploie le mot idéale se trouverait ainsi modifié de telle manière que les longueurs idéales resteraient des longueurs réelles et constructibles en Géométrie. Ainsi, par exemple, dans une hyperbole, dont le grand axe rencontre la courbe, la longueur idéale du diamètre, perpendiculaire au grand axe, serait le petit axe lui-même. Si, en adoptant cette manière de s'exprimer, on construit, pour une section conique quelconque. toutes les cordes idéales parallèles à une direction donnée; les extrémités de toutes ces cordes se trouveront sur une nouvelle section conique. que l'auteur appelle supplémentaire de la première, relativement à la direction dont il s'agit.

Cela posé, il est facile de voir que deux sections coniques supplémentaires l'une de l'autre, relativement à une direction donnée, sont nécessairement ou deux paraboles ou une hyperbole et une ellipse. Dans le premier cas, les deux paraboles ont le même paramètre, avec une tangente commune, parallèle à la direction donnée, et un diamètre commun passant par le point de contact. Dans le second cas, les deux courbes peuvent aisément se déduire l'une de l'autre, d'après la condition à laquelle elles se trouvent assujetties d'avoir en commun deux diamètres conjugués, dont l'un est parallèle à la droite donnée, tandis que l'autre rencontre à la fois les deux courbes qui se touchent ainsi par ses extrémités. Dans le même cas, toutes les fois que l'ellipse se réduit à un cercle, l'hyperbole devient équilatère, et a pour axe transverse le diamètre du cercle. Enfin, l'on prouve aisément que, si deux courbes sont supplémentaires l'une de l'autre, relativement à une direction donnée, indiquée par une certaine droite, leurs projections sur un plan parallèle à cette droite jouiront de la même propriété.

En vertu de ce qui précède, si l'on donne une section conique quelconque, avec un centre et un plan de projection, il deviendra facile de déterminer, pour la section conique projetée : 1° l'angle formé par deux diamètres conjugués, dont l'un serait parallèle au plan de la section conique proposée; 2° le rapport de ces mêmes diamètres. En effet, si l'on conçoit d'abord que la section conique projetée soit une hyperbole, un plan quelconque, parallèle au plan de projection, coupera le cône qui a pour base la courbe proposée, et pour sommet le centre de projection suivant des hyperboles semblables et comprises entre des asymptotes parallèles. Par suite, si le plan coupant passe par le sommet du cône, la section se trouvera réduite à deux arêtes parallèles aux asymptotes dont il s'agit. Comme d'ailleurs le même plan coupera évidemment la courbe donnée suivant une certaine corde terminée à ces deux arêtes, il en résulte : 1° que l'angle cherché sera équivalent à celui que forme la corde en question avec la droite qui joint son milieu et le sommet du cône; 2° que le rapport cherché sera celui qui existe entre la longueur de cette droite et celle de la demi-corde. Lorsque la courbe projetée sera une ellipse, le plan mené par le sommet du cône parallèlement au plan de projection ne rencontrera plus la courbe proposée; mais sa trace sur le plan de cette dernière sera toujours une droite réelle, à laquelle correspondra une certaine corde idéale de la courbe donnée. Dans la même hypothèse, on appliquera les raisonnements que nous avons employés ci-dessus, non plus à la courbe proposée, mais à la section conique supplémentaire de cette courbe, relativement à la corde idéale dont nous venons de parler; et l'on en conclura : 1° que l'angle cherché est équivalent à celui que forme la corde idéale avec la droite qui joint le milieu de cette corde et le centre de projection; 2° que le rapport cherché est celui qui existe entre la longueur de cette droite et la demi-corde. Lorsque la courbe projetée se réduit à un cercle, tous ses diamètres conjugués sont égaux et se coupent à angles droits. Par conséquent, dans ce cas particulier, la droite menée du centre de projection au milieu de la corde idéale de la courbe donnée doit être perpendiculaire sur cette corde et égale à sa moitié.

La question que nous venons de résoudre n'a pas été traitée directement par M. Poncelet; mais la solution que nous avons déduite des principes qu'il a établis fournit le moyen de simplifier et de généraliser, tout à la fois, celles de plusieurs autres problèmes dont nous parlerons ci-après.

Considérons à présent deux sections coniques tracées sur un même plan. Il peut arriver ou qu'elles se coupent en quatre points ou qu'elles se coupent en deux points ou qu'elles ne se coupent pas. Si l'on cherche, par l'analyse, les abscisses des points d'intersection, on trouvera que ces abscisses sont les racines d'une équation du quatrième degré à coefficients réels, et que cette même équation a quatre racines réelles dans le premier cas, deux racines réelles et deux racines imaginaires conjuguées dans le second, enfin, quatre racines imaginaires conjuguées deux à deux dans le troisième. De plus, comme, en combinant les équations des deux courbes, on peut en déduire une troisième équation du second degré, qui ne renferme l'ordonnée qu'au premier degré seulement, il en résulte que l'analyse indique seulement quatre points d'intersection, et que, pour chacun de ces points, on peut exprimer l'ordonnée en fonction rationnelle et réelle de l'abscisse. Par suite, si l'on trouve, pour un point d'intersection, une abscisse réelle, l'ordonnée le sera également; et, si l'analyse fournit, pour deux de ces points, deux abscisses imaginaires conjuguées, les ordonnées correspondantes seront elles-mêmes imaginaires et conjuguées. Considérons, en particulier, deux points de cette dernière espèce. Comme, pour transformer les coordonnées de l'une en celle de l'autre, il suffira de remplacer $+\sqrt{-1}$ par $-\sqrt{-1}$, il est clair que toutes les équations et quantités diverses qui, étant rationnelles par rapport à ces ordonnées, ne devront pas être altérées par leur échange mutuel, seront nécessairement des équations réelles et des quantités réelles. Par exemple, l'équation de la droite qui passe par les deux points sera réelle, ainsi que le carré de leur distance mutuelle, ou, en d'autres termes, de la corde qui les unit, et il en sera de même des coordonnées du milieu de cette corde. Toutefois, comme, par hypothèse, les deux points ne sont pas réels, le carré de la corde en question ne pourra être qu'une quantité négative, dont la racine, abstraction faite du signe, sera une expression imaginaire de la forme $2C\sqrt{-1}$.

Pour déterminer le coefficient réel $2C$, dans cette expression, il suffira évidemment de chercher la corde idéale qu'on obtient en considérant la droite réelle qui passe par les deux points imaginaires comme sécante idéale de l'une ou de l'autre des deux courbes proposées. Par conséquent, la longueur $2C$ sera celle d'une corde idéale réellement commune à ces deux courbes. Cela posé, si l'on passe successivement en revue les trois hypothèses que l'on peut faire sur le nombre des points réels communs aux deux courbes proposées, on trouvera que ces deux courbes ont, en général, ou six cordes communes, passant par quatre points réels, ou deux cordes communes, dont une idéale. ou deux cordes idéales communes. Toutefois, pour deux hyperboles semblables. ou du moins comprises entre des asymptotes parallèles. ainsi que pour des ellipses semblables et semblablement placées, une seule corde commune naturelle ou idéale subsiste, tandis qu'une autre s'éloigne à l'infini. C'est ce qui a lieu, en particulier, pour deux circon-férences de cercles (¹). De plus, il peut arriver que deux cordes communes viennent à se confondre, et alors, si ces cordes ne sont pas idéales, les deux courbes se toucheront évidemment en deux points réels. Ajoutons que, si l'on projette deux sections coniques, situées dans un même plan sur un nouveau plan, parallèle à une corde idéale qui leur soit commune, la projection de cette corde sera elle-même une corde idéale commune aux projections des deux sections coniques. Par suite, si les deux courbes proposées étaient dissemblables entre elles, auquel cas elles avaient nécessairement plusieurs cordes réelles ou idéales communes; pour rendre leurs projections semblables et semblablement placées, il faudra faire en sorte qu'une des cordes communes s'éloigne à l'infini. On remplira cette condition en plaçant le centre de projection partout où l'on voudra, pourvu qu'ensuite on prenne le plan de projection parallèle à celui qui passera par ce centre et par l'une des cordes communes aux deux courbes données.

Dans ce qui précède, nous avons déduit de l'analyse la notion des cordes idéales des sections coniques; mais on peut arriver au même but par des considérations géométriques.

Par exemple, lorsqu'une ellipse ou une hyperbole se trouve coupée en deux points réels par une sécante quelconque, le milieu de la corde interceptée coïncide avec le point où la sécante est rencontrée par le diamètre conjugué à sa direction, et la corde elle-même est équivalente au double produit du rapport entre le diamètre parallèle et le diamètre conjugué, par une moyenne proportionnelle entre les distances du point que l'on considère aux extrémités du diamètre conjugué. Si l'on détermine, d'après les mêmes conditions, la corde et son milieu, dans

(¹) La corde commune idéale de deux cercles extérieurs l'un à l'autre, ou, en d'autres termes, leur axe radical n'est autre chose que la corde commune naturelle des hyper-boles supplémentaires de ces deux cercles, relatives à une perpendiculaire quelconque à la droite qui joint leurs centres. On peut dire pareillement que le point de concours idéal des tangentes communes à deux cercles intérieurs l'un à l'autre, ou, en d'autres termes, leur centre de similitude, soit interne, soit externe, n'est autre chose que le point de concours naturel des tangentes communes aux mêmes hyperboles. (J. D. G.)

le cas où la sécante devient idéale, on obtiendra ce que nous avons nommé la corde idéale relative à cette sécante ([1]).

Considérons encore deux cercles non concentriques et situés dans un même plan. Si, par ces cercles, on fait passer deux sphères qui se coupent, le plan d'intersection des deux sphères rencontrera le plan des deux cercles suivant une certaine droite; et cette droite, si les deux cercles se coupent, passera par les deux points qui leur sont communs. Si, au contraire, les deux cercles ne se coupent pas, cette droite sera précisément la sécante idéale, dont la direction coïncide avec celle de la corde idéale commune, et le point d'intersection de cette sécante avec la droite des centres sera le milieu de la même corde.

La construction précédente, en donnant un moyen de facile fixer la direction de la corde idéale commune à deux cercles, sert en même temps à faire connaître ses principales propriétés. Par exemple, si d'un point pris sur cette sécante, on mène une suite de tangentes aux deux sphères, elles seront évidemment égales aux tangentes menées par ce même point à leur cercle d'intersection : il en résulte immédiatement que les quatre tangentes menées à deux cercles par un point pris sur la direction de la corde commune sont égales entre elles ([2]). Cette propriété était déjà connue des géomètres. On avait

---

([1]) Tout ceci revient à dire que la coexistence de deux sections coniques sur un même plan donne généralement naissance à six droites déterminées de grandeur et de situation, lesquelles, lorsque ces courbes se coupent, deviennent, en tout ou en partie, des cordes communes à ces deux courbes; or, s'il est une définition de ces droites qui convienne également à tous les cas, ne faudrait-il pas l'adopter de préférence à une autre définition sujette à des exceptions nombreuses, pour lesquelles il faut recourir à des conceptions ingénieuses, si l'on veut, mais qui tendent à faire perdre à la Géométrie une partie des avantages et de la supériorité qu'on lui a toujours accordés sur toutes les autres sciences? Dans le cas de deux cercles, par exemple, ne vaut-il pas mieux définir l'axe radical, le lieu des points pour lesquels les tangentes aux deux cercles sont de même longueur, que de dire que c'est la corde commune à ces deux cercles? Nous en dirons autant des tangentes idéales aux sections coniques dont M. Poncelet paraît s'être également occupé, et qui peuvent offrir un pareil champ de spéculation.  (J. D. G.)

([2]) Cela nous paraît résulter d'une manière presque intuitive des propriétés des tangentes et sécantes partant d'un même point, sans qu'il soit nécessaire de recourir aux sphères; mais, quand les cercles ne se coupent pas, les sphères ne se coupent pas non

remarqué la droite à laquelle elle appartient; et M. Gaultier, auteur d'un Mémoire inséré dans le XVI° Cahier du *Journal de l'École Polytechnique*, a particulièrement considéré les droites de cette espèce, auxquelles il a donné le nom d'*axes radicaux*.

Après avoir entretenu l'Académie des méthodes employées par M. Poncelet, nous allons présenter une indication sommaire des applications qu'il en a faites. Son Mémoire est divisé en trois paragraphes : le premier est relatif aux cordes idéales des sections coniques, et renferme leur définition ainsi que leurs propriétés générales, déduites de considérations purement géométriques. L'auteur y remarque également que le point de concours des tangentes menées à une section conique, par les extrémités d'une même corde, ou ce qu'on appelle communément le *pôle* de cette corde est un point réel, lors même que les tangentes deviennent imaginaires. Il montre la relation qui existe constamment entre ce pôle et le milieu de la corde, et s'en sert pour construire le pôle idéal correspondant à une corde idéale donnée.

Dans le second paragraphe, M. Poncelet s'occupe des cordes idéales, considérées dans le cas particulier de la circonférence du cercle, et démontre plusieurs propositions relatives, soit aux cordes réelles ou idéales, soit aux pôles de ces mêmes cordes, soit aux centres de similitude et aux cordes communes de deux ou plusieurs cercles situés sur un même plan. On pourrait déduire un grand nombre de ces propositions des propriétés que possèdent deux points choisis sur une droite et sur son prolongement, de manière que leurs distances aux extrémités de la droite soient entre elles dans le même rapport. Parmi ces propriétés, l'une des plus remarquables consiste en ce que la circonférence décrite sur la droite comme diamètre coupe orthogonalement

plus, et il faut alors prendre pour définition de l'axe radical la propriété même qu'on lui avait découverte dans le premier cas, ou toute autre équivalente.

Au surplus, à considérer les choses sous un point de vue purement analytique, l'existence d'un axe radical pour deux cercles résulte tout simplement de ce que la différence des équations de deux cercles est une équation du premier degré; et l'existence d'un centre radical pour trois cercles résulte de ce qu'en prenant les différences de leurs équations deux à deux, on obtient trois équations du premier degré dont chacune est évidemment comportée par les deux autres.  (J. D. G.)

toutes celles qui passent par les deux points en question. On doit distinguer, dans le même paragraphe, une solution très élégante du problème dans lequel on demande de tracer un cercle tangent à trois autres.

Dans le troisième paragraphe, l'auteur établit les principes de projection centrale ou perspective à l'aide desquels on peut étendre les théorèmes vérifiés pour le cas du cercle à des sections coniques quelconques. Par exemple, voulant démontrer que les propriétés projectives du système de deux cercles, situés dans un même plan, subsistent pour le système de deux sections coniques, il a seulement à faire voir que le premier système peut être considéré, en général, comme la projection du second. Il recherche, à ce sujet, tous les points de l'espace susceptibles de projeter deux sections coniques suivant deux cercles, et prouve que tous ces points appartiennent à des circonférences décrites avec des rayons perpendiculaires sur les milieux des cordes idéales communes aux deux courbes données, et respectivement égaux aux moitiés de ces cordes. Au reste, on est conduit directement au même résultat par la solution du problème que nous avons traité plus haut. On pourrait même, en s'appuyant sur cette solution, déterminer tous les points de l'espace susceptibles de projeter deux courbes quelconques du second degré, suivant deux autres courbes du même degré, mais semblables entre elles, pour lesquelles le diamètre, parallèle au plan des deux premières courbes, formerait, avec son conjugué, un angle donné, et serait à ce même conjugué dans un rapport donné. On trouverait que ces points sont situés sur des circonférences de cercles décrites par des rayons vecteurs qui, aboutissant aux milieux des cordes naturelles ou idéales communes aux deux courbes proposées, forment avec ces mêmes cordes l'angle donné, et sont à leurs moitiés dans le rapport donné. Plusieurs autres questions du même genre, traitées par l'auteur, dans ce troisième paragraphe, se résolvent d'après les mêmes principes.

D'après le compte que nous venons de rendre du Mémoire de M. Poncelet, on voit qu'il suppose dans son auteur un esprit familiarisé avec les conceptions de la Géométrie et fécond en ressources, dans la recherche des propriétés des courbes, ainsi que dans la solution des problèmes qui s'y rapportent.

Nous pensons, en conséquence, que ce Mémoire est digne de l'approbation de l'Académie; et nous proposerions de l'insérer dans le Recueil des Savants étrangers, si l'auteur ne le destinait à faire partie d'un Ouvrage qu'il se propose de publier sur cette matière.

*Signé :* POISSON; ARAGO; CAUCHY, *rapporteur.*

L'Académie approuve le rapport et en adopte les conclusions.

Certifié conforme à l'original :

*Le Secrétaire perpétuel, Chevalier des Ordres royaux de St-Michel et de la Légion d'honneur,*

*Signé :* DELAMBRE.

# MÉMOIRE

## SUR LES INTÉGRALES DÉFINIES,

### OU L'ON DONNE

### UNE FORMULE GÉNÉRALE DE LAQUELLE SE DÉDUISENT

### LES VALEURS

### DE LA PLUPART DES INTÉGRALES DÉFINIES

### DÉJA CONNUES

### ET CELLES D'UN GRAND NOMBRE D'AUTRES.

*Annales de Mathématiques*, Tome XVI, p. 97-108; 1825.

J'ai montré, dans plusieurs Mémoires, dont l'un a été présenté à l'Institut le 7 novembre 1814, les avantages que pouvait offrir la considération des intégrales définies *singulières*, c'est-à-dire, prises entre des limites infiniment rapprochées de certaines valeurs attribuées aux variables qu'elles renferment. On peut consulter à ce sujet l'analyse des travaux de l'Institut, pendant l'année 1814, où se trouve imprimée une partie du rapport de M. Legendre, sur le Mémoire que j'avais présenté dans la même année. On peut également consulter un article inséré dans le *Bulletin de la Société Philomatique* pour 1822, le *Résumé* des leçons que j'ai données à l'École Polytechnique, le XIX<sup>e</sup> Cahier du *Journal* de cette École, les notes ajoutées au Mémoire sur la théorie des ondes, inséré dans le recueil des pièces couronnées par l'Institut.

enfin un nouveau Mémoire sur les intégrales définies, prises entre des limites imaginaires, et un extrait de ce Mémoire inséré dans le *Bulletin des Sciences*, d'avril 1825.

Parmi les formules générales que j'ai données dans ces Mémoires, l'une des plus remarquables est celle qui fournit la valeur de l'intégrale

$$\int_{-\infty}^{+\infty} f(x)\,dx,$$

lorsque la fonction $f\left(x + y\sqrt{-1}\right)$ s'évanouit : 1° pour $x = \pm\infty$, quel que soit $y$; 2° pour $y = \infty$, quel que soit $x$, et que d'ailleurs cette fonction conserve une valeur unique et déterminée, pour toutes les valeurs de $x$ et de $y$ renfermées entre les limites

$$x = -\infty, \qquad x = +\infty, \qquad y = 0, \qquad y = \infty.$$

Si, après avoir cherché les racines réelles ou imaginaires de l'équation

(1)
$$\frac{1}{f(x)} = 0,$$

on désigne par $x_1$, $x_2$, $x_3$, ... celles de ces racines dans lesquelles le coefficient de $\sqrt{-1}$ est positif, et par $f_1$, $f_2$, $f_3$, ... les valeurs que reçoivent les produits

$$\varepsilon f(x_1 + \varepsilon), \qquad \varepsilon f(x_2 + \varepsilon), \qquad \varepsilon f(x_3 + \varepsilon),$$

lorsque $\varepsilon$ se réduit à zéro; alors en posant

(2)
$$\Delta = 2\varpi(f_1 + f_2 + f_3 + \dots)\sqrt{-1} \quad (^1)$$

on trouvera

(3)
$$\int_{-\infty}^{+\infty} f(x)\,dx = \Delta \quad (^2).$$

C'est ce que l'on démontre sans peine, à l'aide de la méthode que j'ai employée dans la 34ᵉ leçon du calcul infinitésimal.

Si l'équation (1) avait plusieurs racines égales à $x_1$; en désignant

(¹) *Résumé*, p. 135, formule (13).
(²) *Résumé*, p. 136, formule (14).

par $m$ le nombre de ces racines, et par $\varepsilon$ un nombre infiniment petit,
il faudrait supposer, dans la formule (2) non plus

$$f_1 = \varepsilon\, f(x_1 + \varepsilon),$$

mais

$$f_1 = \frac{1}{1.2.3\ldots(m-1)} \frac{d^{m-1}[\varepsilon^m f(x_1 + \varepsilon)]}{d\varepsilon^{m-1}} \quad (^1).$$

Enfin, si, dans la racine $x_1$, le coefficient de $\sqrt{-1}$ se réduisait à la
limite des quantités positives décroissantes, c'est-à-dire, à zéro, ou, en
d'autres termes, si la racine $x_1$ devenait réelle, le terme $f_1$, correspondant à cette racine, devrait être réduit à moitié. Dans la même hypothèse, l'équation (3), fournirait, non plus la valeur générale de
l'intégrale

$$\int_{-\infty}^{+\infty} f(x)\, dx,$$

qui deviendrait indéterminée, mais sa valeur *principale*, c'est-à-dire,
la limite vers laquelle convergerait la somme

$$\int_{-\infty}^{x_1 - \varepsilon} f(x)\, dx + \int_{x_1 + \varepsilon}^{+\infty} f(x)\, dx$$

tandis que $\varepsilon$ s'approcherait indéfiniment de zéro. Des remarques
semblables doivent être faites à l'égard de toutes les racines de
l'équation (1).

Ajoutons que, dans le cas où l'équation (1) a des racines réelles, il
est facile de transformer la valeur principale de l'intégrale

$$\int_{-\infty}^{+\infty} f(x)\, dx,$$

qui compose le premier membre de la formule (3), en une intégrale
définie, dans laquelle la fonction sous le signe $\int$ cesse de devenir infiniment grande, pour des valeurs réelles de la variable $x$.

Comme la formule (3) fournit les valeurs d'une multitude d'inté-

---

(¹) Mémoire sur les intégrales prises entre des limites imaginaires.

grales définies, il ne sera pas inutile d'en donner une démonstration directe. La démonstration dont il s'agit sera l'objet de la première partie de ce Mémoire. Dans la seconde j'indiquerai les applications les plus remarquables de cette formule.

## PREMIÈRE PARTIE.

La formule (3) se déduit très facilement d'un théorème que nous allons établir en peu de mots.

THÉORÈME. — *Si l'on désigne par* $f(x)$ *une fonction telle que l'expression* $f\left(x + y\sqrt{-1}\right)$ *s'évanouisse :* 1° *pour* $x = \pm\infty$, *quel que soit* $y$; 2° *pour* $y = \infty$, *quel que soit* $x$, *et demeure toujours finie et continue, entre les limites* $x = -\infty$, $x = +\infty$, $y = 0$, $y = \infty$; *et si, de plus, on nomme* F, *la limite vers laquelle converge le produit* $xf(x)$, *tandis que la valeur numérique de* $x$ *devient infiniment grande; on aura*

$$(1) \qquad \int_{-\infty}^{+\infty} f(x)\,dx = -\pi F \sqrt{-1}.$$

*Démonstration.* — Pour établir ce théorème, nous chercherons, d'abord la valeur de l'intégrale

$$(4) \qquad \int_{-X}^{+X} f(x)\,dx.$$

Or, généralement,

$$(3) \qquad \frac{d\,f\left(x + y\sqrt{-1}\right)}{dy} = \sqrt{-1}\,\frac{d\,f\left(x + y\sqrt{-1}\right)}{dx}.$$

Si l'on intègre les deux membres de l'équation précédente, par rapport à $x$ et à $y$, entre les limites $x = -X$, $x = +X$, $y = 0$, $y = \infty$, on en tirera

$$\int_{-X}^{+X}\int_{0}^{\infty} \frac{d\,f\left(x + y\sqrt{-1}\right)}{dy}\,dy\,dx = \sqrt{-1}\int_{0}^{\infty}\int_{-X}^{+X} \frac{d\,f\left(x + y\sqrt{-1}\right)}{dx}\,dx\,dy;$$

puis, en ayant égard à la condition $f(x + \infty \sqrt{-1}) = 0$

$$(4) \qquad \int_{-X}^{+X} f(x)\,dx = -\sqrt{-1} \int_0^\infty [f(X + y\sqrt{-1}) - f(-X + y\sqrt{-1})]\,dy.$$

Si maintenant on attribue à la quantité $X$ une valeur très grande, on aura sensiblement

$$(X + y\sqrt{-1})f(X + y\sqrt{-1}) = (-X + y\sqrt{-1})f(-X + y\sqrt{-1}) = F$$

et, par suite,

$$f(X + y\sqrt{-1}) = \frac{F}{X + y\sqrt{-1}}, \qquad f(-X + y\sqrt{-1}) = \frac{F}{-X + y\sqrt{-1}}.$$

d'où

$$(5) \qquad \int_{-X}^{+X} f(x)\,dx = -F\sqrt{-1} \int_0^\infty \left\{ \frac{1}{X + y\sqrt{-1}} + \frac{1}{X - y\sqrt{-1}} \right\} dy$$

$$= -F\sqrt{-1} \int_0^\infty \frac{2X\,dy}{X^2 + y^2} = -\varpi F\sqrt{-1}.$$

Cette dernière équation deviendra rigoureuse, si l'on pose $X = \infty$, et se réduira dès lors à la formule (1).

Observons toutefois que, si l'intégrale définie

$$(6) \qquad \int_{-\infty}^{+\infty} f(x)\,dx$$

est du nombre de celles dont les valeurs générales sont indéterminées, la formule (1) fournira seulement une valeur particulière de l'intégrale (6); savoir, celle qui sert de limite à l'intégrale (2) et que nous avons nommée valeur principale.

*Corollaire I.* — Lorsque la quantité désignée par F s'évanouit, l'intégrale (6) n'admet qu'une seule valeur qui se réduit à zéro, en sorte qu'on a

$$(7) \qquad \int_{-\infty}^{+\infty} f(x)\,dx = 0.$$

Ainsi, par exemple, si l'on prend

$$f(x) = \frac{e^{ax\sqrt{-1}} - e^{-a}}{1 + x^2} = \frac{\operatorname{Cos}ax + \sqrt{-1}\operatorname{Sin}ax}{1 + x^2} - \frac{e^{-a}}{1 + x^2};$$

on trouvera

$$\int_{-\infty}^{+\infty} \frac{\cos ax + \sqrt{-1}\,\sin ax}{1 + x^2}\,dx - e^{-a}\int_{-\infty}^{+\infty} \frac{dx}{1 + x^2} = 0\,;$$

et, par suite

$$(8) \qquad \int_{-\infty}^{+\infty} \frac{\cos ax}{1 + x^2}\,dx = e^{-a}\int_{-\infty}^{+\infty} \frac{dx}{1 + x^2} = \varpi e^{-a},$$

$$(9) \qquad \int_{-\infty}^{+\infty} \frac{\sin ax}{1 + x^2}\,dx = 0\,(^{1}),$$

*Corollaire II.* — Si l'on désigne par $f(x)$ et $\varphi(x)$ deux fonctions qui, considérées isolément, ne vérifient pas les conditions énoncées dans le théorème, mais dont la différence

$$f(x) - \varphi(x)$$

satisfasse aux conditions dont il s'agit; alors en représentant par

$$F \quad \text{et} \quad \Phi$$

les limites vers lesquelles convergent les produits

$$x\,f(x) \quad \text{et} \quad x\,\varphi(x),$$

tandis que la valeur numérique de la variable $x$ croît de plus en plus; on aura évidemment

$$\int_{-\infty}^{+\infty} [f(x) - \varphi(x)]\,dx = \varpi(\Phi - F)\sqrt{-1},$$

et, par suite,

$$(10) \qquad \int_{-\infty}^{+\infty} f(x)\,dx = \int_{-\infty}^{+\infty} \varphi(x)\,dx + \varpi(\Phi - F)\sqrt{-1}.$$

Les intégrales comprises dans cette dernière formule doivent encore être réduites à leurs valeurs principales.

Si la quantité F s'évanouit, on aura simplement

$$(11) \qquad \int_{-\infty}^{+\infty} f(x)\,dx = \int_{-\infty}^{+\infty} \varphi(x)\,dx + \varpi\Phi\sqrt{-1}.$$

______

(¹) La formule (8) a été donnée par M. Laplace. La formule (9) est évidente.

*Corollaire III.* — Supposons que l'expression

$$f(x + y\sqrt{-1})$$

s'évanouisse : 1° pour $x = \pm \infty$, quel que soit $y$ ; 2° pour $y = \infty$, quel que soit $x$, mais devienne infinie pour un ou plusieurs systèmes de valeurs positives ou négatives de $x$, et de valeurs nulles ou positives de $y$. Alors, pour déterminer l'intégrale

$$\int_{-\infty}^{+\infty} f(x)\,dx,$$

à l'aide de la formule (10) ou (11), il suffira de trouver une fonction rationnelle de $x$ telle que la différence

$$f(x) - \varphi(x)$$

remplisse les conditions énoncées dans le théorème. En cherchant cette fonction rationnelle, et supposant de plus $F = o$, on se trouvera conduit à la formule (3). C'est ce que l'on reconnaît sans peine, en suivant la méthode que nous allons indiquer.

Considérons d'abord le cas où l'expression (10) devient infinie pour $x = a$ et $y = b$, $b$ représentant une quantité positive ou nulle. Faisons, pour abréger, $a + b\sqrt{-1} = x_1$, et désignons par $f_1$ la limite vers laquelle converge le produit $(x - x_1)f(x)$, tandis que le facteur $x - x_1$ converge vers zéro la différence

$$f(x) - \frac{f_1}{x - x_1} = \frac{(x - x_1)f(x) - f_1}{x - x_1}$$

obtiendra, en général, une valeur finie pour $x = x_1$ ; et si, entre les racines de l'équation

$$(12) \qquad \frac{1}{f(x)} = o,$$

la racine $x_1$ est la seule dans laquelle le coefficient de $\sqrt{-1}$ soit positif, cette différence remplira les conditions énoncées dans le théorème. On pourra donc prendre

$$(13) \qquad \varphi(x) = \frac{f_1}{x - x_1} = \frac{f_1}{x - a - b\sqrt{-1}},$$

Cela posé, on trouve : 1°

$$(14) \qquad \Phi = f_1 ;$$

2° si $b$ est nul

$$(15) \qquad \int_{-\infty}^{+\infty} \varphi(x)\,dx = f_1 \operatorname{Lim} \int_{-X}^{+X} \frac{f_1\,dx}{x-a} = f_1 \operatorname{Lim} \frac{1}{2} l\left(\frac{X-a}{X+a}\right)^2 = 0,$$

et, si $b$ est positif

$$(16) \qquad \int_{-\infty}^{+\infty} \varphi(x)\,dx = \operatorname{Lim} \int_{-X}^{+X} \frac{f_1\,dx}{x-a-b\sqrt{-1}}$$
$$= f_1 \int_{-\infty}^{+\infty} \frac{b\sqrt{-1}\,dx}{(x-a)^2+b^2} = \varpi\, f_1 \sqrt{-1}.$$

Par suite, l'équation (10) donnera si $b$ est nul,

$$(17) \qquad \int_{-\infty}^{+\infty} f(x)\,dx = \varpi\, f_1 \sqrt{-1},$$

et, si $b$ est positif

$$(18) \qquad \int_{-\infty}^{+\infty} f(x)\,dx = 2\varpi\, f_1 \sqrt{-1}.$$

Si $b$ devenait négatif, on devrait prendre $\varphi(x) = 0$, et l'on aurait, en conséquence,

$$(19) \qquad \int_{-\infty}^{+\infty} f(x)\,dx = 0.$$

Pour établir les formules (17) et (18), nous avons supposé que le produit

$$(20) \qquad (x-x_1)\,f(x)$$

convergeait vers une limite finie $f_1$, tandis que le facteur $x - x_1$ s'approchait indéfiniment de zéro. Supposons maintenant que le produit (20) ait une limite infinie, et que, dans la suite

$$(x-x_1)f(x), \quad (x-x_1)^2 f(x), \quad (x-x_1)^3 f(x), \quad \ldots, \quad (x-x_1)^m f(x),$$

le terme

$$(21) \qquad (x-x_1)^m f(x)$$

soit le premier qui ait une limite finie. Alors, si l'on pose

$$(22) \qquad (x - x_1)^m \, \mathfrak{f}(x) = f(x)$$

$$= f(x_1) + \frac{x - x_1}{1} f'(x_1) + \ldots + \frac{(x - x_1)^{m-1}}{1.2 \ldots (m-1)} f^{(m-1)}(x_1) + (x - x_1)^m \psi(x),$$

la fonction $\psi(x)$ conservera, en général, une valeur finie pour $x = x_1$, et remplira la condition énoncée dans le théorème. Comme on aura d'ailleurs

$$\psi(x) = \mathfrak{f}(x) - \frac{f'(x_1)}{1} \frac{1}{(x - x_1)^m} - \frac{f''(x_1)}{1.2} \frac{1}{(x - x_1)^{m-2}}$$

$$- \ldots - \frac{f^{(m-1)}(x)}{1.2 \ldots (m-1)} \frac{1}{x - x_1},$$

il est clair qu'on pourra prendre

$$(23) \qquad \varphi'(x) = \frac{f'(x_1)}{1} \frac{1}{(x - x_1)^{m-1}} + \frac{f''(x_1)}{1.2} \frac{1}{(x - x_1)^{m-2}}$$

$$+ \ldots + \frac{f^{(m-1)}(x)}{1.2 \ldots (m-1)} \frac{1}{x - x_1}.$$

En adoptant cette valeur de $\varphi(x)$, on trouvera

$$\Phi = \frac{f^{(m-1)}(x_1)}{1.2.3 \ldots (m-1)};$$

et par conséquent l'équation $(14)$ continuera de subsister, pourvu que l'on suppose

$$(24) \qquad f_1 = \frac{f^{(m-1)}(x_1)}{1.2.3 \ldots (m-1)} = \mathrm{Lim} \frac{1}{1.2.3 \ldots (m-1)} \frac{d^{m-1}[(x - x_1)^m \, \mathfrak{f}(x)]}{dx^{m-1}}.$$

On trouvera encore, dans cette hypothèse, $1^\circ$ lorsque $b$ étant nul, les expressions

$$f^{(m-2)}(x_1), \quad f^{(m-3)}(x_1), \quad f^{(m-4)}(x_1), \quad \ldots$$

se réduiront toutes à zéro,

$$(25) \qquad \int_{-\epsilon}^{+\epsilon} \varphi(x) \, dx = 0;$$

$2^\circ$ lorsque, $b$ étant nul, quelques-unes des mêmes expressions obtiendront des valeurs différentes de zéro

$$(26) \qquad \int_{-\infty}^{+\infty} \varphi(x)\,dx = \pm\,\infty\,;$$

3° lorsque $b$ sera positif

$$(27) \qquad \int_{-\infty}^{+\infty} \varphi(x)\,dx = \varpi f_1 \sqrt{-1}.$$

Par suite, les formules $(17)$ et $(18)$ subsisteront encore, si la racine de l'équation $(12)$ désignée par $x_1$ est une racine imaginaire, dans laquelle le coefficient de $\sqrt{-1}$ soit positif, ou une racine réelle pour laquelle les expressions

$$f^{(m-2)}(x_1), \quad f^{(m-4)}(x), \quad f^{(m-6)}(x_1). \quad \ldots$$

s'évanouissent.

Si, dans la racine $x_1$, le coefficient de $\sqrt{-1}$ était négatif, on retrouverait la formule $(19)$.

Si l'équation $(12)$ admettait plusieurs racines $x_1$, $x_2$, $x_3$, $\ldots$; alors, pour obtenir une valeur de $\varphi(x)$ propre à remplir les conditions prescrites, il suffirait d'ajouter les valeurs de $\varphi(x)$ fournies par des équations semblables à la formule $(13)$ ou $(23)$, et correspondant aux diverses racines. En opérant ainsi, on se trouverait évidemment ramené à la formule $(3)$.

Dans la seconde partie, je développerai les nombreuses conséquences qui peuvent être déduites de la formule $(3)$.

# RECHERCHE D'UNE FORMULE GÉNÉRALE
## QUI FOURNIT LA VALEUR
## DE LA PLUPART DES INTÉGRALES DÉFINIES
## CONNUES
## ET CELLE D'UN GRAND NOMBRE D'AUTRES.

*Annales de Mathématiques,* T. XVII, p. 84-127; 1826.

## DEUXIÈME PARTIE [1].

On a vu, dans la première partie de ce Mémoire, qu'en désignant par $f(x)$ une fonction telle que $f(x + y\sqrt{-1})$ s'évanouisse : 1° pour $x = \pm\infty$, quel que soit $y$; 2° pour $y = \infty$, quel que soit $x$, et que d'ailleurs cette fonction conserve une valeur unique et déterminée, pour toutes les valeurs de $x$ et $y$ renfermées entre les limites $x = -\infty$, $x = +\infty$, $y = 0$, $y = +\infty$, qui ne satisfont pas à l'équation

$$\frac{1}{f(x + y\sqrt{-1})} = 0 :$$

si, après avoir cherché les racines réelles ou imaginaires de l'équation

$$(1) \qquad \frac{1}{f(x)} = 0,$$

on désigne par $x_1$, $x_2$, $x_3$, $\ldots$ celles de ces racines dans lesquelles le coefficient de $\sqrt{-1}$ est positif, et par $f_1$, $f_2$, $f_3$, ... les valeurs que reçoivent les produits

$$\varepsilon f(x_1 + \varepsilon), \quad \varepsilon f(x_2 + \varepsilon), \quad \varepsilon f(x_3 + \varepsilon), \quad \ldots$$

lorsque $\varepsilon$ se réduit à zéro ; alors, en posant

$$(2) \qquad \Delta = \pi \varpi (f_1 + f_2 + f_3 + \ldots) \sqrt{-1},$$

on a

$$(3) \qquad \int_{-\varepsilon}^{+\varepsilon} f(x)\, dx = \Delta.$$

C'est cette formule qu'il s'agit présentement d'appliquer.

Rappelons auparavant que, si l'équation (1) avait plusieurs racines égales à $x_1$ ; en désignant par $m$ le nombre de ces racines, et par $\varepsilon$ un nombre infiniment petit, il faudrait supposer, dans la formule (2), non plus $f_1 = \varepsilon f(x_1 + \varepsilon)$, mais

$$f_1 = \frac{1}{1.2.3\ldots(m-1)} \frac{d^{m-1}\left[\varepsilon^m f(x_1 + \varepsilon)\right]}{d\varepsilon^{m-1}}.$$

Enfin, si, dans la racine $x_1$, le coefficient de $\sqrt{-1}$ se réduisait à la limite des quantités positives décroissantes, c'est-à-dire, à zéro ; ou, en d'autres termes, si la racine $x_1$ devenait réelle, le terme $f_1$ correspondant à cette racine, devrait être réduit à moitié.

Passons maintenant à l'application de ces formules.

La formule (3) peut être, si l'on veut, remplacée par la suivante :

$$(4) \qquad \int_0^{\varepsilon} \frac{f(x) + f(-x)}{2}\, dx = \frac{1}{2}\Delta ;$$

et l'on voit que les formules (3) et (4) réduisent la détermination des intégrales qu'elles renferment à la recherche des racines de l'équation (1) dans lesquelles le coefficient de $\sqrt{-1}$ est positif.

Supposons, pour fixer les idées, qu'on ait

$$(5) \qquad f(x) = \varphi(u)\,\chi(v)\,\psi(w)\ldots \mathrm{f}(x),$$

$\varphi(u)$, $\chi(v)$, $\psi(w)$, ... désignant des fonctions rationnelles des variables $u$, $v$, $w$, ...., et $u$, $v$, $w$, ... $\mathrm{f}(x)$ représentant des fonctions de $x$ qui restent complètement déterminées, dans le cas même où, après avoir remplacé $x$ par $x + y\sqrt{-1}$, on attribue à $x$ une valeur réelle quelconque, et à $y$ une valeur réelle positive. Concevons d'ailleurs que la fonction $f(x)$ ne devienne jamais infinie pour aucune valeur finie, réelle ou imaginaire, de la variable $x$. Pour obtenir les racines de l'équation (1), il faudra d'abord chercher celles des équations

$$(6) \qquad \frac{1}{\varphi(u)} = 0, \qquad \frac{1}{\chi(v)} = 0, \qquad \frac{1}{\psi(w)} = 0, \qquad \dots;$$

et comme, par hypothèse, les fonctions $\varphi(u)$, $\chi(v)$, $\psi(w)$, ... sont rationnelles, il est clair que les premiers membres des équations (6) pourront être remplacés par des fonctions entières de $u$, $v$, $w$, ....

Supposons ces mêmes équations résolues, et soit $h + k\sqrt{-1}$ une de leurs racines; on n'aura plus à résoudre que des équations de la forme

$$(7) \qquad u = h + k\sqrt{-1}, \qquad v = h + k\sqrt{-1}, \qquad \dots:$$

chacune d'elles fournira une seule racine, dont il sera facile de fixer la valeur, si l'on a pris pour $u$, $v$, $w$, ... quelques-unes des fonctions

$$(8) \qquad \begin{cases} \dfrac{1 + x\sqrt{-1}}{1 - x\sqrt{-1}}, \quad \mathrm{l}(r - x\sqrt{-1}), \quad \mathrm{l}\left(1 + \dfrac{s}{x}\sqrt{-1}\right), \\[2mm] \mathrm{l}\left[ r\operatorname{Sin}\theta + (r\operatorname{Cos}\theta - x)\sqrt{-1} \right], \qquad \dots \quad (^1), \end{cases}$$

---

($^1$) Pour fixer, d'une manière précise, les valeurs des notations employées dans le calcul, nous adopterons ici les conventions que nous avons admises dans le *Cours d'Analyse algébrique* et dans les précédents Mémoires. En vertu de ces conventions, la notation

$$\operatorname{Arc}\left( \operatorname{Tang} \frac{v}{u} \right)$$

est toujours employée pour désigner le plus petit arc, abstraction faite du signe, dont la tangente soit égale à $\dfrac{v}{u}$; et les notations

$$(u + v\sqrt{-1})^\mu, \quad \mathrm{l}(u + v\sqrt{-1})$$

($u$ désignant une quantité positive ou nulle, et $\mu$ un exposant réel) pour représenter les expressions imaginaires

$$(u^2 + v^2)^{\frac{\mu}{2}} \left\{ \operatorname{Cos}\left[ \mu \operatorname{Arc}\left( \operatorname{Tang} \frac{v}{u} \right) \right] + \sqrt{-1}\operatorname{Sin}\left[ \mu \operatorname{Arc}\left( \operatorname{Tang} \frac{v}{u} \right) \right] \right\}$$

$$\frac{1}{2}\mathrm{l}(u^2 + v^2) + \sqrt{-1}\operatorname{Arc}\left( \operatorname{Tang} \frac{v}{u} \right).$$

$r$ et $s$ étant des quantités positives, et $\theta$ un arc compris entre les limites $0$ et $\varpi$.

En effet, posons, pour abréger,

$$(9) \qquad \rho = (h^2 + k^2)^{\frac{1}{2}}, \qquad \omega = \mathrm{Arc}\left(\mathrm{Tang}\,\frac{h}{k}\right);$$

et l'on trouvera

$$(10)\quad
\begin{cases}
\text{pour } \dfrac{1 + x\sqrt{-1}}{1 - x\sqrt{-1}} = h + k\sqrt{-1}, \\[2mm]
x = \dfrac{2\rho\,\mathrm{Cos}\,\omega + (1 - \rho^2)\sqrt{-1}}{1 + 2\rho\,\mathrm{Sin}\,\omega + \rho^2}; \\[3mm]
\text{pour } \mathrm{l}(r - x\sqrt{-1}) = h + k\sqrt{-1}, \\[1mm]
x = - e^h\,\mathrm{Sin}\,k + (e^h\,\mathrm{Cos}\,k - r)\sqrt{-1}; \\[3mm]
\text{pour } \mathrm{l}\left(1 + \dfrac{s}{x}\sqrt{-1}\right) = h + k\sqrt{-1}, \\[2mm]
x = \dfrac{s}{e^h\,\mathrm{Sin}\,k - (e^h\,\mathrm{Cos}\,k - 1)\sqrt{-1}}; \\[3mm]
\text{pour } \mathrm{l}\left[r\,\mathrm{Sin}\,\theta + (r\,\mathrm{Cos}\,\theta - x)\sqrt{-1}\right] = h + k\sqrt{-1}, \\[1mm]
x = - (e^h\,\mathrm{Sin}\,k - r\,\mathrm{Cos}\,\theta) + (e^h\,\mathrm{Cos}\,k - r\,\mathrm{Sin}\,\theta)\sqrt{-1};
\end{cases}$$

et ainsi du reste.

On peut encore considérer la notation

$$(u + v\sqrt{-1})^{\lambda + \mu\sqrt{-1}},$$

dans laquelle $\lambda$ et $\mu$ désignent des quantités quelconques, comme représentant une fonction unique et complètement déterminée, toutes les fois que $u$ reçoit une valeur positive. En effet, comme dans cette hypothèse, on aura généralement

$$u + v\sqrt{-1} = e^{\mathrm{l}(u + v\sqrt{-1})},$$

on sera conduit naturellement à la formule

$$(u + v\sqrt{-1})^{\lambda + \mu\sqrt{-1}} = e^{(\lambda + \mu\sqrt{-1})\,\mathrm{l}(u + v\sqrt{-1})}$$

qui suffira pour fixer complètement le sens de l'expression imaginaire comprise dans son premier membre. Si l'on suppose, en particulier, $u = 0$, on trouvera pour des valeurs positives de $v$,

$$(v\sqrt{-1})^{\lambda + \mu\sqrt{-1}} = \left\{ \mathrm{Cos}\left[\frac{\pi}{2}\lambda + \mu\,\mathrm{l}(v)\right] + \sqrt{-1}\,\mathrm{Sin}\left[\frac{\pi}{2}\lambda + \mu\,\mathrm{l}(v)\right] \right\} e^{\lambda\,\mathrm{l}(v) - \frac{\varpi}{2}\mu}$$

et, pour des valeurs négatives de $v$,

$$(v\sqrt{-1})^{\lambda + \mu\sqrt{-1}} = \left\{ \mathrm{Cos}\left[\frac{\pi}{2}\lambda - \mu\,\mathrm{l}(-v)\right] - \sqrt{-1}\,\mathrm{Sin}\left[\frac{\pi}{2}\lambda - \mu\,\mathrm{l}(-v)\right] \right\} e^{\lambda\,\mathrm{l}(-v) + \frac{\pi}{2}\mu}.$$

Si, au contraire, on prenait pour $u$, $v$, $w$, ... quelques-unes des fonctions

$$(11)\qquad \left\{\begin{array}{l} \operatorname{Sin} bx,\quad \operatorname{Cos} bx,\quad e^{bx},\quad e^{bx\sqrt{-1}},\quad e^{(a+b\sqrt{-1})x},\\ l(1+re^{bx\sqrt{-1}}),\quad l(1-re^{bx\sqrt{-1}}),\quad \ldots \end{array}\right.$$

$a$, $b$ désignant des quantités quelconques, et $r$ un nombre inférieur à l'unité; chacune des équations (7) aurait une infinité de racines. Ainsi, par exemple, en représentant par $n$ un nombre entier quelconque, on trouverait

$$(12)\qquad \left\{\begin{array}{l}
\text{pour } \operatorname{Sin} bx = 0,\\
\qquad x = 0,\quad x = \pm\dfrac{\varpi}{b},\quad x = \pm\dfrac{2\varpi}{b},\quad \ldots,\quad x = \pm\dfrac{n\varpi}{b},\quad \ldots;\\
\text{pour } \operatorname{Cos} bx = 0,\\
\qquad x = \pm\dfrac{\varpi}{2b},\quad x = \pm\dfrac{3\varpi}{2b},\quad \ldots,\quad x = \pm\dfrac{(2n+1)\varpi}{2b},\quad \ldots;\\
\text{pour } e^{bx} = h + k\sqrt{-1},\\
\qquad x = \dfrac{1}{b}\left[l(\rho) + \left(\dfrac{\varpi}{2} - \omega\right)\sqrt{-1} \pm 2n\varpi\sqrt{-1}\right] \text{ (1)};\\
\text{pour } e^{bx\sqrt{-1}} = h + k\sqrt{-1},\\
\qquad x = \dfrac{1}{b}\left[\dfrac{\varpi}{2} - \omega - \sqrt{-1}\, l(\rho) \pm 2n\varpi\right];\\
\text{pour } e^{(a+b\sqrt{-1})x} = h + k\sqrt{-1},\\
\qquad x = \dfrac{l(\rho) + \left(\dfrac{\varpi}{2} - \omega\right)\sqrt{-1} \pm 2n\varpi\sqrt{-1}}{a + b\sqrt{-1}};\\
\text{pour } l(1 + re^{bx\sqrt{-1}}) = 1,\\
\qquad x = \pm\dfrac{2n\varpi}{b} - \dfrac{\sqrt{-1}}{b}\, l\,\dfrac{e-1}{r};
\end{array}\right.$$

et ainsi du reste.

Alors la somme désignée par $\Delta$ se composerait, en général, d'une infinité de termes; et par conséquent l'intégrale (4) se trouverait représentée par la somme d'une série infinie. Mais il arrivera, dans plusieurs cas, ou que la plupart des termes de la série devront être

(1) *Voyez le Cours d'Analyse algébrique*, chap. IX, (12) et (22).

rejetés, parce qu'ils appartiendront à des racines dans lesquelles le coefficient de $\sqrt{-1}$ sera négatif, ou que la plupart des termes seront, deux à deux, égaux et de signes contraires, ou enfin que la somme de la série pourra être facilement déterminée, par la méthode que nous avons indiquée dans le paragraphe 13 du *Mémoire sur les intégrales prises entre des limites imaginaires*. Il en résultera souvent que les équations (3) et (4) fourniront, en termes finis, les valeurs des intégrales qu'elles renferment. C'est ce qui aura lieu, par exemple, si l'on prend

$$f(x) = \varphi(x)\frac{\operatorname{Cos} ax}{\operatorname{Cos} bx},$$

$\varphi(x)$ désignant une fonction rationnelle et paire de la variable $x$.

En ayant égard aux diverses remarques que l'on vient de faire, on déduira des équations (3) et (4) une multitude de formules générales, propres à la détermination des intégrales définies. Je me contenterai d'en citer ici quelques-unes.

En désignant par $r$ une quantité positive, et par $m$ un nombre entier, on établira sans difficulté les formules générales

$$(13)\qquad \int_0^{\infty} \frac{f(x) - f(-x)}{2\sqrt{-1}}\,\frac{dx}{x} = \frac{\pi}{2} f(0),$$

$$(14)\qquad \int_0^{\infty} \frac{f(x) + f(-x)}{2}\,\frac{r\,dx}{x^2 + r^2} = \frac{\pi}{2} f(r\sqrt{-1}),$$

$$(15)\qquad \int_0^{\infty} \frac{f(x) - f(-x)}{2\sqrt{-1}}\,\frac{x\,dx}{x^2 + r^2} = \frac{\pi}{2} f(r\sqrt{-1}),$$

$$(16)\qquad \int_0^{\infty} \frac{f(x) + f(-x)}{2}\,\frac{r\,dx}{x^2 - r^2} = \frac{\pi}{4}[f(r) - f(-r)]\sqrt{-1},$$

$$(17)\qquad \int_0^{\infty} \frac{f(x) - f(-x)}{2\sqrt{-1}}\,\frac{x\,dx}{x^2 - r^2} = \frac{\pi}{4}[f(r) + f(-r)],$$

$$(18)\qquad \int_0^{\infty} \frac{f(x) - f(-x)}{2\sqrt{-1}}\,\frac{r^2\,dx}{x(x^2 + r^2)} = \frac{\pi}{2}[f(0) - f(r\sqrt{-1})],$$

$$(19)\qquad \int_{-\infty}^{\infty} \frac{f(x)}{r - x\sqrt{-1}}\,dx = 0,$$

$$(20)\qquad \int_{-\infty}^{\infty} \frac{f(x)}{r + x\sqrt{-1}}\,dx = 2\pi f(r\sqrt{-1}).$$

$$(21) \qquad \int_{-\infty}^{+\infty} \frac{f(x)}{(r - x\sqrt{-1})^m}\, dx = 0,$$

$$(22) \qquad \int_{-\infty}^{+\infty} \frac{f(x)}{(r + x\sqrt{-1})^m}\, dx = (-1)^{m-1} \frac{2\varpi}{\Gamma(m)} \frac{d^{m-1} f(r\sqrt{-1})}{dr^{m-1}} \quad (^1).$$

Si l'on suppose $f(x) = \dfrac{\mathrm{f}(x)}{\mathrm{l}(r - x\sqrt{-1})}$; on trouvera

$$(23) \quad \left\{ \begin{aligned} & \int_{-\infty}^{+\infty} \frac{\mathrm{f}(x)}{\mathrm{l}(r - x\sqrt{-1})}\, dx = -2\varpi\, \mathrm{f}(1 - r\sqrt{-1}) \qquad \text{pour } r < 1; \\[1.2em] & \int_{-\infty}^{+\infty} \frac{\mathrm{f}(x)}{\mathrm{l}(r - x\sqrt{-1})}\, dx = -\varpi\, \mathrm{f}(0) \qquad \text{pour } r = 1; \\[1.2em] & \int_{-\infty}^{+\infty} \frac{\mathrm{f}(x)}{\mathrm{l}(r - x\sqrt{-1})}\, dx = 0, \qquad \text{pour } r > 1. \end{aligned} \right.$$

Puis, en réduisant la constante $r$ à zéro, on tirera de la première de ces trois formules

$$(24) \qquad \int_{0}^{\infty} \left\{ \frac{f(x)}{\mathrm{l}x - \frac{\varpi}{2}\sqrt{-1}} + \frac{f(-x)}{\mathrm{l}x + \frac{\varpi}{2}\sqrt{-1}} \right\} dx = -2\varpi\, \mathrm{f}(\sqrt{-1}).$$

Si, dans l'équation (21), on remplace le nombre entier $m$ par un nombre quelconque $a$, on trouvera toujours

$$(25) \qquad \int_{-\infty}^{+\infty} \frac{\mathrm{f}(x)}{(r - x\sqrt{-1})^a}\, dx = 0.$$

Soit maintenant $\varphi(x)$ une fonction rationnelle de la variable $x$, et concevons qu'après avoir calculé les diverses racines de l'équation $\dfrac{1}{\varphi(x)} = 0$, on représente par $h + k\sqrt{-1}$ l'une quelconque de celles dans lesquelles le coefficient de $\sqrt{-1}$ est positif. Soient de plus $m$ le nombre des racines égales à $h + k\sqrt{-1}$, $\varepsilon$ une quantité infiniment petite, et $H_n$, $K_n$ deux quantités réelles, déterminées par la formule

$$(26) \qquad H_n + K_n\sqrt{-1} = \frac{1}{1.2.3\ldots n} \frac{d^n\left[\varepsilon^{n+1} \varphi(h + k\sqrt{-1} + \varepsilon)\right]}{d\varepsilon^n},$$

---

($^1$) Le $\Gamma$ est celui de M. Legendre, de sorte que $\Gamma(m) = 1.2.3\ldots(m-1)$. C'est le $(m-1)!$ de M. Kramp. (J. D. G.).

qui deviendra simplement

$$(27) \qquad H + K\sqrt{-1} = \varepsilon\varphi\left(h + k\sqrt{-1} + \varepsilon\right),$$

si une seule racine est égale à $h + k\sqrt{-1}$.

Soit enfin $f(x)$ une fonction telle que l'équation $\dfrac{1}{f(x)} = 0$ n'admette point de racines dans lesquelles le coefficient de $\sqrt{-1}$ soit positif; du moins qui ne produise dans la valeur de $\Delta$ que des termes dont la somme se réduise à zéro; on tirera de la formule (3)

$$(28) \qquad \int_{-\varepsilon}^{+\infty} \varphi(x)\, f(x)\, dx$$

$$= -2\varpi \left\{
\begin{aligned}
&\left(K_{m-1} - H_{m-1}\sqrt{-1}\right) f\left(h + k\sqrt{-1}\right) + \ldots \\
&+ \left(K_{m-2} - H_{m-2}\sqrt{-1}\right) \frac{f'\left(h + k\sqrt{-1}\right)}{1} + \ldots \\
&+ \left(K_{m-3} - H_{m-3}\sqrt{-1}\right) \frac{f''\left(h + k\sqrt{-1}\right)}{1.2} + \ldots \\
&+ \cdots \cdots \cdots \cdots \cdots \cdots \cdots \cdots + \cdots \\
&+ \left(K_1 - H_1\sqrt{-1}\right) \frac{f^{(m-1)}\left(h + k\sqrt{-1}\right)}{1.2.3\ldots(m-1)} + \ldots
\end{aligned}
\right.$$

les expressions $K - H\sqrt{-1}$, $K_1 - H_1\sqrt{-1}$, …. devant être réduites à moitié, quand la quantité $k$ devient nulle.

Ainsi, par exemple, $a$, $b$, $r$, $s$ désignant toujours des quantités positives, $\theta$ un arc compris entre les limites $0$ et $\varpi$, $h + k\sqrt{-1}$ une des racines inégales de l'équation $\dfrac{1}{\varphi(x)} = 0$, et enfin $\omega$, $\varsigma$ les quantités que renferment les seconds membres des formules (9), on trouvera

$$(29) \qquad \int_{-\varepsilon}^{+\infty} \left(-x\sqrt{-1}\right)^{a-1} \varphi(x)\, dx$$
$$= -2\varpi\left[\left(K - H\sqrt{-1}\right)\left(k - h\sqrt{-1}\right)^{a-1} + \ldots\right].$$

$$(30) \qquad \int_{-\varepsilon}^{+\infty} e^{bx\sqrt{-1}}\, \varphi(x)\, dx$$
$$= -2\varpi\left[\left(K - H\sqrt{-1}\right) e^{-bk}\left(\cos bh + \sqrt{-1}\,\sin bh\right) + \ldots\right].$$

$$(31) \qquad \int_{-\varepsilon}^{+\infty} l\left(1 + \frac{s}{x}\sqrt{-1}\right)\varphi(x)\, dx$$
$$= -2\varpi\left[\left(K - H\sqrt{-1}\right) l\left(1 + \frac{s}{\rho}e^{\theta\sqrt{-1}}\right) + \ldots\right].$$

$$(32) \qquad \int_{-\infty}^{+\infty} \mathrm{l}\left(1 - rx\sqrt{-1}\right)\varphi(x)\,dx$$
$$= -2\varpi\left[\left(K - H\sqrt{-1}\right)\mathrm{l}\left(1 + kr - hr\sqrt{-1}\right) + \ldots\right],$$

$$(33) \qquad \int_{-\infty}^{+\infty} \mathrm{l}\left[r\operatorname{Sin}\theta + (r\operatorname{Cos}\theta - x)\sqrt{-1}\right]\varphi(x)\,dx$$
$$= -2\varpi\left\{\left(K - H\sqrt{-1}\right)\mathrm{l}\left[k + r\operatorname{Sin}\theta - (h - r\operatorname{Cos}\theta)\sqrt{-1}\right] + \ldots\right\},$$

$$(34) \qquad \int_{-\infty}^{+\infty} \left(-x\sqrt{-1}\right)^{a-1} e^{bx\sqrt{-1}}\varphi(x)\,dx$$
$$= -2\varpi\left\{\left(K - H\sqrt{-1}\right)\left(k - h\sqrt{-1}\right)^{a-1}\right.$$
$$\left. e^{-bk}\left(\operatorname{Cos} bh + \sqrt{-1}\operatorname{Sin} bh\right) + \ldots\right\},$$

$$(35) \qquad \int_{-\infty}^{+\infty} \frac{\left(-x\sqrt{-1}\right)^a}{\mathrm{l}\left(1 - rx\sqrt{-1}\right)}\varphi(x)\,dx$$
$$= -2\varpi\left\{\left(K - H\sqrt{-1}\right)\left(k - h\sqrt{-1}\right)^a \frac{1}{\mathrm{l}\left(1 + kr - hr\sqrt{-1}\right)} + \ldots\right\},$$

$$(36) \qquad \int_{-\infty}^{+\infty} \left(-x\sqrt{-1}\right)^{a-1}\mathrm{l}\left(1 + \frac{s}{x}\sqrt{-1}\right)\varphi(x)\,dx$$
$$= -2\varpi\left\{\left(K - H\sqrt{-1}\right)\left(k - h\sqrt{-1}\right)^{a-1}\mathrm{l}\left(1 + \frac{s}{\varrho}e^{\varpi\sqrt{-1}}\right) + \ldots\right\},$$

$$(37) \qquad \int_{-\infty}^{+\infty} \frac{\left(-x\sqrt{-1}\right)^a}{\mathrm{l}\left(1 - rx\sqrt{-1}\right)} e^{bx\sqrt{-1}}\,\mathrm{l}\left(1 + \frac{s}{x}\sqrt{-1}\right)\varphi(x)\,dx$$
$$= -2\varpi\left\{\left(K - H\sqrt{-1}\right)\left(k - h\sqrt{-1}\right)^a e^{-bk}\left(\operatorname{Cos} bh + \sqrt{-1}\operatorname{Sin} bh\right)\right.$$
$$\left. \times \mathrm{l}\left(1 + \frac{s}{\varrho}e^{\varpi\sqrt{-1}}\right)\frac{1}{\mathrm{l}\left(1 + kr - hr\sqrt{-1}\right)} + \ldots\right\},$$

$$(38) \qquad \int_{-\infty}^{+\infty} e^{ae^{bx\sqrt{-1}}}\varphi(x)\,dx$$
$$= -2\varpi\left\{\left(K - H\sqrt{-1}\right)e^{ae^{-bk}\operatorname{Cos} bh}\right.$$
$$\left. \left[\operatorname{Cos}\left(ae^{-bk}\operatorname{Sin} bh\right) + \sqrt{-1}\operatorname{Sin}\left(ae^{-bk}\operatorname{Sin} bh\right)\right] + \ldots\right\},$$

$$(39) \qquad \int_{-\infty}^{+\infty} \left(-x\sqrt{-1}\right)^{a-1} e^{ae^{bx\sqrt{-1}}}\varphi(x)\,dx$$
$$= -2\varpi\left\{\left(K - H\sqrt{-1}\right)\left(k - h\sqrt{-1}\right)^{a-1}\right.$$
$$\left. e^{ae^{-bk}\operatorname{Cos} bh}\left[\operatorname{Cos}\left(ae^{-bk}\operatorname{Sin} bh\right) + \sqrt{-1}\operatorname{Sin}\left(ae^{-bk}\operatorname{Sin} bh\right)\right] + \ldots\right\},$$

et ainsi du reste.

On trouvera encore, en supposant $r < 1$,

$$(40) \qquad \int_{-\infty}^{+\infty} l\left(1 + re^{bx\sqrt{-1}}\right)\varphi(x)\,dx$$
$$= -2\varpi\left\{(K - H\sqrt{-1})\,l\left[1 + re^{-bk}\left(\cos bh + \sqrt{-1}\,\sin bh\right)\right] + \dots\right\},$$

$$(41) \qquad \int_{-\infty}^{+\infty} e^{nx\sqrt{-1}}\,l\left(1 + re^{bx\sqrt{-1}}\right)\varphi(x)\,dx = \dots;$$

et ainsi des autres.

Enfin, si l'on suppose $a < b$, on trouvera, en prenant pour $x$ une fonction rationnelle et paire de la variable $x$,

$$(42) \qquad \int_{-\infty}^{+\infty} \frac{\cos ax}{\cos bx}\,\varphi(x)\,dx$$
$$= -2\varpi\left\{(K - H\sqrt{-1})\right.$$
$$\left. \times \frac{(e^{ak} + e^{-ak})\cos ah - \sqrt{-1}\,(e^{ak} - e^{-ak})\sin ah}{(e^{bk} + e^{-bk})\cos bh - \sqrt{-1}\,(e^{bk} - e^{-bk})\sin bh} + \dots\right\},$$

$$(43) \qquad \int_{-\infty}^{+\infty} \frac{\sin ax}{\sin bx}\,\varphi(x)\,dx$$
$$= -\varpi\left\{(K - H\sqrt{-1})\right.$$
$$\left. \times \frac{(e^{ak} - e^{-ak})\cos ah - \sqrt{-1}\,(e^{ak} + e^{-ak})\sin ah}{(e^{bk} - e^{-bk})\cos bh - \sqrt{-1}\,(e^{bk} + e^{-bk})\sin bh} + \dots\right\}.$$

et, en prenant pour $\varphi(x)$ une fonction rationnelle, mais impaire de la variable $x$,

$$(44) \qquad \int_{-\infty}^{+\infty} \frac{\cos ax}{\sin bx}\,\varphi(x)\,dx$$
$$= -2\varpi\left\{(K - H\sqrt{-1})\right.$$
$$\left. \times \frac{(e^{ak} + e^{-ak})\cos ah - \sqrt{-1}\,(e^{ak} - e^{-ak})\sin ah}{(e^{bk} + e^{-bk})\sin bh + \sqrt{-1}\,(e^{bk} - e^{-bk})\cos bh} + \dots\right\},$$

$$(45) \qquad \int_{-\infty}^{+\infty} \frac{\sin ax}{\cos bx}\,\varphi(x)\,dx$$
$$= -2\varpi\left\{(K - H\sqrt{-1})\right.$$
$$\left. \times \frac{(e^{ak} + e^{-ak})\sin ah + \sqrt{-1}\,(e^{ak} - e^{-ak})\cos ah}{(e^{bk} + e^{-bk})\cos bh - \sqrt{-1}\,(e^{bk} - e^{-bk})\sin bh} + \dots\right\}.$$

Comme d'ailleurs ces quatre dernières intégrales s'évanouissent évidemment, savoir : les deux premières lorsque $\varphi(x)$ deviendra une fonction impaire, et les deux dernières lorsque $\varphi(x)$ deviendra une fonction paire : on peut en conclure que les valeurs de ces quatre intégrales seront connues pour des valeurs quelconques de la fonction rationnelle désignée par $\varphi(x)$.

Chacune des formules que nous venons d'établir se décompose en deux équations réelles, lorsqu'on égale séparément à zéro et les parties réelles des deux membres et les parties multipliées par $\sqrt{-1}$. En opérant ainsi, et prenant pour $\varphi(x)$ une fonction réelle, on obtiendra une multitude de formules, dont quelques-unes sont déjà connues, et parmi lesquelles je citerai seulement les suivantes :

$$(46) \quad \int_0^\infty x^{a-1} \varphi(x)\,dx$$

$$= \frac{\varpi}{\operatorname{Sin} a \frac{\varpi}{2}}\left\{ \rho^{a-1}\left[ H\operatorname{Cos}(1-a)\left(\frac{\pi}{2}+\omega\right)\right.\right.$$

$$\left.\left. - K\operatorname{Sin}(1-a)\left(\frac{\pi}{2}+\omega\right)\right]+\ldots\right\},$$

$$(47) \quad \int_{-\infty}^{+\infty} \operatorname{Cos} bx\,\varphi(x)\,dx = -2\varpi\left\{(K\operatorname{Cos} bh + H\operatorname{Sin} bh)\,e^{-bh}+\ldots\right\}.$$

$$(48) \quad \int_{-\infty}^{+\infty} \operatorname{Sin} bx\,\varphi(x)\,dx = -2\varpi\left\{(K\operatorname{Sin} bh - H\operatorname{Cos} bh)\,e^{-bh}+\ldots\right\},$$

$$(49) \quad \int_{-\infty}^{+\infty} l(r^2 - 2rx\operatorname{Cos}\theta + x^2)\,\varphi(x)\,dx$$

$$= -2\varpi\left\{ K\,l[r^2 - 2\rho r\operatorname{Sin}(\omega-\theta) + \rho^2]\right.$$

$$\left. - 2H\operatorname{Arc\,Tang} = \frac{\rho\operatorname{Sin}\omega - r\operatorname{Cos}\theta}{\rho\operatorname{Cos}\omega + r\operatorname{Sin}\theta}+\ldots\right\},$$

$$(50) \quad \int_{-\infty}^{+\infty} \operatorname{Arc\,Tang} = \frac{r\operatorname{Cos}\theta - x}{r\operatorname{Sin}\theta}\cdot\varphi(x)\,dx$$

$$= \varpi\left\{ H\,l[r^2 - 2\rho r\operatorname{Sin}(\omega-\theta) + \rho^2]\right.$$

$$\left. + 2K\operatorname{Arc\,Tang} = \frac{\rho\operatorname{Sin}\omega - r\operatorname{Cos}\theta}{\rho\operatorname{Cos}\omega + r\operatorname{Sin}\theta}+\ldots\right\},$$

$$(51)\quad \int_{-\infty}^{+\infty} \text{Arc Tang} = \frac{s}{x} \cdot \varphi(x)\, dx$$
$$= \varpi \left\{ H\, l(1 + 2s \operatorname{Cos}\omega + s^2) - 2K \,\text{Arc Tang} = \frac{s \operatorname{Sin}\omega}{\rho + s \operatorname{Cos}\omega} + \ldots \right\},$$

$$(52)\quad \int_{-\infty}^{+\infty} \varphi(x)\, \text{Arc Cot} x\, dx$$
$$= \varpi \left\{ H\, l\left(1 + \frac{2 \operatorname{Cos}\omega}{\rho} + \frac{1}{\rho^2}\right) - 2K \,\text{Arc Cot} = \frac{\rho + \operatorname{Cos}\omega}{\operatorname{Sin}\omega} + \ldots \right\},$$

$$(53)\quad \int_{-\infty}^{+\infty} e^{a \operatorname{Cos} bx} \operatorname{Cos}(a \operatorname{Sin} bx)\, \varphi(x)\, dx$$
$$= -2\varpi \left\{ e^{ae^{-bk} \operatorname{Cos} bh} [K \operatorname{Cos}(a e^{-bk} \operatorname{Sin} bh) + H \operatorname{Sin}(a e^{-bk} \operatorname{Sin} bh)] + \ldots \right\},$$

$$(54)\quad \int_{-\infty}^{+\infty} e^{a \operatorname{Cos} bx} \operatorname{Sin}(a \operatorname{Sin} bx)\, \varphi(x)\, dx$$
$$= 2\varpi \left\{ e^{ae^{-bk} \operatorname{Cos} bh} [H \operatorname{Cos}(a e^{-bk} \operatorname{Sin} bh) - K \operatorname{Sin}(a e^{-bk} \operatorname{Sin} bh)] + \ldots \right\},$$

$$(55)\quad \int_{-\infty}^{+\infty} l(1 + 2r \operatorname{Cos} bx + r^2)\, \varphi(x)\, dx$$
$$= -2\varpi \left\{ K\, l(1 + 2r e^{-bk} \operatorname{Cos} bh + r^2 e^{-2bk}) \right.$$
$$\left. + 2H \,\text{Arc Tang} = \frac{r \operatorname{Sin} bh}{e^{bk} + r \operatorname{Cos} bh} + \ldots \right\},$$

$$(56)\quad \int_{-\infty}^{+\infty} \text{Arc Tang} \frac{r \operatorname{Sin} bx}{1 + r \operatorname{Cos} bx}\, \varphi(x)\, dx$$
$$= \varpi \left\{ H\, l(1 + 2r e^{-bk} \operatorname{Cos} bh + r^2 e^{-2bk}) \right.$$
$$\left. - 2K \,\text{Arc Tang} = \frac{r \operatorname{Sin} bh}{e^{bk} + r \operatorname{Cos} bh} + \ldots \right\}.$$

On trouvera encore, en prenant pour $\varphi(x)$ une fonction paire de la variable $x$,

$$(57)\quad \int_{-\infty}^{+\infty} x^{a-1} \operatorname{Sin}\left(\frac{a\pi}{2} - bx\right) \varphi(x)\, dx$$
$$= \varpi \left\{ \rho^{a-1} e^{-bk} [K \operatorname{Cos}(\omega - a\omega + bh) + H \operatorname{Sin}(\omega - a\omega + bh)] + \ldots \right\}.$$

Il est facile de reconnaître les différentiations que doivent subir les diverses formules auxquelles nous sommes parvenus, dans le cas où l'équation $\frac{1}{\varphi(x)} = 0$ a des racines égales. Si l'on différentie ces mêmes

formules par rapport aux quantités $a$, $b$, $r$, ... on obtiendra de
nouveaux résultats, que l'on pourrait déduire directement de la
formule (3). Ainsi, par exemple, si l'on différentie $n$ fois par rapport
à la quantité $a$, l'équation (46), on en déduira la valeur de l'intégrale

$$(58) \qquad \int_{-r}^{\infty} e^{ax-1}\varphi(x)][l(x)]^n\,dx$$

à laquelle on parviendrait aussi, en posant successivement, dans
l'équation (3)

$$f(x) = \left(-x\sqrt{-1}\right)^{a-1} l\left(-x\sqrt{-1}\right)\varphi(x),$$
$$f(x) = \left(-x\sqrt{-1}\right)^{a-1}\left[l\left(-x\sqrt{-1}\right)\right]^2\varphi(x),$$
$$\dotfill$$

On obtiendrait encore plusieurs résultats dignes de remarque, en
intégrant quelques formules par rapport aux constantes $a$, $b$. $r$, ....

Il importe d'observer que les formules (29), (34), (35), (36) et (36)
subsistent, dans le cas même où l'on remplace l'exposant réel $a$ par
une constante imaginaire $\lambda + \mu\sqrt{-1}$. En opérant ainsi, prenant pour
$\varphi(x)$ une fonction réelle et posant successivement

$$a = \lambda + \mu\sqrt{-1}, \qquad a = \lambda - \mu\sqrt{-1},$$

on établira de nouvelles équations que l'on pourrait combiner entre
elles, et l'on reconnaîtra facilement, par ce moyen, que les formules
(46), (57), ... s'étendent à des valeurs réelles ou imaginaires quelconques de la constante $a$. Si l'on décompose ensuite chaque équation
imaginaire en deux équations réelles, on obtiendra les valeurs d'un
grand nombre d'intégrales définies, parmi lesquelles je citerai celles
qui suivent

$$(59) \qquad \int_0^{\infty} x^{\lambda-1} \mathrm{Cos}[\mu\,l(x)]\,\varphi(x)\,dx, \qquad \int_0^{\infty} x^{\lambda-1} \mathrm{Sin}[\mu\,l(x)]\,\varphi(x)\,dx;$$

$$(60) \qquad \int_0^{\infty}\left\{ e^{\frac{\mu\pi}{2}}\mathrm{Sin}\left[\frac{\lambda\pi}{2}-bx-\mu\,l(x)\right] + e^{-\frac{\mu\pi}{2}}\mathrm{Sin}\left[\frac{\lambda\pi}{2}-bx+\mu\,l(x)\right]\right\}\varphi(x)\,dx;$$

$$(61) \qquad \int_0^{\infty}\left\{ e^{\frac{\mu\pi}{2}}\mathrm{Cos}\left[\frac{\lambda\pi}{2}-bx-\mu\,l(x)\right] - e^{-\frac{\mu\pi}{2}}\mathrm{Cos}\left[\frac{\lambda\pi}{2}-bx+\mu\,l(x)\right]\right\}\varphi(x)\,dx;$$

On déterminera les deux premières, quelle que soit la fraction rationnelle désignée par $\varphi(x)$; et les deux dernières, toutes les fois que cette fraction deviendra une fonction paire de la variable $x$.

Aux formules générales ci-dessus établies, on pourrait en joindre un grand nombre d'autres, dans lesquelles entreraient des fonctions $\varphi(u)$, $\chi(v)$, $\psi(w)$, ... des variables

$$u = \frac{1 + x\sqrt{-1}}{1 - x\sqrt{-1}}, \qquad v = l(r - x\sqrt{-1}), \qquad w = l\left(1 + \frac{s}{x}\sqrt{-1}\right), \quad \dots$$

Ainsi, par exemple, $h + k\sqrt{-1}$ désignant toujours une des racines inégales de $\frac{1}{\varphi(u)}$, et l'expression $H + K\sqrt{-1}$ étant déterminée par la formule (27), on tirera de l'équation (3)

$$(62) \qquad \int_{-\iota}^{+\iota} \varphi\left(\frac{1 + x\sqrt{-1}}{1 - x\sqrt{-1}}\right) \frac{dx}{x^2 + 1} = \varpi\left\{\varphi(0) + \frac{H + K\sqrt{-1}}{h + k\sqrt{+1}} + \dots\right\}.$$

$$(63) \qquad \int_{-\pi}^{+\pi} \varphi[l(-x\sqrt{-1})] \frac{r\,dx}{x^2 + r^2}$$

$$= \int_0^\pi \left\{\varphi\left[l(x) - \frac{\pi}{2}\sqrt{-1}\right] + \varphi\left[l(x) + \frac{\pi}{2}\sqrt{-1}\right]\right\} \frac{r\,dx}{x^2 + r^2}$$

$$= \varpi\varphi[l(r)] - 2\varpi r\left\{(H + K\sqrt{-1})\right.$$

$$\left. \times \frac{\operatorname{Cos} k + \sqrt{-1}\operatorname{Sin} k}{r^2 - e^{2h}(\operatorname{Cos} 2k + \sqrt{-1}\operatorname{Sin} 2k)} e^{h} + \dots\right\}.$$

Il résulte d'ailleurs des équations (10) qu'après avoir cherché les racines de $\frac{1}{\varphi(x)} = 0$, on devra seulement admettre, dans les formules (62), celles des racines dont le module sera inférieur à l'unité, et, dans la formule (63), celles qui fourniront des valeurs positives ou nulles de $\operatorname{Cos} k$. Ajoutons que les quantités $H$ et $K$ devront être réduites à moitié, dans la formule (62), quand le module de $h + k\sqrt{-1}$, c'est-à-dire, $\sqrt{h^2 + k^2}$ deviendra égal à l'unité, et dans la formule (63), quand on aura $\operatorname{Cos} k = 0$.

On déterminera avec la même facilité les valeurs des intégrales

$$(64) \qquad \int_{-\infty}^{+\infty} e^{bx\sqrt{-1}} \varphi\left[l\left(-x\sqrt{-1}\right)\right] \frac{r\,dx}{r^2+x^2},$$

$$(65) \qquad \int_{-\infty}^{+\infty} \left(-x\sqrt{-1}\right)^{a-1} \varphi\left[l\left(-x\sqrt{-1}\right)\right] \frac{r\,dx}{r^2+x^2},$$

$$(66) \qquad \int_{-\infty}^{+\infty} \varphi(x)\, \chi\left[l\left(-x\sqrt{-1}\right)\right] dx\,;$$

et ainsi du reste.

On trouverait, par exemple,

$$(67) \qquad \int_{-\infty}^{+\infty} \varphi(x) \frac{dx}{l\left(-x\sqrt{-1}\right)} = -2\varpi \left\{ \varphi(\sqrt{-1}) + \frac{K-H\sqrt{-1}}{l\left(k-h\sqrt{-1}\right)} + \ldots \right\}.$$

On trouverait, de même,

$$(68) \qquad \int_{-\infty}^{+\infty} \left(-x\sqrt{-1}\right)^{a-1} \varphi(x) \frac{dx}{l\left(-x\sqrt{-1}\right)}$$
$$= -2\varphi(\sqrt{-1}) - 2\varpi \left\{ \frac{K-H\sqrt{-1}}{l\left(k-h\sqrt{-1}\right)} \left(k-h\sqrt{-1}\right)^{a-1} + \ldots \right\}.$$

On aurait, par suite, en prenant pour $\varphi(x)$ une fonction paire de $x$

$$(69) \qquad \int_{0}^{\infty} \varphi(x) \frac{l(x)}{\left(\frac{\varpi}{2}\right)^2 + [l(x)]^2} dx = -\varpi \left\{ \varphi(\sqrt{-1}) + \frac{K-H\sqrt{-1}}{l\left(k-h\sqrt{-1}\right)} + \ldots \right\},$$

$$(70) \qquad \int_{0}^{\infty} x^{a-1} \varphi(x) \frac{\operatorname{Sin}\frac{a\varpi}{2}l(x) - \frac{\pi}{2}\operatorname{Cos}\frac{a\varpi}{2}}{\left(\frac{\pi}{2}\right)^2 + [l(x)]^2} dx$$
$$= -\varpi\varphi(\sqrt{-1}) - \varpi \left\{ \frac{K-H\sqrt{-1}}{l\left(k-h\sqrt{-1}\right)} \left(k-h\sqrt{-1}\right)^{a-1} + \ldots \right\};$$

et, en prenant pour $\varphi(x)$ une fontion impaire de $x$,

$$(71) \qquad \int_{0}^{\infty} \varphi(x) \frac{1}{\left(\frac{\pi}{2}\right)^2 + [l(x)]^2} dx = \left\{ \varphi(\sqrt{-1}) + \frac{K-H\sqrt{-1}}{l\left(k-h\sqrt{-1}\right)} + \ldots \right\}\sqrt{-1}.$$

$$(72) \qquad \int_{0}^{\infty} x^{a-1} \varphi(x) \frac{\frac{\pi}{2}\operatorname{Sin}\frac{a\varpi}{2} + \operatorname{Cos}\frac{a\varpi}{2}l(x)}{\left(\frac{\varpi}{2}\right)^2 + [l(x)]^2} dx$$
$$= \varpi\sqrt{-1}\,\varphi(\sqrt{-1}) + \varpi \left\{ \frac{H+K\sqrt{-1}}{l\left(k-h\sqrt{-1}\right)} \left(k-h\sqrt{-1}\right)^{a-1} + \ldots \right\}.$$

On pourrait multiplier sans mesure les formules générales qui se déduisent des équations (2) et (3); on pourrait ensuite transformer les intégrales définies contenues dans ces formules, de manière à obtenir d'autres intégrales, prises entre des limites différentes; ce qui sera particulièrement utile, toutes les fois que les fonctions sous le signe $\int$ deviendront infiniment grandes, pour certaines valeurs de la variable.

Ainsi, par exemple, on tirera de la formule (16)

$$(73) \qquad \int_0^r \frac{1}{2}\left\{ f(x) - f\left(\frac{r^2}{x}\right) + f(-x) - f\left(-\frac{r^2}{x}\right) \right\} \frac{r\,dx}{x^2 - r^2}$$
$$= \frac{\pi}{i}[f(r) - f(-r)]\sqrt{-1}.$$

Il sera pareillement facile de s'assurer que l'intégrale (58) est équivalente à l'expression

$$(74) \qquad \int_0^1 \left\{ x^a \varphi(x) + (-1)^a \left(\frac{1}{x}\right)^a \varphi\left(\frac{1}{x}\right) \right\} [\mathrm{l}(x)]^\mu \frac{dx}{x}.$$

Ajoutons que, dans les diverses formules obtenues, les valeurs numériques des constantes $a$, $b$, $r$, $s$, ... ne seront pas toujours entièrement arbitraires; et que ces constantes devront être comprises entre certaines limites si, en les étendant au-delà de ces limites, on rend infinies les valeurs des intégrales qui les renferment. Ainsi, en désignant par $\varphi(x)$ une fraction rationnelle dans laquelle le degré du dénominateur surpasse de $m$ unités celui du numérateur, on reconnaîtra sans peine que, dans la formule (58), la constante positive $a$ doit être inférieure au nombre entier $m$.

Si maintenant on attribue aux fonctions $f(x)$, $\mathrm{f}(x)$, $\varphi(x)$, ...., ou bien aux constantes $a$, $b$, $r$, $s$, ... des valeurs particulières, on déduira des formules générales que nous avons construites la plupart des intégrales définies connues, et une infinité d'autres nouvelles. Je me contenterai de présenter ici quelques-uns des résultats les plus simples.

$$(75) \qquad \int_0^\infty x^{a-1} \operatorname{Sin}\left(\frac{a\varpi}{2} - bx\right) \frac{r\,dx}{x^2 + r^2} = \frac{\pi}{2} r^{a-1} e^{-br};$$

$$(76) \qquad \int_0^\infty x^{a-1} \operatorname{Sin}\left(\frac{a\varpi}{2} - bx\right) \frac{r\,dx}{r^2 + x^2} = \frac{\pi}{2} r^{a-1} \operatorname{Cos}\left(\frac{a\varpi}{2} - br\right);$$

$$(77) \qquad \int_0^\infty \frac{x^{a-1}\,dx}{1+x} = \frac{\varpi}{\operatorname{Sin} a\varpi}, \qquad \int_0^\infty \frac{x^{a-1}\,dx}{1+x} = \varpi \operatorname{Cot} a\varpi;$$

$$(78) \qquad \int_0^\infty \frac{x^a\,dx}{x^2 - 1} = \int_0^1 \frac{x^a - \dfrac{1}{x^a}}{x - \dfrac{1}{x}} \frac{dx}{x} = \frac{\varpi}{2} \operatorname{Tang} \frac{a\varpi}{2};$$

$$(79) \qquad \int_0^\infty \frac{x^a\,dx}{x^2 + 2rx \operatorname{Cos}\theta + r^2} = \frac{\varpi r^{a-1}}{\operatorname{Sin} a\varpi} \frac{\operatorname{Sin} a\theta}{\operatorname{Sin}\theta};$$

$$(80) \qquad \int_0^\infty \frac{x^\lambda \operatorname{Cos}[\mu\, l(x)]}{x^2 + 2x \operatorname{Cos}\theta + 1}\, dx$$
$$= \frac{\varpi}{\operatorname{Sin}\theta} \frac{\left[e^{\mu(\pi+\theta)} + e^{\mu(\varpi+\theta)}\right] \operatorname{Cos}\lambda(\varpi-\theta) - \left[e^{\mu(\pi-\theta)} + e^{\mu(\varpi-\theta)}\right] \operatorname{Cos}\lambda(\varpi+\theta)}{e^{2\mu\varpi} - 2\operatorname{Cos}(2\lambda\varpi) + e^{-2\mu\varpi}};$$

$$(81) \qquad \int_0^\infty \frac{x^\lambda \operatorname{Sin}[\mu\, l(x)]}{x^2 + 2x \operatorname{Cos}\theta + 1}\, dx$$
$$= \frac{\varpi}{\operatorname{Sin}\theta} \cdot \frac{\left[e^{\mu(\pi+\theta)} - e^{-\mu(\pi+\theta)}\right] \operatorname{Sin}\lambda(\varpi+\theta) - \left[e^{\mu(\pi-\theta)} - e^{-\mu(\varpi-\theta)}\right] \operatorname{Sin}\lambda(\varpi-\theta)}{e^{2\mu\varpi} - 2\operatorname{Cos}(2\lambda\varpi) + e^{-2\mu\varpi}};$$

$$(82) \qquad \int_0^\infty \frac{x^a}{1+x^2}[l(x)]^n\, dx$$
$$= \int_0^1 \frac{x^a + (-1)^n\left(\dfrac{1}{x}\right)^a}{x + \dfrac{1}{x}}[l(x)]^n \frac{dx}{x} = \frac{\pi}{2} \frac{d^n \operatorname{Sec}\left(\frac{1}{2} a\varpi\right)}{da^n},$$

$$(83) \qquad \int_0^\infty \frac{x^a}{x^2 - 1}[l(x)]^n\, dx$$
$$= \int_0^1 \frac{x^a - (-1)^n\left(\dfrac{1}{x}\right)^a}{x - \dfrac{1}{x}}[l(x)]^n \frac{dx}{x} = \frac{\pi}{2} \cdot \frac{d^n \operatorname{Tang}\left(\frac{1}{2} a\varpi\right)}{da^n},$$

$$(84) \qquad \int_0^\infty \frac{x^{a-1} - x^{b-1}}{l(x)} \frac{dx}{x^2 + 1} = + \left(l\operatorname{Tang}\frac{a\varpi}{4} - l\operatorname{Tang}\frac{b\pi}{4}\right);$$

$$(85) \qquad \int_0^\infty \frac{x^{a-1} - x^{b-1}}{l(x)} \frac{dx}{x^2 - 1} = - \left(l\operatorname{Sin}\frac{a\pi}{2} - l\operatorname{Sin}\frac{b\varpi}{2}\right);$$

$$(86) \quad \int_0^\infty \operatorname{Cos} b x \, \frac{r \, dx}{x^2 + r^2} = \frac{\pi}{2} e^{-br}, \qquad \int_0^\infty \operatorname{Sin} b x \, \frac{x \, dx}{x^2 + r^2} = \frac{\pi}{2} e^{-br};$$

$$(87) \quad \int_0^\infty \operatorname{Cos} b x \, \frac{r \, dx}{x^2 - r^2} = -\frac{\pi}{2} \operatorname{Sin} br, \qquad \int_0^\infty \operatorname{Sin} b x \, \frac{x \, dx}{x^2 - r^2} = \frac{\pi}{2} \operatorname{Cos} br;$$

$$(88) \quad \int_0^\infty \operatorname{Cos} b x \, \frac{dx}{1 - x^2} = 2 \int_0^1 \operatorname{Sin} \frac{b}{2}\left(x + \frac{1}{x}\right) \operatorname{Sin} \frac{b}{2}\left(x - \frac{1}{x}\right) \frac{dx}{x^2 - 1} = \frac{\pi}{2} \operatorname{Sin} b;$$

$$(89) \quad \int_0^\infty \frac{\operatorname{Sin} b x}{x} \, dx = \frac{\varpi}{2}, \qquad \int_0^\infty \frac{\operatorname{Sin} b x}{x} \frac{r^2 \, dx}{x^2 + r^2} = \frac{\varpi}{2}\left(1 - e^{-br}\right);$$

$$(90) \quad \int_{-\infty}^{+\infty} l\left(x^2 - 2 r x \operatorname{Cos}\theta + r^2\right) \frac{dx}{1 + x^2} = \varpi \, l\left(1 + 2 r \operatorname{Sin}\theta + r^2\right);$$

$$(91) \quad \int_{-\infty}^{+\infty} \operatorname{Arc\,Tang} = \frac{r \operatorname{Cos}\theta - x}{r \operatorname{Sin}\theta} \, \frac{dx}{1 + x^2} = \varpi \operatorname{Arc\,Tang} = \frac{r \operatorname{Cos}\theta}{1 + r \operatorname{Sin}\theta};$$

$$(92) \quad \begin{cases} \displaystyle\int_0^\infty l\left(1 + \frac{s^2}{x^2}\right) \frac{r \, dx}{x^2 + r^2} = \varpi \, l\left(1 + \frac{s}{r}\right), \\[2ex] \displaystyle\int_0^\infty \operatorname{Arc\,Tang}\left(\frac{s}{x}\right) \frac{x \, dx}{x^2 + r^2} = \frac{\varpi}{2} \, l\left(1 + \frac{s}{x}\right); \end{cases}$$

$$(93) \quad \begin{cases} \displaystyle\int_0^\infty l\left(1 + \frac{s^2}{x^2}\right) \frac{r \, dx}{x^2 - r^2} = -\varpi \operatorname{Arc\,Tang} = \frac{s}{r}, \\[2ex] \displaystyle\int_0^\infty \operatorname{Arc\,Tang}\left(\frac{s}{x}\right) \frac{x \, dx}{x^2 - r^2} = \frac{\varpi}{4} \, l\left(1 + \frac{s^2}{r^2}\right); \end{cases}$$

$$(94) \quad \int_0^\infty \left(\operatorname{Arc\,Cot} x\right)^2 dx = 2 \int_0^\infty \operatorname{Arc\,Tang} \frac{1}{x} \cdot \frac{x \, dx}{x^2 + 1} = \varpi \, l(2);$$

$$(95) \quad \int_0^1 \frac{x \operatorname{Arc\,Tang} \dfrac{1}{x} - \dfrac{1}{x} \operatorname{Arc\,Tang} x}{x - \dfrac{1}{x}} \frac{dx}{x} = \frac{\varpi}{4} \, l(2);$$

$$(96) \quad \int_{-\infty}^{+\infty} \left(-x \sqrt{-1}\right)^{a-1} l\left(1 + \frac{s}{x} \sqrt{-1}\right) \frac{r \, dx}{x^2 + r^2} = \varpi \, r^{a-1} \, l\left(1 + \frac{s}{r}\right);$$

$$(97) \quad \int_{-\infty}^{+\infty} \left(-x \sqrt{-1}\right)^{a-1} e^{b x \sqrt{-1}} \, l\left(1 + \frac{s}{x} \sqrt{-1}\right) \frac{dx}{r - x \sqrt{-1}} = 0;$$

$$(98) \quad \int_{-\infty}^{+\infty} \left(-x \sqrt{-1}\right)^{a-1} e^{b x \sqrt{-1}} \, l\left(1 + \frac{s}{x} \sqrt{-1}\right) \frac{dx}{r + x \sqrt{-1}}$$
$$= 2 \varpi \, r^{a-1} e^{-br} \, l\left(1 + \frac{s}{r}\right);$$

$$(99)\quad\begin{cases}\displaystyle\int_{-\infty}^{+\infty} \frac{e^{ax\sqrt{-1}} - e^{bx\sqrt{-1}}}{x\sqrt{-1}}\,\frac{dx}{l(r - x\sqrt{-1})} = -\frac{2\varpi}{1-r}\left[e^{b(1-r)} - e^{a(1-r)}\right] \quad \text{pour } r < 1, \\[3mm] \displaystyle\int_{-\infty}^{+\infty} \frac{e^{ax\sqrt{-1}} - e^{bx\sqrt{-1}}}{x\sqrt{-1}}\,\frac{dx}{l(1 - x\sqrt{-1})} = -\varpi(a - b), \\[3mm] \displaystyle\int_{-\infty}^{+\infty} \frac{e^{ax\sqrt{-1}} - e^{bx\sqrt{-1}}}{x\sqrt{-1}}\,\frac{dx}{l(r - x\sqrt{-1})} = 0 \quad \text{pour } r > 1, \end{cases}$$

$$(100)\quad \int_{-\infty}^{+\infty} \left(-x(\sqrt{-1}\right)^{a-1} e^{bx\sqrt{-1}}\, \frac{l\left(1 + \frac{s}{x}\sqrt{-1}\right)}{l\left(1 - \frac{s}{x}\sqrt{-1}\right)}\,dx$$

$$= 2\varpi(1 - r)^{a-1} e^{b(1-r)}\, l\left(\frac{1 - r}{1 - r + s}\right) \quad \text{pour } r < 1;$$

$$(101)\quad \int_0^{+\infty} \frac{\frac{\pi}{2}(\cos ax - \cos bx) + (\sin ax - \sin bx)\,l(x)}{\left(\frac{\varpi}{2}\right)^2 + [l(x)]^2}\,\frac{dx}{x} = \varpi(e^{-a} - e^{-b});$$

$$(102)\quad \int_{-\infty}^{+\infty} \frac{e^{bx\sqrt{-1}}}{(r - x\sqrt{-1})^a}\,dx = 0. \qquad \int_{-\infty}^{+\infty} \frac{dx}{(r - x\sqrt{-1})^a (s - x\sqrt{-1})^h} = 0;$$

$$(103)\quad \int_0^{+\infty} e^{a\cos bx}(a\sin bx)\,\frac{dx}{x} = \frac{\varpi}{2}(e^a - 1);$$

$$(104)\quad \int_0^{\infty} e^{a\cos bx}\,\cos(a\sin bx)\,\frac{r\,dx}{x^2 + r^2} = \frac{\pi}{2}\,e^{ae^{-br}} \quad (^1);$$

$$(105)\quad \int_0^{\infty} e^{a\cos bx}\,\sin(a\sin bx)\,\frac{x\,dx}{x^2 + r^2} = \frac{\varpi}{2}\left(e^{ae^{-br}} - 1\right);$$

(¹) Ces deux premières formules doivent être déduites, non de la formule

$$\int_{-\infty}^{+\infty} f(x)\,dx = 2\varpi\sqrt{-1}\,(f_1 + f_2 + f_3 + \ldots);$$

mais de la formule

$$\int_{-\infty}^{+\infty} f(x)\,dx = 2\varpi\sqrt{-1}\,(f_1 + f_2 + f_3' + \ldots) - \varpi F\sqrt{-1};$$

F désignant la valeur que reçoit $(x + y\sqrt{-1})f(x + y\sqrt{-1})$, pour $y = \infty$. (*Voyez* la première partie du Mémoire.)

$$(106) \qquad \int_0^\infty x^{a-1} e^{\cos bx}\, \mathrm{Sin}\left(\frac{a\pi}{2} - \mathrm{Sin}\, bx\right) \frac{r\,dx}{x^2+r^2} = \frac{\varpi}{2}\, r^{a-1}\, e^{\cos br};$$

$$(107) \qquad \int_0^\infty \frac{\left(r - x\sqrt{-1}\right)^n + \left(r + x\sqrt{-1}\right)^{-n}}{2}\, l\left(1 + \frac{s^2}{x^2}\right) dx$$

$$= \frac{\varpi}{n-1}\left\{\left(\frac{1}{r}\right)^{n-1} - \left(\frac{1}{r+s}\right)^{n-1}\right\};$$

$$(108) \qquad \int_0^\infty \frac{\left(r - x\sqrt{-1}\right)^{-n} - \left(r + x\sqrt{-1}\right)^{-n}}{2\sqrt{-1}}\, \mathrm{Arc\,Tang}\left(\frac{s}{x}\right) dx$$

$$= \frac{1}{2}\frac{\varpi}{n-1}\left\{\frac{1}{r^n} - \frac{1}{(r+s)^n}\right\};$$

$$(109) \qquad \begin{cases} \displaystyle \int_0^\infty \frac{\cos ax}{\cos bx}\, \frac{dx}{1+x^2} = \frac{\varpi}{2}\,\frac{e^a + e^{-a}}{e^b + e^{-b}}, \\[2ex] \displaystyle \int_0^\infty \frac{\sin ax}{\sin bx}\, \frac{dx}{1+x^2} = \frac{\varpi}{2}\,\frac{e^a - e^{-a}}{e^b - e^{-b}}, \\[2ex] \displaystyle \int_0^\infty \frac{x\cos ax}{\sin bx}\, \frac{dx}{1+x^2} = \frac{\varpi}{2}\,\frac{e^a + e^{-a}}{e^b - e^{-b}}, \\[2ex] \displaystyle \int_0^\infty \frac{\sin ax}{x\cos bx}\, \frac{dx}{1+x^2} = \frac{\varpi}{2}\,\frac{e^a - e^{-a}}{e^b + e^{-b}}. \end{cases}$$

Les quatre dernières formules supposent $a < b$.

Dans le tableau qui précède, on reconnaît facilement plusieurs formules établies à l'aide de méthodes diverses, par Euler et d'autres géomètres, et particulièrement par MM. Laplace, Legendre et Poisson, et par M. Bidone, géomètre italien. C'est à ce dernier que sont dues les équations (37), les formules (75), (76), et plusieurs autres sont entièrement nouvelles, ou extraites de quelques-uns des Mémoires que j'ai publiés sur les intégrales définies.

En désignant, avec M. Legendre, par $\Gamma(a)$ l'intégrale

$$\int_0^\infty x^{a-1} e^{-x}\, dx,$$

et, en suivant la méthode que j'ai indiquée dans le *Mémoire sur les intégrales prise entre les limites imaginaires* (Paris, in-4°, *Debure*, 1825), on établit facilement les deux équations

$$(110) \quad \begin{cases} \displaystyle\int_{-\infty}^{+\infty} \frac{e^{bx\sqrt{-1}}\,dx}{(r+x\sqrt{-1})^a} = \frac{2\pi}{\Gamma(a)}\, b^{a-1} e^{-br}, \\[2ex] \displaystyle\int_{-\infty}^{+\infty} \frac{dx}{(r+x\sqrt{-1})^a (s-x\sqrt{-1})^b} = 2\varpi(r+s)^{1-a-b}\frac{\Gamma(a+b-1)}{\Gamma(a)\,\Gamma(b)}. \end{cases}$$

De ces dernières, combinées avec la formules (102), on tire immédiatement

$$(111) \quad \begin{cases} \displaystyle\int_0^\infty \frac{(r-x\sqrt{-1})^{-a}+(r+x\sqrt{-1})^{-a}}{2}\, \mathrm{Cos}\,bx\,dx = \frac{\varpi}{2\,\Gamma(a)}\, b^{a-1} e^{-br}; \\[2ex] \displaystyle\int_0^\infty \frac{(r-x\sqrt{-1})^{-a}-(r+x\sqrt{-1})^{-a}}{2\sqrt{-1}}\, \mathrm{Sin}\,bx\,dx = \frac{\varpi}{2\,\Gamma(a)}\, b^{a-1} e^{-br}; \end{cases}$$

et aussi

$$(112) \quad \begin{cases} \displaystyle\int_0^\infty \frac{(r-x\sqrt{-1})^{-a}+(r+x\sqrt{-1})^{-a}}{2} \\[2ex] \qquad \times \dfrac{(s-x\sqrt{-1})^{-b}+(s+x\sqrt{-1})^{-b}}{2}\,dx = \dfrac{\varpi}{2}(r+s)^{1-a-b}\dfrac{\Gamma(a+b-1)}{\Gamma(a)\,\Gamma(b)}, \\[3ex] \displaystyle\int_0^\infty \frac{(r-x\sqrt{-1})^{-a}-(r+x\sqrt{-1})^{-a}}{2\sqrt{-1}} \\[2ex] \qquad \times \dfrac{(s-x\sqrt{-1})^{-b}-(s+x\sqrt{-1})^{-b}}{2\sqrt{-1}}\,dx = \dfrac{\varpi}{2}(r+s)^{1-a-b}\dfrac{\Gamma(a+b-1)}{\Gamma(a)\,\Gamma(b)}. \end{cases}$$

J'ai donné les formules (111) au commencement de 1815, dans un Mémoire où elles étaient appliquées à la conversion des différences finies des puissances en intégrales définies, et pour lesquelles MM. Laplace, Legendre et Lacroix furent nommés commissaires. On peut, au reste, opérer cette conversion, en s'appuyant sur la première des formules (110), ou sur une autre formule qui s'accorde avec elle, et qui a été donnée par M. Laplace.

Enfin on tire des formules (87), en faisant $r=1$, puis écrivant $z$ au lieu de $b$,

$$(113) \quad \mathrm{Cos}\,z = \frac{2}{\pi}\int_0^\infty \mathrm{Sin}\,zx\,\frac{x\,dx}{x^2-1}, \qquad \mathrm{Sin}\,z = \frac{2}{\pi}\int_0^\infty \mathrm{Cos}\,zx\,\frac{dx}{1-x^2}.$$

Ces dernières fournissent le moyen de remplacer le cosinus d'un arc positif $z$, par le sinus d'un arc variable, proportionnel à $z$, et le sinus du premier arc par le cosinus du second. Cette propriété des formules (113) peut être utile dans la solution de quelques problèmes. C'est effectivement à l'aide des formules dont il s'agit que j'étais d'abord parvenu, en 1815, à résoudre la question de la propagation des ondes, ainsi qu'on peut le voir dans la Note XVIII, placée à la suite du Mémoire déjà cité.

Si, dans l'intégrale (74), on pose $x = e^{-p}$, elle prendra la forme

$$(114) \qquad \int_0^z [e^{ap} \varphi(e^p) + (-1)^n e^{-ap} \varphi(e^{-p})] p^n \, dp.$$

Par conséquent, les méthodes ci-dessus exposées fourniront la valeur de l'intégrale (114), qui ne diffère pas de la suivante :

$$\int_{-z}^{+z} p^n e^{ap} \varphi(e^p) \, dp.$$

Si l'on applique la même transformation aux intégrales (78), (80), (81), (82), (83), (88), (95), … ; puis que l'on écrive $x$ au lieu de $p$, on trouvera

$$(115) \qquad \int_0^\infty \frac{e^{ax} - e^{-ax}}{e^x - e^{-x}} \, dx = \frac{\varpi}{2} \operatorname{Tang} \frac{a\varpi}{2},$$

$$(116) \quad \int_0^\infty \frac{e^{\lambda x} + e^{-\lambda x}}{e^x + 2 \operatorname{Cos}\theta + e^{-x}} \operatorname{Cos}(\mu x) \, dx$$
$$= \frac{\varpi}{\operatorname{Sin}\theta} \frac{[e^{\mu(\pi+\theta)} + e^{-\mu(\varpi+\theta)}] \operatorname{Cos}\lambda(\varpi-\theta) - [e^{\mu(\pi-\theta)} + e^{-\mu(\varpi-\theta)}] \operatorname{Cos}\lambda(\varpi+\theta)}{e^{2\mu\varpi} - 2 \operatorname{Cos}(2\lambda\varpi) + e^{-2\mu\varpi}},$$

$$(117) \quad \int_0^\infty \frac{e^{\lambda x} - e^{-\lambda x}}{e^x + 2 \operatorname{Cos}\theta + e^{-x}} \operatorname{Sin}(\mu x) \, dx$$
$$= \frac{\varpi}{\operatorname{Sin}\theta} \frac{[e^{\mu(\pi+\theta)} - e^{-\mu(\pi+\theta)}] \operatorname{Sin}\lambda(\varpi+\theta) - [e^{\mu(\pi-\theta)} - e^{-\mu(\varpi-\theta)}] \operatorname{Sin}\lambda(\varpi+\theta)}{e^{2\mu\varpi} - 2 \operatorname{Cos}(2\lambda\varpi) + e^{-2\mu\varpi}},$$

$$(118) \qquad \int_0^z \frac{e^{ax} + (-1)^n e^{-ax}}{e^x + e^{-x}} x^n \, dx = (-1)^n \frac{\pi}{2} \frac{d^n \operatorname{Sec}\frac{a\varpi}{2}}{da^n},$$

$$(119) \qquad \int_0^z \frac{e^{ax} - (-1)^n e^{-ax}}{e^x - e^{-x}} x^n \, dx = (-1)^n \frac{\varpi}{2} \frac{d^n \operatorname{Tang}\frac{a\varpi}{2}}{da^n},$$

$$(120) \qquad \int_0^\infty \mathrm{Sin}\,\frac{b}{2}\,(e^x + e^{-x})\,\mathrm{Sin}\,\frac{b}{2}\,(e^x - e^{-x})\,\frac{dx}{e^x - e^{-x}} = + \frac{\varpi}{4}\,\mathrm{Sin}\,b,$$

$$(121) \qquad \int_0^\infty \frac{e^x\,\mathrm{Arc}\,(\mathrm{Tang}\,e^{-x}) - e^{-x}\,\mathrm{Arc}\,(\mathrm{Tang}\,e^x)}{e^x - e^{-x}}\,dx = \frac{\pi}{4}\,l(2);$$

et ainsi du reste.

On pourrait, au surplus, déduire directement la plupart des équations précédentes de la formule (4), combinée avec celles qui résultent de la méthode indiquée dans le paragraphe 13 du *Mémoire sur les intégrales définies, prises entre les limites imaginaires.*

Si l'on pose, dans la formule (62), $x = \mathrm{Tang}\,\frac{1}{2}\,p$, on trouvera

$$(122) \qquad \int_{-\varpi}^{\varpi} \varphi\left(e^{p\sqrt{-1}}\right)\,dp = 2\varpi\left\{\varphi(0) + \frac{H + K\sqrt{-1}}{h + k\sqrt{-1}} + \dots\right\};$$

ou, ce qui revient au même,

$$(123) \quad \frac{1}{2}\int_0^{\varpi}\left[\varphi\left(e^{p\sqrt{-1}}\right) + \varphi\left(e^{-p\sqrt{-1}}\right)\right]dp = \varpi\left\{\varphi(0) + \frac{H + K\sqrt{-1}}{h + k\sqrt{-1}} + \dots\right\}.$$

L'équation (122) coïncide avec l'une des formules générales que j'ai données dans le XIX$^e$ Cahier du *Journal de l'École Polytechnique.* De plus, si, dans l'équation (123), on fait successivement

$$\varphi(u) = \frac{f(u)}{1 - ru}, \qquad \varphi(u) = \frac{f(u)}{1 - \dfrac{r}{u}};$$

$r$ désignant une constante positive, et $f(u)$ une fonction qui conserve une valeur finie pour toutes les valeurs de $u$, réelles ou imaginaires, dont le module est inférieur à l'unité; on trouvera, pour $r < 1$,

$$(124) \quad \begin{cases} \displaystyle\int_0^{\varpi} \frac{1}{2}\left\{\frac{f\left(e^{p\sqrt{-1}}\right)}{1 - r e^{p\sqrt{-1}}} + \frac{f\left(e^{-p\sqrt{-1}}\right)}{1 - r e^{-p\sqrt{-1}}}\right\}dp = \varpi\,f(0), \\[3ex] \displaystyle\int_0^{\varpi} \frac{1}{2}\left\{\frac{f\left(e^{p\sqrt{-1}}\right)}{1 - r e^{-p\sqrt{-1}}} + \frac{f\left(e^{-p\sqrt{-1}}\right)}{1 - r e^{p\sqrt{-1}}}\right\}dp = \varpi\,f(r); \end{cases}$$

pour $r = 1$,

$$(125) \quad \begin{cases} \displaystyle\int_0^{\varpi} \frac{1}{2}\left\{\frac{f\left(e^{p\sqrt{-1}}\right)}{1 - e^{p\sqrt{-1}}} + \frac{f\left(e^{-p\sqrt{-1}}\right)}{1 - e^{-p\sqrt{-1}}}\right\}dp = \varpi\left[f(0) - \frac{1}{2}f(1)\right]. \\[3ex] \displaystyle\int_0^{\varpi} \frac{1}{2}\left\{\frac{f\left(e^{p\sqrt{-1}}\right)}{1 - e^{-p\sqrt{-1}}} + \frac{f\left(e^{-p\sqrt{-1}}\right)}{1 - e^{p\sqrt{-1}}}\right\}dp = \frac{1}{2}\varpi\,f(1); \end{cases}$$

et enfin, pour $r > 1$

$$(126) \quad \begin{cases} \displaystyle\int_0^\varpi \frac{1}{2} \left\{ \frac{f\left(e^{p\sqrt{-1}}\right)}{1 - r\,e^{p\sqrt{-1}}} + \frac{f\left(e^{-p\sqrt{-1}}\right)}{1 - r\,e^{p\sqrt{-1}}} \right\} dp = \varpi\left[ f(0) - f\left(\frac{1}{r}\right) \right], \\[3mm] \displaystyle\int_0^\varpi \frac{1}{2} \left\{ \frac{f\left(e^{p\sqrt{-1}}\right)}{1 - r\,e^{p\sqrt{-1}}} + \frac{f\left(e^{-p\sqrt{-1}}\right)}{1 - r\,e^{-p\sqrt{-1}}} \right\} dp = 0. \end{cases}$$

Lorsque, dans les équations (124)', on suppose $r = 0$, elles se réduisent à

$$(127) \qquad \int_0^\varpi \frac{1}{2}\left[ f\left(e^{p\sqrt{-1}}\right) + f\left(e^{-p\sqrt{-1}}\right)\right] dp = \varpi f(0).$$

Si, dans celle-ci, on remplace $f(x)$ par $f(b+x)$, et les limites $0$, $\varpi$ par $-\varpi$, $+\varpi$, on conclura

$$(128) \qquad \int_{-\varpi}^{+\varpi} \frac{1}{2} f\left( b + e^{p\sqrt{-1}}\right) dp = \varpi f(b).$$

De même, si après avoir différentié $n$ fois, par rapport à la quantité $r$, la seconde des équations (124), on y remplace $f(x)$ par $f(b)$, on en tirera, en posant $r = 0$,

$$(129) \qquad \int_{-\varpi}^{+\varpi} e^{-np\sqrt{-1}} f\left( b + e^{p\sqrt{-1}}\right) dp = \frac{2\pi}{1.2.3\ldots n} \frac{d^n f(b)}{db^n}.$$

Ces diverses formules, que j'ai données dans le *Bulletin de la Société Philomatique*, s'accordent avec d'autres formules du même genre, obtenues par MM. Perseval, Libri et Poisson. Il est facile de les étendre à des valeurs négatives, ou même à des valeurs imaginaires des constantes $r$ et $b$. Ainsi, par exemple, on reconnaîtra sans peine que les équations (124) subsistent pour toutes les valeurs de $r$, réelles ou imaginaires, dont le module est inférieur à l'unité. La seconde de ces équations, présentée sous la forme

$$(130) \qquad f(r) = \frac{1}{2\varpi} \int_{-\varpi}^{+\varpi} \frac{f\left(e^{p\sqrt{-1}}\right)}{1 - r\,e^{-p\sqrt{-1}}} dp,$$

offre évidemment le moyen de convertir une fonction donnée de $r$, considérée comme variable, en une intégrale définie, dans laquelle la fonction sous le signe se réduise à une fraction dont le numérateur soit indépendant de $r$, et le dénominateur une fonction linéaire de cette variable.

Si, dans l'équation (122), on pose successivement

$$\varphi(u) = \frac{f(u)}{r - \frac{1}{2}\left(u + \frac{1}{u}\right)}, \qquad \varphi(u) = \frac{f(u)}{r + \frac{1}{2}\left(u + \frac{1}{u}\right)};$$

$r$ désignant une constante positive, et $f(u)$ une fonction qui conserve une valeur finie, pour toutes les valeurs de $u$, réelles ou imaginaires, dont le module est inférieur à l'unité ; on trouvera

$$(131) \quad \int_0^{\varpi} \frac{f\left(e^{p\sqrt{-1}}\right) + f\left(e^{-p\sqrt{-1}}\right)}{2} \frac{dp}{r - \cos p}$$
$$= \frac{f\left[r - (1-r^2)^{\frac{1}{2}}\sqrt{-1}\right] - f\left[r + (1-r^2)^{\frac{1}{2}}\sqrt{-1}\right]}{2(1-r^2)^{\frac{1}{2}}\sqrt{-1}} \varpi;$$

$$(132) \quad \int_0^{\varpi} \frac{f\left(e^{p\sqrt{-1}}\right) + f\left(e^{-p\sqrt{-1}}\right)}{2} \frac{dp}{r + \cos p}$$
$$= \frac{f\left[-r + (1-r^2)^{\frac{1}{2}}\sqrt{-1}\right] - f\left[-r - (1-r^2)^{\frac{1}{2}}\sqrt{-1}\right]}{2(1-r^2)^{\frac{1}{2}}\sqrt{-1}} \varpi;$$

et pour $r > 1$,

$$(133) \quad \int_0^{\varpi} \frac{f\left(e^{p\sqrt{-1}}\right) + f\left(e^{-p\sqrt{-1}}\right)}{2} \frac{dp}{r - \cos p} = \frac{f\left[r - (r^2-1)^{\frac{1}{2}}\right]}{(r^2-1)^{\frac{1}{2}}} \varpi,$$

$$(134) \quad \int_0^{\varpi} \frac{f\left(e^{p\sqrt{-1}}\right) + f\left(e^{-p\sqrt{-1}}\right)}{2} \frac{dp}{r + \cos p} = \frac{f\left[-r + (r^2-1)^{\frac{1}{2}}\right]}{(r^2-1)^{\frac{1}{2}}} \varpi.$$

Si, dans l'équation (122), on remplace la fonction

$$\varphi(u) = \varphi\left(\frac{1 + x\sqrt{-1}}{1 - x\sqrt{-1}}\right) = \varphi\left(e^{p\sqrt{-1}}\right)$$

par l'un des produits

$$\left(-x\sqrt{-1}\right)^a \varphi(u), \quad \left(1 - x\sqrt{-1}\right)^a \varphi(u), \quad \left(1 + \frac{1}{x}\sqrt{-1}\right)\varphi(u),$$

$$l\left(-x\sqrt{-1}\right)\varphi(u), \quad l\left(1 - x\sqrt{-1}\right)\varphi(u), \quad l\left(1 + \frac{1}{x}\sqrt{-1}\right)\varphi(u),$$

$$\frac{\varphi(u)}{l\left(1 - x\sqrt{-1}\right)}, \quad \frac{\left(-x\sqrt{-1}\right)^a}{l\left(1 - x\sqrt{-1}\right)}\varphi(u);$$

on trouvera successivement

$$(135) \qquad \int_{-\varpi}^{+\varpi} \left( - \sqrt{-1}\, \mathrm{Tang}\, \frac{p}{2} \right)^a \varphi\left( e^{p\sqrt{-1}} \right) dp$$

$$= 2\varpi \left\{ \varphi(0) + \frac{H + K\sqrt{-1}}{h + k\sqrt{-1}} \left( \frac{1 - h - k\sqrt{-1}}{1 + h + k\sqrt{-1}} \right)^a + \dots \right\},$$

$$(136) \qquad \int_{-\varpi}^{+\varpi} \frac{\mathrm{Cos}\,\dfrac{ap}{2} - \sqrt{-1}\,\mathrm{Sin}\,\dfrac{ap}{2}}{\left( \mathrm{Cos}\,\dfrac{p}{2} \right)^a} \varphi\left( e^{p\sqrt{-1}} \right) dp$$

$$= 2^{a+1}\varpi \left\{ \varphi(0) + \frac{H + K\sqrt{-1}}{h + k\sqrt{-1}} \left( 1 + h + k\sqrt{-1} \right)^{-a} + \dots \right\},$$

$$(137) \qquad \int_{-\pi}^{+\pi} \left( 1 - \sqrt{-1}\, \mathrm{Cot}\, \frac{p}{2} \right)^a \varphi\left( e^{p\sqrt{-1}} \right) dp$$

$$= 2^{a+1}\varpi \left\{ \varphi(0) + \frac{H + K\sqrt{-1}}{h + k\sqrt{-1}} \left( 1 - h - k\sqrt{-1} \right)^{-a} + \dots \right\};$$

$$(138) \qquad \int_{-\varpi}^{+\varpi} l\left( - \sqrt{-1}\, \mathrm{Tang}\, \frac{p}{2} \right) \varphi\left( e^{p\sqrt{-1}} \right) dp$$

$$= 2\varpi \left\{ \frac{H + K\sqrt{-1}}{h + k\sqrt{-1}}\, l\left( \frac{1 - h - k\sqrt{-1}}{1 + h + k\sqrt{-1}} \right) + \dots \right\},$$

$$(139) \qquad \int_{-\pi}^{+\pi} \left[ l\, \mathrm{Cos}\, \frac{p}{2} + \frac{1}{2} p \sqrt{-1} \right] \varphi\left( e^{p\sqrt{-1}} \right) dp$$

$$= 2\varpi \left\{ \varphi(0)\, l\left( \frac{1}{2} \right) + \frac{H + K\sqrt{-1}}{h + k\sqrt{-1}}\, l\left( \frac{1 + h + k\sqrt{-1}}{2} \right) + \dots \right\},$$

$$(140) \qquad \int_{-\varpi}^{+\varpi} l\left( 1 + \sqrt{-1}\, \mathrm{Cot}\, \frac{p}{2} \right) \varphi\left( e^{p\sqrt{-1}} \right) dp$$

$$= - 2\varpi \left\{ \varphi(0)\, l\left( \frac{1}{2} \right) + \frac{H + K\sqrt{-1}}{h + k\sqrt{-1}}\, l\left( \frac{1 - h - k\sqrt{-1}}{2} \right) + \dots \right\},$$

$$(141) \qquad \int_{-\varpi}^{+\varpi} \frac{l\,\mathrm{Cos}\,\dfrac{p}{2} - \dfrac{p}{2}\sqrt{-1}}{\left( l\,\mathrm{Cos}\,\dfrac{p}{2} \right)^2 + \left( \dfrac{p}{2} \right)^2} \varphi\left( e^{p\sqrt{-1}} \right) dp$$

$$= - 2\varpi \left\{ \frac{\varphi(0)}{l(2)} - \varphi(1) + \frac{H + K\sqrt{-1}}{h + k\sqrt{-1}} \frac{1}{l(2) - l\left( 1 + h + k\sqrt{-1} \right)} + \dots \right\};$$

$$(142)\qquad \int_{-\varpi}^{+\varpi}\left(-\sqrt{-1}\,\mathrm{Tang}\,\frac{p}{2}\right)^a \frac{l\,\mathrm{Cos}\,\frac{p}{2}-\frac{p}{2}\sqrt{-1}}{\left(l\,\mathrm{Cos}\,\frac{p}{2}\right)^2+\left(\frac{p}{2}\right)^2}\,\varphi\!\left(e^{p\sqrt{-1}}\right)dp$$

$$=-2\varpi\left\{\frac{\varphi(0)}{l(2)}+\frac{H+K\sqrt{-1}}{h+h\sqrt{-1}}\right.$$

$$\left.\times\left(\frac{1-h-k\sqrt{-1}}{1+h+k\sqrt{-1}}\right)^a\frac{1}{l(2)-l\left(1+h+k\sqrt{-1}\right)}+\cdots\right\};$$

et ainsi du reste.

Par suite, si l'on prend pour $\varphi(u)$ une fonction réelle de $u$ qui vérifie la condition

$$(143)\qquad\qquad \varphi(u)=\varphi\left(\frac{1}{u}\right),$$

on trouvera

$$(144)\qquad \int_0^\pi \frac{\varphi\left(e^{p\sqrt{-1}}\right)+\varphi\left(e^{-p\sqrt{-1}}\right)}{2}\left(\mathrm{Tang}\,\frac{p}{2}\right)^a dp$$

$$=\frac{\pi}{\mathrm{Cos}\,\frac{a\pi}{2}}\left\{\varphi(0)+\frac{H+K\sqrt{-1}}{h+k\sqrt{-1}}\left(\frac{1-h-k\sqrt{-1}}{1+h+k\sqrt{-1}}\right)^a+\cdots\right\};$$

$$(145)\qquad \int_0^\pi \frac{\varphi\left(e^{p\sqrt{-1}}\right)+\varphi\left(e^{-p\sqrt{-1}}\right)}{2}\frac{\mathrm{Cos}\,\frac{ap}{2}}{\left(\mathrm{Cos}\,\frac{p}{2}\right)^a}dp$$

$$=2^a\varpi\left\{\varphi(0)+\frac{H+K\sqrt{-1}}{h+k\sqrt{-1}}\left(1+h+k\sqrt{-1}\right)^{-a}+\cdots\right\};$$

$$(146)\qquad \int_0^\pi \frac{\varphi\left(e^{p\sqrt{-1}}\right)+\varphi\left(e^{-p\sqrt{-1}}\right)}{2}\frac{\mathrm{Cos}\,\frac{a}{2}(\varpi-p)}{\left(\mathrm{Sin}\,\frac{p}{2}\right)^a}dp$$

$$=2^a\varpi\left\{\varphi(0)+\frac{H+K\sqrt{-1}}{h+k\sqrt{-1}}\left(1-h-k\sqrt{-1}\right)^{-a}+\cdots\right\};$$

$$(147)\qquad \int_0^\varpi \frac{\varphi\left(e^{p\sqrt{-1}}\right)+\varphi\left(e^{-p\sqrt{-1}}\right)}{2}\,l\,\mathrm{Tang}\left(\frac{p}{2}\right)dp$$

$$=\varpi\left\{\frac{H+K\sqrt{-1}}{h+k\sqrt{-1}}\,l\left(\frac{1-h-k\sqrt{-1}}{1+h+k\sqrt{-1}}\right)+\cdots\right\};$$

$$(148) \quad \int_0^\pi \frac{\varphi\left(e^{p\sqrt{-1}}\right) + \varphi\left(e^{-p\sqrt{-1}}\right)}{2} \, \mathrm{l}\,\mathrm{Cos}\,\frac{p}{2}\,\mathrm{d}p$$

$$= \varpi\left\{ \varphi(0)\,\mathrm{l}\left(\frac{1}{2}\right) + \frac{H+K\sqrt{-1}}{h+k\sqrt{-1}}\,\mathrm{l}\left(\frac{1+h+k\sqrt{-1}}{2}\right) + \dots \right\};$$

$$(149) \quad \int_0^\varpi \frac{\varphi\left(e^{p\sqrt{-1}}\right) + \varphi\left(e^{-p\sqrt{-1}}\right)}{2} \, \mathrm{l}\,\mathrm{Sin}\,\frac{p}{2}\,\mathrm{d}p$$

$$= \varpi\left\{ \varphi(0)\,\mathrm{l}\left(\frac{1}{2}\right) + \frac{H+K\sqrt{-1}}{h+k\sqrt{-1}}\,\mathrm{l}\left(\frac{1-h-k\sqrt{-1}}{2}\right) + \dots \right\};$$

$$(150) \quad \int_0^\varpi \frac{\varphi\left(e^{p\sqrt{-1}}\right) + \varphi\left(e^{-p\sqrt{-1}}\right)}{2} \, \frac{\mathrm{l}\,\mathrm{Cos}\,\dfrac{p}{2}}{\left(\dfrac{p}{2}\right)^2 + \left(\mathrm{l}\,\mathrm{Cos}\,\dfrac{p}{2}\right)^2}\,\mathrm{d}p$$

$$= \varpi\,\varphi(1) - \varpi\left\{ \frac{\varphi(0)}{\mathrm{l}(2)} + \frac{H+K\sqrt{-1}}{h+k\sqrt{-1}}\,\frac{1}{\mathrm{l}(2)-\mathrm{l}(1+h+k\sqrt{-1})} + \dots \right\};$$

et ainsi du reste.

Si, au contraire, on prend pour $\varphi(u)$ une fonction rationnelle qui vérifie la condition

$$(151) \qquad\qquad \varphi(u) = -\varphi\left(\frac{1}{u}\right),$$

on trouvera

$$(152) \quad \int_0^\varpi \frac{\varphi\left(e^{p\sqrt{-1}}\right) - \varphi\left(e^{-p\sqrt{-1}}\right)}{2\sqrt{-1}} \left(\mathrm{Tang}\,\frac{p}{2}\right)^a \mathrm{d}p$$

$$= \frac{\pi}{\mathrm{Sin}\,\dfrac{a\pi}{2}}\left\{ \varphi(0) - \frac{H+K\sqrt{-1}}{h+k\sqrt{-1}} \left(\frac{1-h-k\sqrt{-1}}{1+h+k\sqrt{-1}}\right)^a + \dots \right\};$$

$$(153) \quad \int_0^\varpi \frac{\varphi\left(e^{p\sqrt{-1}}\right) - \varphi\left(e^{-p\sqrt{-1}}\right)}{2\sqrt{-1}} \, \frac{\mathrm{Sin}\,\dfrac{ap}{2}}{\left(\mathrm{Cos}\,\dfrac{p}{2}\right)^a}\,\mathrm{d}p$$

$$= 2^a \varpi\left\{ \varphi(0) + \frac{H+K\sqrt{-1}}{h+k\sqrt{-1}}\,(1+h+k\sqrt{-1})^{-a} + \dots \right\};$$

$$(154) \quad \int_0^\varpi \frac{\varphi\left(e^{p\sqrt{-1}}\right) - \varphi\left(e^{-p\sqrt{-1}}\right)}{2\sqrt{-1}} \, \frac{\mathrm{Sin}\,\dfrac{a}{2}(\varpi-p)}{\left(\mathrm{Sin}\,\dfrac{p}{2}\right)^a}\,\mathrm{d}p$$

$$= 2^a \varpi\left\{ \varphi(0) + \frac{H+K\sqrt{-1}}{h+k\sqrt{-1}}\,(1-h-k\sqrt{-1})^{-a} + \dots \right\};$$

$$(155) \quad \int_0^{\varpi} \frac{\varphi\left(e^{p\sqrt{-1}}\right) - \varphi\left(e^{-p\sqrt{-1}}\right)}{2\sqrt{-1}} \, p \, dp$$

$$= -2\varpi \left\{ \varphi(0)\,l\left(\frac{1}{2}\right) + \frac{H + K\sqrt{-1}}{h + k\sqrt{-1}}\,l\left(\frac{1 + h + k\sqrt{-1}}{2}\right) + \dots \right\};$$

$$(156) \quad \int_0^{\varpi} \frac{\varphi\left(e^{p\sqrt{-1}}\right) - \varphi\left(e^{-p\sqrt{-1}}\right)}{2\sqrt{-1}} \; \frac{\frac{1}{2}\,p \, dp}{\left(\frac{p}{2}\right)^2 + \left(l\,\mathrm{Cos}\,\frac{p}{2}\right)^2}$$

$$= \varpi \left\{ \varphi(1) - \frac{\varphi(0)}{l(2)} - \frac{H + K\sqrt{-1}}{h + k\sqrt{-1}} \; \frac{1}{l(2) - l(1 + h + k\sqrt{-1})} - \dots \right\};$$

et ainsi du reste.

Il serait facile d'apercevoir les modifications que doivent présenter, dans les seconds membres de ces diverses équations, les termes correspondant à des racines égales de $\dfrac{1}{\varphi(u)} = 0$.

Lorsque la fonction $\varphi(u)$ est rationnelle, les valeurs de l'expression imaginaire $h + k\sqrt{-1}$, c'est-à-dire les racines de l'équation $\dfrac{1}{\varphi(u)} = 0$, sont en nombre fini; et par conséquent les valeurs intégrales que contiennent les diverses formules ci-dessus établies, se composent d'un nombre limité de termes. On ne doit pas oublier que, dans ces formules comme dans l'équation (122), on doit seulement tenir compte des racines de l'équation $\dfrac{1}{\varphi(u)} = 0$ dont le module est inférieur à l'unité, et réduire à moitié tous les termes correspondant aux racines dont le module est précisément égal à 1.

Il est encore essentiel d'observer 1° que les formules trouvées cessent d'être applicables, toutes les fois que les intégrales qu'elles renferment deviennent infinies; 2° que de ces formules on en peut déduire un grand nombre d'autres, par des différentiations ou des intégrations relatives à la quantité $a$; 3° enfin, que cette constante $a$, dans les équations qui la renferment, peut recevoir des valeurs réelles ou des valeurs imaginaires.

Si maintenant on attribue aux fonctions $f(x)$, $\varphi(x)$, ou bien aux constantes $r$, $a$, ... des valeurs particulières, on déduira immédiatement des formules ci-dessus établies les valeurs d'un grand nombre d'intégrales définies, dont plusieurs étaient déjà connues. Je me contenterai de citer ici quelques-uns des résultats les plus simples.

$$(157) \qquad \int_{-\varpi}^{+\varpi} e^{-np\sqrt{-1}+be^{p\sqrt{-1}}}\, \mathrm{d}p = 2\varpi\, \frac{b^n}{1.2.3\ldots n};$$

$$(158) \qquad \int_0^\varpi \left(\operatorname{Tang}\frac{p}{2}\right)^a \mathrm{d}p = \frac{\pi}{\operatorname{Cos}\dfrac{a\pi}{2}}$$

$$(159) \qquad \int_0^\varpi \frac{\operatorname{Cos}\dfrac{ap}{2}}{\left(\operatorname{Cos}\dfrac{p}{2}\right)^a}\, \mathrm{d}p = \int_0^\varpi \frac{\operatorname{Cos}\dfrac{a}{2}(\varpi-p)}{\left(\operatorname{Sin}\dfrac{p}{2}\right)^a}\, \mathrm{d}p = 2^a\varpi;$$

$$(160) \qquad \int_0^\varpi l\operatorname{Cos}\frac{p}{2}\, \mathrm{d}p = \int_0^\varpi l\operatorname{Sin}\frac{p}{2}\, \mathrm{d}p = \varpi\, l\left(\frac{1}{2}\right);$$

$$(161) \qquad \int_0^\varpi \frac{p\operatorname{Sin}p}{1-\operatorname{Cos}p}\, \mathrm{d}p = \int_0^\varpi \frac{1+\operatorname{Cos}p}{\operatorname{Sin}p}\, p\, \mathrm{d}p = 2\varpi\, l(2);$$

$$(162) \qquad \int_0^\varpi \frac{l\operatorname{Cos}\dfrac{p}{2}}{\left(\dfrac{p}{2}\right)^2+\left(l\operatorname{Cos}\dfrac{p}{2}\right)^2}\, \mathrm{d}p = \varpi\left[1-\frac{1}{l(2)}\right];$$

$$(163) \qquad \int_0^\varpi \frac{\dfrac{p}{2}\operatorname{Tang}\dfrac{p}{2}}{\left(\dfrac{p}{2}\right)^2+\left(l\operatorname{Cos}\dfrac{p}{2}\right)^2}\, \mathrm{d}p = \frac{\pi}{l(2)}.$$

On trouvera de même, pour $r < 1$,

$$(164) \qquad \left\{ \begin{aligned} \int_0^\varpi \frac{\operatorname{Sin}p}{r-\operatorname{Cos}p}\, p\, \mathrm{d}p &= +\varpi\, l(2+2r). \\ \int_0^\varpi \frac{\operatorname{Sin}p}{r+\operatorname{Cos}p}\, p\, \mathrm{d}p &= -\varpi\, l(2-2r); \end{aligned} \right.$$

et pour $r > 1$,

$$(165) \quad \begin{cases} \displaystyle\int_0^\varpi \frac{\mathrm{Sin}\,p}{r - \mathrm{Cos}\,p}\, p\,\mathrm{d}p = + \varpi\,\mathrm{l}(2r + 2) - \varpi\,\mathrm{l}(r + \sqrt{r^2 - 1}). \\[2ex] \displaystyle\int_0^\varpi \frac{\mathrm{Sin}\,p}{r + \mathrm{Cos}\,p}\, p\,\mathrm{d}p = - \varpi\,\mathrm{l}(2r - 2) + \varpi\,\mathrm{l}(r + \sqrt{r^2 - 1}). \end{cases}$$

On trouvera encore pour $r^2 < 1$,

$$(166) \quad \begin{cases} \displaystyle\int_0^\pi \frac{1 - r\,\mathrm{Cos}\,p}{1 - 2r\,\mathrm{Cos}\,p + r^2}\left(\mathrm{Tang}\frac{p}{2}\right)^a \mathrm{d}p = \frac{\pi}{2\,\mathrm{Cos}\dfrac{a\pi}{2}}\left[1 - \left(\frac{1 - r}{1 + r}\right)^a\right], \\[3ex] \displaystyle\int_0^\varpi \frac{r\,\mathrm{Sin}\,p}{1 - 2r\,\mathrm{Cos}\,p + r^2}\left(\mathrm{Tang}\frac{p}{2}\right)^a \mathrm{d}p = \frac{\pi}{2\,\mathrm{Sin}\dfrac{a\pi}{2}}\left[1 - \left(\frac{1 - r}{1 + r}\right)^a\right]; \end{cases}$$

$$(167) \quad \begin{cases} \displaystyle\int_0^\varpi \frac{1 - r\,\mathrm{Cos}\,p}{1 - 2r\,\mathrm{Cos}\,p + r^2}\,\frac{\mathrm{Cos}\dfrac{ap}{2}}{\left(\mathrm{Cos}\dfrac{p}{2}\right)^a}\,\mathrm{d}p = 2^{a-1}\varpi\left[1 + (1 + r)^a\right]. \\[3ex] \displaystyle\int_0^\varpi \frac{r\,\mathrm{Sin}\,p}{1 - 2r\,\mathrm{Cos}\,p + r^2}\,\frac{\mathrm{Sin}\dfrac{ap}{2}}{\left(\mathrm{Cos}\dfrac{p}{2}\right)^a}\,\mathrm{d}p = 2^{a-1}\varpi\left[1 - (1 + r)^{-a}\right]; \end{cases}$$

$$(168) \quad \begin{cases} \displaystyle\int_0^\pi \frac{1 - r\,\mathrm{Cos}\,p}{1 - 2r\,\mathrm{Cos}\,p + r^2}\,\frac{\mathrm{Cos}\dfrac{a}{2}(\varpi - p)}{\left(\mathrm{Sin}\dfrac{p}{2}\right)^a}\,\mathrm{d}p = 2^{a-1}\varpi\left[1 + (1 - r)^{-a}\right], \\[3ex] \displaystyle\int_0^\varpi \frac{r\,\mathrm{Sin}\,p}{1 - 2r\,\mathrm{Cos}\,p + r^2}\,\frac{\mathrm{Sin}\dfrac{a}{2}(\varpi - p)}{\left(\mathrm{Sin}\dfrac{p}{2}\right)^a}\,\mathrm{d}p = 2^{a-1}\varpi\left[1 - (1 - r)^{-a}\right]; \end{cases}$$

$$(169) \quad \int_0^\varpi \frac{1 - r\,\mathrm{Cos}\,p}{1 - 2r\,\mathrm{Cos}\,p + r^2}\,\mathrm{l}\,\mathrm{Tang}\frac{p}{2}\,\mathrm{d}p = \frac{\pi}{2}\,\mathrm{l}\left(\frac{1 - r}{1 + r}\right);$$

$$(170) \quad \begin{cases} \displaystyle\int_0^\varpi \frac{1 - r\,\mathrm{Cos}\,p}{1 - 2r\,\mathrm{Cos}\,p + r^2}\,\mathrm{l}\,\mathrm{Cos}\frac{p}{2}\,\mathrm{d}p = \frac{\pi}{2}\,\mathrm{l}\left(\frac{1 + r}{4}\right), \\[3ex] \displaystyle\int_0^\varpi \frac{r\,\mathrm{Sin}\,p}{1 - 2r\,\mathrm{Cos}\,p + r^2}\,p\,\mathrm{d}p = \varpi\,\mathrm{l}(1 + r); \end{cases}$$

$$(171) \quad \int_0^\pi \frac{1 - r\,\mathrm{Cos}\,p}{1 - 2r\,\mathrm{Cos}\,p + r^2}\,\mathrm{l}\,\mathrm{Sin}\frac{p}{2}\,\mathrm{d}p = \frac{\pi}{2}\,\mathrm{l}\left(\frac{1 - r}{4}\right);$$

$$(172)\quad\begin{cases}\displaystyle\int_0^\varpi \frac{1-r\cos p}{1-2r\cos p+r^2}\cdot\frac{l\cos\frac{1}{2}p}{\left(\frac{p}{2}\right)^2+\left(l\cos\frac{p}{2}\right)}\,dp\\[2ex]
\qquad=\dfrac{\pi}{1-r}-\dfrac{\pi}{2}\left[\dfrac{1}{l(2)}+\dfrac{1}{l(2)-l(1+r)}\right],\\[3ex]
\displaystyle\int_0^\varpi \frac{r\sin p}{1-2r\cos p+r^2}\cdot\frac{\frac{1}{2}p}{\left(\frac{p}{2}\right)^2+\left(l\cos\frac{p}{2}\right)^2}\,dp\\[2ex]
\qquad=-\dfrac{\varpi}{2}\left[\dfrac{1}{l(2)}-\dfrac{1}{l(2)-l(1+r)}\right];\end{cases}$$

et ainsi du reste.

On trouvera, au contraire, pour $r^2 > 1$,

$$(173)\quad\begin{cases}\displaystyle\int_0^\varpi \frac{1-r\cos p}{1-2r\cos p+r^2}\left(\mathrm{Tang}\frac{p}{2}\right)^a dp=\dfrac{\pi}{2\cos\frac{a\pi}{2}}\left[1-\left(\dfrac{r-1}{r+1}\right)^a\right],\\[3ex]
\displaystyle\int_0^\varpi \frac{r\sin p}{1-2r\cos p+r^2}\left(\mathrm{Tang}\frac{p}{2}\right)^a dp=\dfrac{\pi}{2\sin\frac{a\pi}{2}}\left[1-\left(\dfrac{r-1}{r+1}\right)^a\right];\end{cases}$$

$$(174)\quad\begin{cases}\displaystyle\int_0^\varpi \frac{1-r\cos p}{1-2r\cos p+r^2}\cdot\frac{\cos^a\frac{1}{2}(\varpi-p)}{\left(\sin\frac{p}{2}\right)^a}\,dp=2^{a-1}\varpi\left[1-\left(\dfrac{r+1}{r}\right)^{-a}\right],\\[3ex]
\displaystyle\int_0^\varpi \frac{r\sin p}{1-2r\cos p+r^2}\cdot\frac{\sin^a\frac{1}{2}(\varpi-p)}{\left(\sin\frac{p}{2}\right)^a}\,dp=2^{a-1}\varpi\left[1-\left(\dfrac{r+1}{r}\right)^{-a}\right];\end{cases}$$

$$(175)\quad\begin{cases}\displaystyle\int_0^\varpi \frac{1-r\cos p}{1-2r\cos p+r^2}\cdot\frac{\cos^a\frac{1}{2}(\varpi-p)}{\left(\sin\frac{p}{2}\right)^a}\,dp=2^{a-1}\varpi\left[1-\left(\dfrac{r-1}{r}\right)^{-a}\right],\\[3ex]
\displaystyle\int_0^\varpi \frac{r\sin p}{1-2r\cos p+r^2}\cdot\frac{\sin^a\frac{1}{2}(\varpi-p)}{\left(\sin\frac{p}{2}\right)^a}\,dp=2^{a-1}\varpi\left[1-\left(\dfrac{r-1}{r}\right)^{-a}\right];\end{cases}$$

$$(176)\quad\int_0^\varpi \frac{1-r\cos p}{1-2r\cos p+r^2}\,l\,\mathrm{Tang}\frac{p}{2}\,dp=\frac{\pi}{2}\,l\left(\frac{r+1}{r-1}\right);$$

$$(177)\quad\begin{cases}\displaystyle\int_0^\varpi \frac{1-r\,\mathrm{Cos}\,p}{1-2r\,\mathrm{Cos}\,p+r^2}\,\mathrm{l}\,\mathrm{Cos}\frac{p}{2}\,\mathrm{d}p=-\frac{\pi}{2}\,\mathrm{l}\left(\frac{r+1}{r}\right),\\[2ex]\displaystyle\int_0^\varpi \frac{r^2\,\mathrm{Sin}\,p}{1-2r\,\mathrm{Cos}\,p+r^2}p\,\mathrm{d}p=\varpi\,\mathrm{l}\left(\frac{r+1}{r}\right).\end{cases}$$

$$(178)\quad \int_0^\varpi \frac{1-\mathrm{Cos}\,p}{1-2r\,\mathrm{Cos}\,p+r^2}\,\mathrm{l}\,\mathrm{Sin}\frac{p}{2}\,\mathrm{d}p=\frac{\pi}{2}\,\mathrm{l}\left(\frac{r}{r-1}\right);$$

$$(179)\quad\begin{cases}\displaystyle\int_0^\varpi \frac{1-r\,\mathrm{Cos}\,p}{1-2\,\mathrm{Cos}\,p+r^2}\,\frac{\mathrm{l}\,\mathrm{Cos}\,p}{\left(\frac{p}{2}\right)^2+\left(\mathrm{l}\,\mathrm{Cos}\frac{p}{2}\right)^2}\,\mathrm{d}p\\[3ex]\qquad=\dfrac{\pi}{1-r}-\dfrac{\pi}{2}\left[\dfrac{1}{\mathrm{l}(2)}-\dfrac{1}{\mathrm{l}(2)-\mathrm{l}\left(1+\frac{1}{r}\right)}\right],\\[4ex]\displaystyle\int_0^\varpi \frac{r\,\mathrm{Sin}\,p}{1-2r\,\mathrm{Cos}\,p+r^2}\,\frac{\frac{1}{2}p}{\left(\frac{p}{2}\right)^2+\left(\mathrm{l}\,\mathrm{Cos}\frac{p}{2}\right)^2}\,\mathrm{d}p\\[3ex]\qquad=-\dfrac{\pi}{2}\left[\dfrac{1}{\mathrm{l}\left(\frac{1+r}{2r}\right)}+\dfrac{1}{\mathrm{l}(2)}\right];\end{cases}$$

et ainsi du reste.

Si l'on développe, suivant les puissances ascendantes de $r$, les deux membres de chacune des équations (166), (167), ..., (172), on obtiendra de nouvelles formules, que l'on pourrait déduire directement de l'équation (122), étendue où au cas l'équation $\frac{1}{\varphi(u)}=0$ a des racines égales. On trouvera de cette manière, $n$ désignant un nombre entier quelconque,

$$(180)\quad\begin{cases}\displaystyle\int_0^\varpi \mathrm{Cos}\,np\left(\mathrm{Tang}\frac{p}{2}\right)^u\mathrm{d}p\\[2ex]\qquad=(-1)^n\dfrac{\varpi}{2\,\mathrm{Cos}\dfrac{u\varpi}{2}}\dfrac{u(u-1)\ldots(u-n+1)}{1.2.3\ldots n}\\[3ex]\qquad\times\left[1+\dfrac{n}{1}\dfrac{u}{u-n+1}+\dfrac{n}{1}\dfrac{n-1}{2}\dfrac{u(u+1)}{(u-n+1)(u-n+2)}+\ldots\right],\\[4ex]\displaystyle\int_0^\varpi \mathrm{Sin}\,np\left(\mathrm{Tang}\frac{p}{2}\right)^u\mathrm{d}p\\[2ex]\qquad=(-1)^{n+1}\dfrac{\varpi}{2\,\mathrm{Sin}\dfrac{u\varpi}{2}}\dfrac{u(u-1)\ldots(u-n+1)}{1.2.3\ldots n}\\[3ex]\qquad\times\left[1+\dfrac{n}{1}\dfrac{u}{u-n+1}+\dfrac{n}{1}\dfrac{n-1}{2}\dfrac{u(u+1)}{(u-n+1)(u-n+2)}+\ldots\right];\end{cases}$$

$$(181)\quad\begin{cases}\displaystyle\int_0^{\varpi}\cos np\,\cos\frac{ap}{2}\left(\cos\frac{p}{2}\right)^{-a}dp\\[2mm]
\qquad=(-1)^a\,2^{a-1}\,\varpi\,\dfrac{a(a+1)\ldots(a+n-1)}{1.2.3\ldots n}.\\[4mm]
\displaystyle\int_0^{\varpi}\sin np\,\sin\frac{ap}{2}\left(\cos\frac{p}{2}\right)^{-a}dp\\[2mm]
\qquad=(-1)^{a-1}\,2^{a-1}\,\varpi\,\dfrac{a(a+1)\ldots(a+n-1)}{1.2.3\ldots n},\end{cases}$$

La formule (157) et les formules (181), quand on y remplace $a$ par $-a$, peuvent s'écrire comme il suit :

$$(182)\qquad\int_{-\varpi}^{+\varpi} e^{-np\sqrt{-1}}\cdot b\,e^{p\sqrt{-1}}\,dp=\frac{2\varpi}{\Gamma(n+1)}\,b^n;$$

$$(183)\quad\begin{cases}\displaystyle\int_0^{\varpi}\cos np\,\cos\frac{ap}{2}\left(\cos\frac{p}{2}\right)^{a}dp=\dfrac{\varpi}{2^{a+1}}\,\dfrac{\Gamma(a+1)}{\Gamma(n+1)\,\Gamma(a-n+1)},\\[4mm]
\displaystyle\int_0^{\varpi}\sin np\,\sin\frac{ap}{2}\left(\cos\frac{p}{2}\right)^{a}dp=\dfrac{\varpi}{2^{a+1}}\,\dfrac{\Gamma(a+1)}{\Gamma(n+1)\,\Gamma(a-n+1)}.\end{cases}$$

Si, dans les équations (111) et (112), on pose $r=0$, ou $r=1, s=1$ et $x=\operatorname{Tang}\frac{1}{2}p$; on en tirera successivement

$$(184)\quad\begin{cases}\displaystyle\int_0^{\varpi}\left(\operatorname{Tang}\frac{p}{2}\right)^{-a}\cos\left(b\operatorname{Tang}\frac{p}{2}\right)\frac{dp}{\cos^2\frac{p}{2}}=\dfrac{\varpi}{\Gamma(a)\cos\frac{a\pi}{2}}\,b^{a-1},\\[5mm]
\displaystyle\int_0^{\varpi}\left(\operatorname{Tang}\frac{p}{2}\right)^{a}\sin\left(b\operatorname{Tang}\frac{p}{2}\right)\frac{dp}{\cos^2\frac{p}{2}}=\dfrac{\varpi}{\Gamma(a)\sin\frac{a\varpi}{2}}\,b^{a-1};\end{cases}$$

$$(185)\quad\begin{cases}\displaystyle\int_0^{\varpi}\cos\frac{ap}{2}\left(\cos\frac{p}{2}\right)^{a-2}\cos\left(b\operatorname{Tang}\frac{p}{2}\right)dp=\dfrac{\pi}{\Gamma(a)}\,b^{a-1}e^{a-1},\\[5mm]
\displaystyle\int_0^{\varpi}\sin\frac{ap}{2}\left(\cos\frac{p}{2}\right)^{a-2}\sin\left(b\operatorname{Tang}\frac{p}{2}\right)dp=\dfrac{\pi}{\Gamma(a)}\,b^{a-1}e^{-b};\end{cases}$$

$$(186)\quad\begin{cases}\displaystyle\int_0^{\varpi}\left(\sin\frac{p}{2}\right)^{-a}\left(\cos\frac{p}{2}\right)^{a+b-2}\cos\frac{bp}{2}\,dp=\dfrac{\varpi}{\cos\frac{a\varpi}{2}}\,\dfrac{\Gamma(a+b-1)}{\Gamma(a)\Gamma(b)},\\[5mm]
\displaystyle\int_0^{\pi}\left(\sin\frac{p}{2}\right)^{-a}\left(\sin\frac{p}{2}\right)^{a+b-2}\sin\frac{bp}{2}\,dp=\dfrac{\pi}{\sin\frac{a\pi}{2}}\,\dfrac{\Gamma(a+b-1)}{\Gamma(a)\Gamma(b)};\end{cases}$$

$$(187)\quad\begin{cases}\displaystyle\int_0^\varpi \left(\cos\frac{p}{2}\right)^{a+b-2}\cos\frac{ap}{2}\cos\frac{bp}{2}\,dp = \frac{\pi}{2^{a+b-1}}\frac{\Gamma(a+b-1)}{\Gamma(a)\,\Gamma(b)},\\[3mm]
\displaystyle\int_0^\varpi \left(\cos\frac{p}{2}\right)^{a+b-2}\sin\frac{ap}{2}\sin\frac{bp}{2}\,dp = \frac{\pi}{2^{a+b-1}}\frac{\Gamma(a+b-1)}{\Gamma(a)\,\Gamma(b)};\end{cases}$$

$$(188)\quad\begin{cases}\displaystyle\int_0^\varpi \left(\cos\frac{p}{2}\right)^{a+b-2}\cos\left(\frac{b-a}{2}\right)p\,dp = \frac{\pi}{2^{a+b-1}}\frac{\Gamma(a+b-1)}{\Gamma(a)\,\Gamma(b)},\\[3mm]
\displaystyle\int_0^\varpi \left(\cos\frac{p}{2}\right)^{a+b-2}\cos\left(\frac{a+b}{2}\right)p\,dp = 0.\end{cases}$$

Les deux dernières formules peuvent être remplacées par la suivante

$$(189)\quad\int_0^{\frac{\pi}{2}}(\cos p)^a\cos bp\,dp = \frac{\pi}{2^{a+1}}\frac{\Gamma(a+1)}{\Gamma\left(\dfrac{a+b}{2}+1\right)\Gamma\left(\dfrac{a-b}{2}+1\right)},$$

que l'on déduit également des équations (183), dans le cas particulier où la demi-somme $\dfrac{a+b}{2}$ équivaut à un nombre entier.

La formule (189), dans laquelle les constantes $a$ et $b$ peuvent recevoir des valeurs réelles ou des valeurs imaginaires, cesse d'exister, toutes les fois que l'intégrale contenue dans le premier membre devient infinie; par exemple, quand la constante $a$, ayant une valeur réelle, devient inférieure à — 1.

Si, dans la même formule, on remplace $b$ par $b\sqrt{-1}$, on trouvera

$$(190)\quad\int_0^{\frac{\pi}{2}}(\cos p)^a\frac{e^{bp}+e^{-bp}}{2}\,dp$$
$$=\frac{\varpi}{2^{a+1}}\frac{\Gamma(a+1)}{\left[\displaystyle\int_0^\infty x^{\frac{a}{2}}\cos\frac{blx}{2}\,e^{-x}\,dx\right]^2+\left[\displaystyle\int_0^\infty x^{\frac{a}{2}}\sec\frac{blx}{2}\,e^{-x}\,dx\right]^2}.$$

# RAPPORT

## SUR UN MÉMOIRE DE M. PONCELET

### RELATIF

### AUX PROPRIÉTÉS DES CENTRES DE MOYENNES HARMONIQUES.

*Annales de Mathématiques*, t. XVI, p. 349-360 ; 1825

Le secrétaire perpétuel de l'Académie, pour les sciences mathématiques, certifie que ce qui suit est extrait du procès-verbal de la séance du lundi 23 janvier 1826.

L'Académie nous a chargé, MM. Legendre, Ampère et moi, de lui rendre compte d'un Mémoire de **M. Poncelet**, sur les centres de moyennes harmoniques. Pour donner une idée succincte de l'objet de ce Mémoire, il est d'abord nécessaire de rappeler en quoi consiste la division harmonique d'une droite AB, par rapport à un point pris sur cette droite ou sur son prolongement. Si l'on désigne par la lettre C le point milieu de la droite dont il s'agit, la distance d'un point quelconque P de la même droite au point C sera évidemment la moyenne arithmétique entre les distances PA et PB; en sorte qu'on aura

$$PC = \frac{1}{2}(PA + PB).$$

Or, si dans l'équation précédente on remplace les distances PA, PB, PC par les rapports $\frac{1}{PB}$, $\frac{1}{PA}$, $\frac{1}{PC}$, la formule qu'on obtiendra, savoir :

$$\frac{1}{PC} = \frac{1}{2}\left(\frac{1}{PA} + \frac{1}{PB}\right),$$

ne pourra être vérifiée qu'autant que le point C coïncidera, non plus avec le milieu de la droite AB, mais avec un autre point situé sur cette droite, et qui se déplacera en même temps que le point P. Le point G, déterminé comme on vient de le dire, est *le centre des moyennes harmoniques* des points A et B, relativement au point P, pris pour origine (¹). Si plusieurs points consécutifs A, B, C, D, E, ...., sont tels que l'un quelconque d'entre eux coïncide avec le centre des moyennes harmoniques des deux points les plus voisins, ces différents points formeront une échelle harmonique ; et il est facile de prouver que, pour obtenir une semblable échelle, il suffit de mettre en perspective une échelle de parties égales. Plusieurs des conséquences qui résultent de la division harmonique d'une droite avaient déjà été développées par divers géomètres, entre lesquels on doit distinguer Maclaurin. M. Poncelet ajoute de nouvelles propositions à celles qui étaient connues. Les plus remarquables sont celles auxquelles il est conduit en généralisant la définition du centre des moyennes harmoniques. On peut en simplifier la démonstration et les rendre plus faciles à saisir, en substituant aux définitions qu'il présente, celles que nous allons indiquer.

Si l'on suppose que chaque élément d'une droite matérielle homogène, et prolongée de part et d'autre à l'infini, attire un point situé hors de cette droite, suivant une certaine fonction de la distance, ce point sera sollicité au mouvement par une force perpendiculaire à la droite, et proportionnelle à une autre fonction de sa distance à cette droite. Si l'attraction entre deux points est réciproquement proportionnelle au carré de leur distance, la force dont il s'agit sera réciproquement proportionnelle à la simple distance du point donné à la droite vers laquelle il est attiré (²). Cela posé, soient DE la droite que

---

(¹) Il est aisé de voir que les points P et C coupent harmoniquement la droite AB, dans le sens qui a été expliqué à la page 274 du présent volume des *Annales de Mathématiques*.

(J. D. G.)

(²) Soit prise, en effet, la droite dont il s'agit pour axe des $x$, et supposons le point attiré situé sur l'axe des $y$, à une distance $b$ de l'origine ; l'attraction exercée sur ce point par un élément d$x$ de cette droite sera $\dfrac{A\,dx}{b^2 + x^2}$, A étant une constante relative à la fois et à la masse de l'élément et à l'intensité de l'attraction. Cette attraction, suivant l'axe

l'on considère et A, A′, A″, …, plusieurs points situés avec elle dans un seul et même plan. Si l'on suppose différentes masses $m$, $m'$, $m''$, …, concentrées sur les points A, A′. A″, … ; ce que M. Poncelet nomme *le centre de leurs moyennes harmoniques*, par rapport à la droite DE, ne sera autre chose que le centre des forces parallèles qui solliciteront les masses $m$, $m'$, $m''$, …, dans des directions perpendiculaires à la droite.

Concevons maintenant que les masses $m$, $m'$, $m''$, …, soient concentrées sur les points A. A′, A″, …, situés d'une manière quelconque dans l'espace. Ce que M. Poncelet nommé le centre des moyennes harmoniques des points A, A′, A″, …, relativement à un plan donné DEF, ne sera autre chose que le centre des forces parallèles qui solliciteront ces différents points, dans des directions perpendiculaires au plan, si l'on admet encore que chaque force soit réciproquement proportionnelle à la distance au plan, ce qui revient à supposer l'attraction entre deux points réciproquement proportionnelle au cube de l'intervalle qui les sépare (¹). En partant des définitions qui pré-

des $y$, sera donc $\dfrac{A\,dx}{b^2 + x^2} \times \dfrac{b}{\sqrt{b^2 + x^2}} = \dfrac{A\,b\,dx}{(b^2 + x^2)^{\frac{3}{2}}}$; différentielle dont l'intégrale est

$$\frac{A}{b}\; \frac{x}{\sqrt{b^2 + x^2}}.$$

Si l'on suppose la droite d'une longueur $2a$, et ayant son milieu à l'origine, on obtiendra l'action totale exercée par cette droite, laquelle s'exercera uniquement dans le sens des $y$, en faisant $x = a$ et doublant le résultat; ce qui donnera $\dfrac{2A}{b}\; \dfrac{a}{\sqrt{a^2 + b^2}}$; fonction qui se réduit simplement à $\dfrac{2A}{b}$, lorsqu'on suppose $a = \infty$. L'attraction est donc alors inversement proportionnelle à la distance $b$ du point attiré à la droite attirante. (J. D. G.)

(¹) Tout étant d'ailleurs supposé comme dans la précédente Note, supposons que l'attraction soit inversement proportionnelle au cube de la distance: l'attraction exercée par l'élément $dx$ aura alors pour expression $\dfrac{A\,dx}{(b^2 + x^2)^{\frac{3}{2}}}$. Cette attraction, estimée suivant l'axe des $y$, sera donc $\dfrac{A\,dx}{(b^2 + x^2)^{\frac{3}{2}}} \times \dfrac{b}{\sqrt{b^2 + x^2}} = \dfrac{A\,b\,dx}{(b^2 + x^2)^2}$; différentielle dont l'intégrale est

$$\frac{A}{2b^2}\left\{ \frac{bx}{b^2 + x^2} + \mathrm{Arc}\left(\mathrm{Tang} = \frac{x}{b}\right)\right\}.$$

Si l'on suppose la droite d'une longueur $2a$, et ayant son milieu à l'origine, on obtiendra

cèdent, on établit sans peine les diverses propriétés des centres des moyennes harmoniques.

Ainsi, par exemple, concevons que, les points A, A′, A″, …, étant situés dans un même plan avec la droite DE, on joigne un quelconque D des points de cette droite avec les points A, A′, A″, …, et qu'une parallèle *de* à DE coupe les droites DA, DA′, DA″, …, aux points $a$, $a′$, $a″$, …. Si, après avoir pris la droite DE pour axe des $x$, on désigne par $h$ la distance entre les droites DE et *de*, puis par $y$, $y′$, $y″$, …, les ordonnées des points A, A′, A″, …, et si l'on applique à ces points des forces parallèles

$$P = \frac{m}{y}, \qquad P' = \frac{m'}{y'}, \qquad P'' = \frac{m''}{y''}, \qquad \cdots;$$

la force $P = \dfrac{m}{y}$ pourra être remplacée par deux composantes parallèles, l'une égale à $\dfrac{m}{h}$, appliquée au point $a$, et l'autre appliquée au point D.

l'action totale exercée par cette droite, laquelle s'exercera uniquement dans le sens des $y$ en faisant $x = a$, et doublant le résultat, ce qui donnera

$$\frac{A}{b^2}\left\{ \frac{ab}{a^2 + b^2} + \mathrm{Arc}\left(\mathrm{Tang} = \frac{a}{b}\right) \right\}.$$

Si ensuite on suppose $a = \infty$, le terme $\dfrac{ab}{a^2 + b^2}$ disparaîtra, tandis que le suivant se réduira à $\dfrac{1}{2}\varpi$; de sorte que l'attraction exercée par la droite sera exprimée par $\dfrac{A\varpi}{2 b^2}$; elle sera donc inversement proportionnelle au carré de $b$. Ainsi, l'attraction de tous les éléments d'une droite d'une longueur infinie sur un point situé hors de sa direction étant inversement proportionnelle au cube de leur distance à ce point, l'action totale de cette droite sur ce même point se réduit à une action perpendiculaire, inversement proportionnelle au carré de la distance de ce point à cette droite.

Cela posé, soit un plan uniformément matériel, et d'une étendue infinie, considéré comme plan des $xy$, dont tous les points exercent sur un point de l'axe des $z$ une attraction inversement proportionnelle au cube de la distance. Considérons ce plan comme composé d'éléments rectilignes, d'une longueur infinie, parallèles à l'axe des $y$. L'action totale de chaque élément se réduira, par ce qui précède, à une action dirigée suivant la droite qui joint le point attiré à l'intersection de cet élément avec l'axe des $x$, et inversement proportionnel au carré de la longueur de cette droite. On se trouvera donc dans le même cas que si, le plan attirant étant remplacé par l'axe des $x$, l'attraction était devenue inversement proportionnelle au carré de la distance; donc, par la précédente Note, l'action totale du plan sur le point attiré se réduira à une action suivant l'axe des $z$, et inversement proportionnelle à la simple distance de ce point à ce plan.          (J. D. G.)

Donc, le système des forces $P$, $P'$, $P''$, ..., pourra être remplacé par des forces $\frac{m}{h}$, $\frac{m'}{h'}$, $\frac{m'}{h''}$ ..., appliquées anx points $a$, $a_{,}$, $a''$, ..., et par la résultante des forces appliquées aux points D. Donc la droite qui joindra le point D avec le centre de gravité G des masses $m$, $m'$, $m''$, ..., concentrées sur les points $a$, $a'$, $a''$, ..., passera par le centre des forces parallèles P, P', P'', ..., ou, ce qui revient au même, par le centre des moyennes harmoniques des masses $m$, $m'$, $m''$, ..., concentrées sur les points A, A', A'', ..., Cette proposition continuera de subsister si les points A, A', A'', ..., changent de position sur les droites DA, DA', DA'', .... Or, on peut imaginer que, par suite du changement de position, ils se rangent sur une nouvelle droite KL, qui soit parallèle à DE, ou qui viennent rencontrer DE en un point donné E; et comme, dans ce dernier cas, le centre des moyennes harmoniques des points A, A', A'', ..., restera le même, par rapport à toutes les droites qui passeront par le point E, on pourra le nommer centre des moyennes harmoniques des points A, A', A'', ..., relatif au point E. Les remarques précédentes fournissent les principales propriétés du centre des moyennes harmoniques de plusieurs points situés dans un plan.

Concevons encore que, les points A, A', A'', ... étant placés à volonté dans l'espace, on trace dans un plan donné DEF, une droite quelconque DE. et qu'ayant coupé les plans DEA, DEA', DEA'', ..., par un nouveau plan $def$, parallèle à DEF, on prenne, sur les droites d'intersection, des points quelconques $a$, $a'$, $a''$. Si, aprés avoir choisi le plan DEF pour plan des $xy$, on désigne par $h$ sa distance au plan $def$, puis par $z$, $z'$, $z''$, ..., les ordonnées des points A, A', A'', ..., et si l'on applique à ces mêmes points des forces parallèles

$$P = \frac{m}{z}, \qquad P' = \frac{m'}{z'}, \qquad P' = \frac{m''}{z'}, \qquad ...,$$

la force $P = \frac{m}{z}$, appliquée au point A, pourra être remplacée par deux forces parallèles, l'une égale à $\frac{m}{h}$, appliquée au point $a$ et l'autre appli-

quée au point d'intersection de la droite A$a$ avec la droite DE. Donc
le système des forces $P$, $P'$, $P''$, ..., pourra être remplacé par des
forces $\frac{m}{h}$, $\frac{m'}{h'}$, $\frac{m''}{h''}$, ..., appliquées aux points $a$, $a'$, $a''$, ..., et par la
résultante des forces appliquées à différents points de la droite DE.

Donc le plan qui renfermera la droite DE et le centre de gravité G
des masses $m$, $m'$, $m''$, ..., concentrées sur les points $a$, $a'$, $a''$, ...,
passera par le centre des forces parallèles $P$, $P'$, $P''$, ..., ou, ce qui
revient au même, par le centre des moyennes harmoniques des masses
$m$, $m'$, $m''$, ..., concentrées sur les points A, A', A'', .... Cette proposition continuera de subsister, si les points A, A', A'', ... changent de
position dans les plans DEA, DEA', DEA'', .... Or, on peut imaginer
que, par suite du changement de position, les points dont il s'agit
soient ramenés dans un nouveau plan qui soit parallèle à DEF, ou qui
coupe DEF suivant une droite donnée KL, et il est clair que, dans le
dernier cas, le centre des moyennes harmoniques des points A, A',
A'', ..., relatif au plan DEF, sera aussi le centre des moyennes harmoniques relatif à la droite KL. Observons d'ailleurs que, si l'on suppose
les points A, A', A'',, situés sur les droites AD, A'D, A''D, ..., menées
des points A, A', A'', ... au point D, les composantes de $P$, $P'$, $P''$, ...,
précédemment appliquées à divers points de la droite DE, passeront
par le point D, et qu'en conséquence le centre des moyennes harmoniques des points A, A', A'', ... sera situé sur le prolongement de
DG, G désignant toujours le centre de gravité des points $a$, $a^i$, $a''$, ....

Les divers théorèmes que nous venons d'établir, et quelques autres
que l'on déduit facilement des premiers, ont été démontrés par
M. Poncelet, à l'aide d'une méthode très différente de celle que nous
venons de suivre. De plus, après avoir établi les propriétés du centre
des moyennes harmoniques, l'auteur en a fait quelques applications
ingénieuses, parmi lesquelles nous avons remarqué la construction
d'une échelle harmonique, à l'aide d'un procédé fort simple, qui exige
seulement l'emploi de la règle.

En partant de la définition que nous avons donnée du centre des moyennes harmoniques, il serait facile de déterminer analytiquement ce même centre. En effet, supposons les masses $m'$, $m''$, $m'''$, ..., respectivement concentrées sur des points $(x', y', z')$, $(x'', y'', z'')$, $(x''', y'''. z''')$, ..., et cherchons les coordonnées $x$, $y$, $z$, du centre des moyennes harmoniques de ces masses, par rapport au plan des $xy$.

En faisant pour abréger,

$$P' = \frac{m'}{z'}, \qquad P'' = \frac{m''}{z''}, \qquad P''' = \frac{m'''}{z'''}, \qquad \dots,$$

et désignant par $P$ la résultante des forces $P'$, $P''$, $P'''$, ..., on aura

$$(1) \qquad P = P' + P'' + P''' + \dots = \frac{m'}{z'} + \frac{m''}{z''} + \frac{m'''}{z'''} + \dots = \sum \frac{m'}{z'};$$

et, comme on aura de plus, en vertu des formules relatives au centre des forces parallèles,

$$(3) \qquad \begin{cases} Px = \sum (P'.x') = \sum \dfrac{m'x'}{z'}, \\[2mm] Py = \sum (P'.y') = \sum \dfrac{m'y'}{z'}, \\[2mm] Pz = \sum (P' z') = \sum m', \end{cases}$$

on en conclura

$$(3) \qquad \begin{cases} x = \dfrac{1}{P} \sum \dfrac{m'x'}{z'}, \\[2mm] y = \dfrac{1}{P} \sum \dfrac{m'y'}{z'}, \\[2mm] z = \dfrac{1}{P} \sum m'. \end{cases}$$

Ces diverses formules s'étendent au cas même où $m$, $m'$, $m''$, ... représenteraient les masses des divers éléments d'un corps solide divisé en une infinité de parties; alors elles se réduiraient à

$$(4) \qquad R = \iiint \frac{\rho}{z}\, dx\, dy\, dz,$$

$$(5) \qquad \begin{cases} X = \dfrac{1}{R} \iiint \dfrac{\rho.x}{z}\, dx\, dy\, dz, \\[2mm] Y = \dfrac{1}{R} \iiint \dfrac{\rho.x}{z}\, dx\, dy\, dz, \\[2mm] Z = \dfrac{1}{R} \iiint \rho\, dx\, dy\, dz, \end{cases}$$

$\rho$ désignant la densité de la molécule située en $(x, y, z)$ et $(X, Y, Z)$ étant le centre des moyennes harmoniques demandé. Si, pour fixer les idées, on cherche le centre des moyennes harmoniques d'une sphère homogène décrite avec le rayon $r$, et dont le centre soit placé sur l'axe des $z$, à la distance $h$ du plan des $xy$, on reconnaîtra que ce centre est lui-même situé sur l'axe des $z$ à une distance $Z$ de l'origine, la valeur de $Z$ étant

$$(6) \qquad Z = \frac{4}{3} \cdot \frac{r^3}{2\,hr + (r^2 - h^2)\,l\left(\dfrac{h+r}{h-r}\right)} \cdot$$

Si la valeur de $h$ est très grande, par rapport au rayon $r$, la valeur précédente de $Z$, ou

$$Z = \frac{4}{3}\,\frac{r^3}{2hr + 2(r^2 - h^2)\left(\dfrac{r}{h} + \dfrac{1}{3}\dfrac{r^3}{h^3} = \dots\right)} = h + \dots$$

deviendra sensiblement égale à $h$; et par conséquent le centre des moyennes harmoniques se confondra sensiblement avec le centre de la sphère, comme on devait s'y attendre.

Soient maintenant $v'$, $v''$, $v'''$, ..., les coordonnées des points $A'$, $A''$, $A'''$, ..., relatives à un plan quelconque, perpendiculaire ou oblique au plan des $xy$; c'est-à-dire, en d'autres termes, les distances des points $A'$, $A''$, $A'''$, ..., un nouveau plan, prises tantôt avec le signe $+$, tantôt avec le signe $-$, snivant qu'elles se comptent dans un sens ou dans un autre. Soit de même $v$ la distance du centre des moyennes harmoniques des points $A'$, $A''$, $A'''$, ..., au nouveau plan dont il s'agit. On aura, en vertu des propriétés connues du centre des forces parallèles,

$$(7) \qquad Pv = \Sigma(P'v').$$

ou, ce qui revient au même,

$$(8) \qquad v\sum \frac{m'}{z'} = \sum \frac{m'v'}{z'} \cdot$$

Cette dernière formule comprend, comme cas particulier, les formules (2), et celles que M. Poncelet a établies relativement au centre des moyennes harmoniques de plusieurs points situés en ligne droite.

Le Mémoire de M. Poncelet est précédé d'un discours préliminaire qui offre une sorte de résumé de ses recherches sur la Géométrie, et d'une Note sur les moyens d'exprimer que quatre points, appartenant respectivement à quatre droites qui convergent vers un point unique, sont compris dans un seul et même plan. Dans le discours préliminaire, l'auteur insiste de nouveau sur la nécessité d'admettre en Géométrie ce qu'il appelle le principe de *continuité*. Nous avons déjà discuté ce principe, dans un rapport fait, il y a plusieurs années, sur un autre Mémoire de M. Poncelet (¹), et nous avons reconnu que ce principe n'était, à proprement parler, qu'une forte induction qui ne pouvait être indistinctement appliquée à toutes sortes de questions de géométrie, ni même en analyse. Les raisons que nous avons données, pour fonder notre opinion, ne sont pas détruites par les considérations que l'auteur a développées dans son traité des propriétés projectives.

Quoi qu'il en soit, nous pensons que le Mémoire de M. Poncelet sur les centres de moyennes harmoniques fournit de nouvelles preuves de la sagacité de son auteur, dans la recherche des propriétés des figures, et qu'il mérite, sous ce rapport, l'approbation de l'Académie.

*Signés :* Ampère; Legendre; Cauchy, *rapporteur.*

L'Académie adopte les conclusions de ce rapport.

Certifié conforme :

*Le Secrétaire perpétuel, pour les Sciences mathématiques,*

*Signé,* le Baron Fourier.

(¹) Voyez ce rapport à la page 69 du XI<sup>e</sup> volume du présent recueil.      (J. D. G.)

# MÉMOIRES

EXTRAITS DE LA

## CORRÉSPONDANCE SUR L'ÉCOLE POLYTECHNIQUE.

# DU CERCLE TANGENT

A

# TROIS CERCLES DONNÉS.[*]

*Correspondance sur l'École Polytechnique*, Tome I, p. 193-195; 1806.

J'ai donné (n° 2, *de cette Correspondance*) une solution géométrique de ce problème : *trouver le centre et le rayon d'un cercle tangent à trois cercles donnés*. M. Cauchy m'a communiqué une solution de ce même problème, qui m'a paru remarquable par sa simplicité; la voici :

Supposez que l'on augmente ou diminue le rayon du cercle cherché d'une quantité égale au rayon du plus petit cercle donné, selon que ces deux cercles doivent se toucher intérieurement ou extérieurement, cela reviendra à diminuer ou augmenter les rayons des deux autres cercles donnés de la même quantité, suivant la nature de leurs points de contact avec le cercle cherché, et le problème se trouvera, par ce moyen, ramené à cet autre.

*Mener par un point donné un cercle tangent à deux cercles donnés.*

La solution de ce dernier problème repose sur ce théorème :

*Si deux cercles sont tangents au point* A (*fig.* 8), *et que par le point*

<hr>

(*) Ce texte est le résumé par Hachette, rédacteur de la *Correspondance* d'un court Mémoire, rédigé par Cauchy, alors élève de l'École polytechnique. (R. T.)

*de tangence on mène des sécantes CD, BE, ces sécantes seront coupées en parties proportionnelles; les triangles ABC, ADE seront semblables, et les côtés BC, DE parallèles.*

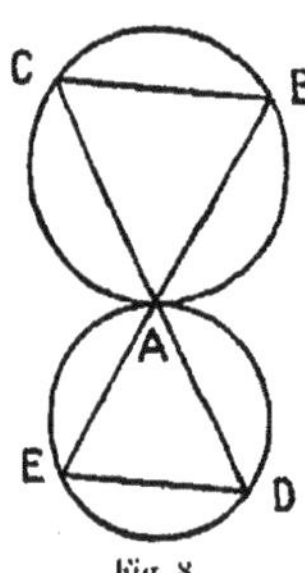

Fig. 8.

Soient *A*, *OB*, *O'C* (*fig.* 9) le point et les cercles donnés. Supposons le problème résolu, et soit *ABC* le cercle cherché, *B* et *C* ses points de

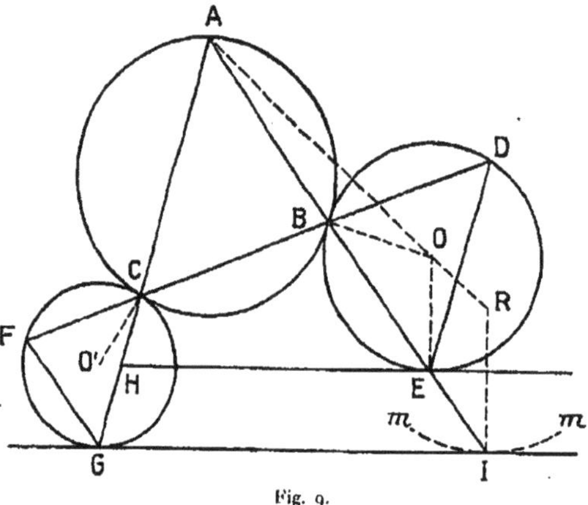

Fig. 9.

tangence avec les cercles donnés. Menez les droites *ABE*, *ACG*, *DBCF*. D'après le théorème énoncé, les trois triangles *ABC*, *BDE*, *CFG* seront semblables. Si par les points *EG*, vous menez *EH*, *GI* tangentes aux cercles $OB$, $O'C$, vous aurez

$$\text{l'angle } AEH = BDE = BCA,$$
$$\text{l'angle } AGI = CFG = CBA;$$

d'où il suit que les triangles $AGI$, $AEH$ sont semblables au triangle $ABC$, et que leurs côtés $GI$, $EH$ sont parallèles. En nommant $t$, $t'$ les tangentes menées par le point $A$ aux cercles $OB$, $O'C$, vous aurez

$$t'^2 = AC \times AG = AB \times AI,$$
$$t^2 \qquad\quad = AB \times AE,$$

d'où l'on conclut

$$\frac{t'^2}{t^2} = \frac{AI}{AE}.$$

Ainsi les conditions d'après lesquelles on doit déterminer les points $E$ et $G$ sont que les tangentes menées par ces points aux cercles donnés soient parallèles, et que $AI$ soit à $AE$ dans le rapport continu de $t'^2$ à $t^2$.

Si l'on prend, à partir du point $A$ sur la ligne $AO$, une quantité $AR$ qui soit à $AO$ dans le rapport de $t'^2$ à $t^2$, puis que l'on décrive du point $R$ comme centre, et d'un rayon $RI$ qui soit à $DE$ dans le même rapport, le cercle $Im$, ce cercle devra être tangent à $IG$. Pour obtenir $IG$, il suffira donc de mener une tangente commune aux deux cercles $IM$, $O'C$. Si l'on joint $AH$, $AE$, les intersections de ces droites avec les cercles $OB$, $O'C$ donneront leurs points de tangence $B$ et $C$ avec le cercle cherché.

H. C.

# SUR LES POLYÈDRES.

*Correspondance sur l'École Polytechnique*, Tome II, p. 253-256; 1811.

Euler a déterminé le premier, dans les Mémoires de Pétersbourg, année 1758, la relation qui existe entre le nombre des différents éléments qui constituent un polyèdre quelconque pris à volonté. Le théorème qui exprime cette relation n'est qu'un cas particulier d'un autre théorème plus général, dont voici l'énoncé :

THÉORÈME. — *Si l'on décompose un polyèdre en tant d'autres que l'on voudra, en prenant à volonté dans l'intérieur de nouveaux sommets; que l'on représente par P le nombre des nouveaux polyèdres ainsi formés, par S le nombre total des sommets, y compris ceux du premier polyèdre, par H le nombre total des faces, et par A le nombre total des arêtes, on aura*

$$S + H = A + P + 1,$$

*c'est-à-dire, que la somme faite du nombre des sommets et de celui des faces surpassera d'une unité la somme faite du nombre des arêtes et de celui des polyèdres.*

*Démonstration.* — Décomposons tous les polyèdres en pyramides triangulaires, en faisant passer par les arêtes ou diagonales des faces de chaque polyèdre et les sommets situés hors de ces faces, des plans diagonaux. Toutes les faces se trouveront décomposées en triangles. Soient $m$ le nombre des plans diagonaux, et $n$ le nombre des diago-

nales formées par les intersections des plans diagonaux, soit entre eux,
soit avec les anciennes faces, le nombre des faces tant anciennes que
nouvelles sera $H + m$; et le nombre des triangles dans lesquels chaque
face se trouve partagée étant égal au nombre des diagonales formées
sur cette face, augmenté de l'unité, le nombre total des triangles qui
forment les faces des pyramides sera égal au nombre total des diagonales augmenté du nombre total des faces, ou à

$$H + m + n.$$

Le nombre des pyramides sera égal à celui des polyèdres, plus au
nombre des plans diagonaux, ou à

$$P + m.$$

Le nombre des arêtes des pyramides sera égal à celui des anciennes
arêtes, plus au nombre total des diagonales, ou à

$$A + n.$$

Enfin, le nombre des sommets des pyramides sera toujours égal à

$$S.$$

Supposons maintenant que l'on enlève successivement du polyèdre
total les diverses pyramides triangulaires qui le composent, de manière
à n'en laisser subsister à la fin qu'une seule, en commençant par celles
qui ont des triangles sur la surface extérieur du premier polyèdre, et
n'enlevant dans la suite que celles dont une ou plusieurs faces auront
été découvertes par des suppressions antérieures. Chaque pyramide
que l'on enlèvera aura une, deux, ou trois faces découvertes. Soit $p'$ le
nombre des pyramides qui ont une face découverte au moment où on
les enlève, $p''$ le nombre des pyramides qui ont alors deux faces découvertes, et $p'''$ le nombre de celles qui ont alors trois faces découvertes,
La destruction de chaque pyramide sera suivie, dans le premier cas, de
la destruction d'une face; dans le second cas, de la destruction de
deux faces et de l'arête commune à ces deux faces; dans le troisième
cas, de la destruction d'un sommet, de trois faces, et de trois arêtes. Il

suit de là qu'au moment où l'on aura détruit toutes les pyramides, à l'exception d'une seule,

— le nombre des sommets détruits sera $p'''$,
— celui des pyramides détruites, $p'+\ p''+\ p'''$,
— celui des triangles détruits, $p'+2p''+3p'''$,
— celui des arêtes détruites, $p''+3p'''$.

Le nombre des sommets restants pourra donc être représenté par

$$S-p'' \qquad\qquad = 4,$$

celui des pyramides restantes, par

$$P+m+n-(p'+p''+p''') \qquad = 1,$$

celui des triangles restants, par

$$H+m+n-(p'+2p''+3p''') \qquad = 4,$$

celui des arêtes restantes, par

$$A+n-(p''+3p''') \qquad\qquad = 6.$$

Si l'on ajoute la première équation à la troisième, on aura

$$S+H+m+n-(p'+2p''+4p''')=8,$$

si l'on ajoute la deuxième à la quatrième, on aura

$$A+P+m+n-(p'+2p''+4p''')=7.$$

Si l'on retranche l'une de l'autre les deux équations précédentes, on aura

$$S+H-A-P=1,$$

ou

$$S+H=A+P+1.$$

*Corollaire* I. — Si l'on suppose que tous les sommets intérieurs soient détruits, il n'y aura plus qu'un seul polyèdre. Il faudra faire alors $P=1$, et l'on aura

$$S+H+A+2,$$

ce qui est le théorème d'Euler,

*Corollaire* II. — Si l'on considère une figure plane composée de plusieurs polygones renfermés dans un contour donné, il faudra faire dans la formule générale $P = 0$, et l'on aura alors

$$S + H = A + 1,$$

d'où l'on conclut que la somme faite du nombre des polygones et du nombre des sommets surpasse d'une unité le nombre des droites qui forment les côtés de ces mêmes polygones.

*Nota.* — Dans un Mémoire sur les Polyèdres, imprimé X<sup>e</sup> Cahier du *Journal de l'École Polytechnique*, M. Poinsot a démontré l'existence de quatre nouveaux polyèdres réguliers, à angles saillants et rentrants; M. Cauchy a lu à l'Institut un Mémoire dans lequel il considère ces nouveaux polyèdres comme résultants du prolongement des faces des polyèdres réguliers à angles saillants, et il démontre que leur nombre se réduit nécessairement à quatre; proposition que M. Poinsot avait présentée comme difficile à approfondir.

# DES POLYGONES ET DES POLYÈDRES. (*)

*Correspondance sur l'École Polytechnique*, Tome II, p. 361-367; 1811.

M. Cauchy, ancien élève de l'École Polytechnique, ingénieur des Ponts et Chaussées, a présenté à l'Institut, en février 1811 et janvier 1812, deux beaux Mémoires sur les polygones et les polyèdres; ils seront imprimés dans le XVI⁰ Cahier du *Journal de l'École Polytechnique* de cette année. On connaîtra l'objet de ces deux Mémoires, par les rapports suivants que la Classe de l'Institut a approuvés.

### *Rapport sur un Mémoire de M. Cauchy, concernant les polyèdres, par M. Malus.* (6 mai 1811)

La Classe nous a chargés, M. Le Gendre et moi, de lui rendre compte d'un Mémoire de M. Cauchy, renfermant différentes recherches sur les polyèdres.

Ce Mémoire est divisé en deux parties. Dans la première, M. Cauchy démontre qu'il n'existe pas d'autres polyèdres réguliers, que ceux dont le nombre des faces est 4, 6, 8, 12 ou 20.

M. Poinsot, dans un Mémoire où il a donné la description de polygones et de polyèdres d'une espèce supérieure à celle qu'on a coutume

(*) Ce texte comprend, avec une introduction de Hachette, rédacteur de la *Correspondance*, les rapports de Malus et de Legendre sur deux Mémoires présentés par Cauchy à l'Académie en février 1811. Il a été reproduit dans ce volume parce qu'il constitue la source documentaire la plus ancienne sur ces deux Mémoires de Cauchy.     (R. T.)

de considérer, avait déjà observé qu'on pouvait former tous les polygones d'espèce supérieure, en prolongeant les côtés des polygones
réguliers de première espèce. C'est en généralisant les principes
renfermés dans le Mémoire de M. Poinsot, que M. Cauchy est parvenu
à faire dériver les polyèdres réguliers d'espèce supérieure de ceux de
première espèce, ce qui l'a conduit d'une manière simple et analytique
à la solution de la question qu'il s'était proposée.

Il commence par prouver que, dans un ordre quelconque, on ne
peut construire des polyèdres réguliers d'une espèce supérieure,
qu'autant qu'ils résultent du prolongement des arêtes ou des faces des
polyèdres réguliers du même ordre et de première espèce qui leur
servent de noyau, et que, dans chaque ordre, les faces des polyèdres
d'espèce supérieure doivent avoir le même nombre de côtés que celles
des polyèdres de première espèce.

Il suit de là que, comme il n'y a que cinq ordres de polyèdres
réguliers de première espèce, on ne doit chercher que dans ces cinq
ordres, des polyèdres réguliers d'espèce supérieure; en sorte que tous
les polyèdres réguliers, de quelque espèce qu'ils soient, doivent être
des tétraèdres, des hexaèdres, des octaèdres, des dodécaèdres ou des
icosaèdres.

Après avoir donné la solution principale, M. Cauchy examine
combien chaque ordre renferme d'espèces différentes, et il conclut de
ses recherches qu'on ne peut former de polyèdres réguliers d'espèce
supérieure que les quatre décrits par M. Poinsot.

Dans la seconde partie de son Mémoire, M. Cauchy généralise un
théorème d'Euler, relatif à l'équation qui existe entre les différents
éléments qui composent la surface d'un polyèdre.

Euler avait démontré que le nombre des sommets ajouté à celui des
faces surpassait de deux unités le nombre des arêtes.

M. Cauchy a étendu ce théorème de la manière suivante :

*Si l'on décompose un polyèdre en tant d'autres que l'on voudra, en
prenant à volonté dans l'intérieur de nouveaux sommets, la somme faite*

*du nombre des sommets et de celui des faces surpassera d'une unité la somme faite du nombre des arêtes et de celui des polyèdres.*

Le théorème d'Euler n'est qu'un cas particulier de celui-ci, dans lequel on suppose qu'on ne considère qu'un seul polyèdre.

M. Cauchy, en décomposant le polyèdre, déduit de son théorème général un second théorème relatif à la géométrie plane. Si l'on prend une des faces du polyèdre pour base, et si l'on transporte sur cette face tous les autres sommets sans changer leur nombre, on obtient une figure plane composée de plusieurs polygones renfermés dans un contour donné. Dons ce cas, la somme faite du nombre des polygones et de celui des sommets surpasse d'une unité le nombre des droites qui forment les côtés de ces polygones. M. Cauchy parvient directement à ce résultat, en égalant à zéro, dans son théorème général, la quantité qui représente le nombre des polyèdres. Ce second théorème est, dans la géométrie plane, l'équivalent du premier dans la géométrie des polyèdres.

Les démonstrations sur lesquelles M. Cauchy appuie ses théorèmes sont rigoureuses et exposées d'une manière élégante. Vos commissaires pensent que ces considérations sur les polygones et les polyèdres sont assez curieuses et assez neuves pour intéresser les géomètres, et que le Mémoire de M. Cauchy mérite d'être approuvé par la Classe et imprimé dans le Recueil des Savants étrangers.

*Rapport fait par M. Legendre; 17 février 1812*

Il y a environ un an que M. Cauchy présenta à la Classe un Mémoire portant le même titre que celui-ci, dont l'objet était de généraliser un théorème d'Euler et de compléter la théorie d'une nouvelle espèce de polyèdres réguliers, découverte par M. Poinsot. Ce Mémoire obtint l'approbation de la Classe sur le rapport de M. Malus. On le regarda comme le fruit d'un talent déjà exercé, et qui devait par la suite obtenir de plus grands succès. J'engageai alors l'auteur à continuer ses recherches sur les polyèdres, dans la vue de démontrer un théorème intéressant que supposent les définitions 9 et 10 du 11ᵉ livre d'Euclide, et qui n'est pas encore démontré.

Ce théorème dont j'ai parlé fort au long dans les Notes de ma géométrie, et auquel j'ai ajouté la restriction nécessaire, pour qu'il ne fût pas sujet à l'objection faite par Robert Simson dans son édition des Éléments d'Euclide, peut s'énoncer de la manière suivante :

*Deux polyèdres* convexes *sont égaux lorsqu'ils sont compris sous un même nombre de polygones égaux chacun à chacun, et disposés entre eux de la même manière.*

Le sens de ce théorème est qu'un polyèdre convexe étant donné, il est impossible de faire varier les inclinaisons mutuelles des plans qui le terminent, de manière à produire un second polyèdre convexe compris sous les mêmes faces et disposé de la même manière; on peut bien former un second polyèdre symétrique au premier et qui lui soit égal dans toutes ses parties constituantes, mais les faces y seraient disposées dans un ordre inverse autour de chaque angle solide, et ces deux solides ne pourraient être superposés. Ainsi ce cas ne fait aucune exception à la proposition générale.

C'est sans doute un problème plus que déterminé, que celui de construire un polyèdre avec des faces données et assemblées suivant un ordre donné; mais l'analyse ne s'applique pas avec succès à ce genre de problème, il n'y a pas précisément de caractère analytique qui distingue un polyèdre convexe d'un polyèdre qui a des angles rentrants. D'ailleurs l'analyse d'où l'on devrait conclure qu'un seul polyèdre satisfait à la question, ne manquerait pas d'être extrêmement compliquée. Il faut donc savoir en pareil cas se tracer une route particulière pour parvenir à la solution; ce n'est que par une profonde méditation du sujet et par des réductions à l'absurde qu'on peut espérer de réussir dans ces sortes de recherches qui, pour la difficulté et pour le genre de méthodes, ont quelque analogie avec celles qui s'offrent à chaque pas dans la théorie des nombres.

En donnant une idée de la difficulté de la question que nous avions proposée à M. Cauchy, nous mettons la Classe à portée d'apprécier le mérite de la solution qu'il en a donnée dans le Mémoire dont nous avons à rendre compte.

Ce Mémoire est divisé en deux parties : la première contient huit théorèmes sur les polygones convexes rectilignes ou sphériques. La seconde en contient cinq sur les angles solides et les polyèdres convexes. Mais ce dernier est l'objet principal du Mémoire, et les autres ne doivent être considérés que comme des lemmes nécessaires à la démonstration de celui-ci.

Dans la première partie, l'auteur considère les variations qui peuvent avoir lieu dans les angles d'un polygone convexe, rectiligne ou sphérique, dont les côtés demeurent constants. Si le polygone n'avait que trois côtés, il ne pourrait y avoir aucune variation dans les angles. Ainsi on suppose constamment que le polygone a au moins quatre côtés ; alors on voit que sans cesser d'être convexe, il peut, en conservant les mêmes côtés, prendre une infinité de formes diffé-rentes. J'avais donné deux propositions sur cet objet dans la première édition de ma *Géométrie*; M. Cauchy a porté jusqu'à huit le nombre de ces propositions, et les a démontrées d'une manière qui lui est propre.

Dans la seconde partie, l'auteur applique d'abord aux angles solides les résultats qu'il avait trouvés pour les polygones sphériques. Les deux théorèmes qu'il donne à cet effet peuvent être compris dans l'énoncé suivant :

*Si les angles plans qui composent un angle solide convexe à plus de trois faces, demeurent constants et qu'on fasse varier d'une manière quelconque les inclinaisons mutuelles de ces plans, ou, pour abréger, les inclinaisons sur les arêtes, si on met ensuite sur chaque arête le signe + ou le signe —, selon que l'inclinaison sur cette arête augmente ou diminue, et qu'on ne mette aucun signe aux arêtes sur lesquelles l'incli-naison ne varierait pas, je dis qu'on trouvera au moins quatre variations de signe en faisant le tour de l'angle solide.*

De là M. Cauchy passe aux théorèmes 11, 12 et 13, sur les polyèdres convexes. Le théorème 11 n'est autre chose que le théorème d'Euler connu par la notation $S + H = A + 2$. Le théorème 12 est une extension fort remarquable du théorème d'Euler au cas où les faces au lieu d'être planes, seraient considérées simplement comme des espaces terminés par plusieurs droites non situées dans le même plan. En effet, si chacun de ces espaces compte pour une face, si en même temps les angles solides continuent d'être convexes, il n'y a aucun changement à faire à la démonstration du théorème d'Euler, telle que je l'ai donnée dans ma *Géométrie*, et l'on parvient toujours à l'équation $S + H = A + 2$.

Pour venir enfin à la démonstration du théorème 13, qui est l'objet principal de ce Mémoire, l'auteur suppose d'abord qu'on fasse varier à la fois les inclinaisons sur toutes les arêtes. Cette supposition ne pourrait avoir lieu à l'égard des angles solides triples qui sont invariables; mais dans tout polyèdre donné on peut supprimer les angles solides triples, et le théorème ne sera à démontrer que pour les polyèdres dont tous les angles solides sont composés de quatre angles plans ou plus.

Supposant donc avec l'auteur que les inclinaisons sur les arêtes varient toutes à la fois, cherchons combien il y a de variations de signe d'une arête à la suivante. Il y a deux manières de compter ces variations; l'une en les considérant successivement sur les divers angles solides, l'autre en les considérant sur les diverses faces. On est d'ailleurs assuré que le nombre total, estimé d'une manière ou de l'autre, sera toujours le même; car deux arêtes consécutives qui appartiennent à l'un des angles solides, appartiennent en même temps à l'une des faces, et *vice versa*.

Cela posé, puisqu'en vertu du théorème rapporté ci-dessus on doit compter au moins quatre variations autour de chaque angle solide, le nombre cherché $N$ devra au moins être égal à $4S$, de sorte qu'on aura $N > 4S$. C'est la première limite de $N$.

En second lieu, si on examine les successions de signes placés sur

les côtés de chacune des faces et qu'on estime les variations au plus
grand nombre possible, on trouve que dans un triangle le nombre des
variations ne peut être plus grand que 2 ; que dans un quadrilatère et
dans un pentagone il ne peut surpasser 4 ; que dans un hexagone et
dans un heptagone il ne peut surpasser 6, et ainsi de suite. Donc, si la
surface du polyèdre est composée de $a$ triangles, de $b$ quadrilatères,
de $c$ pentagones, etc., le nombre total des variations ne pourra être
plus grand que $2a + 4b + 4c + 6d + 6e + \ldots$

Mais il est facile de voir, au moyen de l'équation $S + H = A + 2$,
que la quantité précédente est moindre, ou tout au plus égale à $4S - 8$.
Donc on aurait à la fois $N > 4S$ et $N < 4S - 8$ ; résultat absurde, et nous
conclurons qu'il est impossible que les inclinaisons sur les arêtes
varient toutes à la fois dans le polyèdre donné.

Supposons maintenant que les inclinaisons sur quelques-unes des
arêtes demeurent constantes, tandis que les autres varient; si on
supprime toutes les arêtes où l'inclinaison ne varie pas, on supprimera
en même temps des parties de la surface du polyèdre proposé, qui ne
seront sujettes à aucune variation, et on aura un polyèdre nouveau,
dont toutes les faces ne seront point planes, mais qui tombera dans le
cas du théorème 12, et qui, par conséquent, satisfera encore à
l'équation

$$S + H = A + 2,$$

entendant par $H$ le nombre total des faces, soit planes, soit terminées
par une suite de droites non situées dans un même plan.

Ayant ainsi réduit le polyèdre proposé à un autre dans lequel les
inclinaisons sur les arêtes varient toutes à la fois, on retombe dans le
premier cas, et on conclut de même que la figure du polyèdre est
invariable.

Il est donc démontré que deux polyèdres convexes sont égaux et
peuvent être superposés, lorsqu'ils sont compris sous un même
nombre de polygones égaux chacun à chacun, et disposés de la même
manière dans les deux solides.

Nous voulions ne donner qu'une idée de la démonstration de M. Cauchy, et nous avons rapporté cette démonstration presque toute entière. Nous avons ainsi fourni une preuve plus évidente de la sagacité avec laquelle ce jeune géomètre est parvenu à vaincre une difficulté qui avait arrêté des maîtres de l'art, et qu'il était important de résoudre pour le perfectionnement de la théorie des solides. Nous pensons, en conséquence, que ce Mémoire mérite d'être approuvé par la Classe et imprimé dans le Recueil des Savants étrangers.

*Signé* BIOT, CARNOT, LE GENDRE, *rapporteur.*

La Classe approuve le rapport et en adopte les conclusions.

# RAPPORT DE M. LE GENDRE
## SUR UN MÉMOIRE DE A. L. CAUCHY
### INTITULÉ :
#### DÉMONSTRATION GÉNÉRALE DU THÉORÈME DE FERMAT
#### SUR LES NOMBRES POLYGONES.

*Correspondance sur l'École Polytechnique*, Tome III, p.295-299; 1812.

Quoique la théorie des nombres ait fait de grands progrès dans cet derniers temps, et qu'elle soit beaucoup plus avancée maintenant qu'elle ne l'était du temps de Fermat; cependant le beau théorème sur les nombres polygones, dû à ce savant célèbre, n'a encore été démontré que dans ses deux premières parties, qui sont relatives aux nombres triangulaires et aux carrés; de sorte que tout ce qui regarde les autres polygones à l'infini, reste encore à démontrer.

Il y a lieu de s'étonner que les géomètres, qui ont su vaincre tant d'autres difficultés, aient été arrêtés jusqu'ici devant une simple question de nombres dont Fermat avait trouvé la solution complète. Ce genre de difficulté toute particulière, qu'on rencontre dans la théorie des nombres, ne peut s'expliquer que par le peu de liaison qu'il y a entre les différentes parties de cette théorie, et parce que dans chaque nature de question il faut en quelque sorte créer un principe ou une méthode particulière pour la résoudre. On en voit un exemple dans les démonstrations qui ont été données des deux premiers cas du théorème de Fermat, puisque le premier cas relatif aux nombres triangulaires, fait partie de la théorie générale des formes trinaires des nombres, et n'a été démontré que longtemps après le second cas, qui est tout à fait indépendant de cette théorie.

Quoi qu'il en soit, il était à désirer pour l'intérêt de la science et pour la satisfaction des géomètres, que le théorème sur les nombres polygones fût enfin démontré dans toute sa généralité, et c'est l'objet que s'est proposé M. Cauchy, dans le Mémoire dont nous allons rendre compte,

M. Cauchy suppose les deux premiers cas démontrés; il suppose, de plus, ce qui est un résultat général de la théorie des formes trinaires des nombres, qu'on peut toujours décomposer en trois carrés tout nombre proposé qui n'est pas de la forme $8n + 7$, ou le produit de $8n + 7$ par une puissance de $4$ : il établit ensuite un principe entièrement nouveau.

Il remarque d'abord qu'étant donné un nombre $k$ composé de quatre carrés dont les racines font une somme égale à $s$, le quadruple de ce nombre peut toujours être représenté pour quatre carrés dont l'un est $s^2$.

De là il conclut qu'étant donnés deux nombres $k$ et $s$ de même espèce, c'est-à-dire tous deux pairs ou tous deux impairs, si $s$ est compris entre les limites $\sqrt{4k}$ et $\sqrt{(3k-2)} - 1$; si en outre $4k - s^2$ n'est pas de la forme $4^a(8n + 7)$, il sera toujours possible de décomposer le nombre $k$ en quatre carrés dont les racines prises positivement fassent une somme égale à $s$.

Cette proposition, très belle et très générale, est le fondement de la démonstration de M. Cauchy; elle apporte un perfectionnement remarquable au second cas du théorème de Fermat, puisqu'elle offre le moyen non seulement de partager un nombre donné en quatre carrés, mais encore de faire en sorte que la somme des racines de ces carrés soit égale à un nombre donné, pris entre certaines limites qui s'éloignent de plus en plus, à mesure que le nombre proposé devient plus grand.

Les limites que M. Cauchy assigne aux valeurs de $s$, sont celles avec lesquelles on est assuré d'obtenir, dans chaque cas, une solution où toutes les racines sont prises positivement pour former la valeur de $s$. Si l'on se permettait de prendre arbitrairement les signes de racines dont les carrés composent la valeur du nombre donné $k$, la somme $s$ de ces racines pourrait être fort inférieure à la moindre des limites supposées, ce qui augmenterait le nombre des cas résolubles; mais pour l'application que l'auteur a eu en vue, une condition essentielle est de n'admettre dans la somme $s$ que les racines prises positivement, attendu que l'expression générale des nombres polygones, passé l'ordre des carrés. indique deux séries différentes, selon qu'on prend l'indice de chaque terme positif ou négatif. Ces deux séries considérées analytiquement sont coordonnées entre elles, de manière que l'une n'est que le prolongement de l'autre, et que les deux réunies ne forment qu'un même système qui s'étend à l'infini, tant dans le sens des indices positifs, que dans le sens des indices négatifs. Or l'énoncé du théorème de Fermat est restreint aux nombres polygones pris dans le sens positif, et l'on ne doit faire entrer aucunement en considération la série qui a lieu dans le sens négatif.

Pour donner maintenant une idée de la méthode que suit l'auteur dans la démonstration du théorème de Fermat, considérons l'expression générale d'un nombre quelconque $P$ qui serait composé, conformément au théorème, de $n$ nombres polygones de l'ordre $n$; cette expression sera de la forme $Ak + Bs$, dans laquelle $A$ et $B$ sont des coefficients constants qui ne dépendent que de $n$; $s$ est la somme des indices de tous les polygones, et $k$ la somme de leurs carrés. La question serait de déterminer pour chaque nombre proposé $P$, les valeurs de $k$ et de $s$, avec la condition que $k$ ne comprenne que $n$ carrés au plus, et que $s$ soit la somme de leurs racines prises positivement.

Cette question, qui n'est que l'énoncé de la proposition générale à démontrer, paraît trop vague et trop indéterminée pour que l'analyse puisse lui être appliquée avec succès. M. Cauchy a eu l'idée heureuse de restreindre le problème, en supposant que sur les $n$ polygones, qui doivent composer le nombre $P$, il y en a $n - 4$ égaux à zéro ou à l'unité indistinctement. Ainsi au lieu de la formule $Ak + Bs$, M. Cauchy prend $Ak + Bs + r$, $r$ étant un nombre positif qui ne doit pas surpasser $n - 4$; alors $k$ ne doit plus contenir que quatre carrés indéterminés, et $s$ représente toujours la somme de leurs racines prises positivement.

Cela posé, si l'on prend pour $k$ un nombre impair assez grand pour qu'il y ait au moins deux nombres impairs compris entre les limites qui conviennent au nombre $s$, ce qui suppose seulement que $k$ n'est pas $< 121$; M. Cauchy fait voir que la formule $Ak + Bs + r$ représentera tous les nombres entiers compris entre la plus petite et la plus grande valeur dont cette formule est susceptible, à raison des limites de $s$; d'où il suit que tous ces nombres peuvent être décomposés en $n$ polygones dont $n - 4$ seront égaux à zéro ou à l'unité.

La même formule, en augmentant $k$ de deux unités, et prenant $s$ dans les limites qui conviennent à cette nouvelle valeur de $k$, fournira la même conclusion, c'est-à-dire, qu'on aura une seconde suite de nombres entiers plus grands que ceux de la première suite, lesquels seront également décomposables en $n$ polygones de l'ordre $n$.

On prouve d'ailleurs que ces deux suites ne laissent point de lacune entre elles, mais plutôt que la fin de l'une se confond avec le commencement de l'autre, de sorte qu'étant réunies elles offrent la série complète de tous les nombres entiers compris depuis le plus petit terme de la première suite jusqu'au plus grand terme de la seconde. Il est inutile d'en dire davantage, et l'on voit qu'en prenant pour $k$ des nombres impairs de plus en plus grands, la formule $Ak + Bs + r$ représentera successivement tous les nombres entiers depuis celui qui répond aux moindres valeurs de $k$ et de $s$ jusqu'à l'infini. Par conséquent tous ces nombres sont décomposables en $n$ nombres polygonaux dont $n - 4$ sont égaux à zéro ou à l'unité.

Il ne reste donc à examiner que les nombres compris dans la même formule $Ak + Bs + r$, lorsque $k$ est inférieur à 121. Or cet examen est sans difficulté, puisqu'il n'y a qu'un nombre limité de valeurs de $k$ à considérer; et d'ailleurs l'auteur avait préparé d'avance la solution de ces cas particuliers, par quelques propositions subsidiaires. Il est donc bientôt conduit à la conclusion générale, qui est que tout nombre entier peut être représenté par la formule $Ak + Bs + r$ avec les conditions prescrites, et qu'ainsi tout nombre entier peut être décomposé en $n$ polygones de l'ordre $n$, dont $n - 4$ sont égaux à zéro ou à l'unité.

La supposition qu'avait faite M. Cauchy pour simplifier la solution du problème, se trouve ainsi justifiée par la conclusion à laquelle il parvient. Non seulement donc il démontre le théorème de Fermat dans toute sa généralité, pour tous les polygones au-delà des carrés ; mais il substitue au théorème de Fermat un théorème beaucoup plus précis et plus intéressant, puisqu'il prouve que sur les nombres polygonaux qui entrent dans la composition d'un nombre donné quelconque, il y en a toujours $n - 4$ égaux à zéro ou à l'unité.

Il résulte en même temps de l'analyse de M. Cauchy que la décomposition effective d'un nombre donné en $n$ polygones de l'ordre $n$ peut toujours s'opérer *a priori*, en supposant seulement qu'on sache décomposer en trois carrés les nombres qui sont susceptibles de cette décomposition.

Nous concluons de ce qui précède que le Mémoire de M. Cauchy offre une nouvelle preuve du talent et de la sagacité que l'auteur a montrés dans d'autres recherches également utiles au progrès de l'Analyse et de la Géométrie. Nous pensons en conséquence que ce Mémoire est digne des éloges de la Classe, et d'être imprimé dans le Recueil des Savants étrangers.

FIN DU TOME II DE LA SECONDE SÉRIE.

# TABLE DES MATIÈRES

### DU TOME DEUXIÈME.

## SECONDE SÉRIE.

### MÉMOIRES DIVERS ET OUVRAGES.

FIN DE LA TABLE DES MATIÈRES DU TOME II DE LA SECONDE SÉRIE.

IMPRIMERIE GAUTHIER-VILLARS
55, Quai des Grands-Augustins, PARIS
151102-57

Dépôt légal, Imprimeur, 1957, n° 1237
Dépôt légal, Éditeur, 1957, n° 758
Achevé d'imprimer le 25 avril 1958.

Imprimé en France.

PARIS. — IMPRIMERIE GAUTHIER-VILLARS
76192    Quai des Grands-Augustins, 55.

www.ingramcontent.com/pod-product-compliance
Ingram Content Group UK Ltd.
Pitfield, Milton Keynes, MK11 3LW, UK
UKHW020719120726
13693UKWH00001B/60

9 782013 633505